动物百科

大讲堂
双　色
图文版

刘凤珍◎主编　　王嘉◎编著

中国华侨出版社
北京

图书在版编目（CIP）数据

动物百科大讲堂 / 王嘉编著 . —北京：中国华侨出版社，2016.12
（中侨大讲堂 / 刘凤珍主编）
ISBN 978-7-5113-6505-7

Ⅰ . ①动… Ⅱ . ①王… Ⅲ . ①动物－普及读物
Ⅳ . ① Q95-49

中国版本图书馆 CIP 数据核字（2016）第 285890 号

动物百科大讲堂

编　　著 / 王　嘉

出 版 人 / 刘凤珍

责任编辑 / 馨　宁

责任校对 / 王京燕

经　　销 / 新华书店

开　　本 / 787 毫米 ×1092 毫米　1/16　印张 /24　字数 /524 千字

印　　刷 / 三河市华润印刷有限公司

版　　次 / 2018 年 3 月第 1 版　2018 年 3 月第 1 次印刷

书　　号 / ISBN 978-7-5113-6505-7

定　　价 / 48.00 元

中国华侨出版社　北京市朝阳区静安里 26 号通成达大厦 3 层　邮编：100028

法律顾问：陈鹰律师事务所

编辑部：（010）64443056　　64443979

发行部：（010）64443051　　传真：（010）64439708

网　址：www.oveaschin.com

E-mail：oveaschin@sina.com

前 言
Preface

　　在我们这颗蔚蓝的星球上，有不计其数的动物与我们共享家园。它们分布广泛，甚至可以说无处不在。它们有的强大，有的弱小；有的凶猛，有的友善；有的奔跑如飞，有的缓慢蠕动；有的能展翅翔翔，有的会自由游弋……它们同样面对着弱肉强食的残酷，也同样享受着生活的美好，并都以自己独特的方式演绎着生命的传奇。正是因为有了这些多姿多彩的生命，我们的星球才显得如此富有生机。

　　相较于人类，动物的世界是最真实的，它们只会遵循自然的安排去走完自己的生命历程，力争在各自所处的生物圈中占据有利地位，使自己的基因更好地传承下去，免于被自然淘汰。在这一目标的推动下，动物们充分利用自己的"天赋异禀"，并逐步进化出了异彩纷呈的生命特质，将造化的神奇与伟大表现得淋漓尽致。

　　本书带领读者走进奇妙的动物世界，去系统了解关于动物的知识和科学，认识那些最常见、最具代表性，或与我们关系最密切的形形色色的动物，深入了解其生活的方方面面，探索动物王国的生存法则和无穷奥秘，从中获得知识和乐趣，得到感悟和启迪。

　　全书分"应该知晓的动物常识""妙趣横生的哺乳动物""缤纷的鸟类世界""纷繁奇异的鱼及爬行动物""昆虫及水生无脊椎动物"五大部分，先从宏观上讲述动物的分类法、一般特征和基本习性等，然后分门别类，深入各纲目下典型动物的生活，绘声绘色地讲述其体形与官能、分布、食性、社会行为、保护现状等，是一本兼具知识性与趣味性，极具科学探索精神的图书。全书图文并茂，400余幅珍贵插图既有生动的野外抓拍照片，也有大量描摹细腻传神的手绘组图，生动再现了动物的生存百态和精彩瞬间，对特定情境、代表种类特征、身体局部细节等的刻画惟妙惟肖，具有较高的科学价值和美学价值。书中特辟有"知识档案"栏目，以图表的形式集中介绍各代表物种的基本情况，简明扼要，一目了然，极具专业性和资料性。另辟有部分图文链接，是对主体内容的生动补充和深化。

在这本妙趣横生的动物百科宝典里，读者可以从容地走进以狮子和老虎领衔的各种食肉和食草类哺乳动物的世界，零距离观察从鸵鸟、企鹅到鹰、鹤、雉、燕、山雀的形形色色的鸟类，纷繁奇异的龟、蛇、蜥蜴、鳄鱼和各种鱼，以及从蟋蟀、甲虫到白蚁、蚊蝇的种类繁多的昆虫。读者会惊异于动物们那令人叹为观止的各种"武器"、本领、习性、模样、繁殖策略等，禁不住惊讶和赞叹。例如：有些刚刚成为群体首领的雄性狮子、猕猴，为了尽快拥有自己的后代，会杀死前任首领的幼崽，以促使群体中的雌性重新发情交配；杜鹃既不孵卵也不育雏，而采用"偷梁换柱"之计，将卵产在画眉、莺等的巢中，让这些无辜的鸟儿白费心血养育异类；为了保住性命，很多种蜥蜴不惜"丢车保帅"，进化出了断尾逃生的绝技……

人类对其他生命形式的亲近感是与生俱来的，从动物身上甚至能寻求到心灵的慰藉乃至生命的意义。如狗的忠诚、猫的温顺会令人快乐并身心放松，而野生动物身上所散发出的野性光辉及不可思议的本能，则令人着迷甚至肃然起敬。衷心希望本书的出版能让越来越多的人更了解动物，然后去充分体味人与自然和谐相处的奇妙感受。

目 录

Contents

缤纷的鸟类世界

纷繁奇异的鱼及爬行动物

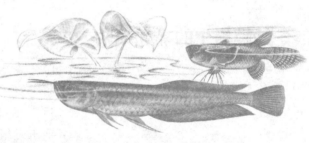

昆虫及水生无脊椎动物

应该知晓的
动物常识

生命的成长

有些动物的生命在刚开始时，其与自己父母看上去差别很大。很多动物在成长过程中只是变了颜色，而有些动物的变化则是相当惊人的，它们的体态与初生时完全不同。

大多数幼年的哺乳动物与它们的父母是非常相像的，尽管它们的身体还没有发育完全。但是对于一些动物来说，幼体与父母之间看不出任何相似之处。比如，毛虫与蝴蝶一点都不像，年幼的龙虾是透明的而且没有螯。像上述这类的年幼动物被称为幼虫或者幼体。它们与父母有着不同的生活方式，但是一旦"幼年"阶段结束后，它们可以长成父母的样子并且按照父母的方式生活。

不同的生活方式
幼体的生活

昆虫通常都有幼体，要找到它们的最佳地点是水环境中，尤其是海洋中。在那里，几千种动物幼体从卵中孵化出来后开始了自己的生命。有些是由鱼产下的；有些则是由各种无脊椎动物产下的，包括从龙虾和藤壶到蛤和海胆、海

蝴蝶的长成

当毛虫对食物失去兴趣时，这就是变化的先兆，此时的毛虫有了比吃更为重要的任务——它建起一个具有保护作用的蛹，有的外面还裹着丝茧。为实现这个目的，飞蛾的毛虫通常从它们食用的植物上爬下来，这样它们可以在地下结蛹。蝴蝶则经常将它们的蛹挂在叶子或者叶茎间。

一旦蛹形成后，非同寻常的事情就开始发生了：毛虫的身体慢慢分解成一个个活细胞。如果蛹在这个时候被打开，则看不到任何生命的迹象。但是几天之内，主要的细胞重组工程一直在紧张地进行，直到一只蝴蝶或者飞蛾成形。当成虫完全形成后，就会破开外面的保护性的蛹壳或者茧——一只全新的蝴蝶或者飞蛾诞生了。这种变化被称为"完全变态"，因为毛虫的身体已经被完全重组了。

凤蝶的生命是从一个卵开始的，被产在幼虫将用来作为食物的植物上。随着卵即将孵化，卵的颜色会慢慢变深。	这条毛虫昼夜不停地进食，每4～5天身体就增大1倍。在生命的这个阶段，它的主要敌人是食虫鸟类。	毛虫经过大约1个月的进食后，渐渐开始结蛹。当里面的蝴蝶完全成形后，蛹便裂开了。

星等。大部分幼体看上去与它们的父母一点都不像，过去，科学家还错误地认为它们是完全不同的物种。

与幼年哺乳动物或者雏鸟不同，幼体是完全独立的，它们有非常重要的任务需要完成。对于毛虫而言，它们的重要任务是进食，这是它们昼夜不停需要做的事情。进食的过程中，毛虫收集了所有可使其变成蝴蝶所需的原材料。对于水生幼体，任务就不同了。这些幼体通常是由动作缓慢的动物或者一生都固定在同一个地方的动物产下的。它们通常随着浮游生物漂流到很远的地方，从而帮助其实现种族的繁衍和延续。

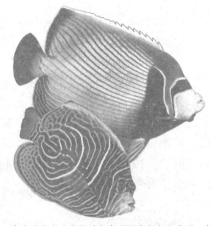

皇帝神仙鱼在成长过程中会变化颜色和外形。本图中显示了成年的鱼（上）和幼年的鱼（下）。

蝌蚪是一种幼体，此外还有美西螈——来自墨西哥的粉色两栖动物，常常被作为宠物饲养。这种非同一般的动物可以在幼体阶段就繁殖，但是大部分还是要成年后才能繁殖。

从幼体到成年
变　形
从幼体变为成年动物，这个过程被称为"变形"。在海洋中，大部分幼体的变形过程都是慢慢进行的，它们的身体也是一步一步发生变化的。一只龙虾幼体在每次蜕壳时稍稍发生变化。当第4次蜕壳时，龙虾的足部和触须已经发育完成，也长出了虽然小但是可以有效使用的龙虾螯。在这个阶段，虽然幼年的龙虾体长还不到2厘米，但是它在浮游生物中的生活即将结束。蝌蚪也是渐渐变化的，它们的鳃会萎缩，腿部渐渐出现，尾巴也会慢慢消失。在变形过程中，它们的饮食也会相应发生变化。新孵出的蝌蚪一般是以植物为食的，但是它们的饮食中渐渐加入了动物性食物。到它们完全变成青蛙或者蟾蜍后，它们是百分之百的食肉动物，再也不会碰植物性食物了。

很多昆虫也通过几个阶段进行变化。像幼年龙虾一样，幼年的蚱蜢每次蜕壳就会显得更像它们的父母。新孵出来的蚱蜢长着大大的脑袋、短短的身体和粗短的足，它们不能飞，因为还没有长出翅膀。但是它们慢慢成长，一次一次蜕壳，两边渐渐会长出翅膀的雏形。到了第6次也是最后一次蜕壳，便形成了成年蚱蜢。一旦翅膀变硬，便可以自由飞行了。这种变化被称为"不完全变态"，因为这种变化是有限的。很多其他昆虫，包括蜻蜓、甲虫和臭虫等也是按照上述方式变形的。但是对于蝴蝶和蛾，以及苍蝇、蜜蜂和黄蜂来说，变化是更为剧烈的，它们的变化不再是一步一步缓慢的，而是在幼体生活即将结束时突然发生的。

食肉动物

当一只食肉动物向其猎物靠近时，不由得会让人产生一种紧张感。但是食肉动物是自然界的重要组成部分。

与食草动物相比，食肉动物总有失算的时候，因为猎物可能会逃跑。作为补偿，自然界使得肉具有很高的营养价值。为了成功捕获猎物，食肉动物通常都有敏锐的感官和快速的反应能力。它们通过特殊的武器如有毒刺、有力的爪子或者锋利的牙齿来制伏猎物。

慢动作的捕猎者
慢慢享用或埋伏

当提到食肉动物时人类总会最先想到像猎豹那样的运动速度很快的动物。但是很多食肉动物并不是如此，比如海星，它的运动速度比蜗牛还慢，但是它们专门捕食那些不会逃跑的猎物——一般是把猎物的外壳撬开，然后享用里面的美餐。

冠棘海星以活珊瑚为生，它爬到珊瑚礁上，吃掉珊瑚虫的柔软部分。

在水中和陆上，很多食肉动物根本不追捕任何东西，相反，这些猎手只是埋伏着，等待猎物进入自己的抓捕范围。它们常常伪装得很好，有些甚至通过设置陷阱或者诱饵来增加捕获猎物的概率。"埋伏"的猎手有琵琶鱼、螳螂、蜘蛛和很多蛇类等。很多"埋伏"的猎手都是冷血动物，即使几天甚至几个星期没有进食，它们也可以存活下来。

在阿拉斯加，棕熊涉到河流中捕食洄游的大马哈鱼。它们的这场高蛋白盛宴可以持续几个星期。

猎杀和空袭
狩猎的哺乳动物

鸟类和其他哺乳动物都是热血动物，因此它们需要很多能量来保持身体正常运作。对于一头棕熊而言，能量来自于各种各样的食物，包括昆虫、鱼，有时也包括其他的熊。棕熊的体重可以达到 1 000 千克，它是陆地上最大的食肉动物。一般情况下，它对人类很谨慎，但是如果真正开始攻击，结果将是致命的。

一只非洲鱼鹰在水面上捕获了猎物。在其回到栖枝上后，便会将鱼整条吞下。

哺乳动物中的食肉者由特殊的牙齿来处理它们的食物。靠近它们嘴的前方位置有两颗突出的犬齿，这可以帮助它们把猎物紧紧咬住。一旦将猎物杀死后，它们的食肉齿就开始发挥功用了——这些牙齿长在颚的靠后位置，有着长长的、锋利的边缘，可以像剪刀一样将猎物剪碎。有些食肉哺乳动物，比如狼，还常用食肉齿来将猎物的骨头咬碎，从而吃到里面的骨髓。

鸟类没有牙齿，它们用爪子捕猎。一旦它们将猎物杀死后，就会将其带到栖枝上或者自己的巢中。有些大型鸟类可以抓起很大重量的猎物——1932 年，一只白尾海雕抓走了一个 4 岁的小女孩。神奇的是，这个小女孩存活了下来。

爪子很适合用来抓住猎物，但是鸟类通常使用其弯曲的喙部来将猎物撕碎。捕食小型动物的鸟类有一套特殊的技术，它们可以将猎物的头先塞进自己喉咙，然后将其整个吞下去。

大规模杀戮者

世界上最高效的捕猎者通常食用比自身小很多的猎物。在南部海域，鲸通过过滤海水来食用一种被称为磷虾的像明虾一样的甲壳动物。它们的这种捕食方式是所有食肉动物中杀戮量最大的，每次都可以达 1 吨以上。灰鲸在海床上挖食贝类，而驼背鲸则通过张起"泡沫网"等待鱼群的到来——这种网可以将鱼群逼入较小的空间，使其更容易捕捉。但是真正的捕鱼高手应该是人类，我们每年都要捕捞几百万吨的鱼。

通过从其吹气孔吹出空气，驼背鲸用形成圆柱形的上升气泡将一群鱼困住。然后，从圆柱的中心自下而上，吞食鱼群。

🦌 食草动物

食草动物与食肉动物数量比至少是 10：1。从最大的陆生哺乳动物到可以舒服地生活在一片叶子上的小幼虫，食草动物多种多样。

植物性食物有两大优势，一方面它们很容易找到，另一方面它们不会逃跑。对于小型动物来说，还有另一个好处——植物是很好的藏身之所。但是食用植物也有其弊端，因为这种食物吃起来比较费劲，耗时比较长，而且也不容易被消化。

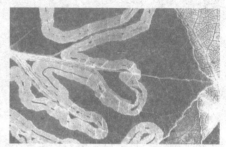

这张图显示的是一条毛虫进入了树叶内部。黑色部分是它的排泄物。

秘密部队
数量庞大的植食者

一只大象每天可以吃掉1/3吨的食物，它们常常将树推倒来食用树枝上的叶子。野猪则采用不同的技术——从泥土中挖掘出美味多汁的树根来食用。虽然这些动物的体型都比较大，但是它们并不是世界上最为主要的食草动物。相反，昆虫和其他无脊椎动物的食用量要远远超过它们。

在热带草地上，蚂蚁和白蚁的数量常常超过其他所有食草动物的总数。蚂蚁和白蚁喜欢收集种子和叶子，把它们搬到地下。在树林和森林中，很多昆虫以活的树木为食，而毛虫则直接躺在叶子中啃食。毛虫的胃口很大，如果进入到公园或者植物园的话，可以造成非常严重的虫灾。

哺乳动物、鼻涕虫和蜗牛食用的植物种类范围很广。但是，小型食草动物通常对它们的食物比较挑剔。比如，榛子象鼻虫只是以榛子为食，而赤蛱蝶毛虫只食用荨麻叶。如果这些毛虫遇到的是其他植物，它们会选择饿死。对食物如此挑剔看似奇怪，但对于食草动物而言，有时候这是值得的，因为这样在处理它们的专门食物时效率会额外高。

就食物和身体重量比而言，毛虫的食量比大象要大得多。这些热带毛虫带有长刺，可以保护它们免受鸟类进攻。

种子和存储
特殊植食者

爬行动物中的植食者比较少，鸟类中则比较多。其中，只有很少部分鸟以树叶为食，更多的是食用花、果实及种子。

蜂雀在花朵中穿梭采集花蜜，有些鹦鹉

则用它们刷子般的舌头舔食花粉。食用果实和种子的鸟类更为常见。不像蜂雀和鹦鹉，它们在全世界都有分布。

种子是十分理想的食物，它们富含各种营养性的油类和淀粉。这也是为什么这么多鸟类和啮齿类动物将种子作为食物的原因。在一些干燥的地方，寻找食物比较困难，食用种子的啮齿类动物就格外的多。

和许多其他啮齿类动物一样，袋鼠鼠利用它们的颊袋将种子运回洞穴。

啮齿类动物和鸟类不同，它们在困难时期可以通过收集食物并在地下存储食物而幸存下去。在中亚，有些种类的沙鼠可以储存60千克种子和根，这些存粮足够它们生活几个月。

大量食草
身体机理

种子消化很方便，所以它们也是人类食物的一部分。不过草和其他植物对于动物而言就不是那么容易分解了。因为它们中含有纤维素这种坚硬的物质，人类是消化不了的。不单单是人类，食草的哺乳动物也不能消化，尽管这些是它们食物的主要组成部分。

那么，这些动物如何生活下去呢？答案是：它们利用微生物帮助它们完成这项消化工作。这些微生物包括细菌和原生动物，它们拥有特殊的酶，可以将纤维素分解。

微生物在哺乳动物的消化系统中安营扎寨，那里温暖湿润的环境为它们提供了一个理想的工作场所。许多食草动物将微生物安排在称为"瘤胃"的特殊地带，瘤胃工作起来就像一个发酵罐。这些食草动物被称为反刍动物，包括羚羊、牛和鹿。它们都会将经过第一轮消化的食物再次咀嚼，进而吞咽后再消化。这一过程使得微生物更容易分解食物。

反刍对于消化而言十分有效，但是会占用很长时间。进食草木也很费时间，因为每一口都要咬下来，彻底咀嚼。因此，食草动物没有太多的休息时间，它们总是忙于采集食物和消化食物。

对于植食昆虫而言，情况也大同小异，尽管变为成虫后它们的食性通常会发生变化。毛虫是繁忙的进食者，不过成虫的蝴蝶或者蛾的大多数时间都用于寻找配偶和产卵，它们会在花丛中穿梭，但很多根本不食用任何东西。飞蝼蛄做得更绝，它们的成虫压根就没有活动的嘴。

红狐狸　寻找食物，每天的35%

不活动，每天的60%　进食，每天的5%

狍　寻找食物，每天的5%

进食，每天的55%

不活动，每天的40%

和红狐狸等食肉动物相比，食草动物花很少时间寻找食物，而把更多时间放在进食上。比如，狍每天要进食超过12小时。

食物链和食物网

在自然界中，食物总是处于移动当中。当一只蝴蝶食用花蜜时或者当一条蛇吞下一只青蛙时，食物就在食物链中向前推进了一步，同时，食物中含有的能量也向前传递了一步。

食物链不是你看得见摸得着的，但是它是生物世界中的重要组成部分。当一种生物食用了另一种生物时，食物就被传递了一步，而食用者最终也会成为另一种生物口中的美食，这样一来，食物就又被传递了一步，如此往下便形成了食物链。大部分生物是多种食物链中的组成部分。把所有的食物链加起来，便形成了食物网，其中可能涉及几百种甚至几千种不同的物种。

中美洲雨林中的一条食物链可以以一朵花为开端。当图中这只瓦氏袖蝶食用花蜜时，它便成了该食物链中的第2种生物，但它是第1种进食性生物。

食物链是怎样运作的
自然控制的结构

现在，你将可以看到一条热带生物的食物链。像所有的陆上食物链一样，它从植物开始。植物直接从阳光中获取能量，因此它们不需要食用其他生物，但是它们却为别的生物提供食物，当它们被食草动物吃掉后，这种食物便开始被传递了。

很多食草动物都以植物的根、叶或者种子为食。但是在本页食物链中，食草动物是一只停在花上吸食花蜜的蝴蝶。花蜜富含能量，因此是很好的营养物质。不幸的是，这只蝴蝶被一只绿色猫蛛捕食了。绿色猫蛛也就是本条食物链中涉及的第3个物种。像所有其他蜘蛛一样，这种蜘蛛是绝对的食肉生物，非常善于捕捉昆虫。但是为了抓住蝴蝶，这只蜘蛛需要冒险在白天行动，这会吸引草蛙的注意。草蛙吞食蜘蛛，成为该食物链的第4个物种。草蛙有很多天敌，其中之一是睫毛蝰蛇——一种体形小但有剧毒的蛇类，通常隐藏在花丛中。当它将草蛙吞下时，它便成为本条食物链中涉及的第5个物种。但是蛇也很容易受到攻击，如果被一只目光锐利的角雕看到，它的生命也就结束了。角雕正是本条食物链中涉及的第6个物种，它没有天敌，因此食物链便到此结束了。

草蛙生活在树上，以各种动物为食。这些动物中，有些是食草动物，有些也像它一样属于食肉动物。

6 个物种，听起来可能并不算多，尤其是在一个满是生物的栖息地中。但是这事实上已经超过食物链平均长度了。一般的食物链中都只有三四个环节。那么，为什么食物链那么快就结束了呢？这个问题与能量有关。

当动物进食后，它们把获得的能量用在两个方面。一方面用于身体的生长，另一方面用于机体的运作。被固定在身体中的能量可以通过食物链传递，但是用于机体运作的能量在每次使用中就被消耗掉了。一些活跃的动物，比如鸟类和哺乳动物，被消耗掉的能量约占所有能量的90%，

睫毛蝰蛇的大部分时间都不是在地上度过的，而是潜伏在花朵附近捕捉猎物。它是本条食物链中的第5种生物，也是第3种食肉动物。

因此只有大约10%的能量被留下来成为潜在食物。当食物链走到第4或者第5种生物时，所含的能量便因为逐级减少而所剩不多了。当走到第6个环节时，能量几乎消耗殆尽。

这种能量的快速递减显示了食物链的另一个特征——越是接近食物链开端的物种数量越丰富。如果按照层叠的方式把食物链表示出来，结果便形成金字塔形状。

淡水环境中一条食物链可以形成一个典型的金字塔——从下而上，数量较大的生物是蝌蚪和水甲虫；再往上，食肉鱼类数量相对减少，而食鱼鸟类的数量则是最少。在所有的生物栖息地包括草地到极地冻原，都适用上述这种金字塔结构。这就解释了为什么像苍鹭、狮子和角雕那样位于金字塔顶端的食肉动物需要如此之大的生活空间了。

这只角雕是本条食物链中的最后一种生物，再没有别的生物可以伤害它了。但是当其死亡后，它的尸体会进入另一个食物链中，为分解者所分解。

食物链与环境
世界范围的食物网

食物网比食物链要复杂得多，因为它涉及大量不同种类的生物。除了捕食者和被捕食者，其中还包括那些通过分解尸体残骸生存的生物。在食物网中，一些生物只有很少几个与其他生物的关联，而有些则有很多，因为它们食用多种食物。

食物网越精细越能证明该栖息地拥有健康的环境，因为这显示了有很多生物融洽地生活在一起。如果一个栖息地被污染或者因森林采伐而被破坏了，食物网就会断开甚至瓦解，因为其中的一些物种消失了。

恒温动物与冷血动物

体温即机体的温度，通常指身体内部的温度。一般来说，过高或过低的体温都会导致动物死亡，为了生存，动物必须具有保持体温相对恒定的能力。这也是动物在长期进化过程中获得的一种较高级的调节功能。

完善的体温调节机制

恒温动物

进化至较高等的脊椎动物如鸟类和哺乳类动物，具有比较完善的体温调节机制，能够在不同的温度环境下保持相对稳定的体温，这些动物叫恒温动物或温血动物。

恒温动物的体温是恒定的。一般来说，鸟类的体温大约在37.0～44.6℃之间，哺乳类动物的体温则介于25～37℃之间。恒定的体温使这些动物大大减少了对环境的依赖程度。恒温动物具有比较完善的体温调节机制，如厚厚的皮毛、发达的汗腺和呼吸循环系统等。恒温动物对自身体温的调节通常都是自主性的，即通过调节其产热和散热的生理活动，如出汗、寒战、血管收缩与扩张等，来保持相对恒定的体温。

每种动物都有自己独特的保持体温恒定的"绝招"。这些"绝招"因动物的身体结构、生活习性和生存环境的不同而显得丰富多彩。

就拿素有"南极居民"美称的企鹅来说，它们的全身覆盖着又密又厚的羽毛，皮下又有一层厚厚的脂肪层，所以企鹅不怕严寒与冰冻，即使在极端寒冷的环境中，它们也能保持正常体温，这就是它们能够在南极冰原上生活的原因。水生哺乳动物海豹也靠皮下那层厚厚的脂肪保暖，因此能在寒冷的南北两极活动自如。

生活在热带的大象却是通过皮肤辐射来散热的，有时也通过皮肤渗透水分或通过4只面积巨大的脚掌与温度较低的地面相接触的办法来散发热量，以保持体温恒定。在炎炎夏日，大象喜欢在清晨和日落的时候出来活动，中午则躲在阴凉的地方避暑。同时大象还非常爱洗澡，一有机会便跑到河边，通过用鼻子往身上喷水来巧妙降温，就像人类洗澡一样。但生活在热带的猴子，则是利用长长的尾巴来调节体温。当温度比较高的时候，猴子会通过尾巴增大与空气接触的面积来散热；当温度降低时，它又会用尾巴来减少体内热量的散失。

无奈与主动适应

变温动物

大多数哺乳动物都是通过身体表面的汗腺来散发热量，降低体温的。

较低等的脊椎动物如爬行类、两栖类、鱼类及所有的无脊椎动物，其体温随环境温度的改变而变化，不能保持相对恒定，因而叫作变温动物或冷血动物。冷血动物对环境温度变化的适应能力较差，到了寒冷的冬季，其体温非常低，各种生理活动也都降至最低的水平，进入冬眠状态。虽然冷血动物体内没有完善的体温调节机制，但它们还是有办法来对付过低或过高的气温，即通过改变自己的行为来适应环境温度的变化。这种调节体温的方式叫作行为性体温调节。

蛇是一种典型的冷血动物，因此它们不得不想办法依靠外部环境将自己的体温维持在一个可以正常发挥机体功能的温度。在寒冷的天气里，它们通常是白天

南极冰原上的企鹅，它们用厚密的羽毛来保温以及保护小企鹅免受南极冰寒的侵袭。

出来活动，暴露在阳光下，尽可能多地吸收太阳的热量，并贮存在体内。夏天，蛇的体温在清晨是25℃，可到了中午就会骤然升至40℃。在这种情况下，它们就躲在石头底下或钻进阴暗潮湿的洞里，直到晚上才溜出来透透气。在长期严寒的气候条件下，例如北方地区的冬季，它们会冬眠一段时间，等到气温回升，春暖花开的时候再出来。与蛇相近的蜥蜴，全身覆盖着一层坚硬的鳞片状皮肤，其主要功能就是防水和保持体温恒定。

鱼类、两栖类动物通常是以冬眠的方式来摆脱寒冷环境的影响，有些动物则是通过夏眠来躲避高温环境的影响。如生活在热带河流和沼泽中的蟾蜍、陆生龟等动物，当夏季来临时，它们就钻进阴凉的淤泥下或石洞中，"睡"上两三个月。这是因为当夏季来临时，这些地区的温度可高达40℃以上，使得沼泽干涸，植被减少，这些冷血动物只有依靠夏眠才能度过夏季。蜗牛也是一种冷血动物，为了适应环境温度的变化，它不仅要冬眠，而且要夏眠。冬天，蜗牛会把自己封闭在壳里，一直睡到春天大地复苏时再出来。夏天，它会用夏眠来抵抗干旱和酷热。特别是生活在非洲热带草原地区的蜗牛，每当干旱到来的时候，植物全因缺水而变得枯萎，蜗牛只好用夏眠的方法来减少对食物的需求，以度过食物匮乏的夏季。蜗牛的耐饥能力十分惊人，在热带沙漠地区，蜗牛能在壳里睡上3～4年。

还有一小部分动物介于恒温动物与冷血动物之间。在暖和的时候，它们的体温能保持相对恒定；到了寒冷的季节，其体温会随着气温的下降而下降，蛰伏而进入冬眠。刺猬便是这类动物的典型代表。刺猬的活跃期是4～10月，进入11月，它就开始冬眠了。冬眠时，它的新陈代谢极为缓慢，体温从36℃降至10℃，有时甚至会下降到1℃，但绝对不会降到零度以下，因为如果这样它就会冻僵。此时，它的心跳从每分钟190次降至20次，每隔两三分钟才呼吸一次。在这段时间里，它一直靠消耗体内储存的脂肪来维持生命。大约到了4月份，冬眠的刺猬才会苏醒过来。这时它们都非常瘦弱，体重不会超过350克。

两栖动物

　　顾名思义，两栖动物就是指那些既可以在水中生活，又可以在陆地上生活的动物。两栖动物属于脊椎动物亚门的一纲，通常没有鳞或甲，皮肤裸露而湿润，透气性强，在湿润的情况下可以帮助肺呼吸。两栖动物的四肢没有爪，只有趾，体温随着外界温度的变化而变化，是典型的冷血动物。两栖动物既有从鱼类继承下来的适合于水生的特性，如卵的形态、产卵方式和幼体用鳃呼吸等，又具有新发展而来的适应于陆地生活的特性，如感觉器官、运动装置和呼吸循环系统等。

进化与分类
独特的纲

　　科学家认为两栖动物可能是从会呼吸空气的总鳍鱼或肺鱼进化而来的，它们离开水是因为陆地上没有什么敌人，并且食物来源比较充足。早期的两栖动物在长期的进化中为了更好地适应陆地生活，发育出了强壮的四肢。

　　两栖动物通常属卵生，成体一次会产下数量繁多的小卵。这些卵生活在水里，除卵胶膜外，没有别的护卵装置。幼体发育为成体要经历一系列的变态。一般来说，成体与幼体在形态上差别越显著，变态也就越剧烈，也更有利于后代的繁衍。这种变态是一种对环境的适应，同时也生动地再现了由水生到陆生动物主要器官系统变化的过程。

　　现在世界上大约有 4 000 多种两栖动物，除南极洲、海洋和大沙漠以外，其他地区都会看到它们的身影，其中以热带、亚热带的湿热地区最为常见，种类也最多。我国共有 270 多种两栖动物，主要分布于秦岭以南、华南和西南山区一带。

　　两栖动物又可分为 3 个亚纲：第一类是迷齿亚纲。这是古代两栖动物中最主要的一类，包括鱼石螈目、离片椎目和石炭螈目。第二类是壳椎亚纲。这是一个古老而又奇特的类群，包括游螈目、缺肢目、小鲵目。第三类是滑体两栖亚纲。包括现在所有的两栖动物，又可细分为无尾目、有尾目和无足目。可见，两栖动物的家族也是非常兴旺的。

两栖家族
代表物种

　　娃娃鱼是一种著名的低等两栖动物。它的学名叫"大鲵"，因叫声像婴儿的啼哭声，人们便亲切地叫它"娃娃鱼"。

　　娃娃鱼是鱼类向爬行动物过渡的中间类型，它们的祖先生活在大约 3 亿年前，因而被称为"活化石"，在生物进化史上具有重要的价值。娃娃鱼是世界上最大的两栖动物，身长一般在 60 ～ 100 厘米之间，头大、嘴大，眼睛却很小，没有眼皮，因而也不会眨眼，身后还拖着一条扁扁的大尾巴。它的身体呈棕褐色，皮肤湿滑无鳞，长着 4 只又短又胖的脚，前肢很像婴儿的手臂，真是名副其实的"娃娃鱼"。

娃娃鱼喜欢在清澈湍急的溪流中生活。白天，它会在岩洞、石穴中睡大觉，晚上才出来活动，喜欢吃蛙、鱼、蟹、螺等水栖生物。它的捕食方法十分奇特。它不像别的动物那样为食物去奔波，而是坐在洞口，等着食物自己送上门来。捕到食物后，它通常是将食物整个吞下，然后在胃里慢慢消化。娃娃鱼还像骆驼一样可以几个月不吃东西。

娃娃鱼在古代是很兴旺的，但是由于长期大量的捕杀，娃娃鱼的数量显著减少，加之它的生长期很长，因此它现在已成为濒危动物中的极危动物了。

蚓螈是一种像虫子一样的两栖类动物。它没有腿，身上长有细小的、环状的鳞片。它们多数生活在热带地区，以蠕虫、白蚁、蜥蜴为食。它们有尖利的牙齿，但视觉很不发达，几乎可以算得上是瞎子。有些蚓螈以卵生方式繁殖后代，有的则直接生下活的幼崽。

蝾螈是一种极小的两栖动物。有些蝾螈长期居住在水中，称为水栖蝾螈；而完全居住在陆地上的蝾螈，则叫作陆栖蝾螈。大多数蝾螈是靠肺和皮肤呼吸的，但也有少数蝾螈根本没有肺，只能通过皮肤和口腔呼吸。

青蛙是最常见的两栖类动物。夏日的雨后，在池塘边、草丛中，处处可以听到群蛙齐鸣的声音。"黄梅时节家家雨，青草池塘处处蛙"便是这一景象的生动写照。

鲵和蝾螈7个科的代表种类：1.无趾螈属无肺蝾螈，2.红蝾螈，蝾螈科，3.虎螈（虎纹钝口螈），钝口螈科，4.洞螈，洞螈科，5.泥螈（斑泥螈），洞螈科，6.山溪鲵，小鲵科，7.日本爪鲵，小鲵科，8.大凉疣螈，蝾螈科，9.东部蝾螈，红水蜥时期（绿红东美螈），蝾螈科，10.光滑欧冠螈，蝾螈科，11.大鳗螈，鳗螈科，12.二指两栖鲵，两栖鲵科。

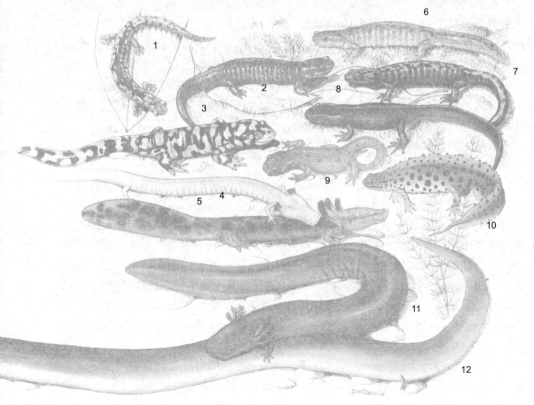

青蛙的长相相当特别。首先，它有一张宽大的嘴巴，雄蛙的口角两旁还长有一对气囊，其作用就像音箱一样，有增大声音的功能，因而雄蛙的叫声十分响亮。有的青蛙喉部长有气囊，叫起来的时候，喉部就会显得很肿胀。青蛙的嘴里有一个能活动的舌头，舌头尖端分叉，能够分泌黏液。当捕捉昆虫时，青蛙会张开大嘴，舌头迅速翻射出口外，粘住小虫，然后用舌尖将猎物送入口中。

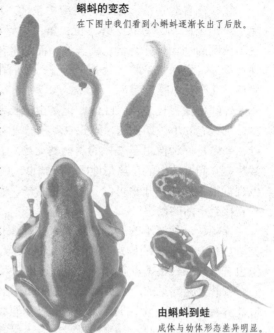

蝌蚪的变态
在下图中我们看到小蝌蚪逐渐长出了后肢。

由蝌蚪到蛙
成体与幼体形态差异明显。

青蛙还长有一双"美丽"的大眼睛。青蛙的眼眶底部没有骨头，眼球近似于圆球，向外凸出。这双眼睛是由极其复杂的视网膜构成的，可帮助青蛙获取外部世界的信息。然而青蛙的眼睛具有很大的局限性，它只对运动的物体敏感，能迅速发现飞动的虫子，对静止不动的物体则"视而不见"。

此外，青蛙还有一双造型优美的后腿，帮助它在水里游，地上跳。青蛙的后腿平时是折叠起来的，当它在水中游泳时，双腿有力地蹬夹水而产生推力，使身体向前运动。在地上跳跃时，双腿又像弹簧一样产生反弹力，所以青蛙跳得又高又远。

青蛙的种类很多，大多数生活在水里，因而水对它们是至关重要的。淡水既可以让青蛙的皮肤保持湿润，同时又是青蛙繁殖的媒介。而生活在沙漠地区的蛙，则通过穴居地下来防止水分散失。澳大利亚贮水蛙则褪下外皮，形成茧状，裹住身体，大大减少了水分流失。

青蛙主要捕食稻苞虫、蝼蛄、蚜虫、金龟子、螟蛾等农业害虫，因而有"庄稼的保护者""绿色卫士"等荣誉称号。

两栖动物一般都是皮肤裸露，体内的体液和血液里的盐分比海水的含盐度要低得多，如果它们进入海水里，就会因体内大量失水而死亡，所以在广阔的海洋中很难见到两栖动物的身影。然而在蛙科动物的大家族里，有一种海蛙，却生活在沿海咸水或半咸水地带。它之所以能生活在海中，是因为它有与众不同的生理功能。海蛙的肾脏对代谢产物——尿素的过滤效率很低，因而血液中能含有大量的尿素，使海蛙体内能维持比周围环境高的渗透压，从而使它能在海水里活动自如。海蛙也是目前所知的唯一能在海水中生活的两栖类动物。然而，海蛙却不在海里产卵，而是产在涨潮时倒灌入陆地的临时性水洼内。水洼中孵化的蝌蚪，能够耐盐、耐高温。

两栖类动物作为最早离开水，跑到陆地上来生活的脊椎动物群，兼具了水生动物与陆生动物的一些特性，因而在生命进化史上具有重要的研究价值。

爬行动物

爬行动物是脊椎动物演化进程中极其关键的一环。大约在上石炭纪，即2.8亿年前，地球上开始出现爬行动物。中生代是爬行动物的全盛时代，它们一度控制了海陆空各个领域。到了白垩纪后期，即8000万年前，爬行动物开始衰落，有许多分支灭绝，现在只剩下5目约5000种，体型和重量也大大减小，如现在最大的蟒蛇长约12.3米，最大的棱皮龟重约865千克，而古代的恐龙有的长达50米。现在的爬行动物主要分成龟鳖类、鳄形类、蜥蜴类、蛇类和喙头类五大门类，常见的有蛇、龟、鳄鱼、壁虎等。

由海洋到陆地
爬行动物的进化

爬行动物的体表一般都有保护性的鳞片或坚硬的外壳。皮肤没有呼吸功能，也很少有皮肤腺，这可以使它们的身体不会因过快地失去水分而死亡。头颅上除鼻软骨囊外，全部骨化，外面更有膜成骨覆盖着。头部能灵活转动，胸椎和胸肋与胸骨围成胸廓以保护内脏，这是动物界首次出现的胸廓。除蛇类外，其他的爬行动物都有四肢，水生种类长有桨形的掌，指、趾间有蹼相连，便于游泳。爬行时腹部贴着地面，慢慢爬行前进，只有少数体形轻捷的能疾速前进。

爬行动物是用肺呼吸的，有一个心室，心室内有不完全膈膜，从而增强了供氧能力，但体温仍不恒定，属于冷血动物。它们还第一次形成骨化的口盖，使口、鼻分腔，内鼻孔移到口腔后端，咽与喉分别进入食道和气管，从而使呼吸和饮食可以同时进行。爬行动物是在两栖动物的基础上发展起来的，进一步完善了对陆地环境的适应能力，彻底摆脱了对水生环境的依赖，活动范围更加广泛，但它们仍喜欢生活在比较温暖的地方，因为它们必须借此来保持身体的温度。

爬行动物是由最初从水里爬到陆地上来的初级爬行动物演化而来的。2.5亿至6500万年前，是爬行动物的时代，从天上到地下，都有它们的身影，如陆上行走的是恐龙，空中飞行的是翼龙，水中游泳的则是鱼龙，形态多样，各成系统，当然称王称霸的还是恐龙。

恐龙种类繁多，体型和习性也相差很大。有的恐

梁龙

这是一种生活在草原上的食草恐龙。它的身体大约有27米长。

龙只有小鸡那么大，有的却长达数十米，重达百余吨。它们大多是长着长长的脖子，小小的脑袋，还有一条又粗又长的大尾巴。就食性而言，分为肉食、草食和杂食。肉食性恐龙又叫"食肉龙"或"食肉蜥蜴"，主要以其他恐龙为食，有时也吃动物的尸体；食草性恐龙多生活在沼泽地区，以多汁的水生植物为食，在多泥沙的岸边休息和产卵。

恐龙曾经在地球上生活了1.3亿多年，并一直是地球上的霸主，但在中生代末期却突然全部灭绝，其灭绝的原因到现在也无法解释清楚。

兴盛的家族

代表物种

蜥蜴是爬行动物中的一个庞大家族，共有17科，4000多种。它们大部分居住在热带或亚热带地区，从北极地区到非洲南部、南美洲及澳大利亚都有它们的身影。有些种类的蜥蜴生活在树上、洞穴或地底下。

蜥蜴和蛇的外表特征很相似，都有角质鳞，雄性具有一对交接器（半阴茎），方骨可以活动。蜥蜴在成长过程中，大约1个月蜕一次皮。典型的蜥蜴身体略呈圆柱形，四肢发达，尾部稍长，略等于头部和身体的总和，下眼睑可以活动。蜥蜴体长3～300厘米不等，一般在30厘米左右。它们的头、背和尾巴上都有棱脊，喉部皮肤有皱褶，颜色十分鲜艳，喉部特别下垂。

蜥蜴是一种行动特别敏捷的动物，它们的脚和脚趾的构造很特别。爬行类的蜥蜴一般都长有尖利的爪子，能够牢牢地抓住攀附物。比如小型爬行动物不仅长有尖爪，更有爪垫。爪垫由无数极细的毛构成，不但能增加指、趾与光滑平面之间的摩擦力，同时还有黏附的功能，能够吸附住身体。所以，壁虎不仅可以在墙上直上直下，甚至可以倒挂在屋顶上。此外，壁虎还像许多其他蜥蜴一样，有自动切断尾巴的本领，当它们遇到危险时，会让尾巴断掉，以迷惑敌人，自己趁机逃之夭夭。过一段时间，就会长出一条新尾巴来。

彩虹飞蜥种群中的雌雄个体在颜色和体形大小上的差别是相当明显的。雄性鲜艳的体色以及雌性头部闪亮的绿色会受到光和热的刺激，在夜晚，颜色就会褪去。

一些蜥蜴在逃避危险时还能够飞起来。如飞行壁虎身体两侧的皮肤可以向外伸展，能像降落伞一样帮助它降低下落的速度。"飞龙"的"翅膀"则是由它的肋骨演化而来的。平时，它的"翅膀"会收在身体的两侧，看不出来，滑翔时却能在体侧张开。

蜥蜴一般以蠕虫、昆虫、蜘蛛和软体动物为食，比如变色龙就是捕虫高手。还有极少数蜥蜴喜欢吃植物。蜥蜴大多为卵生。它们通常会把卵产在地面上，然后盖上一层厚厚的土。小蜥蜴孵化出来后，自己会推开泥土爬出来。

斑点楔齿蜥是恐龙时代唯一幸存下来的爬行类动物。现在它们主要分布在新西兰一些岛屿的海岸边，喜欢在阴冷的地方生活，其生长、移动都极其缓慢。它们在移动时，大约每7秒钟才呼吸一次，而在休息时呼吸之间的间隔长达1个小时。

龟科爬行动物包括250多种动物，主要有乌龟、海龟和鳖。龟科动物出现得很早，几乎与恐龙的历史差不多长。但几亿年来，它们的外形没有多大变化，与古代的化石没有什么不同。

龟科动物的体外长有坚硬的角质壳，用以严密地保护自身的各种重要器官。这个龟壳由两部分组成：一个是高耸的、用以保护背部的背甲；另一个则是平坦的、用以保护肚腹部的腹甲。龟壳的成分主要是角质层，由一种叫盾板的小块状的鳞甲覆盖着。盾板是由一种叫作角朊的角质物质组成的，人们可以从龟壳上的年轮来判断龟的年龄。并不是所有的龟都有坚硬的龟壳。一些软壳

在20世纪80年代到90年代间，中华鳖成为东亚迅速发展的养龟业的主要养殖种类。

乌龟，由于其龟壳是由皮质组织构成的，没有角质层，所以它们的壳是软软的。龟壳的骨质层中有大量的空气，其作用是减轻海龟在水中的重量，以便游得更快。同时，龟壳能起到很好的保护作用。

大多数龟类动物都长着粗壮的四肢，行动极其缓慢，因此不容易捕取食物。于是它们只好以植物或小昆虫为食。大多数乌龟连牙齿都已退化掉了，只能靠长着尖角的上下颚来撕开食物。

像绿甲海龟、皮背海龟这样的海龟还有迁徙的特性。如绿甲海龟每年要从巴西海岸的觅食地迁徙到2250千米之外的南大西洋的复活岛上去居住。对于它们来说，这段旅程是漫长而艰辛的，因为它们游泳的速度极其缓慢，时速仅为3千米。

龟经常被人看作是长寿的动物。龟的平均寿命是100年左右，然而能活到三四百岁的龟也屡见不鲜。一般而言，那些吃植物而且个头大的龟能活得更久一些；而肉食或杂食的小个头的龟寿命就比较短。

总之，爬行动物的家族还是比较兴盛的。许多爬行动物还具有很高的实用价值。如龟的卵和肉都可以食用，而且具有很高的营养价值。龟甲又是名贵的中药材。蟒蛇、鳄、大型蜥蜴等动物的皮可做成乐器，玳瑁则可制成工艺品。壁虎、变色龙会捕吃蚊虫，一些蛇类还能捕鼠，为人类除害。

昆 虫

在所有的动物中，昆虫的种类最多，分布也最广。除了海洋的水域外，昆虫几乎群集于每一个你能想象到的栖息地：陆地、水中、空中、土壤里，甚至是动植物的体表或体内。科学家们已经为上百万种的昆虫取了名字，但可能尚有1000多万种昆虫至今仍然默默"无名"，有待于人类去发现、鉴别。

兴旺的群体
结构与功能

昆虫之所以能如此广泛地分布于地球上，主要是靠其飞行能力和高度的适应性。昆虫一般个头都很小，可以被气流或水流传播到遥远的地方。昆虫的繁殖能力也很强，虫卵在精心的保护下能抵抗恶劣的环境，并能在鸟类和其他动物的远距离活动中，被带到很远的地区生活。许多昆虫具有极为复杂的生命循环过程，需要经过几个界限鲜明的生长阶段才能变为成虫。

昆虫家族如此兴旺，那么什么样子的动物才算是昆虫呢？昆虫隶属于被称为节肢动物的群系，它们的外形十分独特，即身体外面通常包着一层很硬的外骨骼，躯干明显地被分为3个部分：头、胸、腹。头部长有一双一对一的触角（触须）和一张适用于特殊食物的嘴巴；胸部长有腿和翅膀；腹部里面有肠和生殖器官；腿部带有6条关节。

昆虫构造的变化主要体现在翅、足、触角、口器和消化道上。这种广泛的形态差异使得这个旺盛的家族能够通过一切可能的方法生存下来。

所有昆虫的成虫都有6只脚，绝大多数有2对翅膀，长在胸部。它的翅是由中、后胸体壁延伸而成的。少数昆虫只有1对翅，后翅变成1对细小的平衡器，在飞行时起平衡作用。还有一些昆虫的翅膀已完全退化，但若用放大镜仔细观察的话，还是可以找到翅膀的痕迹的。昆虫的骨骼长在身体的外边，叫作外骨骼。防水的外骨骼可以防止水分的蒸发，保护并支持躯干，使其适合于陆地生活。同时，昆虫还要通过外骨骼上的气孔进行呼吸，与外界进行能量交换。

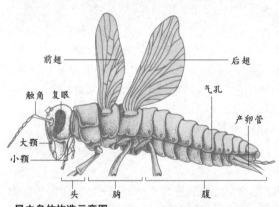

前翅　　后翅
触角　复眼　　　气孔
　　　　　　　产卵管
大颚
小颚
头　　胸　　腹

昆虫身体构造示意图

昆虫还有极其发达的肌肉组织。它的肌肉不仅结构特殊，而且数量很多。一只鳞翅目昆虫竟有2000多块肌肉，而人类也不过有600多块而已。发达的肌肉不仅可以使昆虫跳得高、跳得远，还可以帮助它们进行远距离飞行，甚至举起比自身重得多的物体。如小小的跳蚤，身体扁得不能再扁，体长仅为1～5毫米，但它却能跳到 22 厘米高、33 厘米远的地方，是昆虫世界的跳跃冠军。跳蚤之所以有如此惊人的跳跃能力，完全是依靠它的后足及肌肉。跳蚤的后足很发达，足的长度比身子还长，又粗又壮。跳跃前，肌肉发达的胫节紧贴着腿节，用力将强大的胫节提肌收缩得紧紧的，然后再伸展开来，利用强大的反弹力跳起来。同时，跳蚤的中足和前足也可后蹲，协调整个身体的跳跃动作，这就更增强了它的跳跃力量。此外，蝗虫和蟋蟀的跳跃能力也十分出色。蚂蚁可以举起相当于自身体重 52 倍的物体。蜻蜓、蝴蝶、蜜蜂等昆虫依靠胸背之间连接翅膀的那部分肌肉，能够飞到很远的地方。

昆虫的视觉器官极为发达。它们的飞翔、觅食、避敌都离不开敏锐的视力。大多数昆虫都有大大的复眼，位于头部的前上方，呈圆形或卵圆形。复眼又是由许多六角形的小眼组成的，每只复眼至少有 5 ～ 6 只小眼，最多的可以达到几万只。蜻蜓、螳螂的复眼就很具有代表性。

蜻蜓成虫的个头一般在 20 ～ 150 毫米之间，头大而灵活，一对复眼占头部体积的一半左右，复眼是由 1.2 万个小眼组成的，视觉非常敏锐，可以帮助它们迅速地捕捉到食物。螳螂也有 2 个很大的复眼，其作用除了能够辨别物体外，还可以用来测定速度。

单眼结构的昆虫，只能辨别外界光线的强弱，因而它们更多依靠触觉、嗅觉和听觉来感觉外部世界。昆虫的头部有一对能灵活转动的触角，有的细长，有的短小，但都是出色的感觉器官，就像给它们装了一副多功能的天线似的。在昆虫的嘴巴下，还有两对短小的口须，其作用就像鼻子一样，可以辨别气味。在昆虫的躯干上还有一些知觉鬃毛，其作用是分辨声音。昆虫的种类不同，这些知觉鬃毛长的地方也不同。蝗虫是在腹部第一节的左右两边各长有一些知觉鬃毛，外表就像半月形的裂口，清晰可见；蚊子的知觉鬃毛长在头部的两根触角上；蟋蟀的知觉鬃毛则长在前肢的第二节上。

昆虫的嘴巴的学名叫口器。令人难以置信的是昆虫进化了多种多样的口器构造，以适应它们特定的需要。昆虫口器的形式虽然很多，但人们通常将其分为咀嚼式、舐吸式、刺吸式、虹吸式、吸嚼式等几大类。

昆虫中有一些是寄生，有一些则是自己捕猎食物。其中有的是吸取植物的汁液，有的是咀嚼植物的叶片，还有一些以动物的血液为生。因而有的昆虫对人类有益，如蜜蜂、蝴蝶、螳螂、蜻蜓等。它们有的可以帮助果树传播花粉，有的能消灭害虫。而有些昆虫对农作物则十分有害，如蝗虫、棉铃虫等。我们应该根据其生长特点，对其进行有效的防治。

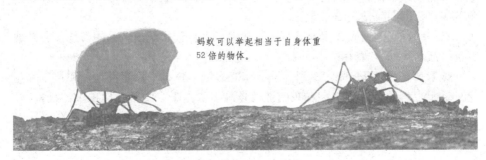

蚂蚁可以举起相当于自身体重
52 倍的物体。

留鸟与候鸟

有些鸟类人们可以常年见到，而有些鸟类则像客人一样，每年在一定的季节来"串门"，住上一段日子便又飞走了。一年之中，全世界任何一个地区的鸟的种类都会随季节而发生变化。每到换季的时候，有些鸟就会回来，有些鸟却要飞走。鸟类所具有的这种随季节的变化而变更生活地区的习性，是一种迁徙现象，是鸟类为适应自然环境而产生的行为。但并不是所有的鸟类都具有迁徙的习性，于是人们便根据鸟类有无迁徙习性将鸟类分为候鸟和留鸟两大类。

不迁徙的鸟类

留鸟

所谓留鸟，就是指那些终年生活在其出生、繁殖区内，不依季节的不同而迁徙的鸟类。世界各地的留鸟很多，而且南方的要比北方的多。北方的留鸟一般都能抵御寒冷的冬天。常见的喜鹊、画眉、麻雀、乌鸦等，都是留鸟。

喜鹊是一种惹人爱怜的鸟，民间常常把它看作是吉祥的象征。其实，喜鹊是雀形目鸦科中多种长尾鸟类的总称，与乌鸦是近亲。

喜鹊是最常见的留鸟，其全身除肩部和腹部是白色外，其他地方都是黑色的，翅膀上闪烁着蓝绿色的金属般的光泽，长尾巴上也带着蓝色、紫色、铜绿色或紫红色的光泽。

喜鹊一身漂亮的羽毛，不光好看，而且实用，它可以帮助喜鹊抵御寒冷的冬天。喜鹊之所以不必每年辛苦地飞来飞去，正是凭借这身厚厚的羽毛度过寒冬，等待春天的到来。

喜鹊的家是用树枝在高大的树梢附近筑成的足球般大小的圆球状的巢。喜鹊作为留鸟，每年都会筑巢过冬。它们有的是在旧巢址上逐年整修加高来营建新巢；有的则另选新址建巢。喜鹊还喜欢闪闪发光的东西，例如玻璃、镜子、剪刀之类的东西，只要搬得动，它都会搬回家去，用来装饰它的家。

喜鹊的分布很广泛，除南极洲外，其他地区都可以看见它那美丽的身影。它与人的关系很融洽，可以帮助人类消灭蝗虫、蝼蛄、象甲、夜蛾幼虫等危害农作物的害虫，因而深受人们的喜爱。

有一些种类的留鸟，因为具有追寻食饵、进行较短距离漂泊的习性，所以被称为"漂鸟"，如"森林医生"啄木鸟、山斑鸠等。

啄木鸟属于鴷形目啄木鸟科，共有180多种，分布于除澳大利亚和新几内亚之外的世界各地，以南美洲和东南亚数量最多。由于它常常在树皮中寻找食物，在枯木中凿洞做巢，因而人们便叫它"啄木鸟"。大多数啄木鸟终生都在树林中度过，在树干上活动觅食，但有个别种类的啄木鸟能像雀形目鸟类一样栖息在树枝上，在地上寻找食物。它们通常在春夏季节生活在山林里，而到了秋冬时节，便迁徙到平原、旷野中寻觅食物了。

随季节迁徙
冬候鸟与夏候鸟

有些鸟类每年随着季节的不同而定时变更栖息地，它们常常是在一个地区产卵、育雏，到另一个地区过冬，这类鸟叫作候鸟。根据候鸟迁徙时间的不同，又可将它们分成夏候鸟和冬候鸟两大类。有些候鸟总是在秋天的时候，从北方高纬度地区飞到某些低纬度地区过冬，对这一地区来说，它们便是"冬候鸟"。如在中国境内过冬的多种雁鸭类。冬候鸟通常在第二年的春天，飞回北方的繁殖区进行繁殖，抚育后代。而有的候鸟则喜欢在春夏时节飞到北方筑巢、孵卵、哺育雏鸟，到了秋冬时节再飞到温暖的南方地区过冬，对这一地区来说，它们便是"夏候鸟"。

在我国最常见的夏候鸟主要是家燕、杜鹃、黄鹂、白鹭等。还有一些种类的鸟，在某一地区的北方繁殖，而在南方过冬，在南迁北徙的途中经过这一地区，对这一地区来说，它们便是"旅鸟"。

候鸟的迁徙是极其有规律的，通常是一年2次，一次在春天，另一次在秋天。雨燕是最著名的候鸟，它在迁徙的时候，可以在空中连续飞行好几个星期而不落地。丹顶鹤也是候鸟，它们通常在每年3月的时候，成群结队地飞到北方的沼泽地带，在那里筑巢产卵，繁殖后代。到了10月份，大丹顶鹤便带着刚刚学会飞行的小丹顶鹤向南方迁徙。

大雁是最常见的冬候鸟。由于雁的种类和繁殖地点的不同，生活习性的差异，它们的迁徙路线也有所不同。老家在西伯利亚一带的雁，每年秋冬时节，它们便会成群结队地向南迁徙，飞行的路线主要有两条：一条是由我国东北地区，经过黄河、长江流域，到达福建、广东沿海，甚至可以飞到南海群岛。另一条路线是由我国内蒙古、青海，到达四川、云南省，最远到达缅甸、印度。第二年春天，它们又会长途跋涉地飞回西伯利亚。虽然雁的飞行速度很快，但是这漫漫几千里的长路，它们也要飞上一两个月。

雁群在飞行时，常常会排成"一"字或"人"字的队形，每只雁都伸直头颈，足部紧紧贴在腹部，扇动双翅，缓缓前进。据说这种队形在飞行时最为省力。在前面领队的大雁，拍动翅膀时会使气流上升，紧随其后的小雁就可以凭借这股气流滑翔，从而跟上大部队。雁群边飞行边鸣叫，数里之外都可以听见它们的鸣叫声，声势异常壮观。

家燕是典型的夏候鸟。每年春天，家燕要从印度半岛、南洋群岛和澳大利亚等越冬地飞回来。大约在2月份的时候开始北迁；3月份前后到达福建、浙江和长江三角洲一带；4月份到达山海关一带；最后到达我国东北、内蒙古等地。燕子每年总是能够准确地找到原先的栖居地。它们回来后的第一个任务，就是筑造新巢或者修补旧窝，然后开始产卵、孵卵，繁殖后代。几个月后，幼燕长到能够飞翔的时候，大燕便带领成群的小燕，在八九月间，飞到南方过冬去了。

家禽与家畜

家禽和家畜是与人类生活最为密切的动物群体。家禽就是指那些经过人类长期的驯化培育而生存繁衍，并具有一定经济价值或赏玩价值的鸟类，如鸡、鸭、鹅、火鸡、鸽子、鹌鹑等。

驯化的鸟类

家禽

人类最早驯养的鸟类是鸡。家鸡的祖先叫原鸡，也叫红色野鸡，现在多分布在南亚地区的丛林中。原鸡主要栖息于海拔约1000米以下的森林中，也喜欢到稀疏的树林或灌木丛中活动。雄原鸡的啼声很洪亮，但与家鸡的啼声有很大的不同。

人们根据自身的需要，已培育出多种家鸡，现在世界上公认的鸡种有70多种，且各具特点。肉用鸡常常被喂得又肥又胖，体重都在4.5千克以上，它们的肉质肥嫩，鲜美可口。专门用来下蛋的鸡，一年最多可以产下300多个蛋，平均一天一个，为人类提供了充足的鸡蛋。乌骨鸡的骨头是黑色的，而体表的羽毛却是雪白的，它具有很大的药用价值。斗鸡骨骼结实，行动灵活，是专门供人进行游戏的。还有重达十几千克的火鸡，肉质鲜美，非常有韧性。

家鸽是由原鸽驯化而成的，几千年前，原鸽就被用来为人类服务。经过人工选择，现在的鸽子主要分为信鸽、肉鸽和观赏鸽三种。信鸽的飞翔能力很强，能进行长途飞行，而且有强烈的归巢感，可以从几千米外迅速返回自己的"家"。自古以来，人们就利用它的这一特性，让它担负起通信工作，尤其是在通信手段不发达的古代，信鸽在人们的生活中占有极为重要的地位。即使在通信技术高度发达的今天，利用信鸽传递军事情报仍是非常普遍的事。肉鸽生长迅速，一个月就可以长到500克重，肉味鲜美，具有很高的营养价值。观赏鸽的羽毛千姿百态，是人工选择学的主要佐证。

鸭子也是人们经常饲养的一种家禽。家鸭是由野鸭（绿头鸭）驯化而来的。绿头鸭肉味好，卵期长。人类将它们驯养后，为了获得更多的鸭蛋，便不让它们自己孵蛋，同时又给以充足的光照和食物，让它们产更多的蛋。另外，人类还将产蛋量最多的鸭选为种鸭。这样，经过人工选择和培育的卵用鸭，一年能产二三百个鸭蛋，比它的老祖宗绿头鸭要多得多。然而，由于人类长期不让它们自己孵蛋，它们便逐渐丧失了这种本能。

鸽子

可见，家禽能够提供营养丰富的禽蛋、

禽肉，其中富含易被人体吸收的蛋白质、氨基酸、维生素和矿物质，以及一定的微量元素等。家禽的羽、绒具有很强的保暖性，轻便耐用，可以用来制作羽绒服等。禽粪中含有丰富的氮、磷、钾等，是优质肥料。同时，家禽的生长期短，繁殖能力强，饲料转化率高，因而是很好的经济动物。

用途广泛的驯养兽类
家畜

　　家畜就是那些经过人类长期的驯化培育，可提供肉、蛋、乳、毛、皮等畜产品或供役用的各种动物，主要包括马、牛、驴、骡、骆驼、羊、狗、猫、家兔等兽类。家畜都来源于野生动物，然后经过长期的驯化，它们在外貌、体形、生理机能等各方面都与野生动物有了很大的不同，而且性情比较温顺，生产能力也大大提高。

　　马是一种善于奔跑的家畜，最早是被用作交通工具的。马跑的时候，我们经常可以听到"哒哒——"的声音，那是因为人类给它穿上了铁鞋——马掌的缘故。现代的马，四肢的趾端只有一个趾，其他的趾则在长期的岁月中退化掉了。在这个趾上，有一层像趾甲似的蹄保护着。蹄实际上是一种角质化的坚硬皮肤，又是身体重量的支点。由于经常在坚硬的地面上摩擦，时间长了，马蹄就容易被磨损，影响了马的奔跑速度和负重能力。为了防止马蹄被过分磨损，人类就想出了一个好办法——给它穿上"铁鞋"，使它能跑得更快。

　　马是人类的亲密伙伴，它不仅可以将人们带到很远的地方去，而且可以帮助人们耕地运货。马肉可以食用，骨可以制胶，皮可以制革，马鬃可以做小提琴的琴弦，马粪可以培养蘑菇，马的血清还可以制破伤风抗毒素。因此可以说马的浑身都是宝，为人类立下了汗"马"功劳。

　　家猪是由野猪驯化而来的。早在8000~10000年前，人类就开始驯化并饲养野猪了。野猪浑身长着硬毛，性情凶悍强暴。它跑得很快，发起怒来连被称为"兽中之王"的老虎都要让它三分。然而经过几千年来的驯养，家猪不仅性情温和，而且逐渐形成了发育快、繁殖能力强的特点。

　　然而，我们还是能在家猪的身上看到野猪的生活习性，其中最具代表性的便是猪喜欢拱泥土和墙壁的习惯。猪在野生时代是没人去喂它们的，它们只有自己去寻找食物，尤其是要吃生长在地里的植物块根和块茎，它们必须依靠突出的鼻、嘴和强硬的鼻骨将土拱开，将土里的食物挖出来，连食物带泥土一块吃到肚子里。另外，野猪在泥土中可以获取自己所需要的磷、钙、铁、铜等矿物质，以保持身体营养的均衡。

　　家畜既是进行畜牧业生产的生产资料，也是人类的生活资料，与人们的生活密切相关。中国是最早开始畜养家畜的国家之一，现在人们仍然在利用各种科学方法加速驯养各种野生动物，使之变为家畜，为人类服务。

筑巢与做窝

大部分动物总是处于迁移和运动中，今天住这儿，明天住那儿，根本没有什么固定的、真正的"家"。但有些动物，像鸟类、昆虫类为了繁殖后代，常常会搭窝或筑巢——这就是它们的"家"。这些"家"不但结实耐用，而且还各具特色，令人叹为观止。

蜜蜂的建筑才华在动物王国里可以说是首屈一指的。它们以自己独特的方式，搭建了一个个整齐的六角形房间，堪称是巧夺天工的杰作。

组成蜂巢的一个个小房间基本呈水平方向，它们大小一致，紧密排列在竖直墙架的两侧。房间的门也呈正六边形。三个菱形的蜡片对接形成房间的底部，并略微向外突起，这可以起到防止蜂蜜外流的作用。这种结构就使得两侧的房间底部恰巧能交错排列，而且与蛹尾部细尖的形状非常适应。

令人惊讶的是，每个房间的菱形都非常标准，锐角一律是 $70°32'$，钝角一律为 $109°28'$。从建筑学来讲，选择这个角度是最省材料的。

小小的蜜蜂又不是建筑师，它们在没有任何工具帮助的情况下，是怎样完成如此精细的任务的呢？

让我们来看看蜜蜂是怎样一步步地搭建房子的。建筑工作从"天花板"开始。所谓"天花板"，其实是指蜂箱活动框架的顶部，也就是日后巢室的最上部。蜜蜂同时在几个地方修建巢室，每个巢室无一例外地都从底部的菱形开始搭建。

在工地旁，有一个临时的由蜜蜂聚在一起形成的"建材加工厂"。在这里，众多蜜蜂挤在一起，使得中心温度保持在35℃，这样才能保证工蜂能顺利分泌蜂蜡。工蜂从腹部挤出一点蜂蜡，然后用后足接住，传递到嘴里嚼匀，嚼匀的蜂蜡可依

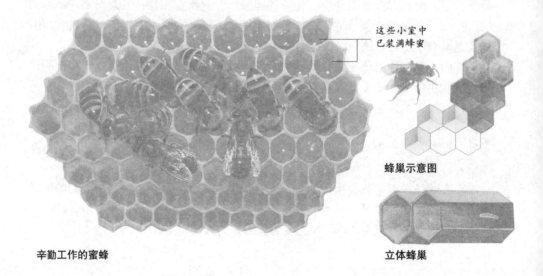

这些小室中
已装满蜂蜜

蜂巢示意图

辛勤工作的蜜蜂

立体蜂巢

据建筑需要加工成形。

修建完几个起点处的菱形后，蜜蜂便以此为依托继续筑墙。之后，蜜蜂返回底部进行下一个菱形的修建，再以其为底修造两堵墙。当第三个菱形和最后两面墙修成，一个巢室就完工了。蜜蜂能迅速地把前后相邻的蜂巢接起来，连接成一片整齐的正六角形。

造一个这样的蜂巢并不是件容易的事，小小的蜜蜂精湛的建筑技艺令人叹为观止，它们真不愧是昆虫界中杰出的"建筑师"。

蚂蚁的"家"都建在地下，是一个如同地下大迷宫似的四面延伸扩展的巢。从石缝或草丛间的洞口进入弯弯曲曲的门廊，就逐渐进入漆黑的地下，到达这座令人惊叹的地下"迷宫"了。这里一条条回廊交叉迂回又互相交通，通过这些忽宽忽窄、忽弯忽直的回廊可以直达周边所有的房间。这些房间各有各的用途：有的是储藏粮食的"仓库"；有的是工蚁休息的"宿舍"；有的是哺育幼虫的"幼儿园"；有的则是专门用以孵化卵的"育婴房"……

随着蚁群的发展壮大，蚁巢也会不断地延伸扩张。几年后，有的蚁巢占地可达几十平方米，甚至达几百平方米；有的从上下十余层延伸到地下好几米处。虽然这些通道和房间的设置没什么规律可言，但是蚂蚁靠着熟悉的气味的引导而自由活动，丝毫不会迷路，而且越杂乱的格局越能迷惑敌手，越能保证自己的安全。

同样是生活在地下的昆虫，蝼蛄也是个筑巢的"好手"。蝼蛄的名字很多，有天蝼、土狗、拉蛄等，它和蟋蟀一样，也会靠摩擦翅膀来"鸣叫"，以此来追求异性。

蝼蛄的一生大多是在地下度过的。春天，蝼蛄会钻到潮湿的地表下开始建筑"家园"。它会顺着地表一直斜着往下挖，挖到 30 ~ 40 厘米处就会停下来，然后再返回到地表，挖许多条可以通到老巢的隧道，以备逃生之用。在挖掘的过程中，它会边挖边吃地里的种子、幼苗或植物的根茎，如果遇到马铃薯，它就会在马铃薯的中间打个洞穿过去。夏天，蝼蛄会将这个老巢扩建、装修一番。它先是开凿出一个酒瓶般的巢穴，然后将接近地表的"瓶口"用烂草堵住，还在里面铺些杂草，作为雌蝼蛄的"产房"。雌蝼蛄在此产完卵后，用泥土把所有的通路都堵好了才离开。大约十天之后，这些卵就会依靠土地的温度孵化为幼虫，小蝼蛄便这样诞生了。它们以"爸爸妈妈"留下的杂草为食，等草都被吃光的时候，小蝼蛄也差不多长大了，便从洞中出去，开始新的生活。

鸟儿一般都是天生的"建筑师"，它们用树枝、草和泥土建造自己的"家"（但杜鹃却不会建，只好将蛋产在其他鸟儿的窝里，让别的鸟替它孵化自己的"宝宝"）。鸟儿的巢有的简单，有的复杂，制作材料不一样，样子也是多种多样的。有浅巢、泥巢、树洞巢、洞穴巢、枝架巢、纺织巢、缝叶巢等。

鸟类是最爱营造"家"的动物，但是它们只有在繁殖的时候才需要"家"。它们将蛋产在巢里，然后在巢中孵化。新孵出的小鸟，一般都不会飞，它们就待在巢中等待父母喂食，直到长大会飞后才离开。有时，鸟也会用"家"来贮存食物，以备不时之需。

大火烈鸟每年建一次巢，但新巢多是建在旧巢之上。大火烈鸟大多选择在三面环水的半岛形土墩或泥滩上筑巢，有时也会在水中用杂草筑成一个"小岛"。它筑巢时用喙把潮湿的泥巴滚成小球，再混入一些草茎等纤维性物质，然后用脚一层层地砌成上小下大、顶部为凹槽的碉堡式的巢，这样的巢坚固耐用，即使是狂风，也不能给它造成丝毫损伤。大火烈鸟群体的巢常常会整整齐齐地排列着，构成一个错落有致的"小村落"。筑巢期间，性格温顺的大火烈鸟有时会变得凶狠好斗，不时为争夺"地盘"或抢夺筑巢材料而发生冲突。

金雕一旦成双成对之后，便会建造起一个或多个巢，巢与巢之间相距数米或数千米不等。年复一年，一对金雕可能会专门栖息在某一个巢，或是交替栖息于两个备受青睐的巢中。如果雌金雕对这些巢不满意，它们便会再建几个巢。雌金雕是筑巢和修巢工作的主要"负责人"。它们的巢是由树叶和树枝筑成的，直径约1米，厚可达40厘米。金雕们一般晚上栖息于某个没有用于育雏的巢中，其余的会作为存放剩余食物的储藏室。每年筑巢时，金雕们会给常住的巢补充一些树枝、树叶，因此它们的巢往往非常大，有的直径甚至可达数米。

大多数蜂鸟用柔软的植物纤维、苔藓、蛛网、地衣、虫茧等东西，在树枝、灌木末端，叶片或岩石的突出部位筑巢。巢呈长布袋形，像半个鸡蛋壳或一只美丽的小酒杯，十分精巧细致。有的蜂鸟用平滑的蛛网将巢缠绕在树枝或竹子上，避免巢因风吹而摇晃。巢筑好后，许多蜂鸟还会仔细地在巢内铺上柔软的纤维物，使巢住上去更舒适。

燕子的巢多筑在屋檐下或横梁上。它们筑巢的材料很简单，只需泥土、稻草、根须、残羽而已。筑巢的时候，它们会飞到河边、水潭边，啄取湿泥，弄成丸状，然后衔回来，再混以稻草、残羽等，在屋檐或房梁上筑巢。筑的时候，它们会站在巢内垒泥，由里向外挤压泥球，所以尽管巢的外部凹凸不平，但里面却很平整。最后，它们还会在里面铺上轻羽、软毛，以及细柔的杂屑等，这样便建造出一个很舒适的"产房"了。

而另外一种生活在亚热带海岛上的燕子——金丝燕的窝做得可不那么平整了。金丝燕属雨燕目雨燕科，与家燕的关系很远。它体长约18厘米，羽毛是暗褐色的，夹杂着少许金色的羽毛，因头部、尾部像燕子，故得名"金丝燕"。

金丝燕的唾液腺非常发达，能分泌出许多有黏性的唾液——这便是做窝的主要原料。筑巢开始时，它会将唾液从嘴里一口一口地吐出来，遇到空气很快就变成丝状。经过无数次的涂抹，岩壁上就会出现一个半圆形的轮廓，它们会继续往上边添加凸边，一层层地形成了一个巢，具有很高的强度和黏着力，洁白晶莹，直径6~7厘米，深3~4厘米，外观犹如一只白色的半透明的杯子。这种用纯唾液筑成的巢就是"燕窝"。它的营养价值很高，含有多种氨基酸、糖、无机盐等，是一种名贵的中药材。

哺乳动物的"妈妈"与子女之间的关系，要比鸟类和幼雏间的关系亲密得多，因此筑巢、做窝活动对哺乳动物来说也就不太重要，但是在小型的哺乳动物中，做窝筑巢的行为也很普遍。

动物如何运动

对于大多数动物而言，运动对于生存是至关重要的。有些运动速度极慢，它们需要1个小时才能穿过十几厘米的长度，而最快的速度可以超过一辆加速行驶的汽车。

并非只有动物才会运动，但是在耐力和速度方面，他们绝对是无可匹敌的。有些鸟在一天内可以飞行超过1000千米，灰鲸在其一生中游过的距离是地球和月球之间距离的2倍。动物通过肌肉运动，大脑和神经则控制肌肉。

陆上、水中和空中
各具特色的运动方式

蛙的后腿既可以用于跳跃也可以用于游泳。

地球上3/4的地方都覆盖着水，所以游泳是一种很重要的运动方式。最小的游泳者是浮游动物，它们生活在海洋的表面，有些只是简单地随水漂流，不过多数都是通过羽毛状的腿或者细小的毛像桨一样滑行。浮游动物在逆水的情况下很难前进，许多浮游动物每天会下潜到海洋深处，从而避开掠食的鱼类。

在水中，大部分"游泳者"都利用鳍来游。游得最快的是旗鱼，它们的速度可以达到每小时100千米。它们充满肌肉的身体是流线型的，它的动力来源是刚劲的刀形尾鳍，通过这个尾鳍在大海中遨游。与旗鱼相比，鲸的速度要慢得多——灰鲸一年的旅程超过12000千米，但是它的平均速度却比一个步行的人快不了多少。海豚和鼠海豚也游得很快，它们的速度可以达到每小时55千米。

利用鳍和鳍状肢并不是快速游泳的唯一方式。章鱼通过吸水，再利用墨斗向后喷出脱离险境——相反方向的逃逸动力就来自于这种水下喷流推进力。

水中的一些运动方式在陆地上也是同样有效的，比如陆地蜗牛的运动方式就和它们水中的亲戚相同，都是通过单个吸盘状的足爬行的。

为了保证它的足能够吸住，蜗牛在行进过程中会分泌出许多黏液，这样它就可以在各种物体表面爬

蛇怪蜥蜴在危急的情况下可以在湖面和河流表面行走。它在走了几米之后，才会游走。

尽管兔子的速度很快，但是它还是敌不过猎豹。猎豹的速度太快，以至于不能扑住猎物，它们通常用前爪打击猎物。

行，也可以倒着爬行。不过这种方式的速度并不是很快，蜗牛的最快速度大约为每小时 8 米。

腿是原先生活在水中的动物为适应陆地上的生活逐渐进化而形成的。现在，陆地上有两种大相径庭的有腿动物：第一种是脊椎动物，这种动物有脊椎骨，就如同我们人类一般；第二种就是节肢动物，包括昆虫、蜘蛛和它们的亲戚。

脊椎动物的腿从来没有超过 4 条，节肢动物有 6 ~ 8 条腿，有些则更多。腿的数量最多的是千足虫，它们有 750 条腿。另一种极端情况就是有些脊椎动物正在逐步失去它们的腿，而由身体的其他部分代替。有一种稀有的爬行动物只有两条腿，而世界上所有的蛇都根本没有腿。

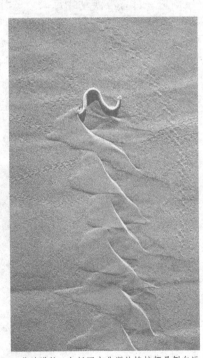

节肢动物体形较小，所以它们的运动速度并不会非常快，其中运动速度最快的是蟑螂，每小时可达 5 千米。而且因为它们都很轻，所以可以展示一些非同寻常的绝技——它们几乎都可以倒着跑，而且可以跳到它们体长数倍的高度。它们还有立刻启动或者停止的本领，这就是为什么人们觉得这些虫子都很警觉的原因。

比较起来，脊椎动物的启动速度较慢，不过它们的运动速度则快得多，比如红袋鼠的奔跑速度可达每小时 50 千米。世界上最快的陆地动物猎豹的速度是这个的 2 倍，不过这个速度每次持续时间不超过 30 秒。

一些沙漠蛇，包括图中非洲的蝰蛇都是侧向运动的。这些蛇并不滑行，而是在沙子上移动身体，侧向前行。

动物的迁徙

迁徙是多数鸟类随季节的变化而改变栖居区域的习性。在鸟类中，可以根据有无这一习性将其划分为候鸟和留鸟两大类。哺乳类中的蝙蝠、昆虫中的蝗虫和某些蝶类都有迁徙的习性。鱼类、鲸、海豚、鳍足类及甲壳类动物的洄游也是一种迁徙。

流动大军
各具特色的迁徙方式

春去秋来，夏至冬尽，许多鸟儿会随着季节的更替而有规律地往返旅行。鹤类都是候鸟，每年春天都会飞到北方地区繁殖，秋天再返回南方地区越冬。如黑颈鹤主要分布在我国青藏高原的青海湖、扎陵湖等地区，秋天一到，耐不住青藏高原严寒的黑颈鹤便会结伴迁往云贵高原。它们排列的队伍整齐而有序，在空中发出嘹亮的"咯、咯、咯"的鸣叫声，就像行军时喊出的口号，在几千米外都能听到。

由于自然环境的变化，一些哺乳类动物秋季也要进行长途迁徙，如非洲的角马、羚羊和斑马，欧洲的旅鼠等，其中最典型的要算是驯鹿了。

驯鹿肩高 0.7 ~ 1.4 米，重达 300 千克。它身体粗壮，侧蹄较大，毛色灰白，多为浅灰，腹部颜色较浅。与其他鹿类相比，驯鹿最明显的特征就是：不管是雄鹿还是雌鹿，都长着一对美丽多姿的角。

野生驯鹿过着群居的生活，有迁徙的习性。如果一个地方的牧草吃得差不多了，它们就会更换地方。到了冬天，成千上万头驯鹿汇集成巨大的鹿群，由北向南迁徙。在迁徙的途中，驯鹿还要在 10 ~ 11 月进行交配。雄鹿经过激烈的竞争与雌鹿交配，然后雄鹿汇合成几股继续南迁。而怀孕的雌鹿和幼鹿便会留在南迁的途中。第二年春天，驯鹿往北方回迁。雌鹿们在一只经验丰富的母鹿的带领下，在它们熟悉的地方生儿育女，抚养幼鹿。

冠海豹的繁殖期在每年 3 月底至 4 月初。雌性冠海豹栖息于大块的浮冰中央，准备生产。幼冠海豹在出生时已经发育得较为成熟，因而其哺乳期很短，只有 4 天。哺乳期一结束，母冠海豹又会很快发情，与雄冠海豹交配。雌雄冠海豹便远离幼冠海豹开始长距离的迁徙活动。它们先漂移到浩瀚的大海中猎食，以重新贮存脂肪，而后聚集在一块浮冰上，开始一年一次的季节性脱毛。

地球上共有 1.4 万多种的蝴蝶，其中约有 200 多种能像候鸟那样随季节的变化而长距离地迁徙，而且常常是跨海越洲地迁飞。其中最著名的要算彩蝶王、斑蝶、粉蝶、蛱蝶了。

彩蝶王产于美洲，体形美丽，仪态万千，号称"百蝶之首"。每年春天，彩蝶王便成群结队地从墨西哥飞往加拿大；秋天的时候，它们又从加拿大飞回墨西哥马德雷山脉的陡峭山谷中繁殖后代。在几千千米的长途迁飞中，彩蝶王是很守纪律的。途中雄蝶总是以护卫和导游者的身份在雌蝶周围组成一道屏障，保护雌蝶的安全。成千上万只彩蝶王在空中飞舞，极为美丽壮观。

非洲的粉蝶也能进行远距离迁徙。每年春天，它们成群结队地飞向北方。在4月的时候，它们能飞到地中海和阿尔卑斯山一带；到了五六月份的时候，它们已经出现在西欧上空了。有的粉蝶甚至能飞到遥远的冰岛，或者更远的寒冷的北极圈。它们的飞行速度，逆风时是每秒2～4米，顺风时可达每秒10米，速度已经算是很快的了。

洄游是鱼类按季节形成的每年都进行的定期、定向的集体迁移现象。鱼类不辞千辛万苦地进行洄游是有原因的，人们就根据洄游的不同原因将其分成三大类：生殖洄游、越冬洄游和索饵洄游。

生殖洄游是鱼类出于生殖的需要而进行的洄游。每年一到繁殖期，它们就必须回到特定的环境里去产卵繁殖。盛产于太平洋、大西洋沿海的大马哈鱼便是为了繁殖而进行一年一度的洄游。

大马哈鱼"记忆力"很强，善于逆水游泳，在路途上如果碰上急流或瀑布，能够奋力一跃，最高能跳过4米，越过障碍，继续前行。进入江水后，大马哈鱼就不吃不喝了。产卵前，雌、雄大马哈鱼会在河底有细沙或砾石的地方，快活地游来游去，用腹部和尾鳍清除河底的淤泥和杂草，建筑一个卵圆形的产卵床。鱼"妈妈"就伏在里面产卵。它一生只产一次卵，一次能产下几千颗到1万多颗的红色透明的、黄豆大的鱼卵。雌鱼产完卵后，雄鱼就过来射出水状的精液。最后雌鱼会将细沙或砾石盖在鱼卵上，让它们自行孵化。此时，经过长途跋涉的"双亲"仍然不吃不喝地守护着鱼卵，直至死亡。

3个多月后，小鱼儿孵化出来了，稍稍长大后，小鱼便于转年春天顺流而下，又游向大海。但是它们不会忘记故乡，4年之后便会历经千难万险，和它们的父母一样，回故乡繁殖后代。

越冬洄游主要是鱼类受季节的影响而进行的洄游。当寒冷的冬季到来时，一些对水温变化比较敏感的鱼，因受不了水温变冷，便从浅海游向深海，到较为温暖的水域生活。第二年开春转暖的时候，它们再返回浅海。

还有一种是为了食物而进行的洄游，叫作索饵洄游。其中最常见的便是带鱼的洄游。带鱼的体形扁平，尾巴细长，像鞭子一样，体表呈银白色，头窄嘴大，上下颌长有尖锐的钩状的牙齿，样子很凶猛。每年立冬前后，生活于黄海、南海的带鱼群会一起向近海游来，最后在舟山附近胜利"会师"，这样就形成了一年一度的东海冬季大渔汛。它们为了索饵，时游时停，迂回曲折地前进，一批又一批地接踵而来，时间可以持续近3个月。

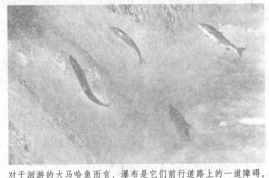

对于洄游的大马哈鱼而言，瀑布是它们前行道路上的一道障碍。这些肉质结实的鱼类可以一下垂直向上跳起3米多高。

妙趣横生的
哺乳动物

狮子

在古代的埃及、亚述、印度和中国，狮子的形象不断地出现在艺术作品中。在大约3.2万年前，古代欧洲人甚至用狮子的形象来装饰他们居住的洞穴的墙壁。在当今的非洲文化中，还保留着大量有关狮子拥有超自然力量的神话，比如：很多非洲土著人相信狮子身体的一些部位可以用来治病，恢复性能力，还可以防止敌人的伤害。

一直以来，狮子强大有力的形象诱惑着各个国家的猎人。有时，他们为了猎取一头非洲雄狮而不惜花费巨额金钱。由于一些武装捕猎者能在短短的几天内射杀几十头狮子，导致这种动物的数量急剧减少。幸运的是，现在对狮子的武装捕猎已经被禁止，大多数游客也更愿意通过更文明的方式，如仅仅观看和拍照，来表达他们对这种动物的喜爱和迷恋之情。

凶猛的捕食者
体形与官能

和其他猫科动物一样，狮子也有一副柔韧、强壮、胸部厚实的身体。它们有短而坚硬的头骨和下颚，这可以使它们很容易地捕食猎物。它们的舌头上长有很多坚硬的、向里弯曲的突起物，这非常有利于它们进食和梳理皮毛。它们寻觅猎物主要靠视觉和听觉。也许是因为雄狮之间要争夺配偶的缘故，和大多数猫科动物一样，成年雄狮要比成年母狮重30%～50%，外形上也更大一些。无论是什么样的原因（可能是生物进化）造成了狮子的二态性，总之，在与其他狮子一起进食的时候，雄狮总是可以凭借它们强壮的身体独占猎物，并且雄狮捕获的猎物要比母狮捕捉到的大很多。

尽管狮子在捕猎上享有"合作"的美名，但这种"合作"只是在猎物比较少的恶劣环境下或者猎物比较大又比较危险的情况下才会发生。另外，当一只狮子单独捕猎的成功概率小于10%的时候，为了使捕猎成功，狮子们也会合作。在集体捕猎的时候，狮子会散开，有些包围猎物，有些则切断猎物逃跑的退路。

一头雄狮正咬住一匹斑马的咽喉部位，试图让其窒息而死。狮子是为数极少的有规律捕食的食肉目动物，它们通常会捕食体重超过250千克而且健康的成年猎物，也会捕捉幼小的猎物。它们有时也杀死其他一些食肉目动物，如豹子，但却很少把它们吃掉。

但是在绝大多数情况下，一群狮子中只有一只或者两只真正在捕猎，其他的狮子只是在安全的地方观望。当猎物很容易捕获的时候（单独捕猎的成功概率大于或等于20%），它们就采取这种"不合作"的方式。尽管它们都很想和同伴分享猎物，但是由于捕猎太容易成功了，同伴并不需要它们的配合，所以其他狮子只是在一边观望而已。

狮子在奔跑的时候，速度能够达到每小时 58 千米，但它们要捕捉的猎物的速度却能够达到每小时 80 千米，因此，它们需要悄悄地接近猎物，隐藏在距猎物 15 米的范围内，然后再突然冲出，抓住或拍击猎物的侧身。狮子捕猎的时候根本不考虑风向，甚至在逆风的时候成功率会更高一些。需要指出的是，狮子捕猎的成功率平均只有 25%。它们先把大型猎物击倒，然后再咬紧猎物口鼻部或脖子，使其窒息而死。

对于捕猎，雄狮处于支配地位，母狮主要负责照料幼崽和尚未发育成熟的小狮子。在分享猎物的时候，狮子们经常发生争斗。为了保护自己应得的那一份，狮子会用牙齿紧紧咬住猎物的尸体，同时用爪子击打同伴的面部，甚至在争夺食物的时候会互相咬住对方的耳朵。通常，捕猎成功的狮子由于太专注于咬住猎物不放，以至于在它进食前，其他狮子已经把它捕到的猎物的大部分给吃掉了。成年母狮每天需要吃肉 5 ~ 8 千克，成年雄狮则需要 7 ~ 10 千克。但是狮子的进食量极不规律，一头成年雄狮有时一天会吃掉多达 43 千克的食物，这种情况甚至会一连持续三四天。

在出生后的两年时间内，小雄狮会陆续长出鬃毛。通过鬃毛的生长情况，我们能看出小雄狮身体的生长发育水平，但是直到四五岁的时候，小雄狮的鬃毛才能长到成年雄狮的应有水平。一般来说，到 9 ~ 10 岁的时候，雄狮鬃毛的颜色会变得很深。如果雄狮被阉割掉，或者身体严重受伤，它们的鬃毛就会脱落。

知识档案

狮子

目 食肉目

科 猫科

有 5 个亚种安哥拉狮，亚洲狮，马赛狮，塞内加尔狮，德兰士瓦狮。

分布 撒哈拉以南到南非；印度古吉拉特邦的吉尔国家森林公园有零星分布。

栖息地 比较广，从东非的热带或亚热带稀树大草原到位于非洲南部的喀拉哈里沙漠。

体形 雄狮体长 1.7 ~ 2.5 米，母狮体长 1.6 ~ 1.9 米；雄狮肩高 1.2 米，母狮肩高 1.1 米；雄狮和母狮的尾长都在 60 ~ 100 厘米之间；雄狮体重 150 ~ 240 千克，母狮体重 122 ~ 182 千克。

皮毛 颜色从浅茶色到深茶色；腹部和四肢内侧颜色较浅；耳朵外侧呈黑色。

食性 主要捕食有蹄类哺乳动物，如瞪羚、斑马、羚羊、长颈鹿、野猪，还有大型哺乳动物的幼崽，如幼象、幼犀牛，有时也会捕食一些小的啮齿动物、野兔、小鸟、爬行动物等。

繁殖 小母狮大约需要 36 ~ 38 个月性发育成熟；母狮的怀孕期是 100 ~ 119 天，每胎产 2 ~ 4 只幼崽；幼狮出生两年半后会完全独立生活。

寿命 野生狮子能活 18 年，人工圈养的则能够活 25 年。

保护状况 亚洲狮亚种被 IUCN（世界自然保护联盟）列为严重濒危级，南非狮及北非狮被 IUCN 列为灭绝级。

栖息地急剧减少
分布形式

在过去狮子的分布很广泛，范围比现在要大得多。考古学上的发现表明，在1万年前，欧洲和北非曾经有大量的狮子。亚里士多德甚至在公元前300年以前还提到过希腊有狮子；13世纪，在中东还经常碰到狮子。直到20世纪早期，在中东的许多地区和印度北部，人们还可以看到狮子。

拯救北非狮

可能是由于地理位置上靠近欧洲的缘故，通过对生活在北非（或者更精确地说是阿尔及利亚的君士坦丁）的狮子的考察，瑞典博物学家林奈在1758年对狮子在现代动植物分类系统中的位置做了组织和安排。不幸的是，在这之后还不到200年的时间里，历史上赫赫有名的北非狮就在野外灭绝了，人工圈养的狮子则已不足以恢复到合理的种群数量了。

有历史记录表明，在18世纪早期，狮子差不多在北非的东半部消失了，只是西半部还有为数不多的幸存者。到19世纪中叶，由于奥斯曼土耳其帝国当局采取了灭绝狮子的政策，并在这个过程中广泛使用了火器，致使这些幸存者的数量急剧减少。只有摩洛哥因为不在奥斯曼帝国的控制之下，其境内的狮子才逃脱灭绝的厄运。有记录显示，阿尔及利亚境内的最后一头狮子在1893年被杀死，而在摩洛哥，狮子也只幸存到20世纪20年代。

所幸的是，有一个种群的北非狮逃脱了灭绝的厄运。当野生狮子在急速减少的时候，由于土著柏柏尔人把北非狮看作"忠诚"的象征，就把它们作为礼物进贡给了摩洛哥的统治者，国王于是把这些进贡来的北非狮养在王宫里。1970年，摩洛哥国王哈桑二世把那些进贡来的狮子从王宫里转移到了拉伯特动物园，这样这些进贡来的狮子就被养在动物园的笼子里。这引起了动物学家的极大兴趣，并开始对它们进行研究。因而人们得以知道，这些"皇家狮子"在生物形态学上非常接近历史上曾经被称为"北非狮"的那一物种。到1998年，从摩洛哥国王那里转移出来的狮子的后裔仍然有52头生活在拉伯特动物园（其中有24头雄狮、28头母狮），有13头生活在欧洲的各大动物园中。

现在有些人认为北非狮已经开始复兴了，但是事实上是不是这样呢？首先需要回答两个问题。第一，这些"皇家狮子"是否真的就是北非狮？第二，这些狮子与其他幸存下来的狮子相比，是否更明显地具有北非狮的特性？有一逸闻说，摩洛哥国王的狮子是通过横穿撒哈拉沙漠的贸易路线从西非得来的，也就是说并不是真正的北非狮。这使人们对这些"皇家狮子"的来源产生了疑问。而且通过新近发展的分子生物技术分析，人们对北非狮的独特性也开始产生怀疑。检测表明，所有的狮子都有一个共同的祖先，而且只是在5万～20万年前才开始分化，DNA（脱氧核糖核酸）非常相近。动物是非常善于迁徙的，狮子能在短短的几代内，从一个地方迁徙到一个很远的地方。在不长的时间里，其至相隔很远的种群也能够跨越沙漠和干旱贫瘠的平原，而自然地融合在一起，也就是说，这些狮子从种群上来讲可能已经不纯了。

到今天为止，以上两个问题仍然没有得到很好的回答。不过由于生物技术的进步，特别是现在人们能够从博物馆收藏的标本里获得古代动物的DNA，这就为人们成功地破解这两个问题提供了新的前景。通过比较和分析线粒体上DNA及细胞核内DNA复制的前后顺序，人们就能够及时获得相当多的信息。这会使人们最终明确北非狮的神秘特征，并且为人们恢复北非狮种群的工程铺平道路。

就像所有的大型猫科动物一样，随着人口的不断增长，狮子受到了严重威胁。由于狮子体形比较大、特征明显，栖息地也比较开阔（与它的近亲相比不很隐蔽），更由于农民和牧民的扩张，狮子在许多地方迅速地消失了。现在，人们设立了一系列的国家公园和禁猎地来保护狮子，以使它们免受迫害。

一头成年雄狮正和一头年轻的母狮在一起。大多数猎物都是由母狮捕获的，然而一旦猎物被分配之后，狮子就会极力维护自己的那一份，在吃饱之前会把其他的狮子都驱赶开，使它们不能接近自己的食物。

大型捕猎者
食性

狮子捕食最多的猎物是那些体重 50 ~ 500 千克的有蹄类动物，但是我们知道，它们还吃一些啮齿类动物、野兔、小鸟、爬行动物等，有的时候，狮子也会捕食大型哺乳动物的幼崽，如幼象、幼犀牛等。尽管在白天的时候，它们可以埋伏在水边，利用天气干旱猎物需要喝水的有利时机进行捕猎，但它们主要是在晚上进行捕猎。母狮捕捉最多的是小到中型的猎物，如疣猪、瞪羚、跳羚、黑尾牛羚及斑马等；雄狮则喜欢捕捉一些体形大的、跑得比较慢的猎物，如水牛、长颈鹿等。

狮子的栖息地经常和其他食肉动物的栖息地重合，如豹子、野狗、斑鬣狗等——它们也会捕食大致相同的猎物。豹属动物捕食的猎物的体重一般都不小于100千克，如疣猪、瞪羚等，但是只有狮子捕捉大于250千克的猎物，如水牛、大羚羊和长颈鹿等。体形比较大而且喜欢在夜间行动的鬣狗在捕食方面是狮子强有力的竞争者，两者都喜欢捕食羚羊和斑马，但是狮子却一贯地喜欢偷吃鬣狗的猎物，而且雄狮尤其喜欢吃腐烂的猎物。狮子不仅喜欢"抢劫"豹子和野狗的猎物，而且有时还会直接吃掉豹子和野狗。这一情况经常发生在狭小的领地内，如果豹子和野狗数量很少的话，狮子就会向它们发起攻击进而吃掉它们。

社会性的猫科动物
社会行为

在所有猫科动物中，狮子是最具有社会行为的，狮群就是一个小型的社会。最典型的狮群一般有 3 ~ 10 头成年母狮，一些需要母狮照料的幼狮，以及 2 ~ 3 头成年雄狮。人们曾经观测到，有些狮群甚至能达到18头成年母狮、10头成年雄狮的规模。与狼群或猴群不同，狮群的社会秩序很混乱。每头狮子并不是和狮群中的同伴一直保持联系，相反，每头狮子都可能独自活动几天甚至几个星期，而不与其他同伴联系；或者在比较大的狮群中，有几头会组织一个更小的次级群体，它们就生活在这样的次级群体里。

狮群中的母狮通常与其雌性亲属保持密切的联系，与狮群中的雄狮则联系很少，只是在小群体或相对隔离的群体中，母狮才会和雄狮联系。雄狮之间可能有联系，也可能没有联系。如果一头雄狮发育成熟，在没有和其他雄狮联系之前，就会在独行期间去寻找另一头独立的狮子，组成一对。然后通过一些偶遇，找到第三个同伴。按这个方式进行下去，再吸收新的成员，组成一个狮群。由于在一个地区，大部分的狮子年龄相仿，故将要组成的新群体中会有 9 ~ 10 个是"兄弟"或是"表亲"，只有 3 ~ 4 个没有血缘关系。在一个更大的群体中，年龄的差异会更大，这就更有利于接纳更多母狮，能比小的群体养育更多的后代。

在一个狮群的持续期间，会有一些幼崽被繁育出来，但是每个狮群中的亲子关系都是复杂多样的。居于主导地位的是雄狮，它们之间的关系比较微妙。由于母狮通常会同时达到发情期，因此，在一个小团体中，雄狮之间获得与母狮交配的机会是相等的。然而，在比较大的群体中，这种平衡会被打破，许多雄狮不能获得交配的机会，它们只能寄希望于"侄子和侄女"间接地保留自己的遗传基因。

尽管血缘关系是狮群存在的基础，但是具有讽刺意味的是，没有直接血缘关系的雄狮之间的合作却是所有哺乳动物中最成功的。在一个狮群中，相互配合的两头雄狮（虽然并没有血缘关系）都能够从合作中获得直接收益，而且相互关系非常融洽。小组合作期间没有血缘关系的雄狮互相支持，其配合并不逊于"亲兄弟"之间的合作。

小母狮在长到 30 ~ 38 个月之后，性发育成熟。这之后，任何时候都能够交配。发情期一般持续 2 ~ 4 天，而且每隔 2 ~ 3 周就有一个发情期。雌雄交配的时候，平均每小时交配 3 次，但是并不清楚交配是否会引发母狮的排卵（家猫则会引发排卵），也许就像灵长类动物一样，是自动排卵的。母狮的怀孕期只有 110 天的时间，对于这种庞大的哺乳动物来说，这个时间应该算是非常短的了，因此新生的幼崽一般非常小，重量只有成年狮子的 1%。每胎的幼崽数在 1 ~ 6 只之间，平均 2 ~ 3 只。野生母狮的最长寿命是 18 岁，但是需要指出的是，它们在 15 岁的时候就会停止生育。

如果来自同一个群体中的母狮生育幼狮的时间间隔很短，它们就会把自己的幼崽放在一起共同抚养，甚至会给对方的幼狮喂奶。当然，母狮认得自己的幼崽，并会把大部分乳汁喂给自己的幼崽。幼狮出生 3 个月后开始吃肉食，但是仍然需要母狮再喂养 3 个月。幼狮的死亡率很高，特别是在严酷的年景，在长到 1 岁之前会有高达 80% 的幼狮死亡。但是在比较好的年景中，幼狮的死亡率会降到 10%。幼狮长到 18 个月大的时候，就会表现出独立性，而这个时候母狮正在准备生育下一胎。当小狮子 2 岁的时候，第 2 胎才出生。当然，如果第 1 胎的幼狮全部死亡，母狮就不需要这么长时间，它会迅速地再次交配生育。

雄狮和母狮都会保护它们的领地。当遇到另外一群狮子侵入的时候，狮子会保持长时间的合作，它们一般通过倾听叫声来接近同性入侵者。雄狮在外围保护自己的群体，而母狮则保护领地的核心区域并与外来群体内的母狮进行战斗。雄狮通过吼叫、撒尿做记和巡逻来维护领地，同时让母狮留在狮群的中间。从另一方面来说，母狮比雄狮更有警惕性。当陌生者出现在领地的时候，母狮会更多地做出反应，而不仅仅是巡逻。快发育成熟的时候，年轻的雌狮变得更加愿意行动，会帮助自己的母亲来驱逐入侵的母狮；与它们相反，青春期的雄狮却对入侵的母狮漠不关心。

尽管在保卫领地方面，母狮更善于合作，但是在捕猎或是在喂养自己的幼崽的时候，这种合作的策略就会出现变化。当两个不同的狮群相遇的时候，有些母狮总是在前面带头，而另一些总是跟在后面"压阵"。当一个狮群达到某个数量的时候，或是在最需要的时候，某些母狮会表现得很活跃，它们是"临时的朋友"；当一个狮群中狮子的数量大大超过其对手的时候，某些母狮是最善于合作的，它们是"全天候的朋友"。

一般来说，当两个狮群相遇时，合作与否和狮子的数量有很大的关系，狮子数目多的那个群体能够压制那个比较少的群体。如果自己群体中的母狮的数量比对手多至少2个，那么这个群体中的母狮就比较乐意合作。而对雄狮来说，除非自己群体中的数量至少超出对方1～3个，否则它们是不会合作一起去接近入侵者的。

一头母狮正在衔着一只小狮子行走，这只小狮子不超过2个月大。在这个阶段，小狮子仍然需要吃母狮的奶，但是再过一两个月，就能吃肉食了。

一旦见到某个领地的主人，入侵者通常会立刻撤出。但是拥有这块领地的狮子却会对入侵者主动发起攻击，有机会的话，还会杀死入侵者中的一头狮子。可能大多数的狮子都会在群体间的血腥厮杀之中死亡，不管是单打独斗，还是"群殴"。在大多数旨在杀死对方的撕咬中，狮子们都会直接咬向对方的后脑或脊椎。

如果狮群中狮子的数量和食物的丰富程度不同，那么狮群领地的大小就会有所不同。一般来说，狮群的领地大概在20～500平方千米之间。一个狮群的领地可能与它们相邻的狮群的领地有部分重合，但是，双方都会尽量避免进入对方的领地核心。

狮群的社会特性在所有的狮子种群中都具有高度的相似性。在狮群的大小和构成方面，印度吉尔森林与非洲多个保护区都非常相似。这些保护区包括：塞伦盖蒂国家公园、克鲁格国家公园、恩戈罗恩戈罗火山口地区、卡拉哈里沙漠。一个普遍的规律是，小雌狮继续留在它们出生的那个群体里，而那些小雄狮则会离开原来的群体去组成一个新的群体。

由于狮子有比较强的社会性，它们通常被看作是合作的典范，然而，狮子社会性的发展结果也存在着一些不尽如人意的地方。一些雄狮们组成一个群体与其他雄狮组成的群体进行竞争，而独立行动的雄狮很难有机会在一个狮群林立的地方获得一块领地；母狮们联合在一起与邻近的狮子进行争斗，独立行动的母狮则很难保住自己的领地。

　　雄狮之间的争斗比母狮之间的争斗更加激烈。雄狮组成的小团体在一个狮群中的地位只能维持很短的年限，而母狮照料每胎的幼狮就需要两年多的时间。因此，一旦进入一个新的群体，雄狮就会杀掉与自己没有血缘关系的幼狮（"杀婴行为"），迫使母狮在几天之内与它进行交配。平均起来，这种杀死幼狮的行为加快了母狮的繁育速度，使之提前了几个月，这一点会导致更多的雄性幼狮出生，因而导致雄狮之间的竞争更加激烈。并不是所有的母狮和外来的雄狮之间的相遇都会导致狮群中个体的更替，母狮们往往能成功地保住自己的幼狮不被外来者杀害。

面临威胁的"食人者"
保护现状及生存环境

　　狮子吃人的例子时常发生。当受伤或者年老而不能捕捉到它们常捕食的猎物的时候，狮子也会攻击人类，尤其在野外活动的人们更容易受到狮子的攻击。因此，它们得到了一个"食人者"的恶名。无论是在速度上，还是在力量上，人都不是狮子的对手，非常容易成为狮子的"盘中餐"。当人类捕杀完狮子经常捕食的几种猎物之后，人类自己也就成了狮子的捕食对象，这样的例子并非罕见。例如，在19世纪末期，两头健壮的雄狮经常捕杀修建乌干达到肯尼亚铁路的劳工，曾经一度导致这项工程暂时中断。

　　这些"查沃（地名，在肯尼亚）的食人者"曾经也是人类活动的受害者。在这之前的几年间，欧洲人不经意间带进来一种家畜病毒，使得大量的野生有蹄类动物及家畜死亡，这样，狮子的食物就大量地减少了，这才发生了狮子吃人的事件。

　　在近期内，狮子还没有灭绝的危险，但是从长远来看，狮子还远没有逃脱灭绝的危险。非法猎狮的情况时常发生，偷猎者为了诱捕其他动物而设下的陷阱有的时候也会祸及狮子；牧民为了保护自己的牲口不被狮子吃掉常常会投毒，这会毒死整群整群的狮子。

　　狮子面临的一个更大的威胁是它们的栖息地正在不断地减少，而狮子需要有足够的地盘来获取猎物和维系种群。随着农业用地的不断扩张，狮子正面临着迅速灭绝的命运。在不到1个世纪的时间里，亚洲狮的栖息地减少到了只剩下1个保护区（在印度），估计非洲狮的情况在不久的将来也会如此。生活在保护区以外的狮子，处境会更加艰难，西非目前只存有寥寥的几百头。事实上，在非洲只有2个国家公园的狮子数量超过1000头，在其他小型的国家公园里每个地方也仅仅有少数几头。令人欣慰的是，在南非的许多地区，狮子的栖息地有所扩大，当地生态系统有所恢复，许多狮子还被人们成功地转移到了保护区内。在印度，人们同样在努力为亚洲狮扩建第2个保护区。人们的这些努力大有希望，可能会防止现在仍然存活的狮子不再步它们前辈欧洲狮的后尘，即遭遇灭绝的厄运。

老虎

从吉卜林（英国小说家、诗人，1907年获诺贝尔文学奖。他的童话《丛林故事》叙述了一位名叫毛克利的小孩从小被狼群养大，后来因为老虎希尔·卡恩重返森林）的小说《丛林故事》中邪恶的老虎希尔·卡恩，到韩国神话中的"西方保护神"，和其他动物比起来，老虎在人们的心目中具有举足轻重的地位。到了后来，老虎则成了"保护者"的象征。而老虎在这个星球上的生存状态，也代表了人类在努力协调与其相互矛盾的需求和欲望。

一般说来，人们认为老虎和狮子是猫科动物中体形最大的，事实上也是如此，老虎和狮子的体形大小的确差不多。在印度次大陆和俄罗斯都曾经发现过世界上最大的老虎，在那些地方，雄性老虎的体重平均在180～300千克之间。但是在印度尼西亚苏门答腊岛上，雄性老虎的体重平均只在100～150千克之间。

天生的猎手
体形和官能

在猫科动物家族中，动物们大多善于追踪猎物，而且还能把自己隐蔽得很好，最后一下子把猎物抓到。除了它们的体形和皮毛的颜色以外，这些技能和特征就是猫科动物和其他动物之间最大的区别。

老虎和其他的大型猫科动物一样，要靠捕猎才能生存下去，而这些猎物往往比老虎本身的块头还要大。老虎的前肢短而粗，有着长长的锋利的爪子，而且这些爪子是可以收缩的；一旦老虎"看上"了一只大型的猎物，这些外在条件就能保证它把猎物捕获。老虎的头骨看上去像缩短了一样，这让它本来就很强大的下颚更增加了力量。它们通常会从猎物的背后袭击，在脖子上咬上致命的一口。有的时候，它们还会紧紧地咬住猎物的咽喉处，用力地咬紧那里，使猎物因窒息而死。

然而，完完全全属于老虎独一无二的特征的，还是它们背上黄白相间的皮毛、黑色的斑纹——事实上，每只老虎的身上都有它自己特殊的图案，通过这些图案就能分辨出单个的老虎。如果你去过动物园，就知道白老虎通常是最不常见的。

在捕猎的时候，老虎必须一开始就尽可能地接近猎物，这样才有成功的机会。接近猎物之后，老虎会绷紧身体，在地上连续跳跃几次，然后猛地扑向猎物。一般来说，老虎向猎物下手的时候，总是先从其后边开始，然后到背，到肩，再到脖子。通常捕猎成功的概率只有5％～10％。

老虎

目 食肉目

科 猫科

尽管形态学的研究表明虎的亚种之间存在一种渐变群变异的情况，但是，人们仍然分辨出了虎的 8 个亚种，分别是：（1）孟加拉虎，分布在印度、孟加拉国、不丹、中国、缅甸西部和尼泊尔；（2）印支虎，分布在柬埔寨、中国、老挝、马来西亚、缅甸东部、泰国、越南；（3）苏门答腊虎，分布在印度尼西亚的苏门答腊岛；（4）阿穆尔虎（又称西伯利亚虎，中国称东北虎），分布在俄罗斯、中国、朝鲜；（5）华南虎，分布在中国；（6）里海虎，曾经在阿富汗、伊朗、俄罗斯、伊拉克、蒙古及土耳其发现过，但是现在已经绝种；（7）爪哇虎，印尼的爪哇岛曾经有分布，现在已经绝种；（8）巴厘虎，印尼的巴厘岛曾经有分布，现在已经绝种。

分布 印度、东南亚、中国、俄罗斯的远东地区。

栖息地 极其广泛，从中亚的芦苇地到东南亚的热带雨林，再到俄罗斯远东地区的温带落叶、针叶林都有老虎的栖息地。

体形 体长：孟加拉雄虎 2.7 ~ 3.1 米，雌虎 2.4 ~ 2.65 米；体重：雄性 180 ~ 258 千克，雌性 100 ~ 160 千克。

皮毛 整体上呈橘黄色，在背部和腹部两侧的皮毛上间隔着黑色的条纹，腹部下侧基本上是白色的；雄性老虎的额头上具有显著的"王"字条纹；在东南亚热带雨林和巽他群岛的热带雨林中曾经发现黑色的老虎；阿穆尔虎的颜色比较浅，而且在冬季和夏季的颜色有所不同；在印度中部曾经出现过白色的老虎（有棕色条纹），这可能是亲代中存在某种隐性基因的缘故，但在野外状态下这种白色老虎是比较少见的。

食性 主要捕食大型有蹄类动物，如各种野鹿、野牛、野猪等；有时也捕食比较小的猎物，如猴子、獾类，甚至还会捕捉鱼类为食。

繁殖 雌性老虎在 3 ~ 4 岁的时候性发育成熟，雄性稍微晚点，约在 4 ~ 5 岁的时候，成熟后每年的任何时候都能交配，孕期平均约 103 天；每胎产崽在 1 ~ 7 只之间，通常是 2 ~ 3 只；幼虎在出生 1.5 ~ 2 年之后开始独立生活。

寿命 在尼泊尔皇家吉特湾国家公园里一头野生老虎曾经活到了 15 岁，动物园里人工喂养的老虎寿命最长可达 26 岁。

保护状况 国际自然与自然资源保护联合会把老虎列为濒危级。由于盗猎、栖息地不断消失、食物减少等原因，老虎的数量正在迅速下降；人们已经确认的 8 个亚种里有 3 个已经绝种，另外，华南虎正处在绝种的边缘。

这种老虎可不是靠科技上的白化变出来的，它们都是一只名叫"莫汗"的老虎繁衍出来的后代——"莫汗"是被印度中央邦雷瓦地区的王公捉住的一只雄性孟加拉虎。也有报道说，在印度其他地区曾经出现过全身几乎都是黑色的老虎。然而，不管是全身白色的老虎，还是全身都是黑色的老虎，这样的种类在野生动物界中都是极为罕见的。

尽管老虎的种类出现了皮毛上的变异（深色的皮毛可能源于亚洲东南部热带雨林），但令人惊奇的是，所有的老虎都拥有垂直的斑纹。这些斑纹为它们提供了非常好的伪装，借助这身伪装，老虎就能一直跟踪着猎物，直到距离猎物足够近的时候，再向猎物发动猛烈而致命的攻击，最后成功地捕获猎物。

老虎王国的标志
分布模式

在阳光的照射下，茂密的草丛、灌木丛和乔木会在地上形成斑驳的阴影和纵横交错的图案，这些为老虎捕捉猎物提供了非常好的伪装环境。这也是老虎分布广泛的栖息地所具有的唯一共同特征。

老虎的栖息地有很多种，包括巽他群岛的热带雨林，印度北部和尼泊尔茂密的草地、高大的河岸森林，泰国的混合落叶林、干燥的常绿林、龙脑香科树林、桑德班的红树林湿地，俄罗斯远东的北温带森林，以及里海区域的芦苇丛、河边灌木丛和山区森林。

在炎热地带，老虎栖息地的基本特征就是周围覆盖着茂密的植被，附近有水源，而且还活动着许多体形高大的有蹄类动物。

捕食的对象——鹿、野牛、野羊等，在很大程度上决定了老虎的分布情况、行为方式，以及老虎群的构成，这些动物是它们食物的重要组成部分。约200万年前，豹子开始向老虎演化的时候就是如此。那个时期，大型的鹿类动物和牛类动物广泛地分布在东南亚地区，为生活在森林周边的大型食肉动物提供了适宜的环境，由此促进了豹子向老虎的演化。

保持远距离的联系
社会行为

狮子和猎豹的栖息地比较开阔，没有厚密的树林，所以它们在捕猎的时候，不会过度地隐蔽自己；老虎则不同，它们是最善于隐蔽自己和埋伏捕猎的食肉动物。在环境相对狭小而猎物又相对分散的情况下，老虎捕猎就很少合作，所以，老虎的社会体系相对松散。虽然它们相互之间保持着联系，但个体之间的距离却比较遥远。

多项无线电通讯的追踪调查研究表明，在尼泊尔和印度，雌性老虎和雄性老虎都有各自的领地，而且会阻止同性老虎进入。母虎的领地相对比较小，而且与这个地区食物和水的丰富程度以及要抚养的幼虎个数有很大关系。一头雄性老虎总是负责保护几头雌性老虎各自的领地，并且总是在试图扩大领地。一头雄虎的成功与否以及其领地大小，都取决于它的力量和战斗能力。通常，雄虎不承担幼虎的具体抚养责任，它只负责保护好这块领地不受其他雄虎的侵犯就行了。

对老虎来说，在保住自己领地的过程中潜藏着危险，即便打赢了也可能受伤，甚至有失去捕猎能力的可能，最终导致饿死。因此，老虎会留下标记，暗示其他老虎这个地方已经有主人了，以尽量减少无谓的争斗。其中一种标记就是尿液（但是混合了肛门附近的腺体分泌物），老虎把这种混合液撒在树上、灌木丛里和岩层表面等处；还有一种标记就是粪便和擦痕，老虎把它们留在常走的路上和领地中所有明显的地方。这些标记的作用可能是告诉其他老虎，这个地盘已经有主人了；也可能是传递另外一些信息，如其他老虎可以通过这种气味辨别出这是哪一只老虎留下来的。通常，当一头老虎已经死亡而不能再继续拥有那块地盘的时候，外边的另一头老虎会在短短的几天或几个星期之内占领这块已经没有主人的地盘，并释放出某种气味信号。

老虎在 3～5 岁的时候性发育成熟，但是建立自己的领地和开始繁殖后代则需要更长的时间。母虎在一年之中的任何时候都可能生育幼崽，甚至在冬天也有老虎交配生崽。母虎到了发情期，会频繁地发出吼叫，而且加快某种气味标记释放的频率，以这种方式来告诉雄虎它要交配。交配期通常会持续 2～4 天，在这期间，雄虎会爬到母虎身上进行交配，每天要交配 30～40 次，每次持续 10～15 秒。母虎平均怀孕 103 天后就会生产，通常每胎产 2～3 只幼崽。幼崽刚生出来的时候不能睁开眼睛，需要精心的照料。至少在出生后第 1 个月的时间里，虎崽需要吃母虎的奶才能存活，而且要待在虎穴里保证安全。有的时候，遇到某种危险的情况，母虎会用嘴轻轻地叼着虎崽在两个巢穴之间转移。

虎崽长到一两个月大的时候，母虎就开始带着它们离开巢穴过野外生活，但当它们遇到追杀的时候，也会逃回原来的巢穴。当虎崽 6 个月大时，母虎就开始教给它们如何捕猎、如何进行隐蔽、如何杀死猎物等各项本领。雄虎一般是不参与抚养虎崽的，但是偶尔也会参加进来，甚至让母虎和虎崽们分享它捕到的猎物。当一头雄虎占领了一头母虎的地盘后，它就会杀死这头母虎原来所生的幼崽（也就是"杀婴行为"），然后迫使这头母虎的发情期提前到来，跟它交配，从而尽快地生出自己的后代。

虎崽一般至少要跟着母虎生活 15 个月的时间，然后才会逐步开始独立生活。这个时候，尽管幼虎的身体还没有完全发育成熟，但是，要么主动地离开母虎，要么被母虎赶走，因为母虎通常已经开始准备生育下一胎幼崽了。曾经有记录显示，在尼泊尔和俄罗斯，年龄比较大的母虎有的时候会将自己领地的一部分或全部传给自己的雌性后代，这极大地增加了这个雌性后代存活的概率和生育率。

濒临灭绝的尴尬处境
保护现状和生存环境

诗人威廉·布莱克在他那首著名的诗里曾经这样赞美过老虎："老虎！老虎！是黑夜的森林中燃烧着的煌煌的火光。"但是现在老虎自己却"暗淡"下去了——它快绝种了。在目前已知的 8 个亚种中，数量本来就少、种群之间又相离最远的 3 个亚种已经灭绝了。巴厘虎最先消失，据报道，巴厘虎在 1937 年灭绝；然后是里海虎和爪哇虎，分别在 1981 年和 1983 年灭绝。现在，华南虎正处在灭绝的边缘，其他亚种也面临着严重的威胁。

人们已知的可能最接近实际的数字是：世界范围内的老虎数量从 20 世纪初的 10 万头剧减到 20 世纪末的约 5000～7500 头。具体数量是：野生孟加拉虎现在仅存 3000～4600 头，印支虎仅存 1200～1800 头，苏门答腊虎仅存 400～500

头，阿穆尔虎同样也仅存 400 ～ 500 头，而华南虎则只有 20 ～ 30 头。

一头老虎正迈着中等的步伐向猎物进攻，图片向我们充分展示了这种顶级食肉动物的力量和杀气。为了寻找猎物或保护领地，老虎经常在一天之内长途奔袭 10 ～ 20 千米。

幸存的老虎面临着 3 个主要的威胁：人们对它们直接的偷猎，栖息地的减少，食物的减少。亚洲的传统医学把虎骨作为药材，导致现在对虎骨的需求不断上升；人们还把虎皮当作装饰品。这些都导致了老虎的数量急剧下降。尽管打击非法虎骨贸易的行动已经取得了一定成果，但虎骨的非法贸易仍然非常猖獗。

随着人口的不断增长，老虎的栖息地受到了人类活动的侵蚀，不断呈现出退化和隔离化的趋势，也就是成了一个个互不相连的小块。随着老虎数量的下降以及老虎之间人为的隔离，那些残存的互相不能联系的老虎就更加容易灭绝了。因此，为了更好地保护老虎，一些国家如尼泊尔、泰国、俄罗斯开始采取更加有效、更加富有创造性的手段。它们通过建立一些生态走廊，把老虎栖息地组成一个保护区网络，使这些被分隔的老虎可以联系起来，以便于让它们生殖繁育后代，从而维持住幸存老虎的数量。由于地理信息系统（GIS）的运用，使得这个方法更加有效：地理信息系统可以依靠人造卫星，精细地刻画和分析老虎分布区的综合地理状况，可以分析森林的覆盖情况、猎物的密度及人类活动的影响等。在尼泊尔，一项旨在恢复老虎栖息地的工程成功地促使当地的村民搬出了公共保护地，为老虎争得了必要的栖息空间。

即使人们成功地保护住了老虎的栖息地，老虎还需要有足够的食物才能生存下去。本来亚洲的许多地区适合老虎的生存，但由于缺乏必要的大型有蹄类动物，这些地区的老虎都逐渐消失了。通常一头成年虎一顿要吃 18 ～ 40 千克的肉食，一年必须要捕到 50 ～ 75 只大型有蹄类动物。正是因为这些猎物的数量不足，才导致了老虎数量的下降。在其他保护区，由于老虎栖息地的范围内有足够多的猎物，所以老虎的数量才有所上升。例如，在俄罗斯的远东地区，老虎保护区内老虎的数量常常是保护区外的 3 ～ 4 倍。如果在保护区以外的一些地区能够很好地控制有蹄类动物的数量，同时禁止打猎行为，那么将对人类和老虎都有好处——不仅人类可以有稳定的收获，老虎也可以有稳定的食物来源，从而恢复老虎的种群数量。

只有人们在认识到保护老虎与他们自身有很大的利益关系的时候，老虎才能最终幸存下来；只有人们在认识到自身的生存环境不可缺少老虎的时候，老虎才能幸存下来，尽管有些人会害怕老虎。人们只有在找出办法，既能使人留在森林地区继续生活下去，又能满足老虎的生存需要的时候，老虎才能幸存下来，而且这也是最关键的一点。

🐆 猎豹

猎豹的奔跑速度非常快，它们的整个身体结构简直就是为了快速奔跑而特别设计的。它们有轻巧的体格、纤细的腿、窄而深的胸膛、小巧精致而且呈流线型的头部，这些"装备"能使它们的奔跑速度达到95千米／小时。因此，猎豹是陆地上奔跑速度最快的动物。

你能非常容易地区分开猎豹和其他猫科动物，这是因为它有着与众不同的特征，如灵活而修长的体格、小巧的头部、位置靠上的眼睛和小而扁平的耳朵。猎豹经常捕捉的猎物是瞪羚（特别是汤氏瞪羚）、黑斑羚、出生不久的黑尾牛羚，以及其他体重在40千克以上的有蹄类动物。一只独立生活的成年雄猎豹捕猎一次就可以吃好几天，而一只带着几只小猎豹的母猎豹则几乎每天都要捕猎一次，否则食物就会不够吃。猎豹捕食的时候，先是隐蔽地接近猎物，然后在离猎物约30米的地方突然启动，迅速奔向猎物，这种迅速出击多数都以成功地捕获猎物而结束。

平均起来，猎豹每次奔跑持续约20～60秒，长度约170米。猎豹每次奔跑的距离超不过500米，如果与猎物的初始距离太远的话，它就很难捕到猎物了，这也是猎豹经常捕猎失败的原因之一。一般说来，野生猎豹每天要吃大约2千克的肉食。

母猎豹单独照料幼崽
社会行为

在分娩之前，母猎豹要选择一处地方作为产崽的巢穴，一个突出地面的岩洞或一片生长着高草的沼泽地，都可能被选择用来作为巢穴。猎豹每胎会产下1～6只幼崽，每只的体重约250～300克。母猎豹都是在巢穴里给幼崽喂奶，当它出外捕猎的时候就把幼崽单独留在巢穴里，而雄猎豹是不负责照料小猎豹的。幼崽在前8个星期的时间里都和母猎豹待在一起的；从第9周开始，小猎豹开始试着吃固体食物；到它们三四个月大的时候，就会断奶，但是仍然要和母猎豹待在

与其他大型猫科动物不同的是，猎豹的爪子坚硬僵直，不能完全缩回去，这就能起到"跑鞋"的作用，有助于它们在追捕瞪羚等猎物的过程中疾速转弯，抓住猎物。一旦猎豹抓住了猎物，就会紧紧地咬住它们的脖子，使其窒息而死。由于猎豹有如此高超的捕猎本领，因此，它们曾经被印度莫卧儿帝国的皇帝们训练以用于打猎。

一起；在 14 ～ 18 个月大的时候，它们就会离开母猎豹。

小猎豹们在一起互相玩耍打闹，并且在一起练习捕猎的技巧，它们练习的"道具"是母猎豹捕捉回来的仍然还活着的猎物。当然，如果这个时候它们单独捕猎，仍然会显得水平非常"业余"。出于安全保障的原因，同胞小猎豹发育到"青春期"之后，仍然要在一起再待上 6 个月。然后，"姐妹们"都会分离，各自过着独立的生活，而"兄弟们"则有可能一生都待在一起。成年母猎豹除了喂养小猎豹的时候和小猎豹待在一起之外，其余时间都是单独生活，而成年雄猎豹可能单独生活，也可能两到三只组成一个小的团体共同生活。

▎来自狮子的威胁
保护现状及生存环境

从基因多样性上来说，猎豹的基因多样性水平很低，这说明现代猎豹的祖先在 0.6 万 ～ 2 万年前可能是一个比较小的群体，这种遗传基因的单一形态可能会导致幼豹的大量死亡。因为一旦一种病毒找到了某种遗传隐性等位基因的弱点，并且攻克了一只幼豹的免疫系统，该病毒就会通过一些途径传染给其他的小猎豹，而小猎豹的基因序列差不多一样，这样就会攻破一个群体中所有小猎豹的免疫系统，从而导致小猎豹的大量死亡。一项初步研究结果表明，在北美猎豹繁育中心的保护区里，由于猎豹群比较封闭，缺乏与外面猎豹的联系，导致猎豹缺乏遗传基因的多样性，进而导致猎豹群疾病暴发，猎豹生育和捕猎出现困难。这就要求人们想出某种办法来使保护区里的猎豹走出困境。

猎豹和牧羊犬

目前，全世界仅存约 12500 只野生猎豹，其中大多数都生活在保护区之外，这使得它们必须面对当地牧民的威胁。在 1980～1990 年间，有超过 6000 只猎豹被当地牧民杀死，因为这些牧民认为，如果不杀死这些猎豹，他们喂养的家畜就可能会被猎豹咬死。但是事实并不是这样的，在那些损失的家畜中由猎豹所造成的比例只有不到 5%。

为了使畜群免遭猎豹和其他食肉动物的侵害，纳米比亚的牧民开始采取一种新的手段来保护畜群。他们现在通过恢复蓄养一种大型的犬科动物来对付那些大型的猫科动物，这就是安纳托利亚牧羊犬。其实在土耳其干旱的中部高原，人们早在 6000 年前就开始养这种牧羊犬了。安纳托利亚牧羊犬体形高大，视力极好，听力超群，而且常常能单打独斗。

这种牧羊犬从小就被养在畜群里，再加上犬科动物的天性，非常忠于职守。如果它意识到了危险就在近前，它会大声地吠叫，向畜群发出警告，同时也是向企图袭击畜群的猫科动物发出信号，告诉它们："有我在此，休得胡来。"如果这些"大猫"还不知难而退，企图继续进攻，这种"大狗"就会跳出来，站在畜群和袭击者之间。面对这种凶猛高大的牧羊犬，大多数的猫科动物都会不战而逃。在对付不怎么可怕的猎豹的袭击方面，以及在对付非常可怕的狞猫、胡狼、狒狒甚至人类偷猎者的袭击方面，这种牧羊犬都被证明是非常有效的捍卫者。

但是，在完全野生状态下的猎豹与在保护区里的猎豹并不相同，它们的繁殖速度很快。野生母猎豹平均每 18 个月就生一窝幼崽；如果幼崽过早死亡的话，母猎豹就会很快地再生一窝，根本用不了 18 个月。在完全野生状态下生长的猎豹群很少暴发疾病，迄今为止还没有猎豹群大规模暴发疾病的报道。另外，野生的成年猎豹能够成功地克服交配和抚育幼豹的困难。因此，猎豹在保护区内出现的种种困难在野生状态下可能并不会那么严重，因此并不能证明遗传基因与生育困难有明确的关联。之所以在保护区内出现困难，大概是猎豹对新环境的适应能力不太好。由于人口扩张对猎豹栖息地产生了很大的影响，其他大型猫科动物也对猎豹的生存环境产生了巨大的影响和改变，而猎豹对于这些改变没有很好地适应。

对于大型的食肉目动物来说，猎豹幼崽的死亡率实在是很高。现在，人们发现这种高死亡率在很大程度上是由于其他更为大型的食肉动物控制的结果。例如，在坦桑尼亚的塞伦盖蒂平原，狮子经常跑到猎豹的窝里把小猎豹杀死，致使这一地区 95% 的小猎豹在没有长大独立生活之前就死了。在非洲所有的猎豹保护区里，狮子密度高的地方猎豹的密度就低，这表明在物种之间存在着某种程度的生存竞争。

因此，从食物链上说，猎豹处在食肉目动物的中级，它的种群受到了更大型食肉动物的控制。对于猎豹的保护，仅仅在生态系统中去除其他顶级食肉动物是不行的，因为这样会产生新的生态系统变化。许多专为保护猎豹的国家公园和保护区里已经没有了狮子和斑鬣狗等猎豹的天敌，但是，猎豹的数量仍然没有恢复到安全的水平，其中一个主要的原因就是人类活动的影响，所以还必须把人类的牧场和农田从保护区里撤出来。

豹 子

豹子这种"高雅的"猫科动物有 7 个不同的亚种。自从地球上有了豹子，就有了非洲豹；至于其他的那些亚种，它们要么体形很小，要么就是在地球上分布不广。现在，大部分亚种都面临着灭绝的严峻威胁。

从花斑豹到黑豹
体形与官能

从形体上说，豹子是大型猫科动物中最匀称的一种。与美洲虎比起来，豹子的形体要苗条而纤细一些；与猎豹比起来，豹子则更加强壮有力。与其他猫科动物比起来，豹子的皮毛上有很多与众不同的花纹和图案，最特别的是，有些豹子全身都是黑色的，这是因为它们的身体里面有一种隐性基因。

豹子大多生活在丛林、山地中。在马来半岛上，多达 50% 的豹子是黑色的，而在其他地区，这个比例却很小；由于它们都具有这种特色，因而常被称为"黑豹"。其他几种猫科动物，包括美洲虎等在内，也有全身呈黑色的。

天生的捕猎者
社会行为

豹子之所以能成为猫科动物中分布最广的一种，在很大程度上，是由于它们具有秘密活动的特性，以及它们非常适应丛林和山地生活。豹子的食物多种多样，除了腐肉，它们还能捕食包括爬行动物、鸟类、小型哺乳类、中等体形的羚羊在内的很多种猎物，甚至偶尔也会捕食一些其他类的食肉目动物，如大耳狐、猎豹等。它们一般在晚上秘密行动，以非常快的速度单独捕猎。

豹子被称为隐蔽型的捕猎高手，它们

一头豹子的部分身体隐藏在灌木丛中，它正警惕地注视着前方。皮毛上的斑点为它提供了极好的伪装，特别是在树林和灌木丛中更不容易被发现。极度敏感的触须是一个极有用的武器，利用它，豹子在夜晚捕猎也能毫不费力。

通常隐藏在距离猎物 2 米以内的地方，然后通过短距离的快速奔跑来捕捉猎物。它们通常会从后面咬住小型猎物的脖子，以此让猎物很快就一命呜呼。人们通常都认为，豹子总是会把捕捉到的猎物放在树上，但是事实与人们的理解相反，豹子并不总是这样做。实际上，它们会把大多数猎物拖到几百米远的地方，隐藏在浓密的草丛中，以避免其他食肉动物和它争夺。豹子往往选择捕食体形略小却种类繁多的猎物，而其他的食肉类哺乳动物，比如狮子、老虎、斑鬣狗和非洲野狗等，则主要捕食体形比较大的猎物。

　　豹子在发育成熟之后，一般并没有特殊的繁育期，但是刚发育成熟的母豹每隔 3 ~ 7 周就会有一个发情期。这个时期通常会持续好几天，在这段时间里，它们会频繁地交配。豹子每胎大约会产下 6 只幼崽，不过，在这些小豹子中，通常会有 1 ~ 2 只一生下来眼睛就什么也看不见，毛重也只有 430 ~ 470 克。幼崽会待在窝里 6 ~ 8 周，然后才能跟着母豹活动。等这些幼崽断奶后，母豹就会经常带领它们去寻找食物，不过，总共算起来，母豹和它们的孩子待在一起的时间非常短。幼豹长到 18 ~ 20 个月大之后，母豹就会离开自己的孩子，然后再一次交配。有研究表明，在大约 2 岁时，豹子性发育成熟，但是大多数雌性幼豹通常会与它们的母亲住在一起。母豹用将近半生的时间来照顾幼崽，而雄豹几乎不承担抚养幼崽的责任。

　　每只豹子的领地面积有很大的不同，这与它们能够得到的食物数量有很大

知识档案

豹子

目 食肉目

科 猫科

有 7 个亚种：阿穆尔豹；安那托利亚豹；北非豹，主要分布在摩洛哥、阿尔及利亚和突尼斯；非洲豹，主要分布在除最北部以外的非洲其他地区以及亚洲；西奈豹，分布在埃及西奈半岛；南部阿拉伯半岛豹；桑给巴尔豹，分布在桑给巴尔岛。

分布 撒哈拉以南的非洲地区、南亚，有部分零星分布于北非、阿拉伯地区及远东地区。

栖息地 大部分在植被覆盖好、食物丰富和敌害比较少的地区，从热带雨林到荒漠，从严寒山区到城市近郊都有。

体形 体长 100 ~ 190 厘米，尾长 70 ~ 95 厘米，肩高 45 ~ 80 厘米，体重 30 ~ 70 千克，雄豹比母豹在各方面都要大或重约 50%。

皮毛 有多种颜色，主要是黄褐色及浅棕色，有黑色斑点分布在皮毛上。有代表性的是头部斑点比较小，腹部和四肢斑点比较大，圆花式的图案排列在背部、侧腹部及四肢的上部。

食性 吃爬行动物类、鸟类、小型哺乳动物，偶尔也吃猎豹、大耳狐等。

繁殖 怀孕期 90 ~ 105 天，一胎通常产 1 ~ 2 只幼崽，最多有 6 只。

寿命 最长能活到 14 岁，人工圈养的可能活到 20 岁。

保护状况 南部阿拉伯半岛豹、北非豹、安那托利亚豹和阿穆尔豹全部被 IUCN 列入"严重濒危级"名单，桑给巴尔豹现在已经灭绝。

的关系，也直接影响到豹子的分布密度。在食物来源少的地方，豹子就少，每只豹子占有的领地面积就大。母豹大约占有10～290平方千米的领地，但是，它可能要与其他母豹分享40%的领地。雄豹的领地相对来说要大得多，约有18～1140平方千米，它们也会与其他雄豹分享约40%的领地，

栖息于博茨瓦纳奥卡万戈河三角洲的豹子常常躺在树杈上休息，以躲避正午炽热的阳光。由于善于爬树，它们能够逃避其他食肉类动物的威胁，在印度就有许多在树上生活的豹子。只有在很少的情况下，豹子才会把捕捉到的猎物拖到高高的树上，这也仅仅是为了躲避食腐类的动物前来偷吃。

并且还会与母豹分享相当大的部分。

豹子通常会发出粗浊而刺耳的吼叫声，就像用锯子锯木头的时候发出的噪音一样。它们通常会在占领一块领地或者试图与其他豹子沟通的时候发出这种吼叫声。母豹发出高声的吼叫也可能是为了吸引雄豹，或者是召唤它的幼崽。

用旅游业来拯救豹子
保护现状及生存环境

尽管豹子的某些亚种有可能灭绝，但是由于具备了高度的适应能力，其他亚种的豹子在大部分栖息地还能继续兴旺下去。当然，由于领地的减少、食物的不足，豹子会袭击人类喂养的家畜，进而导致人类的反击，这样，豹子的数量在一些地区会下降。令人欣慰的是，在这些地区，即使豹子经常被杀，它们的数量也还是能够保持稳定。

在非洲，豹子是打猎比赛中被射杀最多的5种动物之一，其他最有可能被射杀的4种动物是狮子、水牛、大象和犀牛。濒危野生动植物种国际贸易公约每年都会给一些国家的有奖打猎活动分配一定数量的豹子配额，使某个地区的豹子数量不至于过多，以保证豹子群体能够维持平衡。在1999年，总共有1635头豹子的配额分配给了10个国家，但实际上只有878头豹子被猎杀，平均每头的猎杀成本是2500美元。

对于人们来说，豹子具有很强的吸引力，游客们涌向国家公园去观看它们，这样，大部分有豹子的地区旅游业开始兴盛起来，同时也为豹子的存活提供了重要的物质保障。在纳米比亚，一份有关豹子带动旅游业的详细研究表明，允许野生动物爱好者在豹子的领地内游玩这一规定使得当地的每个社区每年能够从中获得大约2500美元的收入。这样一来，尽管这些地区的人们以前认为有豹子出没是一件很麻烦的事情，但现在却能从中获得不菲的收益。

狼

在北欧文明的许多神话里，狼经常被作为神明供奉在寺庙中，而且狼在所有被供奉的动物中是最多的。《伊索寓言》中屡次提到狼的狡黠。在诸多的罗马神话中有一则神话说，罗马城的缔造者罗慕路斯和勒莫斯两兄弟就是由狼养大的，至今，大人们对小朋友讲述这个神话故事的时候还是这么说。现在，有些地方的人们正在想办法重新引进狼，因为狼在他们那个地方已经消失多年了，而有些地方的人们正在努力地把狼永远地驱逐开。

几千年来，狼一直在和人类争夺猎物，而且经常咬死人类喂养的家畜。有意思的是，被人类驯化的狼，也就是家犬，却成了人类最忠实的朋友。令人奇怪的是，人类和这种最大的犬科动物的关系有些自相矛盾的地方。许多故事讲到，狼经常在世界上的各个地方攻击人类，而牧人们却非常需要一种强壮、警觉的驯化的狼来保护他们的家畜，赶走那些危险的动物。狼群能够咬死大批没有家犬保护的家畜。常常有报道说，欧洲和北美的牧羊人一个晚上就会损失几十只羊，而且这些坏事都是狼干的。人们既憎恨狼，又离不开"狼"（这里特指家犬），这就是人和狼关系中自相矛盾的地方。

家犬的"表亲"
体形和官能

以前狼遍布在世界各个地方，但现在却被限制在了比较小的范围内。现在有狼的地方主要包括：东欧大块的森林地区、地中海周边山区的个别地方、中东的山区和半荒漠化地区、北美地区、俄罗斯和中国的荒野之地。现在人们发现，俄罗斯境内狼的数量最多，据估计有4万～6万只。加拿大声称其境内大约有4万只野狼，美国的阿拉斯加大概有6000只。

在所有的犬科动物中，狼的种类相对来说还算是比较多。由于狼有很强的适应能力，各个地方的气候环境又有所不同，因此导致了狼有很多亚种。最典型的成年狼体重约38千克，肩高70厘米，这就是德国一种大型的牧羊犬（可以说犬是狼的一个亚种）。栖息在沙漠和半沙漠地区的狼体形最小，栖息在森林中的狼体形为中等，而生活在北极地区的狼的体形最大。

狼的皮毛颜色有很多种，白色、灰色、黑色都有。当然最多的还是灰色，而且会带着黑色的斑点。栖息在沙漠和北极地区的狼的皮毛颜色最浅；北美和俄罗斯的狼常常是棕色或黑色；欧洲地区黑色的狼则极少。是什么导致了狼有这么多的毛色，人们现在还不是很清楚。

共同分享大形猎物
食性

狼捕食的猎物范围非常广，而且大部分猎物的体形都比狼自身要大。它们的主要猎物是大型的有蹄类动物，如驼鹿、麋鹿、鹿、绵羊、山羊、北美驯鹿、麝牛和美洲野牛属的两种野牛等。尽管狼有足够的能力杀死成年且健康的大型猎物，但是专家们在野外进行的多项调查显示，它们杀死的猎物中有 60% 以上是幼小、病弱或年老的动物。由于狼有很高的警觉性，善于观察形势，所以，人们很难直接观察到它们的捕食行为，专家调查到的结果中显示的狼捕食老弱病残猎物的比例可能比实际要低。

实际上，身体健壮的猎物往往能逃脱狼群的追捕，甚至有时还能在与狼群的战斗中占得上风。如驼鹿、美洲野牛、麋鹿和其他鹿偶尔会占据比较高的有利地形，甚至会杀死追捕它们的狼。

有的时候，狼会捕捉一些小型的哺乳动物作为食物的补充，如野鼠、河狸和野兔等。在某个季节，如果可能的话，狼还会以鱼类、浆果甚至腐肉作为食物。

在加拿大北极地区栖息的狼夏季会以小型哺乳动物和鸟类为食，因为在这个时候它们的主要猎物美洲野牛会迁往南方。每到夏天，北极地区的狼群就会解体，除了一些个体与处在生育期的一对头狼保持松散的联系之外，其他的个体都会离开。

当野外的食物很少的时候，狼甚至也会跑到人类居住区的附近，在垃圾堆里捡一些腐肉和人类扔掉的其他东西来吃。在欧洲的罗马尼亚和意大利的一些城镇近郊，就会时不时地跑来一些野狼，"打扫"人类丢弃的腐肉。

知识档案

狼

目	食肉目
科	犬科

犬属，共有 9 种，其中有 2 种是狼（灰狼和红狼），现在狼有 32 个亚种。

分布 北美大陆，亚欧大陆。

灰狼

分布在北美大陆、欧洲、亚洲和中东地区，栖息地主要有森林、苔原、沙漠、平原和山区。灰狼亚种主要包括：欧洲和俄罗斯狼，栖息在欧亚大陆的森林地带，体形中等，毛较短且呈深黑色；西伯利亚平原狼，栖息在中亚平原的稀树地带和沙漠地区，体形较小，毛较短较粗糙，呈灰赭色；苔原狼，有欧洲苔原狼和北美苔原狼两种，体形都比较大，毛较长且呈浅色；东部森林狼，曾经是北美大陆分布最广的亚种，但现在只栖息在人口密度比较低的地区，体形较小，体毛通常呈灰色；大平原狼或称布法罗狼，体毛从白色到黑色都有，过去常常随着大群的野牛在北美大平原上迁徙，现在已经绝种了。体形：灰狼体长 100 ~ 150 厘米，尾长 31 ~ 51 厘米，肩高 66 ~ 100 厘米，体重 12 ~ 75 千克，公狼大体上比母狼在各个方面都会大一些。皮毛：通常是灰色到茶黄色不等，但是北美的苔原狼有白色、红色、棕色和黑色几种颜色；一般来说，灰狼腹部下侧的体毛颜色会比较浅一些。繁殖：怀孕期为 61 ~ 63 天。寿命：一般寿命在 8 ~ 16 岁之间，人工圈养的能活到 20 岁。

红狼

主要分布在美国的东南部地区，栖息在靠近海岸的平原和森林中。体形：体重 15 ~ 30 千克。皮毛：体毛呈肉桂色或茶色，有灰色和黑色的亮点。繁殖：与灰狼相同。寿命：也与灰狼相同。保护状况：被国际自然与自然资源保护联合会列为严重濒危级，现在野生的红狼可能已经灭绝（但是能看见某些特殊的踪迹）。

群体生活

社会行为

尽管狼的行为存在着某种程度的差异，但是也表现出了高度的相似性，它们都通过视觉、听觉和嗅觉来保持联系。与家犬一样，当狼翘起尾巴，竖起耳朵，就表示它正在保持高度的警觉，而且准备好了要发起进攻。狼的面部表情，特别是嘴唇的位置以及是否露出牙齿，是最显著的交流信号。如果狼翘起嘴唇，露出牙齿，就表示它们在互相联系。狼发出的声音包括以下几种：长而尖的叫声、短促而尖厉的吠声、刺耳短促的咆哮声和长长的嚎叫声。这些声音能传到 8 千米远的地方，狼能通过这些叫声来保持联系。当年轻的小狼单独行动的时候，它们会压低自己的嚎叫声，使得这种声音更像是一只成年狼发出的，这样可以减少一些危险。狼的尿液和其他排泄物会散发出气味，而且可以表明这只狼在狼群中的地位身份和它的生育情况，也可以表明这块领地的占有情况。狼的尾巴上靠近臀部的地方有一个腺体，可以发散出一些化学物质，这种化学物质也是狼进行联系的手段。

通过对捕获的狼进行的研究表明，狼的智商相当高，集体生活的程度也非常高。尽管存在着一些单独生活的狼，但是大部分的狼都生活在狼群里。狼群基本上是一个扩大了的"家庭"，通常有 5 ~ 12 名成员，具体的成员个数由食物的丰富程度决定。在加拿大西北部的栖息地里，有时候一个狼群的成员个数很多，特别是在捕食大型的北美野牛的时候，参加进来的成员个数能达到 20 ~ 30 名。

一个狼群通常包含这么几种成员：占主导地位的一对狼"夫妻"、几个狼崽、前两年出生的年轻小狼，以及其他一些有血缘关系的狼。很显然，这个狼群的核心就是那对狼"夫妻"，它们常常负责交配和生育后代，一般每年都会生育一窝幼崽。尽管小母狼在出生 10 个月之后就能怀孕生崽，但是大部分的狼都会在出生 22 个月之后才交配生育。

狼群的社会等级结构非常严格。通常，母狼和公狼有各自的等级体系，每只母狼或公狼都知道自己在各自体系中确切的地位，但是由于生育关系的不同，狼群中的交配关系比较复杂。母狼等级体系中有一只地位最高的母狼，公狼等级体系中也有一只地位最高的公狼，地位最高的母狼或公狼充当这个狼群的最高首领。动物行为学家指出，狼群中这个最高首领的责任包括：维持狼群的等级次序，决定捕猎的地点方位，等等。需要指出，狼群的等级次序并不是一成不变的，狼之间存在着激烈的竞争，尤其是在每年冬季狼交配怀孕的季节里，竞争会更加激烈，最后会导致狼群权力结构的"重组"。

两个狼群相遇的时候，极有可能爆发一场"战争"。一场战争的典型场景之一就是：一只将要死的狼倒在战场上，发出最后的吼叫，然后死去，战争也以这种残酷的场景结束。但是这种破坏力极大的相遇非常少，为了尽量减少这种相遇，狼群常常严格限制自己的活动范围，在一个相对"排他性"的领地内活动。领地范围一般为 65 ~ 300 平方千米，不过领地最外面宽 1 千米左右的地区是和相邻的狼群或单独行动的狼共同拥有的。狼很少到这种领地外围地区，因为到这个外围地带就难免要碰上敌对的狼群，这是相当危险的，要尽量少去。

为了进一步减少战争爆发的危险，狼常常在领地上制作出许多气味标记。在狼群活动的路上，为首的狼会向一些物体或在明显的地方撒尿做出气味标记，平均每3分钟就撒一次尿。领地四周的气味标记密度通常是领地内部的两倍，这是因为领地的四周常常有陌生的狼做下的标记，为了使自己的标记超过陌生者的标记，它们会加快在领地四周做标记的频率。这些领地四周高密度的标记，不管是自己做的还是陌生者做的，都有助于一个狼群认出自己领地的范围和四周的边界，这样就会减少进入危险地带的机会，从而减少狼群之间发生残酷战争的概率。

当然，只有气味标记还不能完全避免两个狼群无意的相遇。当两个狼群同时在领地共同的边界上巡逻的时候，它们之间的相遇就很有可能了。在这种情况下，狼群可能要发出嗥叫声，以示警告，但这却是一个非常危险的策略。因为嗥叫的时候就难免被对方听出音量的强弱，进而判断出嗥叫的狼群成员的个数以及狼群实力的大小。如果对方的成员多于嗥叫一方狼群的数量，而且对方具有侵略性的话，仍然会招致一场战争。因此，只有在极少数的情况下，狼群才会发出嗥叫声，而且在嗥叫的时候，每个成员都要一齐发声，尽量不让对方听出来自己的实力。对方狼群如果觉得有足够的实力抗衡，或者正在防卫自己的资源（比如一只刚杀死的新鲜猎物）而且不准备放弃的话，就会对正在嗥叫的狼群也发出嗥叫进行回应。

最后的野狼
保护现状及生存环境

野生的狼需要野外的生存环境。如果一个狼群生活在猎物非常丰富的地区，如美国的黄石国家公园，只需要一块占地约150～300平方千米的"排他性"领地就行；如果一个狼群生活在北极地区而且以美洲野牛为主要猎物，则需要一块

狼用肢体语言和面部表情来向同类传递信息。图上标号为"1"的是一只红狼，它的这个姿态表示自己地位低下，正向地位高的狼致敬问候；标号为"2"的是一只阿拉伯狼，它的这个姿势表示它正在发出威胁的信号，要进行防御；标号为"3"的是一只墨西哥狼，它的这个姿势表示要开始主动进攻。上面一排是狼的面部表情，a图是带侵略性的防御表情，b图是极强的防御表情，c图是极强的进攻表情，d图是玩耍时候的表情，e图表示顺从，f图表示友善。

狼群的秘密语言

下图中显示，在同一个狼群内，两只狼正在互相碰鼻子打招呼，其他的狼则正在看着互相玩耍的狼崽。这个狼群从表面上看起来非常平静，相互之间非常友善，整体上也非常和谐。但是，在特定的观察者，甚至是狼群以外的狼看起来，这里面也存在着尊卑等级和紧张的关系：那只尾巴有些下垂、耳朵贴在颈上的狼，在狼群中的地位是比较低下的，标号为"1"的那只狼则是这个狼群中的头目；面向狼崽的那只狼和标号为"2"的另一只狼正在玩耍，标号为"2"的狼正压着那只狼的一条腿，其实它这样做并没有什么恶意；那只直着腿想站起来的狼崽正在努力地向它们这些狼崽中的有权者"致敬"，有权者就是它的同伴，也就是标号为"3"的那只狼崽。

每年秋末到冬末的这一段时间，是狼群交配生育的时节，在这段时间内，狼交配频繁，而且具有强烈的目的性。狼群内通常只有一只母狼拥有交配权，为获得这个特权，母狼们要进行一番激烈的战斗。即使占最高领导地位的母狼没有受到挑战，处于低一层级的母狼为了在狼群中获得更高一级的地位，也需要在它们之间进行一场争斗。年轻的狼和狼崽也可能加入争斗的团队，相互之间进行战斗，而且会导致一些狼被逐出狼群。成年公狼之间也有激烈的战斗，它们是为了争夺狼群的领导权而战。在这些战斗中，最后取得主导权的一只母狼和一只公狼会结成一对"夫妻"，进行交配，然后生育后代。通常交配期会持续14天左右，每天交配2～3次。交配期过后，整个狼群又会平静下来。等级次序经过这次战争的调整之后，一般会稳定几个月，直到下一次交配期的到来再重新调整。在稳定期内，一些处于次一级地位的狼可能会决定是否要离开这个狼群。

占地4万平方千米，甚至更大的领地才行。为了维持生存，一个狼群领地内的猎物至少要达到每100平方千米有40头马鹿或相当于40头马鹿的食物。但在我们人类主宰的这个地球上，这些狼群的要求越来越难以得到满足。

要想使保护狼群的努力获得成功，必须满足两个条件：一是当地人都必须认识到保护狼群的重要意义，当地社会要普遍接受保护狼群的观念；二是必须切实保护当地的生态系统，满足狼群的生存需要。在世界上的大多数地区，土地所有者和当地政府以及动物保护组织必须心怀善意地联合起来，共同采取保护狼群的措施，确保狼群的生存需要。但是，具有讽刺意味的是，曾经被人们认为对人类的生存构成威胁的狼群正在成为检验人们善良和诚意的试金石，正在检验我们能在多大程度上愿意"与狼共舞"，以及如何"与狼共舞"。毕竟，狼也是大自然中的一员。

狐狸

在伊索寓言里，狡猾的狐狸捉弄了鹳鸟；在法国中世纪的《列那狐的故事》中，狐狸则被描述成一个英雄，常常能够战胜强大的敌人；在英国童话作家比阿特丽克斯·波特写给小朋友们的故事中，也常常出现狐狸的形象，狡猾、诡计多端的狐狸常常捉弄那只笨鸟——泥鸭子杰迈玛。不同的文化中有许多不同的狐狸形象，而且这种形象出现在广为大众阅读的故事里。这至少可以说明：狐狸的分布范围很广，几乎可以说到处都有，而且狐狸还有各种各样的行为方式。

狐属是犬科中包含物种最多的一个属，有 12 种狐狸，而且也是犬科中分布范围最广的一个属。另外，狐属中的赤狐是分布范围最广的一种，而且赤狐在所有的犬科动物中是适应能力最强的，这一点已经被人们证实。赤狐与灰狼是所有陆生哺乳动物（当然人类除外）中自然分布最广泛的。

捕食范围广，捕猎技巧精湛
体形和官能

在犬科动物中，狐狸的体形算是小的。它有长而尖的口鼻部，小而扁的头部，大大的耳朵，长毛且蓬松的尾巴。所有种类的狐狸都是杂食者，食物的种类很广。狐狸捕食的技巧很多，从偷偷地接近猎物到突然跳起来抓住猎物等技巧都会用到。

不同种类的狐狸的捕食方法很相似，因此，为争夺食物，各种狐狸之间存在

这是南美狐属的几种狐狸。标号为"1"的是小耳狐，标号为"2"的是山狐，标号为"3"的是阿根廷狐，标号为"4"的是河狐，标号为"5"的是食蟹狐。

狐 狸

目 食肉目

科 犬科

总共有23种狐狸,分属4个属。灰狐属,包括灰狐和加州岛狐;大耳狐属,包括大耳狐;狐属,包括赤狐、草原狐、北极狐等;南美狐属,包括阿根廷狐、食蟹狐等。

分布 南北美洲、欧洲、亚洲、非洲。

栖息地 栖息地的种类很多,从北美苔原冻土地带到城镇中心区都有狐狸的栖身之处。

体形 各种狐狸的体型不等,最大的小耳狐,体长可达100厘米,重9千克。最小的耳廓狐,体长24厘米,仅重1千克。

皮毛 大部分是灰色或赤棕色,北极狐在冬天是白色或蓝灰色。

食性 食物的种类非常广泛,包括小型哺乳动物、啮齿动物、小鸟、甲虫和蚯蚓等无脊椎动物及鱼类,甚至还可能包括各种水果等。

繁殖 怀孕期最短的是耳廓狐,时间为51天;最长的是赤狐,时间为60~63天;其余种类狐狸的怀孕期都在这两者之间。在正常情况下,每胎产1~6只幼崽。

寿命 野外最长9岁,人工圈养可达13岁。

着激烈的竞争,这必然要影响到它们在地理上的分布。人们以前曾经认为,北极狐和赤狐能够忍受的最低温度存在着明显的不同,所以它们分布在不同的地区。另外,赤狐的体重是北极狐的两倍,相对来说需要更多的食物,而越往北极猎物越少,根本满足不了赤狐的食物需要;北极狐则不同,能量需求相对来说要少很多。以上是人们以前的看法,现在人们则认为,在那些本来能够养活这两种动物的地方,由于赤狐的体形比较大,能够迫使北极狐离开这些地方,从而限制了北极狐分布的最南界限。

南美多种狐狸种类之间的直接竞争也会影响到它们的地域分布和体形。在南美智利的中部和南部地区,山狐和阿根廷狐的主要猎物相同,都是啮齿动物、鸟类、蛇类等,而且这些食物相对来说比较丰富,然而这两种狐狸在所有的栖息地内,体形很不相同。山狐的平均体长从低纬度地区(南纬34°)的70厘米逐渐加长为高纬度地区(南纬54°)的90厘米,所在地的纬度越高,体长越长;阿根廷狐则从低纬度地区(南纬34°)的68厘米逐渐缩短为高纬度地区(南纬54°)的42厘米,所在地的纬度越高,体长越短。在南纬34°附近,两者的体型相似,而山狐的栖息地是海拔比较高的安第斯山脉,阿根廷狐的栖息地海拔比较低,所以两者的竞争程度比较低。再往南,当地的海拔逐渐下降,这导致了两者之间存在着明显的竞争关系。因此体形比较小的阿根廷狐倾向于捕捉体形小的猎物,而山狐则捕捉体形比较大的猎物,这有助于降低两者之间的竞争程度。

耳廓狐的体重只有1~1.5千克,栖息在撒哈拉沙漠的深处,它是体形最小的狐狸。当气温低于20℃的时候,耳廓狐就要冷得打战了,它们会蜷缩成一团,巧妙地把像袍子一样的大尾巴盖在自己的鼻子和爪子上来保温。但同样令人吃惊的是,当气温超过35℃的时候,它们就会热得喘不过气来;当气温达到38℃的时候,它们就要张开大嘴全力地呼吸。当耳廓狐热得直喘气的时候,呼吸次数会从平时的23次/分钟迅速地提升,甚至达到690次/分钟。

当耳廓狐热得喘气的时候，它们还会把舌头卷起来，不让一滴宝贵的唾液丢掉，因为这个时候，水分对于它们来说实在是太重要了。耳廓狐呈蝴蝶状的大耳朵占到了整个身体表面积的1/5，当气温剧增的时候，耳廓狐耳朵里和爪子里的血管就会膨胀、变粗，从而有助于加快散热。耳廓狐的正常体温是38.2℃，当外界气温高于这个温度的时候，它们就会使自己的体温上升到40.9℃，这样就会减少排汗量，保持住更多的水分。耳廓狐也会通过降低新陈代谢率来节约身体的能量，新陈代谢率会降低到正常水平的67%。同样，心跳频率也会降低到正常水平的60%。

精明的捕食者
食性

大耳狐的食物主要为白蚁，受所在地区的限制，与其他狐狸的食物很不相同。除大耳狐以外，其余各种狐狸的食物范围都很广。北极狐的食物包括海鸟、松鸡类、海边无脊椎动物、水果、浆果，有时也会等到退潮的时候，去海边捡拾搁浅的新鲜贝类、鱼类等。赤狐的食物种类同样也非常多，包括小型的有蹄类动物、各种野兔、啮齿动物、鸟类，还有甲虫、蚱蜢、蚯蚓等无脊椎动物。人们还曾见过赤狐抓鱼的情景：它们悄悄地蹚过比较浅的沼泽地，抓住一些困在浅水里的鱼。在某个季节，赤狐还会捡一些蔷薇科植物的果实来吃，如黑莓果、苹果、犬玫瑰果等，这些食物甚至会占到那个季节总食物量的90%。

所有狐属的动物都会抓啮齿动物来吃。它们会突然从地上跳起来，然后猛扑下去，用前掌摁住啮齿动物。这种跳向空中然后再落下来的动作，某些老鼠也常常使用。老鼠会直着蹦向空中，以逃脱捕食它们的追踪者的掌控，因此，可以将狐狸的这个捕食动作称为"鼠跳"。赤狐有的时候也会抓蚯蚓当作食物。在炎热潮湿的夜晚，赤狐穿梭在草原上，慢慢地走动着，仔细地倾听蚯蚓在草地上弄出来的沙沙声，顺着声音找到蚯蚓的洞口。蚯蚓一般正要离开它们的洞口到地面活动，它们的尾部还牢牢地抓住洞口边上的土壤。这个时候赤狐一般不会强行把蚯蚓拉出来，因为这样会拉断它们，会损失一部分食物。赤狐会轻轻地拉紧，然后停止一段时间，等着蚯蚓动弹，最后才会完全拉出蚯蚓，把它吃掉。

北方地区的赤狐有3种不同的颜色样式，图中是一群赤狐在吃一只已经死了的猎物。标号为"1"的两只赤狐有火焰般鲜艳的红色体毛，这是生活在高纬度地区赤狐的典型体色，标号为"2"的赤狐其毛色带黑色，标号为"3"的是一只颜色比较模糊的赤狐，属杂色样式。3种不同的颜色样式可能是由两种不同的颜色基因控制的。

人们曾经研究过几种分布在不同地区的狐狸，发现这几种狐狸的食物都是"就地取材"，当地有什么可以吃的，它们就吃什么。但是，还有一些狐狸比较"挑食"，例如赤狐，如果有几种可供它们选择的食物，它们比较爱吃棉鼠一类的鼠类，而不喜欢吃姬鼠一类的鼠类。当然，它们会贮藏食物，即使是那些它们不喜欢吃的食物也会储备起来，以备不时之需。狐狸有很好的记性，能很快地找到以前贮藏食物的地点。

复杂的社会关系

社会行为

狐狸每年生育一胎，在正常情况下每胎会生 1 ~ 6 只幼崽。随着栖息地的不同，赤狐每胎产下的幼崽数也不甚相同，一般在 4 ~ 8 只之间，但人们曾经发现有一只母赤狐一胎生育了 12 只小赤狐。母狐狸一般有 6 个奶头。赤狐的怀孕期为 60 ~ 63 天，耳廓狐则为 51 天。通常母狐会把幼崽生在洞穴里，这个洞穴可

追踪达氏狐的渊源

从 1831 年开始，查尔斯·达尔文乘坐"贝克尔号"勘探船进行环球考察。在这期间，他搜集到了一个狐狸的标本，随后以他自己的名字命名了这种狐狸。在他的考察日记中，他写道："这是一只狐狸，是这个岛上一种非常特殊的物种，非常稀有，以前我们都不知道还有这个物种的存在。"

尽管达尔文猜测他发现的狐狸是一个特有的物种，而且他的推测已经在最近被证实了，但是在分类学上，人们长期以来却对这个物种如何划分存在很大的争议。从外观上来看，达氏狐体色为深棕色，头部呈红褐色，四肢相对比较短。从形态学上来说，达氏狐与阿根廷狐没有很大的不同。从在相对隔绝的奇洛埃岛上发现了这种狐狸这一事实出发，似乎可以证实这是一个相对独立的亚种的说法。但是在 20 世纪 60 年代，人们在位于美洲大陆的智利纳韦尔布塔国家公园内又发现了这种狐狸，而且这个地方在奇洛埃岛以北 600 千米处，这样一来，上述说法就有问题了。

对达氏狐分类地位的最终明确的结论还有待于对 DNA 的分析结果。在进化过程中，线粒体 DNA 会发生微妙的变化，没有发生过物种杂交的个体（也就是纯种的个体）会出现遗传染色体分子的单倍性现象，这会增加个体之间的不同，最终把一个物种从其他物种中区分出来。

在对达氏狐几个个体进行了检测之后，可以肯定的是，线粒体 DNA 基因组某个片断的排列顺序非常独特，与其他的狐狸都不一样。这同样可以说明，达氏狐与阿根廷狐、山狐可能有一个共同的祖先（因为 DNA 的大部分片断还是相同的），只是在几十万年前各自独立分化出来。在最后一个冰川期（距今大约 1.1 万年），南美的大部分地区覆盖着浓密的森林，达氏狐就栖息在南美大陆的森林中。但是冰川期过后，气温开始上升，同时人类也在这个地区活跃起来，这样达氏狐的栖息地范围迅速缩小，达氏狐的数量也开始急剧下降。

自从认识到达氏狐所处的困境后，人们就开始努力来保护它们。纳韦尔布塔地区达氏狐的数量估计只有 50 只，栖息地面积不到 50 平方千米；奇洛埃岛上的达氏狐约有 500 只，栖息地面积约 1 万平方千米。这两个种群的达氏狐现在都受到了人类威胁，因为人类不断地进入它们的栖息地。由智利政府主持的几项研究正在进行中，人们正在努力地保护这种动物，以试图把它从灭绝的边缘上拉回来。

能是母狐自己挖的，也可能是利用别的动物的合适的洞穴，但母狐也可能把幼崽生在岩缝或树洞里，或者仅仅生在高草丛中。人们一般认为狐狸是一雌一雄成对地生活在一起，并共同哺育子女的，但现在专家发现，印度狐和一些赤狐在养育幼崽的时候，会组成群体，群体中的其他狐狸也会帮忙照料幼崽。另外一些北极狐、赤狐和食蟹狐在养育幼崽的时候，会有一些其他的狐狸来帮忙。不同地区的母赤狐生育下一代的比例有很大差别，有的地区只有 30% 的母赤狐生育后代，而有的地区几乎所有的母赤狐都会生育后代。

狐狸以前曾经被人们描述为单独捕猎的食肉动物，因为狐狸的猎物体形比较小，如果几只狐狸联合起来一同捕猎，不但会阻碍捕猎顺利进行，也不能从合作中获得多少收益。从这个方面来说，狐狸的社会行为应该比较简单，不会出现像其他犬科动物（比如狼）那样群体一块捕猎的场景。但是，随着现代研究技术及现代无线电追踪技术、先进的夜视仪器等的运用，专家越来越清楚地发现，狐狸的社会关系也是比较复杂的。在某些地区，狐狸会一雌一雄成对地生活在一起；在另一些地区，狐狸则可能成群地生活在一起。一个狐狸群通常包含一只成年雄狐和几只雌狐。到目前为止，人们发现的最大的北极狐群有 3 只成年狐狸，最大的赤狐群体有 6 只成年狐。到现在并没有证据显示一只雌狐会成功地迁入到另一个群体中，因此，在一个狐狸群中的所有雌性成员可能都具有血缘关系，而在一个狐狸群中，几乎所有的雄性后代都会离开。一只狐狸从出生地迁徙到另外的栖息地，它出走的距离在不同的地区是很不相同的，最远的能达 200 千米。平均起来，雄性狐狸出走的距离比雌性要长很多。

尽管每个晚上，狐狸可能都要在领地的路上来回走动好几次，或巡视，或觅食，但在一个狐狸群里，每只狐狸所走过的地段很不相同，居于首领地位的狐狸要独占最好的地段。赤狐群的领地大小也有着很大的不同，最小的只有 0.1 平方千米，最大的则超过 20 平方千米；北极狐的领地大小则在 8.6 ~ 60 平方千米之间。领地大小与狐群的大小没有直接关系。

狐狸在巡视领地的时候，常常会在明显的地方，比如草原上的某处高草丛，留下一些标记，这些标记一般是粪便和尿液。这些带有气味的标记散布在狐狸群的整个领地上，而且在一些经常去的地方，标记会更多。狐狸群的首领用尿液做的标记比次一级的狐狸做的要多，而且每只狐狸都能在众多标记中明确地区分出"自己人"做的标记。狐狸的肛门两侧有一对肛门囊腺，能够自动地释放出某种分泌液，这些分泌液能随着粪便排泄出来，并涂在粪便上。狐狸尾巴的根部也有一个皮肤腺体，这个腺体长 2 厘米，并且有硬直的体毛覆盖着，看起来就像尾巴上有一个黑斑。所有的狐狸都有一个这样的腺体，但对于这个腺体的功能，现在还不清楚。在狐狸的足趾之间也有一些腺体。不论雄性还是雌性的狐狸在做尿液标记的时候，都会跷起腿来。

狐狸群领地的大小不一而足，大小取决于可得到的食物的丰富程度以及狐狸死亡率的高低，而狐狸的死亡率则主要是由人的活动及狂犬病爆发与否等情况决定的。对某个地区的赤狐来说，如果人们把它们当作猎物的打猎活动比较频繁，那么这个地方赤狐的死亡率就会很高，很少有赤狐能活到 3 岁以上。到目前为止，人们所知的活得最长的野生狐狸是一个狐狸群中的"女首领"，它活到了 9 岁。这只雌狐所在的群体栖息于英格兰的牛津郡，有 4 个成员，占据的领地为 0.4 平方千米。到现在为止，人们了解的人工圈养的狐狸最长能活到 13 岁。

与其他犬科动物相同，狐狸也靠叫声和气味标记以及体态信号来传递信息以进行沟通，例如，当敌人接近的时候，或者在繁殖季节，北极狐就用叫喊来进行联系。赤狐的叫声包括威胁性的狂噪和一种共鸣性的噪叫声，其中共鸣性的噪叫声是年轻的赤狐在冬季里发出的，但是在交配的季节里这种声音更常出现。赤狐的叫声还包括尖利刺耳的噪叫以及轻柔的低语声（这种声音主要发生在雌狐与狐崽之间）等。

成功地逃脱狂犬病的魔爪
保护现状及生存环境

尽管在寓言里，狐狸都是聪明狡黠的，但在现实中，它们的聪明还是不足以保护自己，以至于有些种类的狐狸快要灭绝了。只有很少人了解的小耳狐，它们栖息在南美热带雨林中，现在正面临着严重的绝种危险，国际自然与自然资源保护联合会已经把它列入受危名单中。一直栖息在北美大草原的草原狐是一种体形很小的狐狸，只有 2 千克重，但在 1900 ~ 1970 年间，北美大草原上就已经很少看到这种草原狐了；在加拿大地区，由于捕猎和投毒等原因，草原狐也几乎要彻底消失了。令人欣慰的是，现在草原狐又被成功地引进到了加拿大，但这并不意味着它们就没有危险了，现在草原狐面临的主要威胁是郊狼和金雕的捕食，另外赤狐在这个地区的扩张也给草原狐带来了潜在的竞争。在智利，达氏狐同样面临着严重的威胁。

狐狸在进化过程中的某些行为常常使人惊讶不已，例如在 1.6 万 ~ 1 万年前，灰狐竟然到了美国加利福尼亚州外海的一些岛上。加州外海有 6 个岛，其中 3 个成一组在南边，另外 3 个成一组在北边，两组岛之间相隔很长一段距离。在那个时期，北边的 3 个岛是相连在一块的。在 1.6 万 ~ 1 万年前，这些狐狸可能通过游泳，或者乘着木头或树枝等方式，首先到了北边的岛上。南边的 3 个岛与北边的岛是不相连的，与大陆也不相连，因此灰狐到达这 3 个岛上的时间只有 3000 年。在

这是 8 种不同的狐狸，我们虚构出它们正在后边追踪一只鸟，并在最后捉住了这只鸟儿。图上从左到右的排列分别代表了这 8 种狐狸在地理分布上从东到西的顺序。标号为"1"的是灰狐，标号为"2"的是草原狐，标号为"3"的是南非狐，标号为"4"的是耳廓狐，标号为"5"的是吕佩尔狐，标号为"6"的是阿富汗狐，标号为"7"的是印度狐，标号为"8"的是沙狐。

9000～10000年前，美洲的土著人到达了这些岛上。南边3个岛的灰狐直接来自于北边的岛，很可能就是由这些土著人从北边的岛带到南边岛上的。所以，6个岛上的灰狐与北美大陆上的灰狐非常相似，只是体型变小了一些，就好像是大陆灰狐的"缩小版"一样。可以认为这些岛上的灰狐是一个亚种，也可以把它们称作岛灰狐（或加州灰狐）。它们的体重只有1.1～2.7千克，而大陆上的灰狐体重达到5千克。为什么体重会有这么大的差异？对于这个问题，现在还不清楚。在栖息地方面，岛狐与大陆上的灰狐比较相似，人们猜测很可能是由于食物的不同才导致了它们体重上的差异。岛狐的主要食物是各种昆虫，而大陆灰狐的食物则比较丰富多样，可以以大陆上的许多种脊椎动物为食。北边3个岛上的灰狐数量近来急剧下降，在圣米格尔岛现存的可能不到6只，而在1993年还有几百只。金雕的捕食和某种疾病的传播可能是灰狐数量急剧下降的一个原因。要想保住灰狐，一个最优先要考虑的方式是进行人工圈养并繁殖灰狐，而且现在这一行动已经在实施了。在圣米格尔岛往南不到200千米的圣克莱门特岛上，岛狐现在遭到了美国海军的猎杀，因为岛狐是这个岛上濒临灭绝的伯劳鸟的天敌，为了保护这种伯劳鸟，海军于是大肆地猎杀岛狐。

实现对狐狸的管理和保护，主要面临3个障碍：一是人们的打猎竞赛或为了保护其他动物而对狐狸采取的猎杀政策；二是人们为了得到狐皮而对狐狸进行的猎杀；三是狂犬病对狐狸的影响。

所有种类的狐狸都倾向于向四周扩张，因此，非常容易受到狂犬病的感染。在这种疾病能够得到控制之前，已经有几百万只狐狸因为狂犬病的感染而死亡了。但是，狐狸的生命力也很顽强，即使有75%的狐狸死亡，狂犬病流行过去之后，它们也能成功地恢复到原来的水平，而不会进一步降低。在20世纪八九十年代，发生了一次革命性的变化，人们成功地控制住了狂犬病在狐狸间的传播。人们把狂犬病疫苗注射在一些肉片中，然后把这些肉片当作"诱饵"放在狂犬病流行的地方。狐狸吃了这些"诱饵"后，体内就会产生狂犬病的抗体，从而起到了对狂犬病的免疫作用。这样，狐狸就成功地逃脱了狂犬病的"魔爪"，曾经在欧洲大陆广泛流行的狂犬病在很大程度上得到了控制。这可能也是20世纪人们在管理野生动物方面取得的最大的胜利之一。但是得注意，大约还有一半的狐狸并没有吃到这些带有狂犬病疫苗的肉片"诱饵"，因此，它们仍然可能会在致命的狂犬病下丧生。这两种狐狸（指"吃了"疫苗的与没有"吃"疫苗的）在活着时的表现有所不同。尽管没有得到狂犬病疫苗的狐狸数量下降了，但是它们仍然会通过在狐狸群中的交流继续扩散狂犬病。

5　　　6　　　7　　　8

棕熊

棕熊是人们认为的最能代表熊科动物的熊。现在3个大洲（欧洲、亚洲和北美洲）都有棕熊的身影，可以确定，棕熊是地球上分布最广泛的熊科动物。

现在棕熊基本上生活在北方，其生存地主要在俄罗斯、加拿大、美国阿拉斯加的一些地区。但是以前棕熊的栖息地范围更大，在19世纪中期北美洲南部的广大地区都有棕熊的身影，直到20世纪60年代，墨西哥中部地区还有棕熊；中世纪时期，欧洲大陆和地中海地区及英伦群岛到处都有棕熊的栖息地，但现在这些地区都没有棕熊了。

现在，由于过度猎杀、栖息地减少、公路建设及把现存的棕熊分隔在一些互不相连的地点等原因，棕熊的分布更加分散。历史上，由于棕熊的多样分化和广泛分布，使得现存的棕熊有232个种群及亚种（已经灭绝的棕熊有39个种群及亚种），这其中包括现在生活在北美的灰熊（由于尾尖处为银灰色而得名，现在被许多人认为是一个独立的种）。

一种不挑食的动物
体形和官能

棕熊的分布地很大程度上与美洲黑熊或亚洲黑熊的分布地重合，但是棕熊不仅

这是一头生活在美国蒙大拿州落基山地区的成年灰熊。由于它们的体毛呈现银灰色，因而被认为是棕熊的一个亚种，但是更常被称为灰熊。其鼻子特别大而且向前突出，眼睛却很小，这表明其主要靠嗅觉而不是靠视觉生活。

仅栖息在森林中，而黑熊则基本上都栖息在森林中。棕熊能栖息在海拔5000米以上的高山地区，亚洲黑熊和美洲黑熊则很少出现在海拔这么高的地方。棕熊与黑熊一样，其食物中有一大部分是小个的浆果和坚果，但由于棕熊的肩膀能够弓起，熊掌也强壮有力，所以它能更方便地挖到潜藏在地下的小型哺乳动物、昆虫及植物的根茎。棕熊的咬肌很有力，能更便捷地咬断一些食物的纤维，吃到更多的植物性食物。棕熊排泄的地点很分散，这有助于植物的生长。在某些地区，棕熊的主要食物为昆虫或大马哈鱼，或大型有蹄类动物的尸体。它们甚至由于吃掉许多有蹄类动物的幼崽而能控制这些动物在某个地区的分布密度。棕熊的行为比较有侵略性，往往会对其他熊类造成威胁。

从定居到游荡
棕熊的分布方式

　　除俄罗斯外，亚洲的棕熊很零散地分布在喜马拉雅山区和青藏高原以及中东地区某些国家的山区里，在中国和蒙古国的戈壁沙漠地带也有少量的棕熊。在很多地方，棕熊和黑熊的栖息地都相互重合，不过棕熊会尽量与黑熊避开，或者二者在一天中于不同时段出现在共同的领地上。在许多岛上，则没有发现二者栖息地相重合的情况，尽管阿拉斯加外海的一些岛屿上有棕熊或黑熊，但是同一座岛上很少有二者共同存在的情形。在体形上，棕熊比黑熊要大，因此，栖息地也比黑熊大。在大陆上，每头雄性棕熊的栖息地平均为 200 ～ 2000 平方千米，雌性棕熊平均为 100 ～ 1000 平方千米；每头雄性黑熊的栖息地平均为 20 ～ 500 平方千米，雌性黑熊为 8 ～ 80 平方千米。尽管有些岛上有棕熊，但是如果一个岛的面积过小的话是无法养活一头棕熊的，所以小岛上没有棕熊。

　　一些面积比较大的岛上有黑熊而没有棕熊，只有面积非常大的岛上才有棕熊。

知识档案

棕 熊

目 食肉目

科 熊科

有的时候把棕熊分为几个相对独立的亚种，包括北美灰熊、科迪亚克熊（又叫阿拉斯加棕熊，分布在美国阿拉斯加州外海的科迪亚克岛、阿福格纳克岛、舒亚克岛等岛屿上）、指名亚种欧亚棕熊。

分布 北美的西北部，欧亚大陆上从斯堪的纳维亚地区到俄罗斯再到日本，另外零星分布于南欧、西欧、中东、喜马拉雅山区、中国、蒙古。

栖息地 森林、亚高山带的灌木丛、开阔的高山苔原、沙漠和半沙漠。

体形 体长 1.5 ～ 2.8 米；肩高 0.9 ～ 1.5 米；雄性体重 135 ～ 545 千克，在美国科迪亚克岛 和阿拉斯加海岸附近以及俄罗斯堪察加半岛偶尔能发现重达 725 千克的雄性棕熊；雌性体重 80 ～ 250 千克，极少数能达到 340 千克；不管是雌性还是雄性棕熊在不同的季节和不同的地区体重变化极大，在秋季做窝生育之前体重最大，在食物丰盛尤其是鱼类和其他肉类食物丰盛的地区体重也比较大。

皮毛 体色一般为棕色，也有比较白的颜色，尾尖处为银灰色；北美内陆地区的棕熊为灰色；东亚地区的接近黑色。

食性 吃植物的根部、块茎以及草类、水果、松子、昆虫、鱼类、啮齿类动物、有蹄类动物（包括家畜）。

繁殖 每年的 5 ～ 7 月份交配，之后受精卵发育成胚泡，然后延迟一段时间，直到 11 月份开始着床进一步发育，之后再过 6 ～ 8 周幼崽出生。每胎产崽 1 ～ 4 只，平均 2 ～ 3 只。整个怀孕期 6.5 ～ 8.5 个月。

寿命 野外的平均为 25 岁，曾经有记录显示能活到 36 岁，人工圈养的能达到 43 岁。

保护状况 中国和蒙古国境内的棕熊被濒危野生动植物种国际贸易公约列入保护名单的附录 I 中，其他地区的棕熊被列入附录 II 中，美国境内的棕熊（除了阿拉斯加地区的棕熊）被国际自然及自然资源联合会列为濒危级。

如日本最大的本州岛上曾经发现棕熊的化石。但是可能由于亚洲大陆的黑熊通过朝鲜陆桥到达本州岛后，把棕熊取代了，所以现在本州岛上已没有棕熊的身影了。不过在日本最北的大岛北海道岛上现在还有棕熊，却没有记录表明有过黑熊。

冬眠的策略
社会行为

与所有北方地区的熊一样，棕熊也有一个显著的行为特性，那就是冬眠。所有熊类的最早的祖先都是犬科动物，进化成熊后，由于食物上更多地依赖于水果，因此它们就必须面对一个非常严重的问题，那就是冬季里食物会很缺乏。解决这个问题的一个办法就是像某些啮齿类动物和蝙蝠一样在冬天里睡大觉，也就是进行冬眠。冬眠的动物在冬季里体温会大幅降低，甚至常常会接近冰点，以此来大幅降低能量的消耗。进行冬眠的一些小型哺乳动物在冬眠期会定时地醒来，这个时候体温会上升，然后吃掉喝掉一些以前贮存的食物和水，以补充能量，并排泄废物。与这些小型哺乳动物相反，一些常食果实的北方地区的肉食动物，如浣熊和臭鼬，在冬天到来之前体毛会变多变厚，体内会贮存很多脂肪变得很胖，因此可以在相对隔离的洞穴中度过严酷的冬季，而且身体还能保持相对正常的温度。冬眠于洞穴里的棕熊，体温会稍微下降一些，从38℃下降到34℃，心跳和呼吸次数也会有一定程度的下降，而且在冬季熊还会表现出一些其他的独特特征。综合这些因素，熊完全可以被称作一种真正的冬眠动物。

熊是唯一一种可以在半年甚至更长的时间里不吃、不喝、不排尿、不排粪的哺乳动物，冬季里维持必要体内活动的能量来自于体内存储的脂肪。冬眠开始的时候，储存的脂肪越多，冬天消耗的体内肌肉组织就会越少，也就是说对肌体的

太平洋大马哈鱼到产卵期的时候，经常沿河流逆流而上到达产卵地，在北美西北部的沿海地带，这种鱼是棕熊的一种重要食物。在大马哈鱼每年的产卵季节，棕熊能非常容易地捕到它们。棕熊通常把一部分大马哈鱼当作诱饵，放到小溪中，用它"钓"来另一条鱼。在这个季节，棕熊往往能吃上一顿"全鱼宴"，甚至会吃到肚子发胀。

损害也越小。体内的尿液在冬眠期间能循环利用，可以推动血液和氨基酸的循环。尽管熊冬眠的时候一动不动，但是其骨骼功能并不会退化。这些特征能充分保证熊在冬眠时期内不至于死亡。真正饿死的情形是有的，不过更多地发生在春季，因为那时熊的新陈代谢功能恢复，如果不能得到充足的食物，确实会饿死。

　　为何熊在冬天睡觉的时候还能够保持住体温，原因现在还不清楚。由于熊的体型很大，不能像小型动物那样完全地把自己隐藏在洞穴中，常会有一部分身体暴露在外面，因此可能被潜在的敌人（如狼或另一头还没有找到洞穴的熊）发现，因此，即使在冬眠的时候，熊也要时刻做好战斗的准备，这也可能是熊冬眠的时候保持体温的一个原因。另外一种原因可能是熊崽在冬天出生，为了保证幼崽的生长发育，母熊必须保持比较高的体温。熊崽一般在冬季的中期出生，为了生养和照料小熊，冬眠的母熊也需要比较高的体温。小熊在冬季出生，可能是为了在下一个冬季来临之前，能尽可能多地学到生存本领。而且小熊在下一个冬天也必须冬眠，如果出生在其他季节，小熊就很难完全地发育生长到自己能独立冬眠的水平，这必然会降低其存活率。

　　小熊出生的时候眼睛不能睁开，但是身上的皮毛却发育完好。它们体形很小，不到母熊的1%。哺乳动物的胎儿很难利用脂肪来发育，因为脂肪很难透过胎盘到达胎儿；但是新生幼崽却可以以母乳的形式利用脂肪中的养料，因此，胎儿很早就出生了，可以靠吃母乳（由母熊早期储存的脂肪转化而来）来长得更快。对于母熊来说，在洞穴中养育小熊要付出很大的代价，负担养育幼熊的母熊在整个冬季里，体重下降的幅度是其他熊下降幅度的1.5～2倍，整个冬眠期里体重会减轻40%。

　　尽管生活在热带地区的熊不必冬眠，因为那里一年四季食物都很充足，但是那个地区的母熊仍然在幼崽发育的早期就把它们生出来。热带地区的母熊仍然和小熊待在洞穴中，并且好几个星期甚至几个月不吃不喝。现在还不清楚这是不是与北方熊的生理上的冬眠期有关，也不能确定这是不是所有热带的熊或是个别热带的熊为了刺激排卵而导致的行为（通常情况下，交配才会刺激卵子的排放），同样也不太清楚这种行为是不是为了交配后延缓胚胎的发育（北方的熊是这样的）。

与人类竞争生存
保护现状及生存环境

　　棕熊与人类的关系绵长、密切而又充满不快，但是棕熊从来没有被人类驯化过。尽管熊是一种比较温顺的动物，常常主动避免与人接触，但是北美的灰熊却得到了一个"极富侵略又很残忍的食肉者"的恶名。在19世纪，牧场主、农场主和筑路工人大量进入北美大平原和落基山脉地区，灰熊的栖息地被牧场、农场和公路占据，灰熊因而攻击了一些家畜，并得到了这个恶名。随后灰熊便遭到了厄运，被人类大量猎杀。在刚刚过去的几十年里，约有5万头灰熊遭到了大规模的"屠杀"。

最近发生的灰熊咬伤或咬死人的事件是孤立发生的，但是由于人类加快利用野外之地来开发旅游业或当作娱乐消遣之地，过度地介入灰熊的栖息地，可能还会导致灰熊伤人事件的发生。

人类和棕熊的关系可以追溯到许多世纪以前，那时日本北海道的土著阿伊努人和棕熊之间就存在较为密切的关系。阿伊努人抓住棕熊的幼崽，把它们养在笼子里，给它们喂人吃的食物，甚至喂给它们人奶，几年之后在宗教仪式上将其当作祭品杀掉（当然，这种行为现在已经被禁止）。在欧洲整个中世纪时期，棕熊也被用于各

两头年轻的棕熊在争斗。这看起来好像有生命危险，但实际上它们只是在模拟战斗，并不是真的，它们正是通过这样的游戏来学习战斗的技巧。在以后的生活中，雄性棕熊常常为了争夺领地爆发战争，这可是真正的战争，会使其在战斗中受重伤，甚至丧命。

种仪式和娱乐活动中。由于棕熊能用后腿站着行走，马戏团就利用这一点抓棕熊来进行表演。实际上，这种用棕熊来表演的传统在土耳其和希腊至今还存在。

由于棕熊的分布范围很广，覆盖了很多偏远地区，因此其现存的具体数量还不很确切，据粗略估计约有 20 万～25 万头。从表面上来看，这个数字对棕熊来说还很安全，没有灭绝的危险，但是可能掩盖了一些地区内的棕熊数量很少甚至可能灭绝的事实。在美国境内，除了阿拉斯加之外，只有 5 个互不相连的地区有棕熊幸存，总数不超过 1000 头。在欧洲，西班牙、法国、意大利、希腊四国仅有零星幸存下来的棕熊，每个国家不超过 25 头。法国、意大利、波兰和奥地利为了增加自己境内熊的数量，曾经从其他地方引进过一些棕熊。

即使在食物比较充足的地区，棕熊平均比较低的繁殖率也阻碍了其较小种群的恢复。棕熊在不同的地区开始生育后代的年龄不同，5～10 岁不等。如果幼崽能够成活，母熊生育每胎的间隔为 2～5 年；如果幼崽没成活的话，生育间隔会缩短。每胎产崽可能在 1～4 只之间，但是多数情况下，每胎产崽 2 只。交配季节通常在每年的 5～7 月，母熊在 20 多岁的时候还能生育后代。人类现在是唯一捕猎熊的物种，由于人类的不断扩张，熊的栖息地在大幅度减少。许多国家现在还允许合法地捕猎棕熊，其中俄罗斯每年允许捕猎 4000～5000 头，日本每年允许捕猎 250 头，一些欧洲国家（俄罗斯除外）总共允许捕猎 700 头，加拿大每年允许捕猎 400 头，美国阿拉斯加地区每年允许捕猎 1100 头。如果说这些合法的捕猎还能够忍受的话，但大量存在的非法捕猎则是一个很大的问题了。

北极熊

北极熊是目前生活在世界上的体形最大的熊类。它们有一种非常特殊的能力，即在食物丰盛的季节能吞食大量的食物，迅速地在体内存储大量的脂肪；当食物缺乏的时候，它们就靠这些脂肪渡过难关。它们体内的新陈代谢也是独一无二的，当食物比较匮乏的时候，新陈代谢率能从一个正常的状态迅速地降下来，就像冬眠那样，而且一年当中有好几次，而其他动物只能一年冬眠一次。

在晚更新世，棕熊的一支进化成了北极熊。现在已知的最早的北极熊化石是在伦敦的邱园发现的，至少有 10 万年的历史了。北极熊的臼齿和前臼齿比起其他熊类来说，要尖锐得多，这可以说明为什么北极熊迅速从食草转向了食肉。尽管从外表上来看，北极熊一点都不像棕熊，但实际上两者之间有很近的亲缘关系。在人工圈养的环境下，两者之间能够杂交并产下幼崽；当然在野外环境下，它们不会杂交，因为它们的栖息地根本不在一起。

更能适应严酷的环境
体形和官能

北极熊生活在环北极由冰川覆盖的岛上或者是漂浮的冰川上。现在北极熊有20 个种群，种群之间很少发生交配的情况，每个种群包含的北极熊数量很不相同，小的只有几百头，大的有几千头。据估计，现存的北极熊数量约 2.2 万~ 2.7 万头。北极熊更喜欢栖息在靠近大陆海岸的"冰岛"（这是些比较大的漂浮的冰川，夏季会消融）上，因为这些地方环斑海豹的分布比较密集，北极熊最喜欢捕食这种动物了。在一些食物比较匮乏、比较厚且几年都不会消融的北冰洋中心区的"冰岛"上，偶尔也会有北极熊。在冬季，北极熊向南到达的地区多有变化，可以扩展到比较靠南的白令海、拉布拉多海、巴伦支海上季节性的"冰岛"上，这些"冰岛"会在夏季完全消融不见；也可以到达哈德孙湾、巴芬岛地区，在那里的海滨区度过几个月。这个时候它们不吃不喝，靠以前存储在体内的脂肪维持生命，然后到秋季海水结冰时，才会返回更北的地方。由于随着季节的变化，北极熊会迁来迁去，所以其栖息地范围很不相同，小的仅有几百平方千米，大的可达 30 万平方千米。

北极熊用脚掌着地行走，它们每只掌上有 5 个趾，趾上有爪，这些爪不能缩回。北极熊的两只前掌很大，像船桨一样适宜游泳，但是趾间并没有相连的蹼。北极熊在水里游泳的时候，两条后腿只起到控制方向的作用，并不用力划。它们的身体非常强壮结实，但是缺少肩弓，这与棕熊是不同的。从脖颈长度与身体长度的比例来说，北极熊在所有熊类里是最大的，也就是说北极熊的脖子相对要长些。它们的耳朵比较小，体毛是白色的，但是毛下面的皮却是黑色的。

北极熊的主要食物是环斑海豹，还有体型比较小的髯海豹。当海豹露出水面换气的时候，北极熊就趁机抓住它们。即使海豹在厚达 3 米的冰雪层以下的水里，北极熊也能确切地找到它们。北极熊的嗅觉太灵敏了，可以闻到几乎1000米以内的所有气味，这在哺乳动物中几乎是最棒的了。只要机会合适，它们还会捕食海象、白鲸、一角鲸、水禽、海鸟等。北极熊一年当中进食最多的季节是4月下旬到7月中旬，这个时候刚断奶的小环斑海豹非常多，而且没有防范北极熊的经验，北极熊正可以大量地捕食它们。这个时候的小环斑海豹体重的50%都是脂肪，所以，北极熊在这个时期能在体内储存大量的脂肪。

当北极熊进入不吃不喝的类冬眠期的时候，它们体内的生物化学反应就能合成蛋白质和水的化合物，体内还能循环利用新陈代谢产生的"废物"，这样，北极熊能维持最低的生命活动。在哈德孙湾，那些季节性的冰川在每年的7月中旬至11月中旬完全融化。在这前后，怀孕的雌性北极熊能长达8个月不进食，而且后期还要喂养新生的幼崽。在这个时期，其他年龄段没怀孕的雌性北极熊以及所有的雄性北极熊都要临时找一个洞穴，在洞穴里待几个星期，以保存能量，度过特别寒冷的时期。

北极冰面上的独行者
社会行为

北极熊在大多数时间里是独自行动的，当然在交配季节会进行配对，养育幼崽的时候还会组成一个"家庭"。在每年的夏秋季节冰块完全消融的时候，十几头甚至更多的雄性北极熊会在海岸线附近某个理想的地点挤在一起，进行类似冬眠的"夏眠"，从而形成一个临时性的小团体。在这个时候，雄性北极熊体内的睾丸激素分泌水平比较低，因而不会为争夺雌性北极熊而产生竞争，而且这个时期食物很少见，也不用为之争夺，因此，一些雄性北极熊能够待在一起，共同"夏眠"。当然，如果

知识档案

北极熊

目 食肉目

科 熊科

分布 环北极地区。

栖息地 北冰洋附近的海面冰川、水体、海岛和北冰洋沿岸地区。

体形 雄性体长为200～250厘米，雌性体长为180～200厘米；雄性体重为400～600千克，雌性体重为200～350千克，有些偶尔能达到500千克甚至更高。

皮毛 通常为白色，特别是在夏季，由于身体上海豹油的氧化而有黄斑。

食性 食物主要为环斑海豹，也常捕食体重比较轻的髭海豹、琴海豹、冠海豹，以及海象、白鲸、一角鲸、小型哺乳动物、迁徙性的水禽、海鸟等。

繁殖 怀孕期（包括延迟着床期）约8个月，一般每胎产崽2只。

寿命 雌性一般25岁左右，有的可以达到30多岁；雄性一般20岁稍多一点儿，偶尔也能达到将近30岁。

保护状况 国际自然与自然资源保护联合会将其列为低危级的依赖保护次级。曾经被列为易危级，但是在1973年的大会上，北极熊的保护地位一致被定为低危级的依赖保护次级，之后一直没有发生变化。

某个时刻有一大块食物，如一头死亡的巨大的鲸，几十头北极熊便会围绕着一起吃，但不会发生争斗。

由于幼崽出生后，雌性北极熊要一直照料它们两年半，因此，雌性北极熊每3年才交配一次。为了喂养幼崽，雌性之间的竞争非常激烈，这也是雌性体重比雄性小一倍的原因之一。雌性不能自动排卵，必须进行刺激，因此，在交配季节里，雌性要在几天内交配多次，才能被刺激排卵并进而受孕。在交配季节里，雌雄两性要维持配对关系1～2个星期，才能保证交配怀孕的成功。对于雌性来说，如果第1个交配对象被取代，它们就会和另外一头雄性继续交配，因此，在一个交配季节里，雌性北极熊可能不只与一头雄性北极熊交配。

北极熊体内有一层厚厚的脂肪，体外有一层厚厚的皮毛，这非常有助于它们对付北极地区严寒的冬季。它们身体上没有厚毛覆盖的地方只有熊掌上的肉垫和鼻尖，而鼻尖在雪白的皮毛映衬下呈现黑色。北极熊的耳朵很小，这也是为了适应北极严寒的气候。

北极熊与棕熊一样，受精卵发育到一定程度后，必须延迟一段时间再继续发育，一般是每年的9月中旬至10月中旬才附着在子宫壁上继续发育，雌性北极熊生活的地区纬度不同，这个时间也不相同。在有北极熊分布的大多数地区，胚泡着床2～3个月之后，小熊就会出生在用雪做成的洞穴里。出生的时候，小熊的眼睛是闭着的，体重约有0.6千克，但是体毛发育完好。因为小熊出生时候的体毛就很完整，与周围的雪颜色一样，都是白色的，因此许多人误认为小熊出生的时候没有体毛。小熊在出生后一直吃母熊的奶，吃到3月下旬至4月上旬，其体重能达到10～12千克时，就能与母熊一起在冰面上行走了。

雌性北极熊长到四五岁的时候性发育成熟，然后开始交配，以后到死之前一直会不断地生育。北极熊一般每胎产崽2只，这个比例可以占到2/3，之后就是每胎产崽1只或3只的情况。雌性北极熊在8～18岁的时候是生育的最高峰，这个时候每胎产崽的数目也最多；8岁之前18岁之后每胎多数情况下只产崽1只。人们还没有看到野外的成年雌性北极熊互相交换抚养幼崽的例子，也没有观察到"收养"与自己无血缘关系的幼崽的例子。

顶级食肉者面临的威胁
保护现状及生存环境

尽管北极熊近期内还没有灭绝的危险，但它们现在仍然面临着人类的捕猎，尤其是当地土著人的捕猎——在世界范围内，估计每年有700头北极熊被猎杀。即使能够对这些捕猎活动进行有效的控制，北极熊的生存状况也并不乐观。由于它们的自然出生率很低，总量上呈下降趋势；更由于人类对它们栖息地的不断污染以及全球气候变暖，总体上，北极熊的生存前景还是有相当危险的。国际上达成了给予北极熊以保护地位的协议，并在1976年开始生效。但要想真正地保护北极熊，不使其灭绝，必须采取实际的行动进行保护，而且对它们的栖息地也必须进行保护。

大熊猫

自从法国的博物学家皮尔·大卫于 1869 年在中国西南部四川省的偏远地区首次发现大熊猫以来，这种动物就在世界范围内成为人们关注的一个焦点。人们喜欢大熊猫，不仅仅是因为大熊猫独一无二的黑白相间的皮毛，更是因为大熊猫极度稀少。由于大熊猫在野外面临着严重的灭绝危险，所以，它们也成为国际野生动物保护组织的一个象征、一种标志物，如世界自然基金会就把大熊猫作为它的标志物。

大熊猫尽管是人们努力保护的重点动物之一，被赋予了受保护动物的地位，但是有些人为了得到大熊猫皮，仍然会盗猎大熊猫，因此，它们仍然面临着盗猎的威胁。盗猎大熊猫曾经被判处死罪，现在仍然是一种重罪，可以被判处 10 年以上有期徒刑，但即使这样，仍然没有杜绝人类对大熊猫的盗猎。另外，猎人为了捕猎其他动物，如麝香鹿、羚牛等，常常设下陷阱，而大熊猫有的时候也会误入其中而被杀死。

吃竹子的熊
体形和官能

对于大熊猫在分类学上的位置，过去一个世纪以来，人们一直无法确定，对大熊猫做出的分类甚至自相矛盾。直到最近，通过对大熊猫遗传基因的研究，才知道它们是在进化过程的早期从熊科分出的一个分支。由于与其他熊分离的时间

克隆大熊猫还须克服一些难题

从 1997 年开始，中国科学院的一些科学家开始尝试克隆大熊猫。最近，他们成功地把大熊猫体细胞的细胞核植入了兔子的卵细胞中，这个突破为拯救野生大熊猫提供了一个较为光明的前景。

尽管这个消息令人振奋，但是要成功地克隆出大熊猫，还需要克服一系列难题。保住大熊猫的一个至关重要的问题，就是在大熊猫数量不断下降的同时，能确保大熊猫基因的多样性。实际上，在自然的有性繁殖状态下，亲代的大熊猫通过随机的交配，遗传物质在子代间得到了交换，基因就比亲代多样；然后子代之间再进行随机交配，产生的第 3 代大熊猫其遗传基因就会更加多样化，成活率也就会更高，这样，大熊猫的繁殖就得到了改进。与此相反，如果进行克隆的话，很显然克隆出来的大熊猫其遗传基因都是相同的，而基因相同的大熊猫对整个物种来说就不会有所发展。尽管进行克隆能够复活已经灭绝的物种或使个体数量很少的物种恢复种群，但是它现在还不能取代野外保护地中的有性繁殖。

即使人工圈养不会导致大熊猫的死亡，但是也会降低大熊猫的性欲，尤其是雄性大熊猫的性欲。人工环境下虽然出生了一些幼崽，而且很多是"双胞胎"（这种情况比野生的要多），但其存活率却很低。从 1990 年开始，由于人工受精技术和人工抚养新生大熊猫技术的改进，大熊猫的人工繁殖取得了巨大的进步，人工圈养的大熊猫总数超过了 140 只，但是人工圈养的大熊猫种群还是不能保持稳定。

很长，大熊猫成了一种很有特色的熊。它们冬季不用冬眠；腕关节的一部分进化成了一种类似于人的大拇指的"伪拇指"，可以用来抓住竹枝；其幼崽出生的时候特别小，体重只有100～200克，大约仅为其母体体重的0.001%。

大熊猫也是独一无二的吃竹子的熊类，因此，当地人有时把它们称为"竹熊"，但是如果可以吃到肉的话，它们偶尔也会吃。竹子能够提供大熊猫生存的足量营养，但是由于消化率过低，所以需要吃大量的竹子。野生的大熊猫每天平均花费14个小时用来吃竹子，每天消耗的竹子总量达12～38千克，可达它们体重的40%。

在中国陕西的秦岭山区，人们曾经发现少数大熊猫的体色为棕白相间，这与通常的颜色是不同的（普通的是黑白相间）。作为一个物种，尽管现在大熊猫的总量已经大大减少，而且分布也呈碎片化状态，但人们还是发现自然分布的大熊猫的基因是比较多样的。

交配并未成为繁殖的障碍
社会行为

在许多动物园里，圈养的大熊猫很难生育繁殖后代，这是一个事实。研究表明，大熊猫在圈养下寿命更长，但野外的繁殖成功率更高。

不管是单独生活的还是"带孩子"的大熊猫，都很少聚集在一起。每一只成年的大熊猫都有一块边界明确的领地，雄性的一般为30平方千米，雌性的为4～10平方千米，雄性的领地一般全部或部分包含几只雌性的领地。交配季节为每年的3～5月份，在交配季节里，雌雄大熊猫聚集在一起，但是聚集的时间很短，只有2～4天。在雌性的发情期内，雄性之间为了获得与雌性的交配权，会爆发激烈的争斗。一个取得主导地位的雄性大熊猫往往获得交配的优先权，但这并不是说其他雄性就没有机会了，那些占据次一级地位的雄性大熊猫有时也有交配的机会。

大熊猫的怀孕期大约为5个月，但是包括了1～3个月的胚泡延迟着床期。雌性大熊猫从4岁开始生育，至少到20岁才结束生育，一般每隔2～3年生育一胎。大熊猫幼崽在发育很不完善的阶段就出生了，因此，出生的时候体形非常

知识档案

大熊猫

目 食肉目

科 熊科，但是有的时候被划分为浣熊科
大熊猫属的唯一物种。

分布 中国中部和西部的四川、陕西、甘肃等省。

栖息地 在海拔1500～3400米之间的凉爽、潮湿的竹林中。

体形 肩高70～80厘米；站直的时候身长可达约170厘米；体重100～150千克，雄性比雌性重10%。

皮毛 耳朵、眼圈、口鼻部、前腿、后腿和肩部为黑色，其他地方为白色。

食性 主要以竹子为食，但是野生的大熊猫还吃植物的鳞茎、草类，偶尔还吃昆虫、啮齿类动物。

繁殖 怀孕期为125～150天。

寿命 野生的大熊猫通常不会超过20岁，人工圈养的可以超过30岁。

保护状况 被国际自然与自然资源保护联合会列为濒危级。

一只大熊猫正在津津有味地吃竹子。竹子几乎是大熊猫全部的食物来源，新生的竹叶和嫩芽营养丰富而且纤维素含量最低，非常有利于消化。但是每隔 30～100 年，不同种类的竹子就要开花并进而死亡，对于以前的大熊猫来说，由于它们有很大的栖息地，一种竹子开花死亡之后，可以转移到另外的地方，吃另外一种竹子。现在由于栖息地大量减少，大熊猫没有了足够的选择，一片竹子开花死亡之后，由于没有其他的地方可以转移，因而就要面临饿死的危险。

小，眼睛不能睁开，不能活动，显得很无助。雌性大熊猫在产崽前往往选择一个树洞或是一个山洞，作为产崽并抚养幼崽的"基地"。大熊猫产崽后要在洞里待 1 个月以上，仔细地照料它的幼崽，用它的大掌保护幼崽。

大熊猫幼崽一般在出生大约一年的时候才断奶，但是会一直跟随着母亲，直到雌性大熊猫再一次怀孕的时候才离开。独立生活之后，年轻的大熊猫会确立自己的领地，有的时候一些个体会与其母的领地重合；但是大多数的年轻大熊猫，特别是雌性年轻大熊猫会远远地离开出生地，到很远的地方建立自己的领地。研究人员长期在中国秦岭的调查表明，在大熊猫的栖息地不再受到破坏和对大熊猫的盗猎活动受到严格控制的情况下，野外大熊猫的数量会有缓慢的增长，或至少能够保持稳定。

人口和政策的影响

保护现状及生存环境

大熊猫面临的最主要威胁来自于人类。不断扩张的人口为了农业和木材在持续地侵蚀大熊猫的栖息地。在中国四川省，仅仅 1974～1989 年间，大熊猫的栖息地就几乎缩小了 50%。由于人口的扩张，大熊猫被赶出了亚热带海拔比较低的栖息地，现在其栖息地只保留了海拔比较高的阔叶和针叶混合林地带，在这些地带高大的乔木下方生长了一层由草属植物、小树苗和竹子混合的植被。根据 20 世纪 80 年代一项全国范围的调查，只有 1000 只幸存的大熊猫，分布在 1.3 万平方千米的范围内，有 6 块互不相连的山区栖息地，而且这些栖息地全部位于中国的中部和西部。在这 6 块比较大的栖息地中，又进一步分成了 20 块更小的栖息地，而这些栖息地还要受到当地人农耕和伐木的影响。

目前，中国政府已采取了一些措施，以便更好地保护大熊猫。在大熊猫栖息的山地周围，还生活着成千上万的人，再加上下游生活着的上百万人，因此，保护这些地区不仅能改善当地的生态环境，还能改善人的生存环境。从实际情况来看，这些大熊猫保护地与中国其他类似的地方相比，生态环境确实得到了改善，动植物资源也更加多样。

臭鼬

臭鼬能释放一种刺激性的气味，至少人类的鼻子闻起来非常难受，不过，这种气味对它们自己却是无害的。臭鼬是一类主要靠化学物质来保护自己的哺乳动物，这在哺乳动物中是不多见的。

臭鼬有黑白分明的皮毛样式，其功能与黄蜂的黄黑分明的颜色样式相同，都是一种警戒色，可以起到吓跑敌人的作用。当臭鼬受到威胁的时候，就翘起尾巴，抬起后腿，发出尖锐的咝咝声，甚至用前腿支撑身体倒立起来，吓唬攻击者使之知难而退。如果这些招数失灵的话，臭鼬就会使出"杀手锏"，释放一种混合了多种化学物质的气体，足以使得攻击者无法对它们下手。这种气体包含硫、丁烷和甲烷等化合物，气味很有刺激性。

拥有"化学武器"

体形和官能

除了加拿大极北部以外，臭鼬遍布于北美、中美和南美洲，它们栖息在林地内，而且只要有食物和居所，它们也常常出现于城镇郊区和市内。生活在市内的臭鼬常栖身于地洞、涵洞管道或建筑物下面，经常晚上出来在垃圾堆中搜寻食物，也常在公园或绿地挖洞。再加上许多人认为它们释放的气体对人体和宠物有害，所以生活在市内的臭鼬常常遭到人们的驱逐，成为一种不受欢迎的"城市寄居者"。

所有种类的臭鼬身上都有黑色和白色的斑块，但是任何两种或是同一种内任何两只臭鼬的颜色样式都不相同。标号为"1"和"2"的是两只普通臭鼬，但是两只的皮毛颜色样式不相同，标号为"3"的是一只獾臭鼬，它正在用长长的、光洁无毛的鼻子搜寻猎物，标号为"4"的是一只西部斑臭鼬，所有种类的斑臭鼬比其他臭鼬的体形都要小，可以用前肢倒立起来并保持平衡，更好地保护自己，预防潜在的攻击者攻击自己；标号为"5"的是大尾臭鼬，背部为白色。

正常情况下，臭鼬能在 2 米范围内释放臭气攻击目标，但是在顺风的情况下，人最远能够在 1 千米的距离内分辨出这种气味。臭鼬释放的气体能导致人情绪的极大波动，如果气体进入眼内，还能导致短暂的失明。在臭鼬的肛门两侧各有一个腺体，呈乳突状，臭气就储存在这两个腺体中，并且腺体侧面有肌肉，可以加强释放的力度。如果腺体内存满气体，可以释放 5 ~ 6 次，但是一旦释放完，需要 48 个小时才能补充上。因此只有到了万不得已、生死攸关的时候，臭鼬才会释放这种"宝贵"的气体，平时是不会轻易浪费的。

知识档案

臭 鼬

目 食肉目

科 臭鼬科

共 3 属 10 种。

分布 北美、中美和南美洲。

普通臭鼬

分布：加拿大南部、美国、墨西哥北部，也常常出现在市郊和城镇内部；栖息在洞穴 中或建筑物下。体形：体长 68 厘米，体重 1.5 ~ 6 千克。皮毛：体色为黑色，背部有带分叉的白色条纹；头部有白色斑块或白色条纹。繁殖：2 ~ 3 月份交配；怀孕期为 62 ~ 66 天，无延迟着床现象；4 ~ 5 月份产崽，每胎 3 ~ 9 只。寿命：野生的大多数活不到 3 岁，人工圈养的能达到 8 ~ 10 岁。

大尾臭鼬

分布：美国西南部，喜欢栖息在岩石峡谷中或西南部的沙漠地带，数量比普通臭鼬稀少，而且活动更为隐秘。体形：体长 31 厘米，体重 0.9 千克。皮毛：一种是背部全为白色，其他地方为黑色；一种是黑色，但是腹部两侧有细白色条纹；一种是前两种的混合，也就是背部为白色，腹部两侧有白色条纹，其他地方为黑色。繁殖：3 ~ 4 月份交配；怀孕期 63 天，无延迟着床现象；5 ~ 6 月份产崽，每胎 3 ~ 6 只。

斑臭鼬

分布：共有 3 种：西部斑臭鼬，分布在美国西部到墨西哥中部；东部斑臭鼬，分布在美国东南部到中部再到墨西哥东部；侏斑臭鼬，分布在墨西哥的西部和西南部。所有 3 种斑臭鼬都善于爬树，穴居在岩石缝中、地洞或建筑物下。体形：体长 40 厘米，体重 0.5 千克。皮毛：体色为黑色，有 4 ~ 6 个不连续的白色条纹或者白斑；体毛比其他属的臭鼬要亮一些。寿命：东部斑臭鼬和侏斑臭鼬在 2 ~ 4 月份交配，怀孕期 50 ~ 65 天，无延迟着床现象；西部斑臭鼬在夏末交配，有延迟着床现象而且延迟至次年 3 ~ 4 月份，在 5 月份产崽；所有 3 种每胎产崽 2 ~ 6 只。

獾臭鼬

分布：共有 5 种：西部獾臭鼬，分布在美国南部、尼加拉瓜；东部獾臭鼬（又称白背獾臭鼬），分布在美国得克萨斯州东部和墨西哥东部；墨西哥獾臭鼬，分布在墨西哥南部、秘鲁北部和巴西东部；安第斯獾臭鼬（又称智利獾臭鼬），分布在阿根廷、玻利维亚、智利、巴拉圭和秘鲁；巴塔哥尼亚獾臭鼬，分布在智利南部、阿根廷。这些种类栖息在各种地形中，但是更喜欢栖息在地势崎岖不平的地区；穴居在岩石缝和地洞中。体形：体长 60 厘米，体重 1.5 ~ 2 千克。皮毛：体色为黑色，背上有比较宽的白色条纹，尾巴为白色；与其他臭鼬不同的是头部没有白色条纹，口鼻部比较长且没有毛发。繁殖：2 月份交配；怀孕期为 60 天；四五月份产崽，每胎 2 ~ 4 只。

从体形上说，臭鼬介于鼬类和獾类之间。臭鼬前掌上有长长的爪，可以用来捕捉猎物，或者挖掘洞穴，以便平时休息、冬天蛰伏、生育和喂养幼崽。

臭鼬科的所有物种都非常善于挖洞和捕捉各种老鼠。昆虫和啮齿动物是它们的主食，有时也会吃一些地下的虫卵；蛙类、蝾螈、蛇类和各种鸟卵是臭鼬喜爱的食物，有时它们还会"光顾"腐肉和人类丢弃的垃圾。臭鼬捕食猎物主要靠听觉和嗅觉，它们的视力很差，3米外的一些细微物就看不清楚了，因此，它们常常成为交通事故的受害者。在北方高纬度地区，臭鼬是要冬眠的，因此，在夏末和整个秋季，必须要吃大量的食物，在体内储存足量的脂肪，以备冬眠和春天抚育幼崽之用，这个时候，它们的体重常常是春天时候的两倍。

独自游荡，共同穴居
社会行为

臭鼬在它们生命的大部分时间里都是独自生活的。在北方地区的冬季，可能有很多只臭鼬共同栖身于一个洞穴中，有时可以达到20只。有代表性的是，一只成年雄性与几只成年雌性共同栖居于一个洞穴中，时间可能长达6个月。母臭鼬一般在晚春分娩，分娩之后栖居于一起的成年臭鼬又重新单独生活。将要进入3月份的时候，母臭鼬就要开始准备分娩和哺育幼崽的洞穴。普通臭鼬通常在5月中旬分娩，一直到6月末，幼崽都要靠母臭鼬照料。到8月份，幼崽在体形上就能达到成年的状态，然后开始离开母臭鼬，各自过独立的生活。雌性臭鼬大多数年限里占有的领地为2～4平方千米，而且大部分领地与其他雌性的重合；雄性臭鼬的领地则要大很多，可以超过20平方千米，而且也与其他雄性的重合。一般来说，雄性是不负责照料幼崽的，而且可能还会杀死幼崽，因此，母臭鼬都会警惕地保护幼崽所在的洞穴，严防雄性臭鼬的进入。

面临狂犬病的严重威胁
保护现状与生存环境

在整个北美地区，臭鼬是主要的狂犬病毒携带者之一。在北美，臭鼬科动物身上的狂犬病毒变体是最多的。人们对臭鼬的狂犬病流行病学所知甚少，现在还缺乏足够的口服疫苗来阻止这种疾病的蔓延。臭鼬的唾液中含有狂犬病毒，它们一旦咬上其他动物，就会给它们传染上狂犬病。冬季，臭鼬群居在一个洞穴里，也极易在臭鼬群中传染病毒，因此，一段时间过后，一个地区的臭鼬会集中爆发狂犬病，造成数量的急剧下降。由于臭鼬还喜欢在农场建筑物下挖掘洞穴栖居，这又增加了家畜感染的概率。尽管其他动物受到臭鼬的传染也会死亡，但是这种死亡率远低于臭鼬之间互相传染而导致的臭鼬的死亡率。

可能由于臭鼬有特殊的"化学威慑性武器"，郊狼、家犬、獾、狐狸和大雕鸮很少会拿臭鼬当食物，因此，它们的天敌比较少，很少被其他动物侵害。不过，人类却对臭鼬造成了严重的危害，每年一半以上的新生臭鼬是被人类开车撞死、射杀或者用药毒死的，只有不到1/10的臭鼬能够活到3岁以上。

鬣狗科动物

鬣狗从来就没有受到过人们的好评，人们常常把它们描述成为丑陋的、懦弱的和用心险恶的动物，但实际上它们是最聪明、最有意思的动物，也是群居性的并且社会体系高度发达的动物。尽管现在生存于地球上的只有4种鬣狗科动物，但是它们所处的生态系统和它们的社会行为各不相同，表现出很复杂的多样性。

特殊的身体结构
体形与官能

3种真正的鬣狗——斑鬣狗、褐鬣狗和缟鬣狗从外表上看起来与犬类很相似，有硕大的头部和强而有力的前身。这3种鬣狗的牙齿和下颚也非常有力，可以咬碎除了斑马和捻角羚身上最大块骨头外的其他所有骨头，从而吸取骨髓里丰富的营养。它们胃里的盐酸浓度非常高，因此比其他哺乳动物的消化能力要强，可以更好地吸收骨头里的营养。与强而有力的前身相反，它们的后身显得比较柔弱，好像发育不全似的，这也使得它们总体上看起来向前倾。褐鬣狗、缟鬣狗还有土狼的体毛非常长，遇到敌人的时候可以直立起来，这样就使它们的体形显得非常大，可以吓唬住敌人。斑鬣狗的体毛比较短，但是它们本身就很高大有力，因此并不需要长毛的帮助。

雌性斑鬣狗的外生殖器比较奇怪，从外表上看起来几乎与雄性的外生殖器没有差别，因此许多神话故事把斑鬣狗描述成一种雌雄同体的动物。事实上，只是因为雌性斑鬣狗的阴蒂很大，与雄性的阴茎很像，而且外阴唇融合在一起，看起来像雄性的睾丸。雌性斑鬣狗生育幼崽的产道是外表像阴茎的那个阴蒂，这在哺乳动物中是很奇怪的。当两只相互认识的斑鬣狗相遇的时候，它们常常要举行一种仪式来互相打招呼，而生殖器官就在这种仪式中扮演很重要的角色。这个时候，斑鬣狗的头部和尾巴都会伸直，然后抬起内侧的后腿，互相嗅和舔对方立起来的阴茎或像阴茎的阴蒂。这种仪式在斑鬣狗社会中有很重要的作用，它可以巩固社会联系和稳定社会等级次序。其他几种鬣狗的生殖器官很正常，当它们相遇打招呼的时候，往往互相嗅肛门部位，这与斑鬣狗是不同的。

群体中的活跃生活
社会行为

概括起来说，鬣狗与周围的生态环境有很大的关系，两者互相影响。由于所处的捕食环境不同，褐鬣狗往往是独自出去觅食，而斑鬣狗则常常成群结队地出去觅食。对褐鬣狗来说，它们主要吃的腐肉很容易通过鼻子嗅到，因此觅食的时候不需要合作；更为重要的是，大多数的腐肉只够一只褐鬣狗吃一顿，如果觅食的时候成群结队的话，会引起矛盾和冲突。而人们了解很少的缟鬣狗，据说其生活方式与褐鬣狗差不多。

鬣狗科动物

分布：除撒哈拉沙漠和刚果盆地以外的非洲，中东到阿拉伯地区、印度、尼泊尔南部。

该科共有4属4种

缟鬣狗

有5个亚种：巴巴里亚种，分布于非洲西北部；东北非亚种，分布于非洲东北部；叙利亚亚种，分布于叙利亚、小亚细亚和高加索地区；指名亚种，分布于印度；苏丹亚种，分布于阿拉伯地区。体形：头尾长1.2～1.45米，肩高66～75厘米，体重26～41千克。皮毛：体毛比较长，白灰色到浅褐色；躯干上有5～9条纵向条纹；喉部有黑色斑块。食性：主要吃哺乳动物的腐肉，有时也吃无脊椎动物、鸟卵、爬行动物的卵、野果和人丢弃的有机废物。繁殖：一年当中任何时候都能交配，怀孕期为90天，每胎产崽1～4只，通常为3只；幼崽出生10～12个月后断奶，雌性幼崽2～3岁时性发育成熟。保护地位：被国际自然与自然资源保护联合会列为低危级。

褐鬣狗

广布于南非，尤其是南非西部地区，安哥拉南部也有分布；主要栖息于干旱地带。体形：头尾长1.26～1.61米，肩高72～88厘米，体重28～49千克。皮毛：毛发粗浓杂乱，为深棕色到黑色，脖颈及肩部为白色；四肢上有横向的白色条纹。食性：与缟鬣狗相似，每天要消耗食物约2.8千克。繁殖：一年当中任何时候都能交配，怀孕期为90天，每胎产崽1～5只；幼崽出生12个月后断奶，18个月后才能离开出生的巢穴；雌性幼崽2～3岁的时候性发育成熟。保护地位：被国际自然与自然资源保护联合会列为低危级。

斑鬣狗

除撒哈拉沙漠、刚果热带雨林和非洲最南端外的非洲大陆其他地区都有分布；栖息于从沙漠到热带雨林边缘的各类地形中，尤其是非洲热带亚热带稀树大草原上密度最高。体形：头尾长1.3～1.85米，肩高70～95厘米，雄性体重45～62千克，雌性体重55～82.5千克。皮毛：体毛比较短，为沙黄色、淡赤黄色或暗灰色及棕色，背部、腹部两侧、臀部、四肢有暗色斑点。食性：主要吃腐肉和自己捕食到的大中型有蹄类哺乳动物，每天消耗肉类3～6千克。繁殖：一年当中任何时候都能交配，怀孕期约为90天，每胎产崽1～2只，幼崽出生12～16个月后断奶，雌性幼崽2～3岁时性发育成熟。保护地位：被国际自然与自然资源保护联合会列为低危级。

土狼

有2个亚种：指名亚种，分布于南非；北方亚种，分布于东非。2个亚种主要栖息在年平均降水量为100～600毫米的草原开阔地带。体形：头尾长0.85～1.05米，肩高0.45～0.5米，体重8～10千克。皮毛：体毛比较长，为浅黄白色到红褐色，喉部和腹部下侧为苍白色；躯干上有3～5条纵向黑色条纹，前半身和后半身有1～2条斜纹，四肢上有不规则的横向条纹。食性：主要食白蚁。繁殖：交配期与前3种不同，是有季节性的，怀孕期为90天，每胎产崽1～4只；幼崽出生约4个月后断奶，然后离开巢穴。保护地位：被国际自然与自然资源保护联合会列为低危级。

在非洲恩戈罗恩戈罗火山口地区的斑鬣狗常常组成一个大群体，这对于放倒一头大斑马是必要的；但是在南部非洲喀拉哈里沙漠南缘，单个的斑鬣狗放倒一头大羚羊幼崽的成功概率与几只斑鬣狗合作的成功概率几乎相同，而大羚羊的幼崽是这个地区斑鬣狗的主要食物，因此在这里它们很少成群结队地捕食。可见斑鬣狗成群结队捕食的一个更重要的原因是，它们的猎物体型往往很大，足够一群斑鬣狗吃上一顿。

如果仔细考察这些斑鬣狗群的构成情况，可以发现，在一个群体内，成员之间都有很近的血缘关系。实际上，群体成员亲缘关系的选择有一个过程，也就是说，组成群体的时候，会更多地选择与自己亲缘关系更近的个体而非关系比较远或没有血缘关系的个体。这样选择群体成员的一个好处就是，当大家通过努力成功地捕获一只猎物并分享美味的时候，因为大家都是"亲戚"，感觉总比分给"非亲非故"者要好。

群体是鬣狗社会的基本组织，缟鬣狗、褐鬣狗和斑鬣狗都生活在群体里。群体的成员共享一块领地，共同保卫领地以防止邻居的侵入。斑鬣狗的群体是靠严格的等级次序维持的，等级次序由雌性主导，即使是等级次序最高的雄性其地位也低于等级最低的雌性。一般来说，雄性幼崽将要成年的时候会离开它们出生的群体，加入到一个新的群体中，并在新群体中不断提升自己的等级地位，当升到雄性的较高的地位时就可以获得和雌性交配的机会。雌性幼崽通常会一直待在出生的群体内，接替自己母亲的等级地位。褐鬣狗看起来没有"性别歧视"，将要成年的雌性和雄性都有一部分离开出生的群体，剩下的一部分则待在出生的群体内，时间可能很长，甚至一生都待在出生的群体里。离开出生地的雄性可能成为"流浪者"或者加入一个新的群体，但是流浪的雄性和加入新群体的雄性都有机会与雌性交配。

一只斑鬣狗即使独自行动的时候，也会和群体中的其他成员保持某种直接的联系，如靠某种叫声保持联系，而这些声音人类只有在扩音器和耳机的帮助下才能听到。人类离开那些扩音设备的帮助，能听到的斑鬣狗叫声只有高叫声、吼声及一种连续不止的"咯咯"声，因此，人们又把斑鬣狗称作"笑鬣狗"。

这是在博茨瓦纳乔贝国家公园内的一群斑鬣狗，它们正聚集在一头已死大象的尸体旁边。虽然群体一块儿"吃饭"时常常显得吵闹杂乱，但是一般很少发生严重的冲突。斑鬣狗吞食食物的速度非常快，如果有足够多的食物的话，一只斑鬣狗一次可以吃掉15千克重的肉食。

图中表现的是鬣狗科中两种鬣狗不同的捕食方式：标号为"1"的是一群斑鬣狗，它们正在合作捕猎一头斑马，标号为"2"的是两只年轻的褐鬣狗正在玩要，附近一只成年褐鬣狗则刚捕获了一只大耳狐。

高叫声是一种很好的长距离联系方式，这种声音可以传递好几千米远。每一次高声叫都要重复好几遍，以便让倾听者准确地确定其位置，而每一只斑鬣狗都有各不相同的声音。在南非德兰士瓦地区蒂姆巴维奇野生动物保护区内生活的斑鬣狗，如果人们播放其同伴的叫喊声录音，它们也会做出反应，常常会接近录音机放置的地方，或是对录音进行"唱和"，做出回答。但如果录音机中播放的是陌生斑鬣狗的叫声，当地的斑鬣狗就会快速地成群结队地跑来，表现出很兴奋紧张的样子，鬃毛竖起，尾巴翘起很高，突出肛门附近的腺体，表示要准备战斗以保护领地。斑鬣狗的幼崽也会对事先录好的其母亲的高叫声做出反应，但是不会对群体中其他成员的录音声做出反应。

3种鬣狗中，每个群体中包含的成员个数是不相同的，一般来说，斑鬣狗的群体最大，但在不同的地区，其群体中成员个数也不同。在喀拉哈里沙漠的南缘，一个斑鬣狗群有5个以上成员，在恩戈罗恩戈罗火山口地区，一个斑鬣狗群则可能有多达80个成员。一个褐鬣狗群可能只有1只雌性褐鬣狗和它最近生育的几只幼崽，也可能多达15个成员。在各种鬣狗中，不但群体成员个数不同，群体的领地大小也很不相同。在恩戈罗恩戈罗火山口地区，拥有80个成员的斑鬣狗群的领地可能只有40平方千米；在喀拉哈里沙漠的南缘，只有5个成员的斑鬣狗群的领地却可能大至1000平方千米。领地的大小主要与其中的食物丰富程度有关，食物丰富的地区，鬣狗群的领地就小，食物较贫乏的地区，鬣狗群的领地就大。在恩戈罗恩戈罗火山口地区，生存着大量的黑尾牛羚和斑马，可以在小片地区内为大量的斑鬣狗提供足够的食物；在喀拉哈里沙漠南缘地区，一群斑鬣狗可能长途奔袭50千米甚至更远，才能杀死一只猎物。

所有的鬣狗都把幼崽放在巢穴内。巢穴通常是由一系列的地下洞穴构成的，一般很小，只有幼崽才能进去，这样，当成年鬣狗长时间出去捕猎时，幼崽待在这样的洞穴里就很安全。幼崽在洞穴里待的时间可能长达18个月。在斑鬣狗的群体内，所有的母鬣狗都把自己的孩子放在一个公共的巢穴内，共同抚养；在大部分的褐鬣狗群体内，一般只有1只母鬣狗生育幼崽，即使有时一个群体内有2～3只母鬣狗生育幼崽，它们也是分开巢穴各自抚养。

与多数食肉目动物不同的是，斑鬣狗的幼崽出生时眼睛就能睁开，牙齿也发育良好。斑鬣狗每胎通常产 2 只幼崽，幼崽出生几分钟就能表现出很强的侵略性，每只幼崽争着占据领导地位，以便控制喝母斑鬣狗奶汁的权利。尤其是在食物短缺、很难养活 2 只幼崽的情况下，幼崽会表现出更强的侵略性，互相之间会对主导权进行激烈的争夺。

鬣狗喂养幼崽的方式很不相同，放在公共的巢穴里共同喂养幼崽的斑鬣狗通常在幼崽约 9 个月大时，才会让幼崽吃肉食，因为那个时候幼崽可以跟着母斑鬣狗奔走捕食了。但即使到了这个时候，幼崽也还是主要靠母斑鬣狗的奶汁生活，直到 15 个月大的时候才会完全断奶。褐鬣狗的幼崽也在 1 岁多的时候才断奶，但是幼崽在出生 3 个月时就能吃群体成员带回巢穴里的其他食物了。

为什么斑鬣狗和褐鬣狗喂养幼崽的方式如此不同呢？这和捕食方式有关系。

气味标记和问候方式

鬣狗的社会体系比较复杂，3 种鬣狗都有复杂的问候仪式，以及靠气味保持高效远距离沟通的方式。对土狼来说，只有气味标记可以达到这种复杂的程度。

3 种鬣狗的一个共同特征就是其肛门处都有一个袋状物，可以用来做一种独特形式的气味标记，这些标记可以称作"涂标"。缩鬣狗和斑鬣狗只会留下一种乳白色的涂标，而褐鬣狗除了能做黑色涂标外，肛门处的袋状物还能分泌出一种油脂质的白色分泌物，也就是说还能做白色涂标。下图中标号为"1"处是一只褐鬣狗正在用肛门处袋状物向一丛草上涂抹标记；向前标号为"2"的地方就是留下的一个白色涂标和一个黑色涂标。在一块领地中，可能有高达 1.5 万个涂标，这样当入侵者进来的时候就能及时感受到主人的存在。白色涂标有短期的气味，可以起到警告入侵者赶快离开的作用，而黑色涂标则可以向同伴传递"此处有食物"的信息。

当遇到同伴的时候，3 种鬣狗肛门处的袋状物都能里朝外翻过来，但是斑鬣狗举行见面仪式的时候并不向对方展示肛门处，因为展示这个地方就表示某种攻击性，是不友好的行为。褐鬣狗和缩鬣狗在进行见面仪式的时候，如图上标号为"3"处所示，往往把背部的长毛竖起来，互相嗅对方的头部、躯体，检视对方肛门处的袋状物，并进行仪式性的打闹。斑鬣狗举行见面仪式的时候，会如图上标号为"4"处所示那样，伸直头部和尾巴，翘起一条后腿，然后互相嗅和舔对方的外生殖器部位以及直立起来的阴茎或阴蒂。在交配季节，它们的这种仪式有所不同，会嗅和舔生殖器官的不同部位。斑鬣狗的见面仪式通常由等级地位比较低的成员率先开始，这样可以有效地缓和关系。

第一，如果一只褐鬣狗得到了一大块食物，它只能吃掉其中的一部分，然后它就可以把剩下的带回到巢穴里。而如果拥有5个成员的斑鬣狗群得到了一块同样大小的食物，很明显它们马上就可以吃完，而根本没有什么可带回去的。第二，一只褐鬣狗巢穴里的幼崽通常只有一窝，体形和年龄几乎相同；而在一个斑鬣狗的公共巢穴里，通常有好几窝幼崽，不但个数很多，体形大小和

这是生活在南非喀拉哈里国家公园内的一只褐鬣狗。当褐鬣狗表现出侵略性的时候，往往把背部的长毛竖起。但在褐鬣狗同伴之间进行见面仪式的时候，也常常竖起背部的长毛。

年龄也不相同，即使带回食物也往往由年龄比较大的幼崽控制，许多比较小的幼崽吃不到。第三，在许多地区，斑鬣狗的捕食范围很大，往往离其巢穴很远，即使找到了足够的食物，"搬回家"也很费力。而在褐鬣狗中，它们会表现出某种"英雄气概"，顽强地把食物带回去，如有一次人们就观察到一只褐鬣狗把一块约7千克重的肉带回了15千米远的巢穴中。第四，由于褐鬣狗群中的幼崽都有很近的亲缘关系，成年褐鬣狗就很愿意把食物带回来给它们吃。而斑鬣狗群中的幼崽亲缘关系可能比较远，因此会影响成年斑鬣狗带回食物的积极性。

人类偏见的牺牲品
保护现状及生存环境

尽管现在3种鬣狗还没有灭绝的危险，但一些种群则受到了威胁，其原因常常是当地人错误的观念等造成的，而其实这种由于错误观念而对鬣狗实施的迫害可以完全避免。在整个阿拉伯半岛和北非，由于当地人把缟鬣狗看作"盗墓者"，认为它们吃死尸，而对其进行了严重的迫害——当地人通过放置毒饵或设置陷阱而大量杀死缟鬣狗。褐鬣狗的命运稍好一些，因为在南部非洲它们的栖息地内，当地农民对它们的偏见已经有所改变，不再大规模地迫害它们了。现在在南部非洲一些大块的保护地内，褐鬣狗得到了有效的保护。

斑鬣狗是鬣狗科中与当地人最有冲突的动物，因为它们会攻击当地人喂养的家畜，因而遭到了当地人的捕杀。国际自然与自然资源保护联合会已将其列为低危级中最高的"依赖保护"次级，而其他两种鬣狗只被列为低危级中最低的"安全"次级。现在总体来说，鬣狗在东部非洲和南部非洲许多大块的国家公园和其他保护地内数量恢复很快，已经很常见了。

土狼
较特殊的鬣狗科动物

土狼与缟鬣狗很像，仿佛就是缟鬣狗的缩微版。土狼的颌骨发育很不完善，

臼齿也退化成极小的钉状，只适合以昆虫为食。根据古生物学上的分析和现代基因图谱的研究，可以肯定土狼属于鬣狗科，大约 3 200 万 ~ 1500 万年前，从其他鬣狗科动物中分化出来。现存的其他 3 种鬣狗中，斑鬣狗 1000 万年前与褐鬣狗和缟鬣狗分离，600 万年前褐鬣狗和缟鬣狗相互分离出来。

土狼是一个高度"专业"的捕食者，几乎只吃白蚁，尤其是当地象白蚁属中的大鼻型兵蚁。由于很差的色素沉淀的缘故，这些白蚁不能忍受白天直射的阳光，只在夜间活动。这些白蚁能分泌一种化学物质，阻止多种食肉动物吃它们，但是对土狼却没有办法。在南非冬季比较寒冷的时期，这些夜行性的白蚁会藏在蚁穴中不再活动，于是土狼就转向吃另外的日行性的白蚁，主要是草白蚁的兵蚁。在雨季的东非，土狼的食物种类稍微多一些，还会吃土白蚁属和大白蚁属白蚁。其他食蚂蚁或白蚁的动物常常挖开这些蚁类的地下巢穴，与它们不同的是，土狼并不挖开白蚁的巢穴，而是用长长的舌头深入蚁穴内舔食白蚁。草象白蚁属的大鼻型兵蚁常常排成密集的纵队离开巢穴去巡视，土狼一个晚上就可能吃掉 20 万只这种兵蚁。在非常偶然的情况下，土狼还会抓小型的哺乳动物、巢中的雏鸟来吃，或是吃一些腐肉。

土狼的社会体系与其他鬣狗科动物不同，其基层社会组织看起来像是一雄一雌式的家庭，雌雄成对生活的土狼及其新近出生的幼崽共享一块领地，每块领地约 1 ~ 4 平方千米。土狼领地的大小与其中的白蚁群密度有关，白蚁多，领地就小。如果有其他土狼侵入本地土狼的领地，"主人"可能会狂追 400 米截住入侵者，这个时候往往会发生"战争"。但有时土狼的领地系统不是那么严格，当食物比较短缺，或是来自不同领地的土狼一起觅食的时候，可能会在同一时间出现在同一地点。

土狼的繁殖是有季节性的，南非的土狼一般于 7 月份交配。在交配季节，土狼会放弃平时的一雄一雌制，交配对象表现出一种高度的随意性。在一个地区内，居领导地位的雄性会和邻近的雌性交配，而那些比较"柔弱"的雄性其平时的"妻子"会被首领"霸占"。即使这样，这个"戴了绿帽子"的雄土狼也会帮助养育"妻子"所生育的幼崽，保卫巢穴，尤其是防止胡狼的迫害。

一个土狼家庭可能有 10 个巢穴，分散在领地中。它们一次只用 1 个或 2 个巢穴，每隔 4 ~ 6 个星期就要换一次巢穴。

土狼通常每胎产 2 ~ 4 只幼崽，幼崽出生的时候，眼睛能够睁开，但是在其他方面显得比较柔弱。出生后的前 6 ~ 8 个星期，幼崽都要待在巢穴里，当母土狼出去寻食的时候，这个家庭的雄性"家长"每天要花 6 个小时来看护洞穴里的幼崽。出生大约 12 个星期后，幼崽就能够离开巢穴出去走动了，它们这时会和一位"家长"出去觅食。出生 16 ~ 20 个星期后，年幼的土狼就能够在多个晚上独自出去觅食了。在父母下一次交配生育之前，这些年幼的土狼就要离开父母的领地，走到很远的地方去建立自己的领地。

土狼现在被国际自然与自然资源保护联合会列为低危级中最低的"安全"次级，但是南非的土狼种群却面临着比较高的威胁，因为当地人为了消灭蝗虫，常常使用毒性很强的杀虫剂，而土狼很容易被这些杀虫剂毒害。

🐬 海 豚

从古希腊神话中海豚救了游吟诗人阿里翁，到 1993 年好莱坞电影《威鲸闯天关》中那条同样非常著名的英雄虎鲸，海豚类总是引起人类极大的关注。海豚类的智慧和发达的社会组织被认为和灵长类动物相似，甚至可以和人类媲美。另外，它们的温顺友善也深受人类的喜爱。

近年来，以人类为中心的观点需要有所转变，例如，我们对海豚的学习能力、社交技能及它们在海中的生活了解得越多，就越会惊叹于不同的种群或种类之间为适应当地环境条件而产生的巨大的行为和社会结构差异。

敏捷而聪慧

体形和官能

海豚科是在大约 1000 万年前的中新世晚期进化形成的一个相对现代的族群，它们是所有鲸类中种类最丰富和具有最大多样性的族群。

多数海豚属于小到中型动物，具有发育良好的喙和一个向后弯曲的居于身体背部正中的镰刀状背鳍。它们的头顶上方有一个新月形的呼吸孔，呼吸孔前面是凹陷的。在双颌上有彼此分离且功能不同的牙齿（牙齿的数量为 10 ～ 224 颗不等，大多数为 100 ～ 200 颗）。多数海豚都有一个额隆，但也有些种类如土库海豚的额隆并不明显，而在驼背海豚属中额隆则完全消失。花纹海豚和 2 种领航鲸的额隆向前突出，形成一个不明显的喙。在虎鲸和伪虎鲸中，额隆是渐缩的，形成一个很钝的喙。虎鲸还具有圆形的桨形鳍状肢，而领航鲸和伪虎鲸具有狭长的鳍状肢。

不同种类之间的身体颜色图案具有巨大的差异，这可以通过几种方法进行分类。一种分类方法可以分成 3 种类型：统一色彩图案型（图案色彩单一或分布均匀）、补缀色彩图案型（各种色彩图案之间界限分明）以及分界色彩图案型（黑色和白色）。身体颜色的差异有助于个体间彼此辨认，颜色还有助于隐蔽自身以躲避捕食者的捕杀。在光线黯淡且均一的海洋深处进行捕食的海豚其体色是同一的，而海洋表面的海豚则趋向于反向隐蔽的色彩图案（上面是暗色的，而下面是亮色的），从上面看时，它们能够融入到背景中。有些种类的色彩图案可以当作反捕猎伪装，如某些种类的鞍形图案可以通过色彩反向隐蔽而获得保

海豚可能会通过图中这种跃出水面的行为来沐浴或展示其性别魅力，但有时跃出水面仅仅是为了嬉戏玩耍。如此优美的展示使海豚给人类留下了深刻的印象。

海豚

目 鲸目

科 海豚科

该科共有17个属，至少36个种类，包括：普通海豚或鞍背海豚（海豚属，3个种类）；飞旋海豚、斑点原海豚和条纹原海豚（原海豚属，5个种类）；短吻海豚和白吻海豚（斑纹海豚属，5种或6种）；康氏海豚（喙头海豚属，4种）；驼背豚（白海豚属，3种）；宽吻海豚（宽吻海豚属，2种）；露脊海豚（露脊海豚属，2种）；领航鲸（领航鲸属，2种）。

分布 分布在所有的海洋中。

栖息地 通常生活在大陆架附近，但有些种类生活在外海中。

体形 头尾长从希氏海豚的1.2米到虎鲸的7米，体重范围从希氏海豚的40千克到虎鲸的4.5吨。

外形 有喙状吻（相对于鼠海豚的钝形吻）以及铲形齿齿（相对于鼠海豚的锥形牙齿）。身体细长并呈流线型。胸鳍和背鳍为镰刀形、三角形或圆形，背鳍位于身体背部的中部附近，露脊海豚没有背鳍。

食性 主要以鱼类或鱿鱼类为食，虎鲸也以其他的海洋哺乳动物和鸟类为食。

繁殖 妊娠期为10～16个月（虎鲸、伪虎鲸、领航鲸和里氏海豚的妊娠期为13～16个月，其他的种类为10～12个月）。

寿命 超过50～100年（虎鲸）。

护，斑点图案可以和阳光在水中反射出的光斑融合在一起，而十字交叉型图案则具有反向隐蔽和混乱色彩的作用。

海豚和其他齿鲸一样，主要依靠声音进行交流，它们的声音频率很低，其范围通常从0.2kHz的低语到80～220kHz的超声波，可以通过电磁回声定位来追踪猎物，也可能用来击晕猎物。尽管海豚的声音已经被辨认并划分出不同的类型，并且这些不同的声音类型都与特定的行为有关，但目前还没有证据表明这是一种具有一定语法的语言。

海豚可以完成相当复杂的任务，并且具有很好的记住长距离路线的能力，尤其是当它们通过耳朵进行学习时。在有些测试中，它们与大象被划为同一级别。宽吻海豚可以归纳规律并发展出抽象概念。相对于体型而言，海豚具有非常巨大的大脑，体重在130～200千克之间的成年宽吻海豚的大脑约有1600克。相比之下，体重在36～90千克的人类的大脑为1100～1540克。它们同时还具有高度折叠的大脑皮层，与灵长类动物的大脑皮层相似。这些特征都被认为是高智商的标志。

大脑器官的产生需要付出高昂的代谢代价，因此除非这些器官是非常有用的，否则将不会进化。一些鲸类动物所具有的巨大大脑（并非所有的种类都具有巨大的大脑，例如须鲸的大脑就相对较小）可以被归结为几个不同的原因。第一种观点认为处理声音信息比处理视觉信息需要更大的"储存"空间。第二种解释是鲸类可能在完成相同的任务时相较于陆地哺乳动物而言需要更大的大脑。第三种假设是大脑功能在群落进化

中具有重要的作用，可以加深亲情，增进在捕食和防卫过程中的合作，有助于形成联盟，并且个体对社会的认同可能对于鲸类的发展具有重要作用。

通常认为的海豚缺乏攻击性其实是被夸大化了。被捕捞囚禁起来的宽吻海豚（可能也包括刺豚）之间会建立起等级制度，在整个等级群落中，领头的海豚可能会通过威胁其他海豚显示出攻击性，它们会张开大嘴或者是叩击上下颌以展示自己的权威。也曾经观察到野生海豚之间会发生"战争"，在"战争"中一头海豚会用自己的牙齿刮咬另一头海豚的背；有些种类例如宽吻海豚可能会攻击其他较小种类的海豚（例如斑点原海豚和飞旋海豚）；人们还曾观测到宽吻海豚攻击并杀死港湾鼠海豚。

种类丰富的"食谱"
食性

海豚种群之间的食物差异在它们的外形以及牙齿形状上都有体现。例如：那些主要捕食鱿鱼的种群一般都长着圆圆的前额、钝钝的嘴喙，且（通常）生齿稀疏。

虎鲸的食物还包括海生哺乳动物以及鸟类，其前额非常硕大。有一种说法认为，这是为了能够更好地接收、聚焦声音信号，以便可以精确定位行动敏捷且移动迅速的猎物。该科中的其他一些成员则主要捕食鱼类，它们显示出机会主义捕食者的特点，可能会捕食在一定范围之内所碰到的任何物种。还有一些种类，例如宽吻海豚以及驼海豚，尽管它们也捕食生活在海底的鱼类以及远海鱼类，但它们的食物主要是近海鱼类。其他种群，例如斑点原海豚属和真海豚属中的成员则更喜欢出海捕食远洋鱼群，既捕食那些靠近海面的鱼类，诸如凤尾鱼、鲱鱼、毛鳞鱼，也捕食那些生活于深海的鱼类，诸如灯笼鱼。

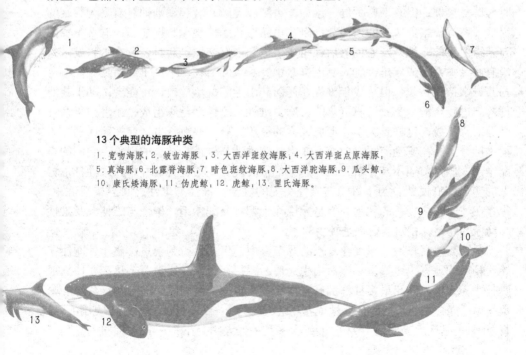

13个典型的海豚种类
1.宽吻海豚，2.皱齿海豚，3.大西洋斑纹海豚，4.大西洋斑点原海豚，
5.真海豚，6.北露脊海豚，7.暗色斑纹海豚，8.大西洋驼海豚，9.瓜头鲸，
10.康氏矮海豚，11.伪虎鲸，12.虎鲸，13.里氏海豚。

多数海豚偏爱捕食鱿鱼，甚至小虾。这些重叠对于界定种群之间的捕食界限造成了困难。避免食物重叠的方法之一就是远离有相似食物需求的其他海豚。在东太平洋的热带海域，斑点原海豚大量捕食生活于远海岸的海面附近的鱼类，而与其有相似食物需求的飞旋海豚则会在较深层的海域捕食，这两种海豚也有可能每天都在不同的时段进食。

生活在较深海域的海豚习惯成群活动，数量可达 1000 只或者更多，成员之间会协作捕食鱼群。近海岸的种群会组成较小的群落，通常为 2 ～ 12 只海豚，这也许是因为它们所捕食的猎物密度小。远海岸处，海豚群可以扩展绵延形成一条带子，宽 20 米到数千米不等。由 5 ～ 25 只海豚组成的小组群更喜欢并入到大的组群之中去。海豚经常沿着水下陡坡或其他地标移动，它们也能够利用潮流，以确保高效的旅程。当鱼群大量出现时，海豚会聚集起来进行捕食活动，也许它们有时会略显忙乱，但实际上却是在通力合作，聚集鱼群使其成为密集的团，这样海豚就可以迂回行进一口接一口地吞食。

无线电跟踪研究显示出海豚家族的领域大小，从宽吻海豚的 125 平方千米至暗色斑纹海豚的 1500 平方千米，面积大小各不相同。人们目前观察到有些宽吻海豚连续繁衍的后代占据同一区域已超过了 28 年。而斑点原海豚一年内个体迁移距离的纪录已超过 1800 千米，这对于远海种群而言，也许并不罕见。

群居的生活
社会行为

虽然大多数种群拥有开放式的社会组织结构，个体可以在特定的时间段内随时入群、离群，但有一些种群，诸如巨头鲸和虎鲸，看起来则拥有着更为稳定的组群关系。长鳍巨头鲸的遗传数据以及短鳍巨头鲸的观测数据显示：群落主要由有亲缘关系的雌性以及它们的后代组成，但是当有交配机会时，会有一只或多只没有血缘关系的成年雄性加入到组群之中。长大的后代，不论雄性还是雌性都会与其母亲待在一起，但是成年雄性在返回其出生的群落之前，可能会游动于其他群落间进行交配。宽吻海豚群落的家庭由雄性、雌性和幼豚组成，或者由母亲－幼仔组合构成，这样就会聚合形成较大的群落。有一些海豚也许会按照性别和年龄进行分类。在宽吻海豚之中，存在强壮的雄性与雄性相结合的现象，它们的交配体系人们目前还不甚了解，但是通常都很混乱。在某些种群之中，雄性身上常见的明显伤痕说明，为了得到与雌性交配的机会，雄性与雄性之间会相互争斗。也存在"一夫多妻"的现象，但是无论处于哪种交配体系，雄性与雄性以及雄性与幼仔的联系，相对而言都是较少的。

尽管繁殖高峰通常出现在夏季的几个月中，但其性行为会贯穿整年，即使在纬度较低的地方也一样。小生命出生之后，要待在母亲身边数月，母亲要持续喂奶长达 3.5 年，因此很多种群都有至少 2 ～ 3 年的繁殖间隔（虎鲸和巨头鲸的繁殖间隔可能会长达 7 ～ 8 年）。性成熟年龄大约为 5 ～ 7 岁（康氏矮海豚、飞旋海豚、真海豚），雄性虎鲸要到 16 岁，而绝大多数种群大约会在 8 ～ 12 岁时进行繁殖。

很多种群为了寻找食物而进行季节性迁移，尽管这种迁移通常都是远海岸到近海岸之间的移动，但也有跨纬度的。如果繁殖区域离散，它们会变得行踪不定，它们可能会留在较深的远海岸水域，在那里来自近海岸的激流会比较少。某些种群的成年海豚与幼年海豚会游到较浅的水域，捕食聚集于暗礁和海底山周围的猎物。

虽然海豚是群居动物，但是由 1000 只或更多的海豚组成的大群一般只会出现于远程迁移的时候，或出现在主要食物源的集中地。在大多数情况下，群落成员并不固定，个体可以入群或离群超过数周甚至数月的时间，仅有少数成员会长时间留在群落之中。在这种种群之中，像典型灵长类种群那样稳定且发展完备的群落组织几乎不存在，但在个别种群中（如虎鲸），家族关系则可以维系一生。在幼崽抚育以及猎物捕食方面，确定海豚相互之间的合作范围并非易事，但我们认为一些高群居性的种群中确实存在这些合作，这种行为在灵长类、食肉动物和鸟类中也能够见到。

刺网问题
环境与保护

大群海豚有时会集中于觅食区域，如果正巧遇到人类捕鱼，就会产生冲突。很多海豚会被刺网困住，并溺死在其中，诸如道尔鼠海豚与港湾鼠海豚这类近海种群的危险性最高。20 世纪 60 年代末至 70 年代初，东太平洋金枪鱼围网渔场每年造成的海豚死亡数量都在 15 万～50 万头之间，其中主要是飞旋海豚和大西洋斑点原海豚，也有真海豚。后来，由于采用多种方法使刺网变得显眼，海豚的死亡数量才有所下降。如在海面处使用浮标线，设置使落网海豚得以逃脱的通道。到 20 世纪末，每年的海豚意外死亡数量已降至 3000 只左右（这都是因为美国渔船消失的缘故，因为从 1995 年开始，美国终止了在这一区域的捕鱼活动）。

然而，由于捕鱼用具造成的意外捕获仍然是世界性的问题。安装在北海底部的刺网每年会杀害数千只港湾鼠海豚，其死亡数量远远超过本地海豚的繁殖速度。在某些情况下使用"声波发射器"（声音警报）类的缓解措施可以有效地降低海豚伤亡，不过虽然这类技术最近在丹麦和英国得到了更为广泛的应用，但也并非在所有情况下都有效。

对于海豚而言，次一级的威胁来自近海岸有毒化学物质的污染及船只的干扰。在英国，通过近期对搁浅海豚的研究显示：那些生活在高污染环境中的海豚更容易患病，同样的因素也适用于地中海西部以及加利福尼亚南部的真海豚以及宽吻海豚。近海岸水域娱乐旅游业的增长，对共享该水域的宽吻海豚种群造成了威胁，同时，世界各地高速渡船的引进则导致了巨头鲸与渡船的碰撞事件时有发生。

人们对海豚的捕猎范围并不广泛，始终保持在日本远海岸、南美以及一些远离热带岛屿的小范围之内。直到最近，才在黑海发现有大量的真海豚被捕杀（土耳其每年都会捕获 4 万～7 万只，直到 1983 年，捕捞被明文禁止，但是偷猎行为仍在悄然进行）。随着人类为了寻求食物而不断加强对海洋环境的开发，为了特殊鱼种而发生的正面冲突可能会成为对海豚的一个重要的潜在威胁。

抹香鲸

赫尔曼·麦尔维尔不朽的小说《莫比·迪克》，将对抹香鲸的描述推向了极致。它们是最庞大的有齿鲸，长着地球上动物中最大的脑袋，两性形态差异明显（雄性体重是雌性的3倍），也许还是动物王国所有生物之中潜水最深最远的。

很久以前，水手们都认为他们透过船只外壳所听到的间隔规律的嘀嗒声，来自被他们称为"木工鱼"的鱼类，因为听起来就好像锤子敲击的声音。而实际上，他们所听到的正是抹香鲸发出的声音。至于"抹香鲸"这个名字，其由来是因为捕鲸者在它们硕大的前额中，发现了被称为鲸脑油的油滑物质，而这一说法又曲解了鲸脂的本意。

来自深海的声音
体形与官能

抹香鲸科的古代家族看来是在早期的鲸类进化时（大约3000万年以前），从

知识档案

抹香鲸

目 鲸目

科 抹香鲸科与小抹香鲸科

2属3种。

分布 世界范围内纬度约为40°的热带水域以及温带水域，成年雄性抹香鲸分布至极地冰缘。

栖息地 主要在远离大陆架边缘的深水区（超过1000米）。其幼仔以及未成熟的小抹香鲸栖息于较浅的水域，超过大陆架外缘的近海岸水域。

抹香鲸

雄性体长16米，最长18米；雌性体长11米，最长12.5米。雄性体重45吨，最重57吨；雌性体重15吨，最重24吨。皮肤：深灰色，但是通常嘴部会有条白线，腹部有白色的斑纹，除头部与尾鳍之外，全身有褶皱。繁殖：雌性的性成熟年龄为9岁

左右；雄性的青春期是10～20岁，但是直到接近30岁时，它们才会活跃于繁殖后代。经历14～15个月的妊娠期之后，一只幼仔会于夏季出生；抚育幼仔时间很长，哺乳期要持续2年或更久。寿命：至少为60～70岁。保护状况：易危。

小抹香鲸

雄性体长4米，雌性最长3米。体重318～408千克。皮肤：背部呈蓝灰色，侧面的灰色较浅，腹部呈白色或粉色；头部侧面的浅色痕迹形似"弧线"或"假鳃"。繁殖：夏季进行交配，妊娠期为9～11个月，春季生产；幼仔出生时约1米长，需要哺育1年左右；雌性连续2年生产。寿命：约为17岁或更长一些。

侏儒抹香鲸

体长2.1～2.7米，体重136～272千克。皮肤：背部呈蓝灰色，侧面的灰色较浅，腹部呈白色或粉色；头部侧面长着浅色的"弧线"或"假鳃"。繁殖：其幼仔出生时小于小抹香鲸的幼仔。寿命：未知。

主要的海豚总科中分离出来的。现存的唯一抹香鲸种群——抹香鲸以及比抹香鲸小很多的侏儒抹香鲸和小抹香鲸——都长着桶形的头部，长长窄窄的、长有整齐牙齿的垂吊下颚，船桨形的鳍肢，以及长在左侧的呼吸孔。小抹香鲸的出现要晚很多，大约在800万年以前。

抹香鲸呈方形的大前额长在上颚的上方、头骨的前边，占其体长的1/4 ~ 1/3。这里长着抹香鲸脑油器，一个椭圆形的结构包含在一个由结缔组织构成的外壳之中。脑油器本身与结缔组织外环绕的是稠密的鲸油——一种半流体的、光滑的油脂。气囊束缚着抹香鲸脑油器的两端，包围着抹香鲸脑油器的头骨与气道都非常不对称。两个鼻腔无论在外形上还是功能上都差异极大，左侧的用于呼吸，右侧的用于发声。

抹香鲸为什么长着如此笨拙的巨大脑壳呢？原因之一可能是有助于聚焦嘀嗒声——嘀嗒声的作用是在漆黑一片的深海中利用回声定位判断猎物所在。抹香鲸也会通过这种嘀嗒声来进行交流，它们是3种抹香鲸中利用声音最多的一种。

抹香鲸棒形的下颚包含20 ~ 26对大牙齿，而侏儒抹香鲸有8 ~ 13对，小抹香鲸有10 ~ 16对。这些牙齿似乎并非用于进食，因为据发现，进食充足的抹香鲸都少有牙齿，甚至没有下颚；而且，直到抹香鲸性成熟时，牙齿才会"进出"（长出来）。一般来说，没有一个种群的抹香鲸上颚会长牙，即使长了，牙齿通常也不会进出。小抹香鲸科的牙齿细小，非常尖锐、弯曲，且没有釉质。

抹香鲸的皮肤除了头部与尾鳍之外，都是起皱的，形成了不规则的波浪形表面。低低的背鳍如同覆盖着一层粗糙的白色老茧，成熟的雌性尤为明显。

抹香鲸会多次潜入深海捕食，其平均深度约为400米，持续35分钟左右，尽管它们能够潜至1000多米深，并持续1个多小时。抹香鲸在潜水间歇会浮到水面呼吸，平均呼吸时间为8分钟左右。下潜时，抹香鲸把尾鳍直直地伸在水外，身体几乎与水面垂直。

不论是雌性抹香鲸还是雄性抹香鲸，鱿鱼类都为其重要食物。雌性抹香鲸会花费约75%的时间用来进食。尽管雌性的进食量要小于雄性，但是它们偶尔也会捕食巨型鱿鱼，鱿鱼吸盘所造成的伤痕会留在它们的头部，作为水下战斗的见证。雄性抹香鲸喜欢捕食雌性吃剩的、更大型的猎物，另外，雄性还会吃相当多的鱼，包括鲨鱼和鳐鱼。

小抹香鲸和侏儒抹香鲸的头部更倾向于圆锥形，就其与整个体长的比例而言，比抹香鲸要小得多。这两个小抹香鲸种群看起来很像鲨鱼——垂吊的嘴部，尖锐的牙齿，以及头部侧面类似鱼鳃裂口的弧形痕迹。因为主要捕食鱿鱼和章鱼，所以小抹香鲸种群长着扁平的吻部。由于它们还捕食深海鱼类和螃蟹，所以偶尔也会成为海底掠食者。除此之外，它们的猎食对象与抹香鲸的无异。

环球"航海家"
分布模式

全球很少有像抹香鲸这样分布广泛的动物，它们占据着从两极附近到赤道的所有水域。雌性与雄性在一年中的大部分时间，在地理位置上都会分开，雌性与幼仔生活在纬度低于40°的温暖水域中，而雄性则会随着其年龄增长以及体形增大，向更高的纬度行进。最大的雄性抹香鲸在靠近北极边缘处以及南极的浮冰区被发现。为了进行交配，雄性抹香鲸必须要迁移到雌性的所在地——热带区域。

基因研究表明，所有的抹香鲸族群都大体类似。线粒体DNA只能通过母体遗传，这表示在小于一个大洋海盆的范围内，不存在地理结构差异。有一半的核DNA是通过分布广泛的雄性遗传的，而核DNA更具有地理同一性，这说明在海洋中的抹香鲸族群之间，不存在明显的区别，而且无论存在什么区别都是海洋族群之间的区别。它们生活在深水中，深度通常超过1000米，并且远离陆地，大陆架边缘看起来很适合它们。

小抹香鲸也分布于世界各地，在温带、亚热带、热带海域的深水中都可以发现小抹香鲸的踪迹。而侏儒抹香鲸则出现在较为温暖的水域。

这两类小抹香鲸种类会花费大量的时间静静地躺在水面处，露出其头部背面，而尾部则随意地悬垂。小抹香鲸胆小，且游动速度缓慢，它们自己绝不会游向船只，但是当其静静地躺在水面时，却很容易靠近船只。它们以缓慢的、优雅的姿态浮上水面呼吸，并不引人注目。当小抹香鲸科种类受到惊吓或遇到危险时，它们会释放出一种红棕色的肠液，以帮助它们逃离掠食者（诸如大型鲨鱼和虎鲸），这种肠液类似于章鱼释放墨汁。小抹香鲸科种类的眼睛，在光线微弱的深海中也能发挥一定的功能。

对于小抹香鲸和侏儒抹香鲸的繁殖策略，我们知之甚少。这2个种群都没有显现出性二态，这一点与性二态明显的抹香鲸截然相反。成年雄性小抹香鲸的体形看起来有其生殖优势，因此，小抹香鲸科种类可能拥有与抹香鲸迥异的交配体系。

成熟的大型雄性抹香鲸（年龄近20岁或更大时）会从极地迁移至赤道，在那里，它们徘徊于组群之间，寻找适合的雌性与其进行交配。至于雄性的往返是一年一次还是两年一次，目前还不清楚。雄性与每个组群共度的时间有所不同，数分钟至数小时不等。处于生殖期的雄性就像发情期的公象，处于"狂暴"状态，它们通常会彼此回避，但偶尔也会发生争斗，某些成年雄性头部深深的伤痕可以证明。从这些伤痕的间距来看，毫无疑问，是由其他雄性的牙齿造成的。

小抹香鲸会连续两年孕育幼仔，它们的怀孕与哺育可能会同时进行。相反，抹香鲸则每隔5年左右才会生产一次，虽然其妊娠期还不能确定，但估计是在14～15个月。雌性的繁殖率会随着其年龄的增长而下降。

鲸类的群体关怀

社会行为

雌性抹香鲸是绝对的群居动物，它们的社交生活基于其家族群落之上，家族群落包括约12只长期在一起、血缘关系较近的雌性及其幼仔。2个或更多的群落会聚集在一起数日，组成一个约包含20头鲸的小组，这也许是为了提高捕食效率，至少是为了减少在同一片海域进食的不同群落之间的冲突。

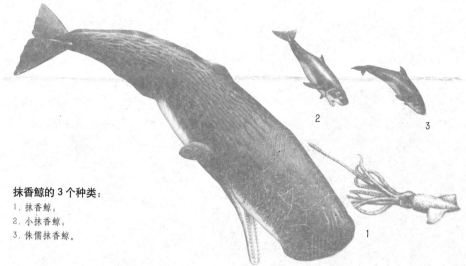

抹香鲸的3个种类:

1. 抹香鲸;
2. 小抹香鲸;
3. 侏儒抹香鲸。

雄性抹香鲸则正相反,当它们接近6岁时会离开其出生的群落。随着雄性年龄的增长,它们会逐渐聚集成较小的群落。成熟后的雄性与其他雄性群落组合的时间很少会持续1天以上,但是在沙滩附近,雄性则会聚集在一起,以示其社交关系没有完全消失。

其他抹香鲸为了吸引雌性抹香鲸加入,有可能会扮演保姆的角色。幼崽无法与母鲸一起潜入深水处进食,当它们被单独留在海面处时,很容易遭到鲨鱼或虎鲸的袭击,因此,组内成员会交替潜入水中,这样,水面上一直都会留有一些成年的抹香鲸。除了这些家族群落间的公共关怀之外,还存有虽然不具权威性但却极为有力的证据表明雌性抹香鲸会哺育并非自己亲生的幼崽。

公共群落防御掠食者时,也会保护其他成年的抹香鲸。抹香鲸紧密聚集在一起,以"雏菊"的模式相互配合:它们将头部聚集于中心,身体则像花瓣一样散开。它们还会采用头朝外的阵形。前者是抹香鲸利用尾鳍进行防御的战略,后者则是利用其上下颚的防御战略。

有时,个别抹香鲸为了帮助同伴,甚至会将自己置于险境。在远离加利福尼亚的地方,我们真切地观测到了这样一起事件:受到虎鲸攻击的抹香鲸为了解救另一只被孤立的抹香鲸,退出了相对安全的"雏菊"防御模式,而被虎鲸撕咬至重伤。

雌性抹香鲸每天都会聚集在水面处休息或社交数个小时。它们有时会以一种被称为"原木"的姿势(因为它们此时非常像固定不动的原木)平行地躺在彼此身边,或者在水中扭动旋转、翻滚或彼此触碰。它们也会表演"突跃"(从水中一跃而起)、"拍尾"(用尾鳍拍水),以及"间谍跳"(只把头部露出水面)。雌性与幼崽大约每小时会竭尽全力地表演一次"突跃"或"拍尾"。不过,"突跃"和"拍尾"却总会集结成为回合较量,经常与海面社交的开始时间或结束时间相重合。

在社交时段,抹香鲸经常会发出"暗号"(老式的、组合成串的声响,大约由3~20声嘀嗒声组成),这很容易使人联想起莫尔斯电码,时间会持续1~2秒钟,可以把其当作是交流,或者说是个体成员之间的"对话"。所以,当一头抹香鲸发

一个由母鲸、雌性后代以及新生幼崽组成的家庭，正在亚速尔群岛附近同游。抹香鲸幼崽出生时，大约长4米，重1000千克。抹香鲸幼崽1岁之后开始能吃固体食物，但哺乳仍会持续数年。

出"嘀嗒—嘀嗒—暂停—嘀嗒"声时，另一头则回复"嘀嗒—嘀嗒—嘀嗒—嘀嗒—嘀嗒"。2头抹香鲸几乎是在同时发出同样的暗号，形成了"二重奏"，听起来像是回音。雌性组群有其各不相同的指令，有将近12种通用"暗号"（"语调"），并且因地域不同而不同。暗号指令可能是其文化的传递，由母鲸以及家族群落传授给子孙后代。

更为常见的是，抹香鲸会发出间隔精确的回声定位嘀嗒声（被称为"惯例"嘀嗒声），每秒钟约重复2次。也有由一串嘀嗒声所组成的指令，被称为"吱吱"声，因为将其组合到一起就变成了吱吱声。这些都被应用于社交场合对"暗号"时，或用于捕猎中，也许用于导向潜在目标猎物。缓缓的嘀嗒声响大约每6秒钟响1次，是发情期的大型雄性抹香鲸的特征。人们认为这种缓缓的嘀嗒声响可以显示出一只发情期的雄性抹香鲸的出现及其体形和（或）健康状况，也可用于警示雄性、吸引雌性，或是暗示其他抹香鲸协助发声者进行回声定位。抹香鲸明显不同于其他社交型的有齿鲸类，后者的声音几乎全部都由嘀嗒声组成。

小抹香鲸科则不如抹香鲸科那样社会化。小抹香鲸要么独自生活，要么在由至多6头小抹香鲸组成的小组中生活，而侏儒抹香鲸则会与由10头侏儒抹香鲸组成的小组共存。与抹香鲸截然不同，雄性侏儒抹香鲸会与雌性及其幼崽组成小组，而且也会形成未成年小组。抹香鲸中的这3个种群都很容易搁浅，尤其是小抹香鲸。事实上，很多有关小抹香鲸科的数据都是在它们搁浅时收集而来的。

过度捕杀导致的危机
环境与保护

据估计，全球的抹香鲸数量约为20万～150万头。在IUCN公布的红色名录上，抹香鲸被列为易危物种，国际捕鲸委员会（IWC）于1988年起施行商业捕鲸禁令。虽然还没有对小抹香鲸科的数量做出确切普查，但其数量应该也很稀少。

在历史上，抹香鲸已经为人类文明做出了巨大贡献。这种大型鲸类的脑油与鲸脂被广泛用做工业革命的燃料。第二波捕鲸潮发生在20世纪，采用机械化捕鲸船以及爆破型鱼叉，造成了每年多达3万头抹香鲸的死亡。由于雄性抹香鲸的超大体形及其相对较大的脑油器，大型雄性变成了捕猎者的主要目标。如今，人们将其脑油作为高品质的工业润滑剂，在市场上出售。这种捕杀在太平洋东南部水域仍在继续，目前在那里，大型雄性抹香鲸已经极为罕见，幼崽的出生率又很低，已不足以使这个处于危险状态的族群长期存续下去。

根据国际捕鲸委员会的统计数据，即使是在理想的环境下，抹香鲸族群的增长率仍然十分低，每年不到1%。抹香鲸还会因为被捕鱼用具缠住而死去，甚至会窒息在塑料袋中，或是与船只发生碰撞而死去。在它们的鲸脂中还发现了化学污染物，抹香鲸体内的污染级别为中度，而近海岸的齿鲸以及须鲸受污染最为严重。

因为它们在生活的各个方面都非常依赖声音，且声音在深水中能够传得较远，所以噪音污染变成了另一个威胁。海运、水下爆破、地震探查、石油开采、军事声呐演习，以及海洋学实验等都增加了现代世界的水下噪音级别，而抹香鲸对这种威胁反应强烈。例如，当碰上使用声呐系统时，抹香鲸变得寂静无声，也许还停止了进食。人们还发现它们会以相同的方式回应处于运行中的地震勘探船所发出的声音，尽管其位于数百千米之外。

潜水冠军

抹香鲸是水栖哺乳动物之中的潜水冠军。据精确的声呐测量记录，它们可以潜入到1200米的深度，人们曾在1140米的深度发现了被电缆缠住的抹香鲸的尸体，它们可能正在那里捕食其食物的主要构成部分——生活于海底的鱿鱼。据对2头雄性抹香鲸的观察，其中一头每次潜水都会持续1~2个小时。将其捕获后，在它的胃里发现了两块生活在海底的小型鲨鱼的肉。这片海域的水深大约是3200米，这表明抹香鲸具有惊人的潜水能力。抹香鲸能潜入海底觅食，这一事实通过在其胃中发现的各种物体得到了证实，胃中既有石头又有锡杯，这表明它们铲起了海底的泥浆。

尽管雌性抹香鲸能够潜入1000米深超过1小时，但雄性抹香鲸才是潜得最深最远的潜水冠军。幼崽则只能潜入大约700米深，持续半个小时。雌性经常与幼年抹香鲸同游，这样它们就无法潜入到更深的水域，这可能是其潜水范围有限的原因。然而，"保育院"式的群居性及其关怀行为意味着其他雌性抹香鲸会临时哺育同伴的幼崽，这样其母亲就能够潜入更深的水域觅食，否则它将无法进食。

如果抹香鲸连潜水都是成群进行，那么它们会一直保持密切联系，几乎所有的事情都在一起做。它们很快会完成一个又深又远的潜水动作，随后，仅在2~5分钟之后，会再次潜入。经历数次长距离的潜水之后，就达到了其生理极限，这时，它们会懒洋洋地躺在水面上休息数分钟。

它们的下降速率与上升速率惊人。平均下降速率的最快纪录是170米/分钟，而上升速率是140米/分钟。抹香鲸所能表演的这些惊人技艺与其他鲸类极为相似，不同之处在于其效率更高一些。例如，抹香鲸的肌肉可以吸收身体总存氧量的50%，至少是陆生哺乳动物的2倍，而且比须鲸和海豹也要多很多。

抹香鲸的独有特征是其硕大的抹香鲸脑油器，它充满了头部上半部分的大片区域，并能够辅助其调整浮力大小。原理是：透过脑油器的鼻腔与鼻窦，能够控制油脂的升温率与降温率。油脂的恒温点为29℃，当抹香鲸从温暖的水面潜入较冷的深海时，流过脑腔的水流被用来快速降低接近体温的脑油的温度（抹香鲸的正常体温是33.5℃），于是，其脑油会凝固、收缩，从而增大了其头部的密度，这样就能辅助其下沉。上升时，则可以增加流入头部毛细血管的血液量，这样可使脑油略微升温，为疲惫的抹香鲸增加上升的浮力。

长尾猴、猕猴和狒狒

活泼、群居、吵闹，善于模仿而又十分好奇，猕猴亚科的动物正是人们传说中的"典型猴子"。它们之所以广为人知，是因为分布状况和生活方式使得它们和人类多有接触。许多猴科动物是适应性很强的多面手，它们懂得充分利用人类邻居遗弃的废物或是慷慨的施舍来维持生存，甚至还会利用"精妙"的偷窃"技术"来和不情愿的人类分享尚未收割的庄稼或者贮藏的食物。

以前，当一个科学家谈及"猴子"时，他们所指的几乎都是恒河猕猴——一种长期以来引发我们强烈好奇心的猴科动物。直到最近几年，动物学家们才充分认识到猴科动物中庞大的物种数量，并开始把目光投向这个年轻而又可能是进化最快的灵长类亚科，从而对它们的种群生活动态以及已经发生、正在发生和将来可能发生的种种变化有了全新的认识。

山魈有着很难认错的脸部形状和颜色，尤其是鼻梁两侧的颜色独特的皮肤在成年雄性中最明显。山魈是所有猴类当中体型最大的，一只完全长成的成年山魈能够达到 36 千克重。

多种多样的性展示
体形和官能

猕猴亚科的动物有着和人类相同的齿式：$2 \times (I2/2 + C1/1 + P2/2 + M3/3) = 32$。它们拥有强有力的颌，而颌部肌肉的排列方式使其能够有效地完成类似用后齿咬开坚果的动作。除了一些体型较小的长尾猴以外，猕猴亚科动物的脸部都相当长，"狗脸"狒狒就是极其典型的例子。

在狒狒、白眉猴、猕猴的面部和臀部没长毛的地方有几块颜色鲜艳的皮肤，其中狮尾狒狒的胸部也是这样。一些猕猴的面部之所以呈红色，是它们暴露在阳光下的缘故——生活在野外的猴子脸呈红色，养在室内的则呈灰白色。此外，皮肤的颜色跟性激素有关，因此成年猕猴亚科动物体表的鲜红色在交配季节会变得更加鲜艳，而将其阉割会使这种颜色逐渐消退。山魈身上有几块蓝色和红色的皮肤，其中蓝色是后天形成的颜色，类似的亮蓝色也出现在一些处于青春期的长尾猴的阴囊皮肤上。这种现象的形成需要雄性睾丸激素的出现；然而，一旦形成，这种颜色就是稳定存在的，即使雄性个体被阉割也不会消失。

雌性的狒狒、白眉猴以及某些猕猴和长尾猴在阴部周围长有一个肿块，在某些种类中，这个肿块可以一直延伸到尾巴根部和大腿四周。对于一般的猴类，这种肿块的体积会在月经周期的第一个阶段增大，并在排卵之后减小。它是雌性即将排卵的清晰信号，因而成年雄性一般不会试图和还没长出这种肿块的雌性交配。猴类的种类不同，这种肿块的确切位置和样式也不相同，事实上我们正是通过它来识别猴类个体的。在连续的月经周期中，肿块体积趋于增大，所以人工圈养而又没有正常繁殖后代的猴子可能长出相当于体重 10%～15% 的庞大肿块。在野外，成年雌性在重新怀孕前极少经历一个或两个以上的连续月经周期，而怀上胎儿的过程阻止了它们再次进入经期，因此身上的肿块比较小。恒河猕猴及其他一些种类的猕猴身上的肿块样式很不一样。处于青春期的猕猴肿块环绕着尾巴根部并沿着大腿生长，在月经周期前达到最大。这些样式的肿块在雌性个体完全成熟并可以受孕时终止生长。类似的，青春期的雌性赤猴阴部长有肿块，成年雌性则没有；但是在某些时候，经历了漫长的间歇期后重新进入生殖活跃状态的雌性个体身上也会长出这种肿块。

在野外，某些种类的猴子在怀孕期间产生的变化要比月经周期带来的变化明显得多：狒狒臀部坐骨上裸露的黑色皮肤在孕期会因为失去色素而越来越红，长尾黑颚猴和白眉猴怀孕时这块皮肤也会变红，即便在远处也能清晰地看出它们的明显变化。由于与树栖的种类相比，陆栖种类的性别信号更为常见，因此我们可以推测之所以在进化过程中产生这种现象，其目的在于鼓励雄性加入并留在群落之中，从而起到保护种群免受掠食者袭击的作用。

新出生的猕猴亚科动物长有短小而柔软的茸毛，茸毛的颜色通常和成年个体的毛色差别很大。例如，棕褐色的短尾猕猴有着淡黄色的幼崽，而灰黄色的狒狒有着黑色的幼崽。这些幼崽之所以看起来更加醒目，是因为它们在面部、足部、会阴、耳朵（大小看起来几乎和成年的一样）等处的裸露皮肤色素很少，甚至没有色素。新生的雄性狒狒有着鲜红的阴茎，而雄性猕猴幼崽有一个大而空的阴囊。当幼崽们展示自己惹人注目的外表时，它们便成为吸引群落其他成员注意力的焦点。其他成员会频繁地查看这些新生幼崽的生殖器，或许是为了确定其性别以便适当地和它们互动。到 3 个月大时，幼崽们刚出生时的皮毛开始被"少年时期"的皮毛所取代，这身新"行头"其实就是覆盖着茸毛的成年样式，只不过颜色不是那么鲜艳，或者斑块不是那么清晰罢了。

猕猴亚科中体型最大的种类（或亚种）（图中所示均为成年雄性）。1.山魈；2.鬼狒，3.狮尾狒狒，4.阿拉伯狒狒，5.几内亚狒狒，6.黄狒狒，7.橄榄狒狒，8.南非大狒狒。

不同种类的不同生态型

分布模式

现代猕猴亚科起源于非洲，它们类似猕猴的祖先出现在距今 1000 万 ~ 1500 万年前的中新世末期的化石记录中。猕猴的分布逐渐向北和向东扩散，在上新世（约 500 万 ~ 180 万年前）到达欧洲，在更新世（约 200 万年前）到达亚洲。在同一时期，它们在撒哈拉以南的非洲地区灭绝了，或者进化并演变成现代只生活在非洲的几个属——狒狒、长尾猴和白眉猴。就遗传分子和一些解剖学细节来看，北非猕猴和亚洲猕猴似乎有所区别，或许北非猕猴身上存留了更多的原始特征。

长尾猴群落在非洲的扩散是最近的事情，似乎从最近的冰川期开始它们才作为独立的种类出现（这种过程我们称之为物种形成），当时整个非洲变得更加寒冷而且非常干燥，森林也退却到了赤道附近一些离散的地区，即沿着东西海岸以及环绕喀麦隆山和鲁文佐里山分布。1.2 万年前，当气候开始变湿变暖时，森林开始扩张，森林里分化出来的猴子们也随之扩散开来。同样地，在亚洲，冰川期带来的寒冷和干燥限制了猕猴的栖息范围和种群的扩张，其中种群扩张的方式和非洲有所不同，因为海平面的变更使得猕猴们能够从东南亚的一个海岛迁移到另一个海岛。

在非洲，狒狒的历史和草原演化的历史密切相关。在 500 万 ~ 200 万年前，最常见的狒狒是今天狮尾狒狒的近亲，它们专门吃撒哈拉以南非洲草原上茂盛的青草。随着 200 万年前左右气候剧烈地变冷变干，原先的草原开始向山区的高海拔地区转移，并逐渐被一种更干的草原所取代，这种草原在今天我们称之为非洲稀树大草原。也许稀树草原的狒狒曾经一度是生活在森林边缘的物种，它们伴随着树荫覆盖下大草原的前进步伐而扩张开来，并最终在除埃塞俄比亚高原以外的非洲各地取代了狮尾

知识档案

长尾猴、狒狒和狒狒

目	灵长目
科	猴科

有 11 个属，45（或 47）种：猕猴——猕猴属，有 15（或 16）种；黄狒狒；山魈——山魈属，有 2 种；狮尾狒狒；白眉猴——白眉猴属和白脸猴属，共 4 种；长尾猴——长尾猴属，有 18（或 19）种；长尾黑颚猴，阿氏沼泽猴；赤猴；侏长尾猴。

分布 除了高纬度地区外的整个亚洲，包括日本北部和中国西藏；北纬 15° 以南的非洲。

栖息地 从雨林到冬季覆盖着冰雪的山区，也包括热带大草原和丛林地带。

体形 从最小的侏长尾猴到最大的鬼狒和山魈，体长 34 ~ 70 厘米，尾长 12 ~ 38 厘米，体重 0.7 ~ 50 千克。

皮毛 毛长而密，很柔滑，通常（特别是雄性）有鬃毛或"斗篷"。栖息在森林当中的种类毛色要稍微明亮一些；其他种类的面部和臀部皮肤有重要的功能。

食性 主要吃果实，但也吃种子、花、树芽、树叶、树皮、树脂、嫩枝、球茎，以及蜗牛、螃蟹、鱼类、蜥蜴、鸟类和小型哺乳动物。

繁殖 大部分种类只在有限的繁殖季节受孕；怀孕期 5 ~ 6 个月。

寿命 21 ~ 30 年，不同的种类寿命不同。

狒狒的位置。

所有的猕猴都属于单一的猕猴属，这个属的动物遍布于除了高纬度地区以外的整个亚洲。大部分地区都只有一个单一的种类，这个种类具有与以前环境相适应的特征。在非洲存活下来的一种猕猴即北非猕猴长有厚厚的毛皮，而且没有尾巴，这些显著特征使得它能够在阿特拉斯山脉多雪的寒冬中维持生存。类似的适应性改变对生活在日本北部的日本猕猴和西藏高山上的藏酋猴来说同样非常有用。身强体壮的恒河猕猴生活在喜马拉雅山麓丘陵、印度北部及巴基斯坦，但在印度南部，它们被一种体形较小、更加灵活、尾巴更长的绮帽猕猴所取代；在更往南的斯里兰卡，恒河猕猴同样得给一种十分相似的猕猴——斯里兰卡猕猴让路。

赤道热带雨林有着充足的微生态环境来让 2 个种类的猕猴安家落户——在印

猕猴的面部表情（图中展示的是成年雄性）。1．北非猕猴，正冲着幼崽咂嘴；2．摩尔猕猴，正张开嘴，表示威胁；3．绮帽猕猴，正打哈欠，显露出犬齿；4．长尾猕猴，正展示表示害怕的咧嘴；5．短尾猕猴，正展示攻击性的凝视；6．猪尾猕猴，正接近噘嘴，出现在交配或攻击甚至是互相梳毛之前；7．恒河猕猴，正展示攻击性的凝视。

猴类的联盟

两种或多种猴有时会组成一个群体一起行进和进食。在某些例子中，这些群体是偶然而非有意形成的，而且只持续 1 个小时左右，然后有一方便会离开。出现这种情况的原因通常是有一种猴行进的速度要快一些，或者行进的距离要远一些。在埃塞俄比亚的高地，狮尾狒狒和阿拉伯狒狒就会形成这种类型的临时群体。当然也有持续时间比较长的“多种族群体”，比如非洲东部的蓝长尾猴和红尾长尾猴，以及非洲西部的好几个小型到中型的森林猴类。这些群体能够保护成员不受像鹰这样的掠食动物的袭击，同时也避免了由同种猴类带来的生态竞争。

度西南部的森林里居住着更习惯于陆栖生活的绮帽猕猴，而在它们的头顶上则生活着树栖的狮尾猕猴；在苏门答腊岛，矮小的长尾猕猴和身强体壮、短尾、更习惯于陆栖生活的猪尾猕猴生活在同一片森林中。在苏拉威西岛，许多不同种类的黑色短尾猕猴大量繁衍，直至占据了这个岛每一块突入海中的半岛。

在非洲任何一个有水源的地方都生活着惹人注目而且颇具"魅力"的狒狒。它们的口鼻部很长，和狗差不多，而进化后的大腿使得它们能够在地面上长途跋涉：黄狒狒群体通常一天能行走5千米，而阿拉伯狒狒平均每天能走上13千米。黄狒狒或称普通狒狒是分布比较广泛的一大类狒狒，在过去，因为这几类在外观上差别比较大，因此人们把它们划归到相互独立的种类当中，但是现在基本上把它们看作狒狒的几个亚种。它们生活在草和灌木丛覆盖的土地上，同时也在沿着森林边缘的地区"安家落户"。

在埃塞俄比亚东北沙漠以及阿拉伯半岛，阿拉伯狒狒亚种取代了所有的黄狒狒亚种。阿拉伯狒狒的面部和臀部是红色的（而不是黑色），加上一身长长的灰色皮毛"斗篷"，使得它们看起来很不一样。

然而，这两个不同的亚种是沿着埃塞俄比亚狭长的边界区域混居在一起的。这个混居区域的产生是黄狒狒领地扩张的结果，它们的栖息范围扩大到了更沙漠化的地区，而这类地区更受阿拉伯狒狒的喜爱。然而这种混居现象的形成本身，主要在于雄性阿拉伯狒狒，是它们进入了黄狒狒的群体中，并与其中的雌性进行交配的结果。而外面的雄性狒狒想进入阿拉伯狒狒群里则难得多，因为雄性阿拉伯狒狒会结成一个类似"兄弟会"的组织，通过共同行动把陌生的雄性狒狒阻挡在外。

有两种猴类占据了中非西部的森林地带：鬼狒和山魈。在喀麦隆，这两个种类分别生活在萨纳加河两岸的森林里。绝大多数狒狒的身体大部分是黑

小型和中型的猕猴亚科动物
1.灰颊白眉猴（西部的亚种有两个"冠"）；2.阿氏沼泽猴；3.髭长尾猴；4.侏长尾猴，体形最小的旧大陆猴类；5.黑毛白眉猴；6.赤猴。

色的，而且尾巴短小，它们生活的环境可能与猕猴中体形最大的猪尾猕猴类似。

　　狮尾狒狒是毛比较长的一个种类，它们栖居在埃塞俄比亚凉爽的高地地区，仅以草为食。在灵长类里，狮尾狒狒是较罕见的真正食草动物。由于草比起深受其他猴科动物喜欢的果树来说要丰富得多，因此大量的狮尾狒狒可以聚集在一个地方。由多达500只组成的群体——灵长类当中自然产生的最大群体——在狮尾狒狒中并不少见。

　　白眉猴（白眉猴属和白脸猴属的种类）中的4个种类通常被看作是体壮、尾长的狒狒，但是只有其中的2个种类符合这种描述，另外2个种类事实上与鬼狒和山魈的关系更近。白眉猴只在枝叶繁密的森林中生活。灰颊白眉猴和黑毛白眉猴十分习惯于树栖，而冠毛白眉猴和白毛白眉猴通常行走在森林的地面上。陆栖和树栖的种类可以在同一片森林中共生，灰颊白眉猴和冠毛白眉猴就是这样的例子，它们共同出现在喀麦隆南部的德贾森林保护区中。

　　长尾猴属中的主要成员是长尾猴，但是这个属中也包括了一些比较古怪的种类。我们可以通过毛色来识别这些不同的种类，而这些种类可能是来自于6个生态型的区域性变种。虽然大部分的森林只能容纳一个变种，但是最富饶的栖息地可能会有4～5种猴子"安家"，而它们来自不同的变种。例如，蓝长尾猴和斯氏长尾猴在体型和习性上相似，因此它们一般不会同时出现。与之相比，蓝长尾猴和红尾长尾猴在体形以及进食习惯上各不相同，因而它们通常生活在同片森林里。

　　长尾猴属的其他种都生活在森林当中，其中包括分布最广的斑鼻长尾猴和蓝长尾猴种群。这些大体型的猴子吃树叶，无论什么地方，只要有一片茂密的森林，它们就能繁衍生息。接下来是红尾长尾猴——髭长尾猴和红尾长尾猴群体，这些体形比较小的猴子似乎对森林的条件有更多要求，它们需要更加层层叠叠的树冠和盘根错节的匍匐植物，或许这为它们躲避像鹰一样的掠食者提供了一把保护伞，因为在这些敌人面前，它们显得太脆弱了。白腹长尾猴的体形更小，也更多地以昆虫为食。这三类常常和不止一个种类的猴子有所关联，例如在刚果的热带雨林中。德氏长尾猴栖居在森林里的潮湿地带，特别是那些长满棕榈树的地方；习惯于地面生活的尔氏长尾猴则能够生活在森林里相当高的地方。只要有活动范围的重叠，就有不同种类之间杂交的存在。例如，红尾长尾猴和蓝长尾猴就在乌干达西部的基巴莱森林当中杂交。

　　其他的4个长尾猴属每个属中只有1种。分布最为广泛的是长尾黑颚猴——也叫作素领猴或者翠猴，这种猴子在整个非洲大草原上的变种多达16个。它们从不会远离水源，大部分时间都在沿着河岸排开的金合欢树上度过。赤猴由于已适应地面生活，骨骼发生了变化，而与其他猴类区分开。绝大多数的长尾猴拥有长腿、橘黄色皮毛、白色胡须，它们快速跳跃着从开阔的草原上飞奔而过，这让它们赢得了一个美名——轻骑兵猴，因为它们飞奔的样子让人联想起19世纪大批轻装骑马旅行者冲锋的情景。这些猴子生活在空旷的金合欢树林以及赤道森林北部比较干燥而且更显季节性的丛林中。它们的栖息地常常与长尾

6

黑颚猴相邻，虽然它们体形比较大，但是遇上长尾黑颚猴时往往也要避让三分。

侏长尾猴是旧大陆猴类当中体形最小的，它们生活在中非西部洪泛区的森林中。而阿氏沼泽猴正如它的名字所使人联想到的一样，会频繁地出入于刚果盆地的沼泽中。这两种猴子都被划分到独立的属中，部分原因在于它们当中雌性的会阴部长有肿块，其他属的雌性则没有这个特点。

饮食上的机会主义者
食性

猕猴亚科动物主要靠果实为生，但它们也是机会主义的进食者。它们的食物包括：种子、花、芽、叶子、树皮、树脂、根、球根和球茎、昆虫、蜗牛、螃蟹、鱼、蜥蜴、鸟类甚至哺乳动物，任何能够被消化而且没有毒的东西都可能成为它们的美餐。大部分的食物是通过它们的前掌捕获或采集到的。食物的选择和处理工作最初是由猴群中的母猴们做的，然后其他成员再通过观察而学会。通过这种方式，当地猴群的食物处理经验能够得到发展和传承。一方面，成年狒狒们会阻止幼狒狒吃一些不熟悉的食物；另一方面，幼猴会根据已有经验识别新的食物，发明出属于它们自己的食物处理方法。其他幼猴和成年母猴会向这些开创者学习，但是成年雄性则不太愿意这样做。这种信息的传播是群居生活的一个至关重要的功能，因此猴群还是一个教育性的组织。

生活在水边的猴类会利用水中的食物。居住在海边的日本猕猴群把海藻列为了它们食物的一部分，而食蟹猕猴的名字和它们所吃的东西也确实有很大的关系。生活在非洲南部海岸的狒狒会从礁石上采集贝壳类动物，而侏长尾猴据说能潜入水中抓鱼。

以西非森林为例，当几个种类的猴子互有联系地生活在一起时，体形比较小的种类更趋向于吃昆虫，尤其是像蚱蜢这种活跃的昆虫，而体形比较大的种类则更多地趋向于吃毛虫、叶子以及树脂。白眉猴拥有强有力的门齿，能够咬开坚硬的坚果，而长尾猴很难做到这一点。

一群赤猴在一个水潭旁边解渴。赤猴的腿和足部都很长，趾头短而粗，这些特征有助于它们在森林中奔跑。它们的速度最高可以达到55千米／小时。

赤猴习惯于在草原及金合欢树林中奔跑，在这些地方，它们以果实、树叶和树脂为食，同时也吃昆虫和小型脊椎动物，它们的食物和生活在森林里的长尾猴没有太大不同。与之相比，狒狒的食物中包含了大量的草，它们长长的下巴给白齿提供了足够大的空间来咀嚼那些坚韧的草叶。它们勺状的前掌十分强壮，能够用来挖洞，在极其干旱的季节，它们会挖出某些草类和百合科植物的球状根及球茎并以此维持生存。狮尾狒狒的臼齿相对较大，齿冠也较高，它们不仅能够磨碎草叶当中的纤维，还能保护牙齿不受到快速的磨损。它们可以通过拇指和食指的快速运动"收割"草皮，就好比修剪羊毛一般。狒狒也吃小型食草哺乳动物，它们会将隐藏在草丛中的瞪羚幼崽杀死然后吃掉，还会去捕捉野兔。在捕猎的时候，狒狒会进行简单的协作，它们散开阵型，一起拦截小猎物，就像驱赶猎物的猎人一样，不过对于最终抓住猎物的狒狒来说，它们是极不情愿分享战利品的。

许多猴子也把人类的粮食包括进了它们的食物种类当中。猴子的诸多行为清晰地表明，学习在它们获取食物的活动中扮演了重要角色。它们能够计算时间，在食物刚好出现的时候到达取食地点。它们往往在确信人类不在的时候才"作案"，比如在暴风雨中或者人午休的时候，狒狒还会在女人们耕作的时候闯入田地里，而尽量躲避男人，因为男人们通常持有武器。同样，当人们在森林的河边洗刷或者钓鱼的时候，侏长尾猴可能会聚集在离人很近的地方，却会避开那些准备捕猎的人们。这些例子都表明，猴子对人类的各种行为有着相当老练的解读。

迟缓的发育

社会行为

猴科动物成熟和繁殖的速度较为缓慢，但它们能活相当长的时间。在营养良好的人工养殖种群中，雌性恒河猕猴通常会在 3.5 岁时第一次怀孕，然后在 4 岁时产崽；大概有 10% 的猴子成熟期要早一年，10% 则要晚一年。赤猴通常在 2.5 岁左右第一次怀孕，它们是迄今为止有记录的猴科动物中成熟最快的。另外，长尾猴类中体型最小的侏长尾猴的雌性直到 4 ~ 5 岁才能怀孕，其他森林中的长尾猴，比如斯氏长尾猴和德氏长尾猴也是如此。猴类所能获取的食物对其生长发育影响显著，例如，人工养殖的雌狒狒可能在 3.5 岁左右就能怀孕，但是如果生活在自然环境恶劣的地区，比如肯尼亚的安博塞利，就有可能直到 7.5 岁才能怀孕。生活在安博塞利地区的雌性长尾黑颚猴第一次怀孕大概是在 5 岁，但人工养殖的长尾黑颚猴在 2.5 岁左右就能怀孕了。雄性开始产生精子的年龄差不多和雌性第一次怀孕一样，但是它们还没有完全长大，从社群关系上看它们依然没有成熟。因此，当实际开始交配的时候，雄性总是会比雌性大上几岁。

绝大多数猕猴亚科动物只在一个十分有限的交配季节怀孕。在高纬度地区，交配发生在秋季；在热带地区，长尾猴在干燥季节怀孕；而在干燥的国家，赤猴在雨季怀孕。狒狒和白眉猴在全年的任何时候都有可能产崽，但是某些生态压力，比如引起多个幼崽死亡的长期干旱，可能会对来年同一时期重新怀孕的母猴产生影响。实际上，正是气候对食物供给的影响导致了繁殖期的季节性。交配期可能持续好几个月（比如长尾黑颚猴），也可能集中在几个星期里（比如赤猴和侏长尾猴），而在这一年一度的繁殖季节中，母猴很可能只有一次排卵。雌性个体通常会在连续几天里交配多次，已经怀孕的母猴也有可能再进行交配。雄性恒河猕

狒狒父母的行为

在下边的插图中，一只雌性狒狒在通过一系列训练活动来锻炼后代的独立性。1.母亲起身并撤去与幼崽的接触，2.母亲朝远离幼崽的方向走了几步，幼崽跟在后面，3.母亲再次回转，并向幼崽表示它没有被抛弃，幼崽则停止前进，4.已经获得一定程度独立性的幼崽会遭到更加频繁的拒绝，直到它获得它完全的独立性。

猴同样表现出季节性变化，在非繁殖期里，它们的睾丸激素分泌水平会下降，睾丸体积也会相应缩小。

由于配偶之间往往相互比较熟悉，而且它们只关注表示可以交配的信号，所以求爱过程通常十分短暂。不过雌性赤猴的求爱方式则要复杂许多：它们会卷曲着尾巴，探出下巴，噘起嘴唇，弯腰低头地跑；它们还会鼓起腮，一只前掌握着外阴部，有时还会用另一只前掌拿着树枝在上面摩擦。它们会频繁地求爱，而一对"情侣"会一起在猴群边缘亲密地待上几个小时或者几天。在某些种类中，一次交配过程就能导致射精，而在其他种类中，数次交配才能让这一过程发生。交配中的配偶们时常会被幼猴干扰，尤其是雌猴的后代。它们之所以热衷于此，很可能是想推迟自己的"弟弟或妹妹"降生的时间，因为它们的出世将会使母亲的注意力分散。这种干扰足以使配偶们不得不交配多次，以便使雄猴完成射精。

经历5～6个月的怀孕期后，会有1只幼崽降生（双胞胎极其少见）。猴子分娩的过程比人类短得多，而且母猴可以在任何地方分娩。刚出生的猴子全身被软毛覆盖，眼睛是睁开的，常常会紧紧抓住母猴的毛发，甚至在四足没有完全从母体出来的时候。幼崽出生后会立刻紧贴在母猴的腹部，通常它们都能支持住自己的体重，但母猴一般还是会用一只前掌扶着幼崽的背部，以便在最初的几个小时里能在自己行走时支撑住小猴。刚出生的猴子经常把乳头含在嘴里，即便在不吃奶的时候。大部分猴子都是在夜里出生，出生的地点往往是母猴睡觉的树上。母猴生下小猴后会把胎盘吃掉，并在早晨到来之前把小猴舔干净。而赤猴的幼崽们通常在地面上降生，出生时间一般在白天。似乎分娩时间的选择和来自掠食者的压力有关，因为赤猴夜里通常睡在低矮的树上，这使得它们极易受到掠食者的攻击。虽然母猴在分娩时发出的声音几乎不会吸引猴群其他成员的注意力，但幼崽一旦降生便会成为群落里其他成年猴子以及幼年雌猴的焦点，它们可能通过竞争来获得幼崽母亲的许可，从而取得抚摸和照顾猴崽的权利。

随着小猴独立行走的能力逐渐增强，母猴对它的照顾行为也会发生相应的改变。虽然在几个月过后，哺乳变得不是那么频繁，但是哺乳行为一般还是会持续到下一个幼崽降生。对于大部分猕猴、长尾黑颈猴、赤猴、侏长尾猴来说，哺乳行为在小猴出生大概一年后仍有可能发生，而对于生活在森林当中的长尾猴，比如蓝长尾猴来说，这种行为甚至会持续两年或更长时间。狒狒分娩的时间间隔经常发生变化，一般在 15 ～ 24 个月之间，这很可能是因为不同时期所能获取的食物量不同。如果幼崽流产或者夭折，分娩间隔期可能会缩短，不过，分娩间隔期的变化在季节性繁殖的猴类中并不明显。

猴类中"母女"之间的联结一般会持续一生。与之不同，"母子"之间的联结一般只持续到雄性幼猴性成熟，这时它会离开自己出生的群体并加入其他群体，或者单独生活一小段时间。过了婴儿期后，母猴与后代的关系主要体现在互相梳毛或者坐在一起的频率上。幼猴也会和自己的同胞们形成联结关系，它们之间的等级关系很明显，一只雌性幼猴的等级可能仅次于母猴而在它的"姐姐"们之上。离开出生的猴群后，雄猴便失去了其继承的等级地位，但是雄猴可以在它"兄长"的介绍下加入到其"兄长"所在的一个猴群当中。

当一个猴群中有超过 1 只母猴可以受孕时，雄猴似乎更喜欢和年长的雌猴交配，因为年长的雌猴受孕的时间更长。类似的，雌猴也倾向于同年长的雄猴交配。狒狒们可能有自己钟情的配偶，它们会花一些时间待在一起，即使雌狒狒不在受孕期。在那些一只雄猴和一群雌猴生活在一起的猴类中，如果有数只母猴同时可以受孕，那些正独自生活的雄猴可能加入该群体当中，这样雌猴们便多了一个交配的选择。在"一雄多雌制"的红尾长尾猴中，雄猴的生存状况不如雌猴好，所以那些能够活到成年的猴子为后代贡献了更多基因。

在猕猴亚科动物中，阿拉伯狒狒似乎是个例外，在这种猴类当中，雄狒狒们会待在一起并结成联盟，反倒是雌狒狒常常游走于群落之间。虽然在几年前，人们似乎可以确定某个种类中典型的群落规模、领地范围、社群组织，但最近的研究却表明，即使在同一种猴类当中，随着时间的推移和领地所处位置的不同，猴群也会发生相当大的变化。在适宜的条件下，一只单独的雌性可以依靠它的"女儿"们生存，而它的"女儿"们往往也已经分别是它们自己母系的首领，不过它们仍然生活在一个大的猴群中。在比较严酷的条件下，它们生存的概率是如此低，以至于我们必须通过对猴群数年的观察研究才能发现其中的母系群体组织之间的关系。

猴群规模的上限可能取决于食物的数量，猕猴群会频繁地分化成几个更小的群体，这种分化主要是沿着母系进行的，但通常只有在猴群成员数量远远超过自然条件所能承受的规模时才会发生。猴群间的合并或者融合则要罕见得多，但是在比较贫瘠的栖息地上，当一些致命性的大规模死亡导致猴群规模小于生存所需的最小规模时，这种情况也有可能出现。比较小的猴群在合并中受益总是比较少：

其中的成员往往处于群体组织的底层，而且生存状况也不好。群体生活的方式也有它的代价，因为越大的群体所面临的食物压力就越大，因此群体成员可能需要长途跋涉以获取食物。

总体而言，猴群生活在一个明确的栖息地范围之内。长尾猴和猕猴可能会保护领地不受掠食者的侵犯，而狒狒和赤猴却常常因为领地范围过大而无法进行防护，而且还会因此导致相邻群落的领地有相当大的重叠。对于作为猴群永久核心的雌猴来说，领地就是它们的财产，在蓝长尾猴和红尾长尾猴中，正是那些带有小猴的母猴经常会卷入边界纷争。雄猴在猴群中待的时间相对要短暂得多，它们待在一个猴群里的时间可能短到几周，也可能长达 2 ~ 3 年，但极少会更长。雄猴会大声吼叫，这种叫声不同种类有不同的特性，同时也有个体的特点在其中。这种叫声可以起到标示集合地点的作用，同时也告知了竞争对手群落里居住着一只雄猴。

猕猴亚科动物组成单雄群体或多雄群体。狒狒、白眉猴、猕猴的雄性能够相互容忍猴群里其他雄性的存在，但一个小的猴群可能只有一只完全成熟的雄性。当猴群中的雄性少于 4 只时，处于统治地位的雄猴将能垄断绝大部分的交配权，前提是不要有太多的雌猴在同一时间发情。当有超过 4 只雄性时，处于统治地位的雄猴无法把所有雄性跟雌性隔开，因而交配参与者会变得更加广泛。

长尾黑颚猴和侏长尾猴生活在多雄群体中，这在长尾猴中并不常见，而赤猴和其他大部分森林长尾猴都生活在单雄群体当中。在这些猴类中，雄猴的"任期"只有 2 ~ 3 年，在交配季节，当有许多雌猴可以受孕时，其他雄猴也可能加入到该猴群中并参与交配。

在许多狒狒和长尾猴种类中，新到来的成年雄猴会杀死它们在猴群中发现的幼崽。虽然这并不是所有猴群在所有时期的必然现象，但这种行为很常见，足以表明这是雄猴为了繁殖所采用策略的一部分。

人们发现，那些不属于某一猴群的雄性长尾猴经常"孤身一人"，不过雄性赤猴会结成临时性的小群体。在人工养殖的情况下，一只以上的雄性可以快乐地生活在一起，但前提是雌性不在场。侏长尾猴生活在非常庞大的多雄群体中，但是在非交配季节，雄性则生活在一个次级群体中，极少同雌性来往。阿拉伯狒狒和狮尾狒狒在猴群中设有"后宫"，每个"后宫"由 3 ~ 6 只带着小猴的成年母猴和一只雄猴组成，但是偶尔也可能有 2 只雄猴；单身雄猴则生活在猴群外围的次级群体中。狒狒以队列的方式行动，通常在队伍的前头和尾部都有雄猴，成年雌猴也会出现在队伍的头尾（包括那些带着幼崽的母猴），幼年的猴子则处于队伍中部。

医学研究的牺牲品
保护现状与生存环境

人们认为，所有生活在森林里的猴子都可能受到生存威胁，因为热带雨林正在以极高的速度遭到破坏（在 1980 ~ 1990 年间，有整整 8% 的森林植被消失了，而且每年在亚马孙地区就有 10 万平方千米的森林遭到砍伐）。另外，由于极低的生殖率，猴子的种群经常处于危险之中。在那些猴子被人认为是美味的地区，枪械的引入和商业捕猎活动的激增为当地的猴类种群进一步敲响了丧钟。随着农作物种植地区的扩大，无处可去的猴子开始"掠夺"粮食，而对于这种"偷盗"行为，在现代社会中是难以容忍的。猴子与人类有一些共有的疾病，肺结核就是其中之一。有些猴子已经表现出罹患黄热病的症状——因为缺乏免疫力，它们极易感染这种病；有些狒狒则染上了无症状的血吸虫病。偶尔有人建议，为了控制这些疾病，那些染病的猴子个体应该被消灭掉，但是这很难得到实际执行。

多年以来，医学研究用猴需求的增加——在 20 世纪 50～60 年代，每年有多达 13 万只恒河猕猴从印度运抵美国——可能会导致最常见猴类的灭绝。这些动物在被捕捉和海运的过程中同样面临着极高的死亡率。不过近来研究型产业的衰落、研究用猴的人工繁殖方面的发展以及小心处理新捕获动物意识的增强，都减小了猴类受到的威胁。因此，在 1989～1994 年间，每年从 4 个主要猴类出口国进口的旧大陆猴类的数目从 2.9 万只下降到 1.8 万只。然而要从根本上保护猴类，最主要的问题还是对生态系统的保护。在生态系统中，猴群只有生活在足够大的区域内才能繁衍生息，要想取得这方面管理的成功，就必须控制人类对大自然的侵蚀。

猴类杀手

一些猴子会猎捕小动物，而它们自己又是其他动物的猎物。在那些体型最大的鹰中，有一部分以森林中的猴类为主食。非洲冠鹰雕（右图）经常成对地进行捕食，而它们的一种特殊技能对聪明的猴子们来说是致命的。捕猎时，它们中的一只会向下俯冲并停留在猴群所在地的栖木上，这将导致猴子们成群地靠近并试图围攻。与此同时，另一只冠鹰雕趁猴子们注意力分散之际从背后猛扑下来，那些没有察觉的猴子即刻便成了受害者。当鹰在空中飞过时，森林里的猴子会发出一种特别的警报，其他猴子听到后便快速钻进繁密的植被中。然而冠鹰雕却能穿过森林，并在森林里的地面上捕食，人们甚至曾见过冠鹰雕杀死接近成

年的雄性山魈——这是猴科动物里块头最大的。在乌干达的基巴莱森林中，猴子占到冠鹰雕猎物的 84%，而在加蓬的马科库，据估计一对冠鹰雕一年就要夺去当地长尾猴族群中 8% 个体的生命。在开阔的地区，猛雕也会猎食长尾黑颚猴和狒狒。长尾黑颚猴还是蟒蛇的猎物，蟒蛇会埋伏在树木底部并伺机发起攻击。对于蛇、豹和鹰的到来，这些猴子会发出不同的警报声。猴子或许只是偶尔出现在食肉目动物的食物种类中，然而对于猴类来说，这些动物仍然是其最主要的掠食者。以豹为例，这种食肉目动物是狒狒的主要掠食者，它们无论昼夜都可能对狒狒发起攻击，一旦攻击发起，狒狒的被杀率就会高达 75%。狮子是位居第二的狒狒杀手。其他灵长类也会成为猴类的掠食者。在肯尼亚的安博塞利，狒狒偶尔也吃长尾黑颚猴，而在坦桑尼亚的贡贝地区，黑猩猩会吃狒狒、红疣猴和长尾猴。在非洲的西部、中部以及东南亚，猴子同样也是一些人喜欢的美食。

黑猩猩

大部分的科学团体现在都认为黑猩猩和倭黑猩猩是我们人类现存最近的"亲戚"。遗传性的证据显示，我们和它们最近的一个共同祖先出现在大约600万年前，比现代大猩猩的分化时间要稍晚一些。

黑猩猩的手臂很长，当其直立时可以垂到膝盖以下，这是黑猩猩宝贵的"财富"。黑猩猩之所以能够在森林栖息地中迅速而灵活地移动，就是依靠其手臂。

倭黑猩猩是在大约150万年前脱离黑猩猩的，当时可能有一些黑猩猩的祖先穿过了刚果河，来到了河的南岸并被隔离在此。倭黑猩猩仅仅生活在低地的热带雨林，包括那些位于非洲西南部大草原边缘的森林，在现今的刚果(金)境内。黑猩猩也是雨林栖居者，但是它们的分布则更广，其中还包括山地森林、季节性干燥森林和热带大草原的一些林地，在这些地区，它们的种群密度非常低。

人类最近的"亲戚"
体形和官能

随着时间的推移，已识别的黑猩猩的种类和亚种数量有了很大的变化。人们以前一致认为黑猩猩只有1个单独的种，包括3个亚种，但现在黑猩猩的分类法又有了新的变化。由于黑猩猩在进化上和我们很接近，而且它们的行为与我们的行为有着惊人的相似，因此它们被当作最好的例子来与早期人的进化对比，并用来解释我们行为的生物学根源。然而，最近对倭黑猩猩的研究表明，黑猩猩和倭黑猩猩两者也存在着重要的差别，因此它们之间的互相比较也是需要重视的。

两个种类的黑猩猩都具有很好地适应树栖生活的身体。它们的手臂要比腿长得多，手指也比人类的长，而且肩关节高度灵活。再加上骨骼和肌肉组织等其他方面的特征，黑猩猩能够依靠手臂挂在树枝上面，而且也很擅长攀爬树干和藤蔓植物。当然，两种黑猩猩差不多都在树上进食，而且晚上都是在树上的巢中睡觉——这些巢是通过折断和折叠树枝建造而成的。它们都能在地面行走，行走的方式和大猩猩一样，都是四足并用并以"指关节着地"的方式走路。它们的身体有很多适应这种行动方式的特征，比如在前臂的桡骨和腕骨的结合处有一块脊，在指关节承受身体重量的时候能够防止手腕弯曲。

倭黑猩猩也被称为"小黑猩猩"，它们的身体比黑猩猩瘦长，头骨也有些不同，体重在两种黑猩猩的所有亚种中是最小的。黑猩猩和倭黑猩猩都能够直立，它们经常以这种姿势攀爬或摘取食物，但与我们的双足行走相比，还是很笨拙的。

黑猩猩和倭黑猩猩的大脑容量约有 300 ～ 400 毫升，其绝对大小和与体重相比的相对大小都是很大的。它们在实验室背景下解决问题的能力十分出色，而且在经过强化训练或给予大量学习机会的情况下，它们能够进行一定的符号交流。在野外，它们会使用各种各样的声音和视觉信号进行交流。两种黑猩猩都十分擅长预测和操纵"他人"的行为，无论是同类还是人类研究者。有证据表明，这是因为它们能够认知别人和它们一样拥有需求和知识——也就是说，它们具有和人类一样的"心理理论"。不过，这种说法现在还存在争议。

　　雄性的黑猩猩和倭黑猩猩要比雌性大 10% ～ 20% 左右，而且也要强壮许多；它们作为武器的犬齿也更大。除此之外，雄性和雌性在身体比例方面都比较相似。

　　从青春期开始，雌性生殖器附近的皮肤就开始周期性地发胀。刚开始时间隔很不规律，一次会持续许多周，但是成年以后，雌性的月经周期开始变得规律。黑猩猩的月经周期大约是 35 天，倭黑猩猩 40 天左右，而肿胀发生在该周期的中间，一般持续 12 ～ 20 天。发胀的雌性处于发情期，它们不仅对雄性发起的行动感兴趣，还会主动靠近雄性并发起性活动。在野外，雌性在 13 岁左右生下第 1 个幼崽。幼崽发育很慢，一般到 4 岁时才断奶，如果幼崽存活，那么两胎之间的

知识档案

黑猩猩

目 灵长目
科 人科
黑猩猩属，2 种。

分布 非洲的西部和中部。

黑猩猩

有 4 个亚种：西非黑猩猩（或称白脸黑猩猩，某些学者认为是一个单独的种类）；黑脸黑猩猩；长毛黑猩猩；还有一个亚种没有常用的名字。分布于非洲西部和中部，刚果河以北，从塞内加尔一直到坦桑尼亚。栖息在湿润森林、落叶林或者混合的热带大草原，出现在盛产果实的常绿林附近的开阔地区；从海拔 0 米到 2000 米都有分布。雄性体长 77 ～ 92 厘米，雌性 70 ～ 85 厘米；体重的数据在野外未知，但坦桑尼亚的雄性重 40 千克，雌性重 30 千克；在动物园中，雄性重达 90 千克，雌性 80 千克。外形：皮毛全部是黑色，20 岁以后背部通常会变成灰色；雌雄都有白色的短胡须；幼崽有白色的"尾毛"，但在成年早期会消失；成年者通常会秃顶，对于雄性来说是前额的一块三角形区域，雌性的更广阔，手和脚的皮肤为黑色，脸的颜色多变，有粉红色、棕色、黑色等，随着年龄增长而变暗。繁殖：怀孕期 230 ～ 240 天。寿命：40 ～ 45 岁。保护地位：被 IUCN 列为濒危级。

倭黑猩猩

也称侏黑猩猩或小黑猩猩。

分布于非洲中部，仅限于刚果（金），在刚果河与卡塞河之间。仅栖息在湿润森林，在海拔 1500 米以下。雄性体长 73 ～ 83 厘米，雌性 70 ～ 76 厘米；雄性体重 39 千克，雌性 31 千克；体形比黑猩猩稍微瘦小一些，包括稍窄的胸部、比较长的四肢和比较小的牙齿。外形：皮毛和黑猩猩一样，但是脸全部是黑色，头顶有向侧面延伸的毛发；成年者通常保留有白色的尾毛。繁殖：怀孕期 230 ～ 240 天。寿命：未知。保护地位：被 IUCN 列为濒危级。

平均间隔为 5 ~ 6 年。与其他灵长类动物相比，雄性黑猩猩的睾丸相对于身体来说十分大，能够频繁地和雌性交配。雄性在 16 岁左右达到成年体形，不过在此之前它们就已具备了生殖力。

饮食差异
食性

黑猩猩和倭黑猩猩一般从黎明活动到黄昏，在它们的赤道栖息地则差不多有 12 ~ 13 个小时，而其中有一半的时间都在进食。两种黑猩猩都主要吃果实，辅以树叶、种子、花、木髓、树皮和植物其他部位。黑猩猩一天能吃 20 种植物，一年吃过的植物差不多有 300 种。它们栖息地的食物产出在一年中变化很大，在某些时期，它们几乎只吃一种数量丰富的果实。它们常年都能吃树叶，但只是在果实

图中的倭黑猩猩正在吃瓜。倭黑猩猩的食物与黑猩猩的十分相似，不过它们更少吃脊椎动物，最常见的猎物是它们偶然捕获的小型羚羊。

数量不多的时候才更多地吃树叶和其他非果实的食物。倭黑猩猩似乎比黑猩猩更多地依靠植物的茎和木髓，而且它们的栖息地能够更加持续地提供水果。这些差异对它们的社会生活产生了重要的影响。

黑猩猩和倭黑猩猩也吃动物性食物，包括像白蚁这样的昆虫和多种脊椎动物的肉。黑猩猩比倭黑猩猩更常捕猎，它们捕杀很多种猎物，包括猴类、野猪、林栖羚羊和各种各样的小型哺乳动物。猴类是它们最常见的猎物，而生活在黑猩猩附近的红绿疣猴则是其主要的猎物。黑猩猩大部分情况下是群体捕猎，而且雄性比雌性更多地捕猎。倭黑猩猩捕食最多的是小型羚羊，还没有关于它们捕食猴类的记载，而且它们大多是机会主义的单独猎手，不会群体捕猎。

黑猩猩各个群体的捕猎成功率是不同的，其中有很多原因。在树木高耸的原始森林捕捉猴类要比在树冠低而不连续的森林困难得多，因此在两种森林都有的地区，黑猩猩更愿意在树冠不连续的森林捕猎。猎手的数量与合作的程度也会影响捕猎结果，如果有更多的雄性参与，而且它们相互合作的话，捕猎行动则更有可能成功。对于捕猎红绿疣猴的行动来说，不同栖息地的成功率在 50% ~ 80% 之间，这与大多数食肉目动物相比是一个相当高的值了。

随着时间的推移，捕猎的频率也会变化。至少在某些栖息地，果实丰富的时候它们会更频繁地捕猎，雄性通常组成大型的团体，而且可能会行走数千米去寻找红绿疣猴等猎物。

在大部分情况下，黑猩猩都是各吃各的，但吃肉时却明显例外。有时，雄性黑猩猩在捕获猎物之后会立刻为猎物而打架，地位高的雄性有时还会从"下属"那里"偷"肉，不过在一般情况下它们都会分享肉食。大部分的分享行为都表现

为占有者允许其他黑猩猩获得部分猎物，有时占有者也会主动将肉分给别的黑猩猩。黑猩猩中的肉食占有者通常是雄性，而且同它们共享的伙伴主要也是雄性，特别是它们的盟友和主要的梳毛伙伴。

雌性一般能够从雄性那里取得一些肉，发情期的雌性比其他雌性成功率更高，但是雌性通过交配交换肉的说法并没有得到证实。雄性有时会在分享肉食的时候与雌性交配，但是发情期雌性的出现并不总会促使雄性去打猎，而且肉食分享行为对雄性是否能交配成功只有很小的影响。倭黑猩猩通常由雌性占有相对较多的肉食，而且它们也经常控制着数量巨大的果实。与黑猩猩相比，倭黑猩猩中的食物共享行为大多发生在雌性之间。

侵略与和平
社会行为

黑猩猩和倭黑猩猩的社会具有"分裂—融合"的特点。所有的个体都属于拥有 15 ~ 150 只的群落，这些群落似乎具有社会边界，不过其中仍然具有一些不确定性，比如某些雌性黑猩猩是否会与两个邻近群落的成员发生关联。所有的群落都或多或少有一些友好的社会关系，但相对于倭黑猩猩来说，黑猩猩群落之间的敌意更强。在同一个群落内，成员会结成大小和结构不同的小群体以行动和进食，而某些成员可能很少或根本不会聚到一起。小群体的规模受到了食物可得性的显著影响，特别是果实的可得性。当果实充足的时候，小群体的规模更大，而且大的群体也会聚集到大的果树周围；当果实稀缺的时候，成员会为了减小食物竞争而组成比较小的群体。雄性身边有发情期的雌性时，它们也会组成大型群体，

对于高等级的灵长类动物来说，它们表情的种类比其他任何动物都要丰富。黑猩猩拥有一系列高度发展的表情，可以用来传达多种社会信号：1.玩耍的脸，特征是脸部放松，嘴张开，上面的牙齿完全被包在上嘴唇里面（上图的年轻黑猩猩就是这种没有威胁的表情，它正在和它的玩伴玩摔跤）；2.撅嘴，一种常用于乞食时的表情；3.恫吓的脸，面部的毛发会竖立——这是一种敌意的表情，出现在攻击行为或需要表示攻击性的场景中；4.完全咧嘴，表示强烈的恐惧或其他形式的兴奋；5.横向撅嘴，表示顺从，比如在受到攻击之后"抽泣"；6.惧怕地咧嘴，在高层级黑猩猩靠近的时候会出现。

而不管果实是否容易获得。倭黑猩猩的平均群体大小（6～15只）要比黑猩猩的（3～10只）稍大，而且与黑猩猩相比，倭黑猩猩群体之间规模的差别比较小，这可能是因为倭黑猩猩栖息地的食物数量变化比较小。

雄性黑猩猩比雌性更喜欢群居，而雌性黑猩猩通常和它们的未成年后代单独待在一起。倭黑猩猩中的群居性则没有明显的性别差异。雄性黑猩猩的活动范围比雌性广，而且它们通常会利用它们整个群落的活动范围；带有未成年后代的雌性通常会更多地把它们的行为限制在群落活动范围的中心部分。不过，性别的差异程度似乎在不同栖息地也不同。另外，发情期的雌性会走得更远，而且通常还有许多雄性陪伴。

雄性的黑猩猩和倭黑猩猩终生都待在出生的群落中。与它们相比，还未开始繁殖的雌性通常在青春期的时候就要迁往邻近的群落。成年雌性偶尔也会迁移，不过这种情况很少见。迁入的雌性在建立自己的核心区域时会遭到本地雌性的侵犯，它们依靠雄性来保护自己不受这种骚扰。对于倭黑猩猩来说，刚迁入的雌性面临的侵犯要少一些，而且它们也会努力地与当地的特定雌性发展社会连带关系，然后这些当地的雌性会帮助它们获取群体的接纳。

黑猩猩和倭黑猩猩在社会关系方面存在着显著的差异。黑猩猩的社会是一种雄性联结的社会，雄性黑猩猩主要与其他雄性发生关联。最主要的关联是统治关系，这可以导致统治层级的出现，尽管在拥有许多雄性的群落中，这种统治层级并不明显。它们为争夺高的统治层级而进行的竞争通常是惊人的，不过雄性也有许多友好的互动。它们之间的梳毛活动十分普遍，而且它们互相梳毛的频率比与雌性相互梳毛的频率或雌性之间相互梳毛的频率都要高。某些雄性会组成联盟，以对抗那些争夺层级的雄性，而且雄性的首领可能就是依靠盟友的支持而获得自己的地位的。雌性不会常规地与其他雌性或特定的雄性发展强力的社会联结。某些雌性占有统治的地位，但它们并不形成统治层级。所有雄性对于所有的雌性都是占据支配地位的。

与黑猩猩相比，倭黑猩猩中的雌性会更多地进行互相联系并建立强力的社会联结，尽管它们之间通常不是很近的亲戚。梳毛活动在某些雌性之间是很平常的事情，而且通常还会在一起摩擦它们的生殖器以减轻压力和维持相互接纳的关系。雌性有时会组成联盟对抗雄性并使雄性表现得顺从，而且雄性在进食时通常也会服从于雌性，而不是试图占领进食地或抢夺食物。当雌性倭黑猩猩的成年雄性后代与其他雄性竞争时，它们会支援自己的后代并对其社会层级产生影响；在野外，雌性黑猩猩则不会影响到雄性之间的竞争。雄性倭黑猩猩也经常相互梳毛，但是雄性倭黑猩猩明显不会像黑猩猩一样组成联盟。

雄性黑猩猩在群落之间的争斗中也会相互合作，这其中有两种形式。当来自两个邻近群落的群体在普通活动中相遇时，它们通常表现得很兴奋，而且还会相互追逐，但如果一方的数量明显少于另一方时，它们会悄悄地逃走。有的时候，雄性在边界地区巡逻时甚至会入侵邻居的领地。巡逻者十分安静、机警，并时刻寻找着邻居。如果它们听见或遇到某些邻居，它们会很大程度上根据数量对比做出反应：如果它们的数量明显处于劣势的话，它们会悄悄地离开，甚至逃离；如

工具的使用

黑猩猩在许多情形下会使用各种各样的工具。它们使用的工具包括木棍、枝叶或嫩枝做的用来提取骨髓的"探针"，以及用作锤子的树枝和用作砧板的石头。

有两种食物（社会性昆虫和果实）一般要靠工具获取，不过不同的黑猩猩种群对工具的使用方式不同。大部分社会性昆虫都具备有效的防御方式，这可以通过木棍或软梗的使用而克服。比如说黑猩猩会准备一根长约 60 ～ 70 厘米的光滑而结实的木棍来获取蚂蚁：它们将棍子放入开口的巢中，等待蚂蚁涌上棍子，不等这些蚂蚁有咬它的机会就用嘴将这些蚂蚁一扫而空。它们还会剥去草茎的外皮，使之变得柔软，然后把它深入白蚁窝中，白蚁的卫兵会咬住草茎并附在上面足够久的时间，直到黑猩猩将草茎收回并吃掉它们（下图左）。它们也用棍子把昆虫的洞口开大，以便获取蜂蜜或树栖的蚂蚁。

第二种需要工具才能吃的食物是外壳不能咬破的果实。它们会用重达 1.5 千克的棒子或石块砸碎这些果实，有时会利用一块平整的石头做砧板。人们找到过一些上面有圆形凹陷的平整石块，说明这些石块已经被黑猩猩使用了上百年了。

黑猩猩不仅在进食的时候使用工具，成年雄性黑猩猩还会在它的展示活动中投掷木棍、树枝、4 千克或更重的石块（下图右）。在长时间的展示中，它们扔掉的石块可能多达 100 块，而别的黑猩猩不得不密切注视以防被砸到。人们至少观察到一次投掷物被用于捕猎的情景：一只雄性黑猩猩在 5 米开外的地方击中一头成年猪，并将它吓跑，从而抓住了猪的幼崽。

幼年黑猩猩需要进行很多年的观察学习和练习才能够熟练使用某些工具，特别是"锤子"和"砧板"。不同的种群使用工具的方式十分不同，这是黑猩猩最惊人的社会学习传统或"文化"变异的例子。倭黑猩猩也使用工具，不过工具的种类比较少，使用频率也比较低。

果它们的数量远远多于对手，它们就会发动攻击。这种攻击十分猛烈，甚至可能是致命的，人们就已知它们杀死过成年雄性、幼崽，甚至是未生育的成年雌性。

在哺乳动物中，由雄性联盟发起的致命攻击并不常见；在灵长类中，这只发生在黑猩猩和人类中。为什么这会发生在黑猩猩中，原因还不完全清楚，可能群落之间的竞争胜利会使雄性获得更多接近雌性的机会，但也有可能是为了让群体中的雌性更容易地获得更多、更好的食物，由此增加它们繁殖的成功率，这也很重要。巡逻和成功的地盘防卫也有助于保护雌性不受外来雄性"杀婴"的威胁。

当来自邻近群落的倭黑猩猩群体相遇时，它们也会相互展示并追逐。有时相遇者却很平静，而且边界的巡逻和严重的攻击从来没有出现过。这种与黑猩猩的差异最可能来自下面的事实：倭黑猩猩通常以大群体行动，所以群体之间由于实力悬殊而进行危险性攻击的机会十分少有。

黑猩猩的交配行为很复杂，而且变化也很多。它们大部分的交配行为都是机会主义的：发情期的雌性会和群落中的大部分或所有的成年雄性交配，而且还经常与未成年雄性交配。与许多雄性交配或许能够搞混父子关系，从而防止雄性的"杀婴行为"。然而，在雌性接近它的发情期尾声并增大排卵（通常在它们的性膨胀部位缩小之后的 1～3 天）可能性的时候，高层级的雄性有时会保护它们并防止它们与其他雄性交配。垄断交配的意图会引发相当大的侵犯行为，这些行为主要是指向雌性的。交配成功率与雄性的统治层级有正向的相关，而且高等级似乎能够带来某些关于繁殖方面的优势，但我们目前对它们的父子关系了解很少。有时候，雄性能够"说服"一只雌性和它做伴（一种临时的殷勤关系），期间它们会试图避开其他雄性并待在一起数周。黑猩猩的怀孕期持续 7.5 个月左右。一旦雌性怀孕，只要它的幼崽存活下来，它们在 4 年甚至更久的时间内都不会恢复常规的发情周期。

倭黑猩猩的发情期比黑猩猩的长，它们更有可能在怀孕期显示出类似发情的行为，而且它们在分娩后 1 年之内生殖区就开始膨胀。因此，与黑猩猩相比，倭黑猩猩的性行为与受孕的关系要小一些，这也有助于解释为什么倭黑猩猩中不会出现交配保护行为或"杀婴行为"。倭黑猩猩的性行为比黑猩猩较为常见，而且具备许多社会功能，它们通常在冲突之后或分享食物的时候相互摩擦生殖器或进行交配。

捕猎、雄性联盟、群体间的协作突击、制造和使用工具，这些特征是黑猩猩和人类共有的，而且可能也是我们最近的共同祖先所具备的特征。如果是这样，那我们就需要解释为什么雄性联盟和群体间的冲突并不存在于倭黑猩猩当中。答案可能是这样的：倭黑猩猩的食物分布更加平均，食物的供应也更加可靠，再加上雌性的性功能更强，这就消除了冲突的机会，减小了雄性之间激烈的交配竞争，也使得雌性比较不容易受到雄性的侵犯。

不确定的未来
保护现状与生存环境

我们是否能够为黑猩猩的行为问题找到可信的答案还是一个未知数，因为它们的未来很不确定。虽然有大片的黑猩猩栖息地得以保留，但其中大部分都受到伐木业、农田开发和其他形式的人类活动的威胁。倭黑猩猩在野外并不如黑猩猩常见，而且它们也面临着相似的压力。两种猿类都被人们捕杀用于野味交易，而且它们还会落入人类为捕猎其他动物而设置的陷阱。即使是国家公园内的种群也不一定真能受到保护，而且某些保护区内的种群因太小而不能存续下去。由于人类军事冲突引发的剧变也加重了很多地区黑猩猩受到的威胁。

由栖息地消失和捕猎带来的威胁尤其大，因为黑猩猩和倭黑猩猩繁殖速度很慢，且不能生活在高密度的种群当中。有大量的黑猩猩生活在人工养殖的环境之中，它们长期的安康已经成为一个主要的议题。现在还没有可持续生存的倭黑猩猩人工繁殖种群。生活在野外的这些猿类是否能够生存下来，取决于持续而有力的保护措施，而最终需要解决的是那些导致栖息地破坏和过度捕猎的问题。

 # 大猩猩

大猩猩是现存体形最大的灵长类动物，它们同黑猩猩一样是与人类血缘关系最近的猿类。事实上，来自化石和生物化学的数据都表明，与猩猩相比，黑猩猩和大猩猩与人类的关系更近。

除人类以外，猿类应该是陆地上最聪明的动物了，至少依照我们的标准来看是这样。它们至少可以学会 100 个用聋哑手势表示的"单词"，甚至能将某些词串成简单而合乎文法的双词"短语"。然而，大猩猩可怕的外表、巨大的力气和捶打胸膛的动作，却使猎人认为它是凶残的动物。事实上，雄性成年大猩猩只有在互相争夺雌性大猩猩，或者保护它们的家庭成员不受掠食者和猎人伤害的时候才具有危险的攻击性。

最大的猿类
体形和官能

大猩猩与黑猩猩的不同之处在于，前者体形要远远大于后者，而且身体的比例（与腿相比，手臂更长，手和脚也比黑猩猩的短和大）和颜色模式也不同。特别是大猩猩需要更大的牙齿（特别是臼齿）来处理大量的食物，从而维持它那庞大的身躯，这就还需要更强大的咀嚼肌，特别是颞骨肌——该肌肉一般与雄性头骨的中线汇合，并与弧形的头顶相连。雌性大猩猩和黑猩猩的头盖骨比较小，然而头骨后面更大的一块骨头才是辨别雄性大猩猩的典型特征，它显著地影响了头部的外形。

除此以外，雄性大猩猩的犬齿比雄性黑猩猩和雌性大猩猩的更大，大猩猩可以利用犬齿给对手甚至是掠食者造成严重的伤害。从进化的角度看，这可能是因为那些赢得雌性以及为雌性提供最好保护的雄性，正是那些拥有最强大武器的雄性。雄性的头骨比雌性大是因为它们需要更多的食物，需要有更强大的肌肉去碾碎粗糙的食物，同时它们也需要更大块的肌肉来增加它那巨大犬齿的伤害力。大猩猩的耳朵比较小，鼻子上有宽大的脊一直延伸至上嘴唇，从而扩大了鼻孔。

大猩猩主要生活在地面上，用四足行走——它

一只雌性山地大猩猩在吃带刺的荨麻。东部非洲大猩猩的食物主要包括树叶和其他植物，而不是果实。大猩猩从来不会在一个进食地停留太久，而是会留下足够的植被使之快速地恢复。

们用后脚底和前肢的指关节走路。然而，由于西非的果树数量比东非更多，那里的成年大猩猩——包括巨大的雄性——会花不少时间去吃高挂在树上的果实，体重比较轻的个体甚至可以用它们的上肢从一棵树荡到另一棵树，而幼年大猩猩则会在树上嬉戏。虽然大猩猩偏好吃果实，如无花果，但在很难获得果实的地区或时期，它们也会吃树叶、木髓和茎干。莎草、香草、灌木、藤蔓等构成大猩猩后备食物的植物在沼泽、山区和次生林里生长得最好，因为这些地方没有森林顶篷的遮盖，充足的阳光可以到达地面。

大猩猩巨大的体形和食果的习性意味着它每天必须花很长的时间进食，以维持自己的体重，这就阻止了大猩猩进行经常性的长途迁徙。虽然大猩猩群体的活动范围可达 5 ~ 30 平方千米，但它们通常的移动范围每天只有 0.5 ~ 2 千米。就群体的活动范围和每天移动的距离而言，东部大猩猩都要比西部大猩猩少，因为在东非的森林里果树的种类更少。因此，东部大猩猩的食物种类中树叶的比例比西部大猩猩的大，它们每天可以不用走太远去寻找食物。

每天行进很短的距离意味着大猩猩不可能是地盘防卫性的动物。因为即使一块只有 5 平方千米大的范围，它的周长也有 8 千米，或者说至少是每日普通行进距离的 4 倍，因此它们的活动范围是无法有效防卫的，所以邻近的大猩猩群体才会有大片重叠的活动范围。事实上，即使是使用最频繁的核心区域也是可以重叠的。

大猩猩通常在早上和下午进食，中午有一两个小时的休息时间。像所有的大猿一样，它们在晚上筑巢——将树枝和树叶扯下并折弯后当作台子或垫子放在身下。这种巢可以将大猩猩与寒冷的地面隔开或者将它们支撑在树上，而且也能防止它们滚下悬崖。这种习性在非洲东部尤其有用，因为对大猩猩进行普查的人可以通过它们巢穴的数量以及周围粪堆的大小来测量大猩猩家庭成员的数量和体形。在西非，大猩猩通常是不筑巢的。

大猩猩没有明确的繁殖季节。它们通常每胎产 1 崽，这和大部分体重超过 1 千克的灵长类动物一样。生出双胞胎的概率很小，即使生出来了，通常也会因为体形太小（而且对于母亲来说，要把所有幼崽带到几个月大实在太难了）而死掉一只。新生幼崽的体重一般为 1.8 ～ 2 千克，粉红色的皮肤上几乎没有什么毛。它们 9 周之后开始爬，30 ～ 40 周之后开始行走。与人类相比，大猩猩断奶的时间更晚，因而雌性大猩猩产崽的间隔约为 4 年。然而，在出生的头 3 年内大猩猩的死亡率高达 40%，这就意味着一只成熟的具有生育能力的雌性大猩猩在 6 ～ 8 年中只能成功带大 1 只幼崽。雌性大猩猩在 7 ～ 8 岁时达到性成熟，但它们通常在 10 岁左右才能生育。雄性成熟得稍晚，由于激烈的竞争，它们很少在 15 ～ 20 岁以前参与生育。

山脉和低地
分布模式

东、西部两种大猩猩生活在非洲的两片间隔很远的地区，最初有可能是在中新世时被刚果盆地的湖泊分开的，然后，大约在 500 万年前，这个地区逐步干涸，森林也逐渐退却到了更高的地区。后来，大猩猩没有再回到刚果盆地的中央，也许是因为没有时间，也许是因为树木挡住了阳光，而使蔓藤类植物无法生长，无法提供给大猩猩这庞然大物足够的食物。

虽然它们仅生活在非洲很小的地区，但其栖息地在海拔上跨度很大，从西非的海拔 0 米一直到东非的 3 790 米。最奇特的是，生活在东部边缘的最高海拔地区的山地大猩猩却是最有名的种类；人们对西部大猩猩的行为则了解相对较少，因为浓密的植被阻挡了人类的观察。

"一雄多雌"的生活
社会行为

在所有的大猿（人科）中，大猩猩的群体关系最为稳定，同一批成年大猩猩会一起活动好几个月甚至好几年。和果实特别是成熟果实不同，大猩猩所需要的树叶数量丰富，因此可以养活大群的大猩猩。在西非，由于大猩猩的食物种类中果实的比例比东非的高，它们的群体通常会分成临时的亚群体，这样群体成员可以在较大范围内寻找相对稀少的成熟果实。

大猩猩的群体数量最多为 30 ～ 40 只，但通常是 5 ～ 10 只。在东非，一个群体一般包含 3 只成熟的雌性，4 ～ 5 只年龄不等的幼崽和 1 只雄性。这只雄性大猩猩通常被称为"银背大猩猩"，因为它们的背部通常有银白色的鞍状斑纹。在西非，一个群体似乎很少超过 10 个成员，而在东非，15 ～ 20 只的群体并不少见，而且根据记录，有的群体数量超过 30 只。

任何一只银背大猩猩的"妻妾们"都是没有血缘关系的，它们之间的社会联系很弱，这方面和许多旧大陆猴类很不一样。通常，雌性大猩猩在青春期时就离开它们出生的群体，加入其他的群体中。因此，和很多其他灵长类相反，将群体维系在一起的是雌性和雄性之间的联结，而不是雌性之间的联结。

在花费了一上午进食后，大猩猩习惯性地在中午休息。这个时候，群体成员都会围在"银背大猩猩"（1 处）的周围。带着幼崽的雌性（2 处）一般最靠近银背大猩猩，而没有幼崽的雌性（3 处）则待在群体的外围。虽然未成年雄性（4 处）仅仅只能让银背大猩猩容忍，但幼崽（5 处）却能在银背大猩猩的保护范围内玩耍。

银背大猩猩对雌性的吸引力在午休的时候表现得最明显，这个时候，整个群体都会聚集在雄性统治者的旁边：年轻的大猩猩在玩耍，成年大猩猩或者睡觉，或者相互梳毛，或者为它们的幼崽梳毛。相互梳毛可以清除皮毛上的泥土和寄生虫，也是表达亲密关系的方式，对于许多灵长类动物来说，这有助于建立和维持合作伙伴关系，但是大猩猩梳毛的频率不如其他社会性的灵长类动物。母亲会为后代梳毛，而未成年大猩猩和成年雌性大猩猩会给银背大猩猩梳毛；有血缘关系的雌性会相互梳毛，没有血缘关系的雌性则很少相互梳毛。为什么成年雌性大猩猩不需要将梳毛作为一种抑制侵犯或维持合作关系的机制因而表现出明显的地位差别呢？这似乎是因为相对充足的食物减少了竞争而不需如此吧。

3/4 的年轻雌性最终会迁出它们出生的群体。它们之所以这样做，是因为继续留下来根本没什么好处，同时也是为了避免近亲繁殖，因为它们的父亲在它们成熟以后还需要继续繁殖。在离开以后，它们会立刻去寻找附近的银背大猩猩，这些银背大猩猩通常不会超过 200 ~ 300 米远。然而，它们通常不会与刚刚迁移到此的雄性大猩猩待在一起，最终决定雌性选择哪一只雄性的因素是雄性的领地范围和战斗的能力。战斗的能力是很重要的，因为银背大猩猩必须保护雌性及其后代免受掠食者和其他雄性的侵害。这是一种严重的潜在威胁，因为雌性大猩猩的防御能力很弱——它们的体形比雄性小得多，而且那些非"亲戚"的伙伴是不愿意为了"别人"的利益而拿自己冒险的。

大约有 1/3 的幼崽是被非父亲的其他雄性杀死的。对这种"杀婴"现象最合理的解释就是一旦幼崽被杀，它的母亲就会停止分泌乳汁并很快恢复生育。如果一只雄性大猩猩杀死一只 1 岁的幼崽，它就可以提前 2 年交配。在很多"杀婴"率高的物种中，例如狮子和哈努曼叶猴，"杀手"就是进入群体并取代统治者的雄性。这种"杀婴"现象一般发生在雌性加入非父亲的雄性群体时，这可能是因为以前的常

驻雄性死亡了，也可能是因为它带着它的幼崽主动迁移到了新的雄性那里。然而，当这个群体的首领还在时，这种事情很少发生，因为一旦一个雌性认定了一个雄性很有力量，就会一辈子跟着它。

大约一半以上的雄性都会在青春期离开自己出生的群体。它们单独行动或者跟着其他的群体，有些时候会持续几年，直到它们从其他的群体内找到了自己的伴侣并建立了自己的一个家庭。一个雄性是留下还是离开它的出生群体，主要取决于群体中雌性的数量以及首领的统治力。如果雄性首领正值壮年，而且群体也很小，那么从属的雄性就很难再找到配偶，于是它就会离开。如果雄性首领已经老了，雌性的数量也很多，从属的雄性就很可能留下来。一只雄性到底拥有多少雌性，现在还不是很清楚，这可能要等到父子关系的DNA结果出来才能知道。虽然有半数的雄性会离开出生的群体，但在东非和西非，有1/3多一点的群体会包含2只雄性大猩猩。

雄性很明显是通过展示它们的战斗力量来引诱雌性离开它们的家庭群体的。单身的雄性似乎会为了得到雌性而比已经建立家庭的首领更加卖力，因此它们对同伴的威胁也更大。当两只雄性相遇的时候，它们会精心"导演"一场展示它们力量的表演，人们可以看到著名的捶胸动作、相互吼叫、咆哮、撕扯树叶，而所有的这一切都是用来恐吓竞争者的。

很明显，一旦一只雄性建立起一个家庭，它们将一生都待在这个家庭里。有些雄性有永久的固定伴侣，而有些则没有，所以雄性对雌性的争夺是非常激烈的。群体的领袖和单身雄性之间的战斗很可能会导致一方死亡——通常为单身的雄性。这种战斗的频繁程度和大猩猩的密度以及单身大猩猩的数量有关。一只成年雄性一生至少会遇到一次致命的战斗，而它们每年都会战斗一次。很明显，大个子在战斗中占有很大的优势，而且在"表演赛"中也能领先于其他的同类。雄性之间的战斗很可能是导致出现体形、犬齿大小和咀嚼肌等方面的性别二态性的原因之一。在这一方面，大猩猩和其他"一雄多雌制"的哺乳动物是一致的。巨大而凶猛的雄性能够获得比小型而温驯的雄性更多的雌性。大猩猩是所有灵长类中性别二态性是最显著的，雄性的块头大约是雌性的两倍多（而且颜色也不一样）。

来自人类的威胁

保护现状与生存环境

　　大猩猩如今在野外幸存的数量无法通过数量普查精确获悉，但可以通过对平均密度的合理评估和残余栖息地的数量来进行估计。已有的估算（1996年）表明，至少还有11.2万只西部大猩猩，超过1万只的东部低地大猩猩，但仅有几百只山地大猩猩和克罗斯河大猩猩。总的来说，世界上的大猩猩数量在12.5万只左右。在拥有大片森林和人口数量很低并增长缓慢的加蓬和刚果（金），那里生活着世界上3/4的西部大猩猩（每个国家有超过4万只），约占整个大猩猩总量的2/3。

　　在大猩猩的分布范围内，人们为了木材和耕地，正在砍伐它们赖以生存的森林。在以前，森林砍伐不是一个突出的问题，因为那时的人口密度很低，人们可以实施移动性的农业，而且大量生长着次生林的遗弃土地也能为大猩猩提供充足的食物。然而在20世纪的后半叶，在大猩猩生活的地区内人口迅速增长，达到了以前的3倍甚至4倍。随着人口的

像图中这样的大猩猩群体与其他群体之间很少进行社会性接触。虽然在群体相遇时它们通常会显示出攻击性，但有时也会忽略对方的存在并暂时地混合在一起。

增长，人类对农业用地的使用也变成永久性的了。

　　另一个威胁来自于狩猎。在西非，由于和家禽的肉比起来，人们更喜欢野生动物的肉，因此对野味的需求也是导致每年大量野生动物死亡的原因之一，其中就包括几百只大猿。

　　按照这样的森林破坏速度和人口增长速度，150年后我们就只能在国家公园里看到大猩猩了。然而还是存在希望的，比如在刚果（金）、乌干达和卢旺达，山地大猩猩的数量几十年来一直保持在几百只左右；更值得庆幸的是，非洲国家正努力地保护自然遗产。

　　在所有还生活着大猩猩的国家，政府很难抽出大量的资金建立一个很好的保护机制，因为还有其他更加紧迫的事情要做。然而，大猩猩对旅游者的吸引力有可能成为拯救它们的优势，或许来自游客的收入能够阻止当地的居民侵犯大猩猩和它们的栖息地，并最终促使当地的居民学会估算大猩猩和它们所居住的森林给他们带来的利益。因此，为环保教育计划和旅游业的发展建立基金是至关重要的，特别是在农业比旅游业能获得更有保障的收入或收益相近的地区。

　　然而，这些措施更像是一种孤注一掷的防卫性战斗。从长远看，大猩猩和它的人类邻居的安康必须依赖于阻止对非洲森林的持续性跨国开发，并增加现有农田的生产力。

大 象

现代大象是现存最大的陆生哺乳动物。在动物王国中，它们拥有最大的大脑以及和人类相当的寿命；能学习和记忆，适合被驯化来为人类工作。现代象的祖先磷灰象是最早的长鼻类动物，生活在约5800万年前；始祖象名称源于埃及莫里斯湖，在其附近仍然可以发现生活于大约3400万年前的象的踪迹。

大象的力量极大，1000年来通常被驯化供农业和战争使用。现在，特别是在印度次大陆，大象仍然有重要的经济价值，并且是文化的象征。人们对象牙的需求已经在过去的150年来造成了大象数量的骤减。现在，人口数量的增加导致对大象生存范围的侵占，已经威胁到了大象的生存。

庞大的体形和巨大的脑容量
体形和官能

尽管非洲象和亚洲象在生态学上非常相似，但两者之间存在着外形和生理上的差异（见下图）。除了一些可见的区别以外，非洲象还比亚洲象多一对肋骨（21：20）。在非洲象中，比起森林象来，人们更了解热带草原象（即普通非洲象），因为在非洲东部开阔的草原上研究象的习性远比在浓密的丛林中简单。热带草原象也是所有大象中最大且最重的，已知最大的大象于1955年死于安哥拉，它重达10吨，肩高4米。大象在一生中会不停地生长，这样看来，一群大象中体形最大的很可能也是年龄最大的。

象的头骨、颚、牙齿、长牙、耳朵以及消化系统的形态特征很复杂，以适应庞大身躯的进化。头骨的大小与脑容量不成比例，逐渐进化以便支撑长牙和沉重的齿系。它们的头骨相对比较轻，这是由于头盖骨中联结有气囊和空腔。

长牙是伸长的上门齿，它们与生俱来，一生中不停地生长，因此，到60岁时，公象的长牙能达到60千克重。如此大的长牙也容易成为猎人的重要目标，所以当今野外存活的巨象的数量极少。象牙是象牙质和钙盐的特殊混合物，长牙横断面上规则的钻石图样在其他任何哺乳动物的长牙中都还没有发现。在进食时，长牙用于折断树枝或者挖掘树根，在同类相遇时则作为展示的工具和武器。

非洲象

亚洲象

非洲象和亚洲象的比较。非洲象更大，脊背凹下去，并且耳朵更大。它们的鼻尖上（a处）有两个隆起的唇状物，而不像b处亚洲象的鼻子。雌性和雄性非洲象一般都有长牙，而亚洲象中一般只有雄象才拥有长牙。

知识档案

大象

目	长鼻目
科	象科

2 属 3 种。

分布 撒哈拉以南非洲，亚洲东南部。

热带草原象

分布在撒哈拉以南非洲的东部、中非；栖息于热带大草原。体形：雄性体  长为 6 ～ 7.5 米，雌性短 0.6 米；雄象肩高 3.3 米，雌象 2.7 米；雄象体重达 6 吨，雌象体重 3 吨。外形：皮肤最厚可达 2 ～ 4 厘米，上面覆盖着稀疏的毛发。热带草原象通常前脚只有 4 个脚趾，后脚有 3 个脚趾。繁殖：怀孕期平均 656 天。寿命：60 岁（某些人工圈养大象的寿命可长达 80 岁）。保护地位：被 IUCN 列为濒危级。

非洲森林象

分布在非洲中部和西部；栖息在浓密的低地丛林中。体形：体长、肩高、体重类似于热带草原象。外形：象牙比热带草原象更直，耳朵更圆，同亚洲象一样，前脚有 5 个脚趾，后脚有 4 个脚趾。森林象的一个亚种——侏儒象，体长 2.4 ～ 2.8 米，重 1800 ～ 3200 千克，出现在塞拉利昂共和国。保护地位：被 IUCN 列为濒危级。

亚洲象

分布在印度次大陆和斯里兰卡、中南半岛、马来半岛部分地区以及亚洲东南部岛屿。栖息于常绿林和干燥的落叶林、荆棘灌木丛林、沼泽地及草地，在海拔 0 ～ 3000 米处都能生存。体形：体长 5.5 ～ 6.4 米，肩高 2.5 ～ 3 米；雄性重 5.4 吨，雌性 2.7 吨。皮毛：皮肤深灰色到深棕色，有时前额、耳朵和胸部有肉色的斑点标记。繁殖：怀孕期 615 ～ 668 天，通常一胎生一只小象，重约 100 千克。寿命：人工饲养的 75 ～ 80 岁。保护地位：被 IUCN 列为濒危级。

大象的上唇和鼻子伸长，能形成强健的象鼻。与其他植食动物不同，大象的嘴无法触到地面。事实上，早期的长鼻类动物没有伸长的鼻子，可能是因为其很重的头盖骨和下颚结构。象鼻除了能使大象在进食时从树木和灌木中折断树枝，摘取叶、芽、果实，还能用于饮水、问候、爱抚、威胁、喷水以及扫除灰尘，并形成和增强发声。象用鼻子吸水，然后灌入嘴中；它们也将水洒在背上冲凉。在缺水时期，有时它们会将存在咽喉中的袋状物里的水喷出来冲凉。象鼻还可作为气管，便于它们在水中活动时呼吸。当眼睛或耳朵发痒时，大象会用鼻子来挠痒，另外象鼻还可以用来对付敌人、投掷东西或者用棒子类的工具给皮肤搔痒。

大象最常见的发声是来自它们咽喉的咆哮（猎人称之为"腹声"）。这种咆哮声可传播 1 千米远，可作为警告声，或者保持与其他大象之间的联系。当它们在稠密的矮丛林中觅食时，群体的成员能通过这种低沉的次声波构成的咆哮声互相监视。当丛林开阔或者成员们可以看到彼此时，这种咆哮声发出的频率将会降低。象鼻作为形成共鸣的空腔能扩大音量或者发出高亢的尖叫，以表达不同的情绪。新的证据显示，另一个器官——位于鼻子深处的直系软骨，也能够改变它们的声音。这种软骨分开象鼻顶端的骨头，可以用来引导气流。 当大象兴奋、惊讶、准备攻击或者运动、互相交流的时候，它们会大声地鼓噪。

除了前面描述的象鼻在沟通时

起到的次要作用，尾巴、头部、耳朵、鼻子姿态的变化，也可向外界传达可见的讯息。尽管象鼻非常强壮，能举起整棵大树，但同时也是一种非常敏感的嗅觉和触觉器官。嗅觉在群体间交往以及察觉外在的危险中发挥着重要的作用。作为触觉器官的时候，象鼻上有两个便于抓取的隆起的唇状物，上面有很好的感官触毛，可以"拿"起非常小的物品。此外，大象常常用鼻子触摸其他的象，母象则通过它不断地引导自己的幼象。当大象相遇的时候，它们常常用鼻子的前端触摸其他大象的嘴，以此表达相互间的问候。

雌性大象的大脑重 3.6～4.3 千克，而雄性大象的大脑重 4.2～5.4 千克。象的脑叶皮层甚至比人的大脑还复杂，因而扩大了脑皮层的面积。其大小可能与必要的信息存储空间有关，因为象脑需要区别身份，记录和回忆其他大象的行为，储存旱季的时间、危险的地方和情形，并预先判断食物的地点。一些社会行为表明，它们能通过思维来想象其他大象的感受。由于年龄最大，统领家庭的雌性统治者拥有足够的生存经验，在危险和旱季来临时，可以做出正确的决策和行动。所有这些因素都有利于智力的开发。

除了用于沟通，大象的大耳朵还可以作为散热器，以防止体温过高，而过热常常是体形巨大而紧凑的动物的一大危险。象的耳朵上血液供应充足，可以用来扇动，以便增加身体周围的气流；在有风的热天里，大象有时会展开耳朵，以便让凉风吹向身体。观察象的耳朵中部的血管可以发现：当周围凉爽时，它们的血管就不会从皮肤上突起；但当温度高时，它们的血管就会舒张开来，从皮肤上突起。大象也有敏锐的听觉，主要通过发声来沟通，尤其是森林象。

沉重的身躯由柱子般的粗腿支撑，粗腿里则有粗壮结实的骨头。前脚骨头的结构是半趾行类动物结构（马的站立姿态属于趾行动物姿态，脚跟远离地面），而后脚骨是半蹠行动物结构（人类站立姿态属于蹠行动物站立姿态，脚跟紧贴地面）。大象平时保持漫步的姿态，但据说大象冲锋时的速度可以达到 40 千米／小时——短距离以此速度很容易超越一名短跑选手，但是测量的精确度仍然值得怀疑。

大象不反刍，与马相似。体内微生物促使食物在盲肠中发酵——盲肠是位于大肠和小肠交界处的一个扩大的囊。

大象至少花 3/4 的时间来寻找和消化食物。在雨季，热带草原象主要吃草以及少量的各种树木和灌木的叶子，雨季结束后，草木枯萎，它们就开始食用树木和灌木的木质部分。它们也食用大批量的能得到的花和果

大象灵巧的鼻子有多种用途，包括从高的树枝上摘取多汁的树叶和嫩芽。树叶可作为热带草原象主要食物的补充，却是森林象的主要食物。

实，还会挖树根吃，尤其是在雨季第一次降雨后。

亚洲象食物的种类繁多，包括上百种植物，但食物量的85%以上来自于10～25种它们喜爱的食物。当大象栖息的地方以农业区为主时，庄稼也占它们食物的一部分。例如，因为蛋白质等营养含量高而被人类选择种植的谷物、小米实质上是草类植物，大象通常觉得它们比野草更具有吸引力。

由于庞大的身躯和快速的"吞吐"量，所有的大象都需要大量食物：按一只成年大象每天需要75～150千克食物计算，每年能达50吨以上，但这些食物只有不到一半被彻底消化。大象依靠它们肠道中的微生物来消化，小象的肠道中没有微生物群，一般通过食用比较老的家庭成员的粪便来获得。

此外，大象每天需要消耗80～160升水，不到5分钟就能喝光。在旱季，它们用象牙在干涸的河床上挖掘洞穴，以便寻找水源。

"女首领"及"雄象发情狂"
社会行为

关于大象活动范围的大部分信息目前来自无线电追踪，自1969年以来，这种方法在非洲一直被采用。此外，利用在20世纪末出现的全球定位技术，能够获取更为精确的位置信息。

每头大象每天平均累计走动的距离有很大的差异。在肯尼亚的一项研究中，生活在水源良好的森林中的大象每天仅行走3千米，而住在北部干旱地带的大象每天行走达到12千米。一般大象每天累计游走距离为7～8千米。

大象运动的一个显著特点就是被称为"裸奔"的行为。这是相对较快运动的代名词，速度一般在3～4千米／小时，有强烈的方向感，沿着连接它们领地不同部分的通道狂奔。"裸奔"是相当罕见的，通常发生在夜间，可以让大象从一个安全地带迅速穿越危险地区，来到另一个避风港。

大象也会对突然降雨做出迅速反应，并可能远行30千米到达下雨的地方，以享用不久后长出的丰美的草。在森林中，它们也会长途跋涉，寻找难得的结有果实的树木。当大象进入危险地带例如农田寻食时，往往只在夜间。大象似乎能够知道何处安全，并恰好冒险到达保护区的边缘，在边界处回头。反复行走常常会开辟出"大象专用大道"，即便在浓密的丛林中，它们也会开出新道，而这以后可被许多其他动物包括人类所利用。

有些大象的领地竟然有复杂的结构。除领地外围的一些地区外，可对其领地面积做粗略的计算比较。在这范围之内，可能有离散的部分，由通道和大象从未尝试过的空白区域相连。领地范围有小至10平方千米的，如已被记录的坦桑尼亚的一片森林，而在纳米比亚一片沙漠中，发现了多达18 000平方千米的领地。人们在肯尼亚的一项研究中发现，在拥有丰富食物和水的地方，热带草原象的领地面积平均为750平方千米，而在比较干旱的地区，领地面积可达1 600平方千米。对非洲森林象各种行为的详细研究开始于21世纪初，初步结果显示，其领地长度可达60千米，远远长于原先的设想。对亚洲象无线电遥感

年轻的非洲雄象在嬉戏、打斗。它们学习的"格斗"技巧在以后的"雄象发情狂"期会派上用场，因为成年雄象们为了接近雌象会激烈打斗。

测试的研究显示，生活在印度的雌性群体的活动范围达到了180～600平方千米，甚至更大，而雄性群体通常活动的面积约160～400平方千米。

大象生活在群体里，而且表现出了复杂的社会习性。群居的优点在于联合防御，共同教育幼象，增加交配的机会。雌性大象常生活在家庭单位里，这种单位通常包括与之密切相关的成年象和它们未成熟的后代。典型的家庭成员包括两个"姐妹"以及它们的后代，或者一只老年大象与一只或两只成年雌象以及它们的后代。当雌性幼象达到成熟年龄时，仍将留在家庭中，并在那里繁殖下一代。当家族逐渐庞大，年轻的成年象将组成新的子群，离开原来的家族。这些子群虽然与家族分离了，但往往还是以协调的方式共同行动。一起活动的2～4个子群一般有相同的血缘关系或者是联结的群体。

最年长的雌象是家族的统治者，统领整个家族。家族成员间的社会联系非常强，当危难时，家族成员会围成防御圈，把小象围在中间。最年长的雌象或其他成年雌象通常会检查危险来源，而危险通常来自人类。面对人类的威胁，最年长的雌象通常会退缩，但有时也会站出来面对危险，还会张开耳朵、发出雷鸣般的咆哮声，以此做出威胁状。但是这种威胁仅仅在有些情况下管用，而且不幸的是，这种防卫行为会将"女首领"暴露在危险之中，所以，它常常是第一受害者，而剩下的家庭成员将失去领导者。

如果家庭成员被枪击或受伤，其余的成员可能会前来援助，这个时候会十分喧闹而骚动，它们将设法抬起受伤者的腿，把它搬走，所有的家庭成员都会前来支持，站在两边出力。

亚洲象的基本社会结构也是由2～10只雌象及其"子女"组成家庭，这种家庭平均包含6.7个成员。印度北部的拉扎吉国家公园的集中研究表明，成年母象和它们"子女"的关系一般非常稳定，90%以上的时间会待在一起。这些团体将与其他群体（或许有亲缘关系的）在某些时间和地点相遇，而关于非洲大象之间热情地问候的描述还没有记载，更大的群体似乎只是短暂性的。

与它们的"姐妹"相反，年轻的雄象到了青春期会离开或被强制离开它们的家庭。成年雄象之间往往组成相互联系的小群体，其数量和结构保持不变；它们也会在短时期内独自生活。传统的观点认为，雄象之间联系甚少，很少协调行动，但最近在肯尼亚的研究显示，分开一段时间后，雄象会相互介入，在短期内反复发生频繁的联系。在博茨瓦纳北部，几百只小雄象通常保持密切的联系，在当地野生动物保护部门提供的水源处活动。

　　雄性亚洲象 6 ～ 7 岁开始离开家族。成年雄象与雌象群很少有来往，除非有雌象处在发情期。当年满 20 岁时，雄象开始成熟，进入"雄象发情狂"阶段，准备开始为交配展开激烈的竞争。"雄象发情狂"（印地语或乌尔都语中的单词，意为"极度兴奋"）这个词确切地描述了这种生理状况，在这个时期，雄象体内血液的睾丸激素水平可能会增加到平时的 20 倍以上。此刻，雄象一般会表现出强烈的敌对或侵略性行为。拉扎吉国家公园的研究显示，最大的成年雄象进入"雄象发情狂"期间时，大部分雌象正好处于发情期。全面成熟的雄象（达到 35 岁）"发情狂"期持续约 60 天，在此期间，它们广泛游走以搜索发情期的雌象。

　　非洲象也经历"雄象发情狂"期，只是表现得较不明显。在非洲大陆，肯尼亚的安博塞利公园对非洲象的社会习性研究得更加深入，发现雄象一般到 29 岁时才进入"雄象发情狂"期。这个时期通常持续 2 ～ 3 个月，而这时正是雨水充足的时期。

　　"雄象发情狂"期的雄象比其他象更容易参与打斗，常常以打斗一方的死亡而结束。在"雄象发情狂"期内，雄象会急剧减少它们的摄食量，靠消耗体内储存的脂肪维持生命。雄象在"发情狂"期会发出信号，通知领域内的其他大象。它们的眼睛和耳朵之间的颞腺膨胀起来，释放出一种芳香的黏性分泌物。它们还会持续地排出含有脂溶性激素的尿液。"雄象发情狂"期的态势也比较明显：头比平时昂得更高，耳朵高高竖起并张开，声音也独具特点，是一种极度兴奋期的咆哮声。这种咆哮声低沉而颤抖，有点像一台低转速的柴油发动机的声音。

　　"雄象发情狂"的目的似乎是为了暂时增强其地位，并帮助它们在打斗中获胜。因为，即使是一只小雄象，在"发情狂"期，通常也能战胜一只比较大的非"发情狂"期的雄象。在雌象发情周期内，只有 2 ～ 4 天发情，如果雌象没有怀孕，发情周期会持续约 4 个月。如果雌象怀孕，每隔 4 ～ 5 年会成功分娩一次，生养一只幼崽。在雌象发情期，雄象必须能迅速找到雌象。雄象在"发情狂"期内，每天比其他雄象能够走更长的距离，发情的雌象也会发出非常响亮的叫声来吸引雄象。雌象看起来更喜欢找体形大的兴奋期的雄象来交配，如果雌象不想与某只雄象交配，就会跑开，即便雄象追上它们，它们也会拒绝站立，不让雄象交配成功。

　　雌象的发情期通常在雨季，这个时候最高级别的雄象也会进入"发情狂"期。体形比较大的处在"发情狂"期的雄象存在与否会明显影响其他雄象进入"发情狂"期的年龄，也会影响其他雄象处在"发情狂"期的时间长短，这主要通过胁迫效果来实施影响。在南非的一个大象种群中，引入了年龄比较大的雄象，结果其征服了具有高度侵略行为的年轻雄象，而这些年轻雄象原来会杀死当地的犀牛。

　　大象达到性成熟的年龄约为 10 岁，但在旱季或种群密度高的地方，可能会推迟数年。一旦雌象开始繁殖，每隔三四年可产下一只幼崽，但有时也可能延长。雌性生殖力最旺盛的年龄是 25 ～ 45 岁。

　　大多数大象每年会表现出与食物和水的季节性供应相适应的生殖周期，在食物短缺的旱季，雌象则会停止排卵。下雨后，食物供应好转，但约需要 1～2 个月的良好进食，才能使得雌象体内的脂肪达到排卵所需的水平。因此，雌象会在雨季的后半期和旱季的头几个月内进入发情期。

大象的怀孕期异常漫长，平均 630 天，有时甚至长达 2 年，这意味着幼象会出生在雨季初期，这时的环境适宜它们生存下来。特别是这个时候丰富的绿色植物能够确保母象在最初几个月内成功地分泌乳汁。通常认为，70%～80% 左右的小象在第一年内能够得以幸存，但最近对跟踪调查的 13 只携带小象的母象的研究数据表明，超过 95% 的后代在出生后第一年内能够得以幸存。

非洲象出生时的体重约 120 千克。经历漫长的孕期之后，母象还会抚养小象相当长的一段时间。小象吮吸（用它们的嘴而非象鼻）母象前腿之间的一对乳房，它们的乳房与人类乳房的大小和形状相当。小象成长迅速，6 岁的时候，体重就能达到 1 吨。15 岁后，体重增长的速度逐渐下降，但终生会不断增长；雄性比雌性的体重增加得更快。

小象出生时，其他雌象，即所谓的"接生员"，会聚集在小象旁边，帮忙除去胎儿身上的隔膜。此后，这些被称为"异体妈妈"的其他雌象在抚养小象过程中仍将发挥重要的作用，它们会努力增加小象生存的机会，同时为将来自己生育后代积累经验。

所谓大象墓地的存在是一个谜团，尽管经常有大象死去，但它们仍然可能聚集在河边，享用美味的植物。在一些国家还存在屠杀大象的现象，偷猎者会将死去的大象尸体随地丢弃。

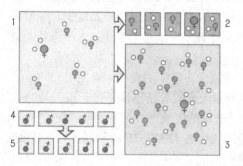

上图：1. 一个典型大象的家庭由有血缘关系的雌象（其中有一只雌性首领）及其子女所组成。2. 食物短缺时，家族成员往往会分成小群。3. 在雨季，家族成员可能会合并，达到 50 只甚至更多。进入青春期的雄象会离开家庭并加入小而松散的族群（图4），或者单独生活（图5）。

下图：雨季开始后，成群的不同年龄的大象团体会聚集在一起。

例如在乌干达的默奇森瀑布国家公园里，过去曾经是8 000只大象的家园，偷猎者为了它们名贵的象牙而将其杀害，他们使得大象的数量在20世纪80年代初一度下降到不足100头。

象的真正的生命之谜与活象对待死象的方式有关。它们对死象表现出极大的兴趣，甚至会花几个小时来闻大象的尸体和骨头，用象牙检查遗体，并挑起一些骨头，嘴巴衔住骨头，放到自己的头上。到目前为止，尚没有对这一行为做出令人满意的科学解释。

阻止象牙贸易
非洲象的保护

人类与大象的关系被一种矛盾所困扰。一方面，人类认为它们有魅力，并且令人敬畏；另一方面，大象的数量又因为栖息地丧失和象牙贸易而减少。即使大象有天敌，小象往往被狮子、鬣狗或者鳄鱼咬死——但迄今为止，人类仍是大象最危险的敌人。

早在古代，北非象的数量已经开始迅速减少，最终消失在中世纪里。阿拉伯象牙贸易开始于17世纪，这导致东非和西非大象的数量迅猛下降。殖民地时代也加快了这种进程，原因是开拓了先前未曾开发的区域，引入了先进的现代技术，尤其是发明了火力猛烈的步枪。对非洲象的残害在1830—1900年间达到了顶峰。现在，森林砍伐及不断侵占原先大象的栖息地的道路、农场、乡镇的兴建，已经威胁到了非洲象和亚洲象的生存，并严重限制了大象的活动范围，切断了大象季节性的迁移路线，使得它们与人类陷入更加频繁的冲突当中。

自20世纪60年代以来，保护观念从根本上发生了改变，辩论的主要问题围绕当地保护区内大象的数量是否过多而展开。70年代和80年代的主要问题是大象因为象牙贸易而被杀害。过去认为，70年代经济衰退，投资者改用象牙作为财富储存起来，但象牙贸易审查小组的研究已证明，增加的相当一部分购买力来自普通公民。他们渴求占有象牙，以便作为地位的象征，这刺激了1969—1973年间象牙价格的大幅度提高，从而引发了屠杀大象的高潮，结果造成了大象数量的大幅下降。例如，肯尼亚的大象数量从1970年的16.7万头，减少到了1980年的6万头，再到1989年的约2.2万头。1979年的一项大范围的调查估计非洲约有130万头大象，而到1989年，数量已下降到了60.9万头，这表明，10年之内，一半以上的非洲大象由于象牙贸易而消失了。作为回应，1989年对象牙贸易的禁止达到了高潮，濒危野生动植物种国际贸易公约投票赞成暂停一切象牙制品的交易。

人们一度就禁止象牙贸易是否能有效控制对大象的屠杀而产生很多争论。在可监测的地区，人们已经发现，20世纪90年代大象的死亡率比10年前有所下降。这可部分归因于政策的改善，因为自1989年以来，象牙的价格已经下降了，这无疑减小了对偷猎的刺激。

自 1984 年颁布象牙贸易禁令以来，人口数量的增长与大象之间的冲突已经对保护大象产生越来越大的影响。因为尽管南方国家以外的大象数量只增加了半数以上，但人口数量的增加却超过了一倍。人们对待大象的态度仍然很矛盾：一些农学家持完全敌视的态度，大多数当地居民表现得漠不关心，一些牧民诸如马赛人和萨姆布鲁人抱着容忍的态度，而游客们的态度当然是对大象爱慕有加。保护大象的关键似乎在于宽容的态度，要教育人们认识到大象是宝贵的自然资源，也可以说是一种文化资产，或者至少是一种潜在的经济资源。

许多大象保护者认为，大象是所谓的"基础生物"——能使其他动物在生态系统中获益，因为大象发挥了枢纽性的作用：散播种子，将热带草原转变成牧草地；粪便能提供植物所需的养料；挖掘水坑，为其他动物提供水源；引起昆虫骚动，为鸟类提供食物；在大树下行走时，为小动物们提供枝叶等食物，甚至会提醒小动物们，天敌正在靠近它们。此外，由于体形比较大的动物比小型动物需要更多的食物和水以及更大的栖息范围，因此，足够支持大象生存的区域，自然适合其他好多种物种的生存。

1995 年，研究非洲象的专家小组分析所有资料后，得出如下估计：约285 246 头大象确认幸存，并可能还幸存着 101 285 或 171 892 头。但这种估计出的数据不精确，不能准确地判断其发展趋势。事实上，在非洲东部、中部和西部，大象的数量大幅下降，尽管在非洲南部的部分地区，如博茨瓦纳、津巴布韦和南非的大象数量有所增加。大象数量持续下降最明显的地方之一是厄立特里亚，最近的数据表明，那里仅存 2 ～ 8 头大象，因此，必须迅速做出努力，以便挽救非洲北方残存的第二多的大象种群。

用于劳作的大象

亚洲象的保护

和它们的近亲非洲象一样，亚洲象现在的栖息地也正在大幅度减小。据估计，野生亚洲象的数量在 3.7 万～ 5.7 万头之间，栖息地面积约 50 万平方千米。此外，有 1.5 万头大象被人工饲养。在殖民地时代，英国人用人工饲养的大象开展森林伐木业。现在，南亚及东南亚国家木材工业的衰退，导致人工饲养的大象数量减少，而在有些国家，仍然有很多大象被木材业所役使。

栖息地的丧失和偷猎仍然是亚洲象面临的主要威胁。有长长象牙的雄象是偷猎者的捕猎对象，这从根本上影响了其繁殖模式。例如，在南印度的派瑞亚老虎保护区，偷猎者为每 100 头雌象只留下 1 头雄象，致使只有不到 1/3 的成年雌象带着不到 5 岁的小象；在拉扎吉国家公园里，雄雌性别比则是 1:2，90% 以上的成年雌象有小象跟随。人与大象的冲突大多发生在象的栖息地和人类居住地的相交处，在印度，每年约有 300 人和 200 头大象死于偷猎、保护庄稼或意外事件。

马、斑马和驴

很少有像一群马、野驴或者斑马如惊雷般掠过广阔平原这样的景象，能让人浮想联翩，给人以有力、优雅、狂野和自由的深刻印象了。然而，如果不能进一步推进旨在让不稳定的马科种群稳定下来的保护措施，这样的景象可能以后只会出现在记忆中。而且，保护野外马科动物的栖息地，也有益于保护那些和马科动物同属一个生态系统的其他面临多种威胁的物种。

纤纤细腿的食草动物
体形和官能

很少有分类上的族群像马科动物一样拥有如此丰富的关于其进化历史的记载。最早的与马相似的始祖马出现在5400万年前的中新世。这种和狗差不多大的小型哺乳动物主要以小灌木为食，它们的齿冠比较低，并没有现代马科动物复杂的釉质齿脊。它们的后蹄已经失掉了两个趾头，前蹄趾头也消失了一个，但仍然裹着柔软的脚垫。尽管北半球都有这种小型动物的身影，而随后的似马哺乳动物的进化中心却在北美，并周期性地向欧亚大陆、非洲和南美迁移，到3400万年前的渐新世，则出现了像渐新马和细马这样的三趾的大型马科动物。不仅它们中间的趾要承受增加的重量，而且前白齿也更接近于白齿。但直到2000万年前的中新世出现草类植物时，马科动物才开始分化扩散。它们的侧趾进一步减少，随着栖息地的开阔和取食粗糙草料，使它们不断生长的牙齿有了高高的齿冠、复杂的齿脊以及填充了黏固粉的牙缝。直到500万年前，那种单趾的似马食草动物才出现的，起初是以上新马的形式出现，然后才出现了唯一一幸存至今的马属动物。

19世纪70年代，俄国探险家尼科莱·普尔热瓦斯基在蒙古西部发现了普氏野马。1968年以后，在野外就再也没有发现普氏野马。

这一时期，马科进化中心由新大陆转移到出现现代斑马和野驴物种的旧大陆。由于环境的改变，这些种群开始相互隔离，分别适应当地的环境，进而形成了现存的大部分物种。

从最初的真正的马中首先脱离出来的物种是驴，紧接其后的是斑马——包括细纹斑马，它们比山斑马和平原斑马或者斑驴（19世纪末期灭绝）要早。家驯马的祖先被认为是唯一没有涉及地理隔离的物种，是那些由普氏野马突变而来的物种的后代。尽管整个更新世是各个物种繁荣兴旺的时期，但是马在最近的冰川期末期从北美大陆消失了，原因可能是从亚洲而来的人类所致，或者是气候的变化，抑或两者综合所致。随着欧洲殖民者的进入，马又重新踏上了美洲的土地。

所有的马科动物都是中型或者大型的食草动

马、斑马和驴

目 奇蹄目

科 马科

1 属 7（或 9）种。

分布 东非，近东地区至蒙古。

普氏野马

又称亚洲野马或野马。分布于蒙古的阿尔泰山附近地区，栖息在开阔的平原或半沙漠地区。体形：体长（包括头部，下同）210 厘米，尾长 90 厘米，体重 350 千克。外形：腹侧和背部为暗褐色，腹部下侧是略带浅黄的白色，有深棕色能竖直的鬃毛，腿的内侧为浅灰色；有厚重的头部、矮壮的腿。被认为是真正的野马，一些权威人士则将它们归为家马的一部分。保护地位：被 IUCN 列为野外灭绝级。

家马

分布于北美、南美及澳大利亚，栖息在开阔或者多山的温带草地，偶尔也出现在半沙漠地区。体形：体长 200 厘米，尾长 90 厘米，体重 350～700 千克。外形：皮毛浅黄色到深黄色；鬃毛倒向颈部两侧。有几十个变种。野外类型有厚重的脑袋和矮壮的腿；家养的种类分布全球，有着优雅的身形。

非洲野驴

分布于苏丹、埃塞俄比亚和索马里，栖息于多岩石的沙漠。有 3 个亚种。体形：体长 200 厘米，尾长 42 厘米，体重 275 千克。外形：皮毛浅灰色，腹部白色，背部有深条纹；努比亚亚种的肩部有十字架条纹，索马里亚种的腿上有条纹。是最小的马科动物，有最窄的脚。保护地位：被 IUCN 列为严重濒危级。

亚洲野驴

分布于叙利亚、伊朗、印度北部、中国西藏，栖息于高地或者低地沙漠。有 4 个亚种。体形：体长 210 厘米，尾长 49 厘米，体重 290 千克；比非洲野驴要大。外形：皮毛夏天为略带浅红的棕色，冬天变成光亮的棕色；腹部白色，有着突出的脊纹。是驴中最类似于马的物种，有着又宽又圆的蹄。一些权威专家认为，西藏野驴和中亚野驴为单独的物种。保护地位：被 IUCN 列为资料不足，但叙利亚亚种已经被列为灭绝级，印度野驴和中亚野驴也被列为濒危级。

平原斑马

又称普通斑马。分布于东非，栖息于草地或稀树大草原。有 3 个亚种。体形：体长 230 厘米，尾长 52 厘米，体重 235 千克。外形：身体上有光滑垂直的黑白条纹，臀部有水平条纹。看起来胖而粗，腿短而粗。

山斑马

分布于非洲西南部，栖息于山区草地。有 2 个亚种。体形：体长 215 厘米，尾长 50 厘米，体重 260 千克。外形：皮毛比平原斑马更为光滑，条纹更窄，腹部为白色，更瘦，蹄子更窄，脖子下方有赘肉。保护地位：濒危级。

细纹斑马

又称格氏斑马或者皇家斑马。分布于埃塞俄比亚、索马里、肯尼亚北部，栖息于沙漠边缘的草原和干旱的多树丛的草地。体形：体长 275 厘米，尾长 49 厘米，体重 405 千克。外形：身上有狭长垂直的黑白条纹，臀部的毛向上弯曲；腹部为白色，笔直的鬃毛很突出。看起来像骡，有着长而窄的脑袋，耳朵宽大而突出。保护地位：濒危级。

物，它们有着长长的脑袋、脖子以及修长的四肢，全身的重量依靠每只蹄中间的趾头来承受，并保证能够轻快地活动。它们拥有用于夹取植物的上下门齿，以及用于磨碎草的一排高冠的脊状的颊齿。

马科动物取得生态上的成功以及拥有广阔的地理分布范围要归功于它们以下的 4 个特征：轻快的步伐、用于碾磨食物的牙齿、大的体形以及休息时可以将腿固定的特性。其支撑器官使得马不用收缩肌肉，就能将腿保持固定，从而大大降低了休息、进食以及观察掠食者这些耗时但又非常重要的活动所带来的能量消耗。通过降低相关的营养需求，它们的大体形不仅使得它们取食范围更广，而且可以很经济节省地四处漫游。

马有着长度适中的笔直的耳朵，可以通过活动耳朵对声音进行定位或发送可视的信号。它们的颈项上有鬃毛，家驯马的鬃毛是分向两侧的，而其他的马的鬃毛是笔直向上的。所有的马科动物都有长长的尾巴，马尾上覆盖着长长的毛发，不过斑马和驴的尾巴仅仅在末端处有短的毛发。这些物种之间最惊人的差别是它们皮毛的颜色：斑马有着最生动的特定"服装"，而马和驴的颜色则比较统一单调。

这些物种的两性体型稍微有些差异，雄性一般比雌性大 10%。雄性还有大的犬齿，表明"性选择"使得雄性之间争夺交配机会的战斗很惨烈。

马科动物的"表情"通过耳朵、嘴巴和尾巴位置的可见变化显现出来，嗅觉则能够帮助它们了解邻伴的踪迹，因为尿和粪便可透露群居的信息。例如雄性利用嗅尿和卷起嘴唇的反应来判定雌性的性状态。然而，大部分的社会联系都是依靠声音的。在马和平原斑马中，马驹和母马分开时会嘶叫，而母马会通过嘶鸣提醒马驹危险的到来。雄性也通过嘶叫表示对一个异性的兴趣，尖叫则用于警告竞争者冲突即将来临。事实上，雄性统治者和下级雄性的尖叫声是不同的。那些雄性统治者的尖叫声通常要多延续 50%的时间，而且以嘹亮的语调结束，而"下级"是特有的单音的口哨声；最主要的不同是在开始阶段，统治者一开始就能发出高频率的语调，而其他的则不能。这表明居统治地位的马比那些"下级"能够更有力地呼出空气，于是，声音成为强者显示其有氧能力的手段，借以警告其他雄性不要因为逞强而陷入真正的战斗。在驴和细纹斑马中，雄性通常在争斗或者远距离召唤同伴时发出叫声。

草地、大草原和沙漠
分布类型
平原斑马生活在所有野外马科动物中最"奢华"的环境里——从肯尼亚到南非共和国的东非地区的草地和比较干的稀树大草原；山斑马仅局限于非洲西南部植被丰富的两个山区，那些残留下来的种群生活在植被稀疏的更干旱的环境里；普氏野马的栖息地位于蒙古高原的半干旱沙漠中；亚洲野驴则生活在中亚和近东的最干旱的沙漠里；最不像马的马科动物——非洲野驴漫步于北非的多岩石的沙漠。一般而言，这些物种的生活区域并不重合，唯一的例外是细纹斑马和平原斑马共存于肯尼亚北部的多刺的灌木林中。

马、驴和斑马的代表性物种

1. 普氏野马，所有家驯马的祖先，正在展现种马的撕咬性威胁。
2. 雌性非洲野驴两耳向后，展示它们踢的威胁。3. 雄性中亚野驴（亚洲野驴的亚种）筑起粪堆，作为领地的标志。4. 西藏野驴——亚洲野驴体形最大的亚种，闻过雌性的尿之后，做出"性嗅反应"。5. 一头年轻的雄性山斑马对成年斑马表现出顺从的面孔，请注意它颈部下垂的赘肉和格状的臀部。6. 雄性平原斑马两耳向后，以低头的姿势驱赶母马。7. 一头发情的雌性细纹斑马表现出接受的姿态，后腿稍微张开，尾巴扬向一侧。

高纤维的"食客"
食性

　　尽管现在的马主要吃草和莎草，但当这些食物稀缺的时候，它们也会吃诸如树皮、芽、叶子、水果和树根这些驴常吃的食物。马科动物的囊状的盲肠中，有用于分解植物细胞壁的细菌以及原生动物，食物通过胃之后开始发酵，因此它们的排泄率并不像反刍动物那样会受到限制，使得它们可以大量进食低质的草料，因此能生存在比反刍动物更恶劣的栖息地中。即使在植物快速生长的时期，马科动物一般也会花白天60%的时间用于进食，条件恶化的时候，甚至需要80%的时间。

　　水对于马科动物的日常活动、季节性活动的成形起着关键性作用。这些马类的每个个体每天都要饮水一次，抚养幼驹则需要更频繁地饮水。实际上，处在不同繁殖时期的雌性对水的需求导致那些适应干旱和适应湿地的物种中出现了不同的牧食类型和群体关系类型。在干旱地区，最佳的觅食地点在离水源很远的地方，因此，哺乳期的和非哺乳期的雌性野驴和细纹斑马在白天的部分时间里都不得不从群体中分离出来。在更加湿润的地区，食物和水源通常相距不远。

　　马科动物和其他物种之间的接触也是多种多样的。它们的栖息地很少出现重

一群西藏野驴

叠，但当出现物种共存的情况时，例如一些细纹斑马和平原斑马在同一个牧食区中，则其相互竞争就在所难免了，不过这种竞争并不是十分明显。小环境的差异将这些物种中那些哺乳的雌性分离出来——只有哺乳的雌性细纹斑马停留在靠近水源的草坪上——这些雌性拥有牧食的"避难所"。尽管这些地区的范围有限，但哺育期的雌性足以让它们的孩子不用参与进食的竞争。而它们更多的非哺乳的同伴们不得不外出到很远的地方觅食，也就遭遇了那些进食效率高而且数目比它们多的平原斑马。这两种斑马都被吸引到最好的草地上，而细纹斑马吃食物的频率很低，导致它们的身体条件很差，繁殖能力也不强，并最终限制了它们向最湿润的草地行进。

马科动物和与它们体形差不多大的反刍食草动物的关系表现为共存和竞争，甚至还有互惠互利。平原斑马、牛羚和汤氏瞪羚的关系就反映了这些相互作用的很多特性。

当草生长的时候，取食的方式和嘴的大小导致了它们各自的饮食出现分化，从而使得竞争最小化。当栖息地变干，草类生长停滞时，由于对草料的大量需求，它们会从平原转移到有丰富的粗糙草料的那些潮湿但更加危险的山谷中。由于它们吃掉那些比较高的更纤维化的食物，使得那些更有营养的软的绿叶开始显现出来。通过开放栖息地，斑马能和那些以高质量植物为食的挑剔的反刍动物更好地共存相处。然而，在过度取食或者严重干旱的环境下，由于草料的数量很有限，以至于像牛羚、汤氏瞪羚和其他牛科动物进化出了它们更高效的瘤胃发酵系统，将马科动物竞争下去。这种说法被用来解释为什么在更新世牛科动物分化扩散的时候，马科动物数量却出现大规模的下降。但是，几乎没有直接证据能够支持这种假说，更为现代的观点认为，这种革命性的地位替代的原因是植物特性的改变，而不是发酵效率不同的结果。

紧密结合的流动群体
社会行为

马科动物是高度群居的，表现为两种基本的群居组织类型。其中一种类型以平原斑马和山斑马为代表，成体生活在永恒持久的群体中，由一个雄性及在整个成年生活阶段一同作为它的"妻妾群"的那些雌性构成，每个"妻妾群"的家庭生活范围和邻居有重叠。第二种群居系统以驴和细纹斑马为代表，它们组成那种持续时间仅为几个月的短暂的团体。同性或者异性的暂时性聚集现象很常见，但大部分成年雄性独居于大的领地中。对细纹斑马而言，领地的大小在 2～10 平方千米之间，而驴则可以达到 15 平方千米。领地有着以大大的粪堆作为标记的边界，"主人"对于漫步在它们领地中的那些发情的异性有着独占的交配机会。在两种体系中，那些剩余的雄性则生活在"单身汉"群体中。

　　暂时性的群体和独居的有领地的雄性群居系统通常存在于那些干旱的资源零星分布的栖息地。在那里，水源和最佳的觅食区是分开的。随着哺乳的雌性在一段时间不能和那些不哺乳的同伴保持联系，这些栖息于湿地的物种之间明显的群居结合也就中断了。由于发情的或性活跃的雌性构成了两种雌性群体，雄性如果是领地统治者，会争相控制去往水源的路径，而那些非统治者的雄性则会竞争离水源很远的地方的优越觅食区。只有在那些食物和水源很近的资源丰富的地方，才会出现不同生殖状态的雌性待在一个永久的群体里一起行进的情况，这也导致了"妻妾群"的形成。

　　哺乳动物群一般是由近亲的雌性构成的，因为"女儿"总和"母亲"待在一起。但马科动物的群体是由一些没有亲缘关系的成员组成的，因为无论雌雄都会离开它们的出生地。雌性大约 2 岁达到性成熟时开始迁徙，那些邻近的"妻妾群"或者单身的雄性会试图拉拢它们。雄性在 4 岁的时候加入"单身协会"，在这样的群体中待上很多年之后，它们才具备保卫领地的能力，才能强占雌性或者取代原来占有"妻妾群"的雄性。那些离开"单身汉群"的无能的雄性则会联合一些有类似地位的雄性，从而获得一些交配机会。

　　这种"妻妾群"形式的物种中的雌雄关系也是很特别的。一般而言，那些关系密切的雌性群体能够更好地觅食和抵御掠食者，因此，"妻妾群"形成了。在马和平原斑马中，雄性为一道而来的雌性提供了实实在在的好处：更长的觅食时间，能更好地保护幼崽，更少的性活动折磨。将冲突最小化实现了对雌性至关重要的社会稳定性，这也最终使得它们的繁殖能力有所增强。由于雄性所能提供好处的能力不同，因此雌性相当挑剔，它们会用脚来决定是否需要改变它们的群体。

　　在平原斑马的体系中，"妻妾群"本身会结合成大群，有时会加入 50 只甚至更多的单身雄性。这种多层次的社会体系更类似于灵长类的狒狒，而不是有蹄动物。尽管可能是由于食物资源、严重的猎杀以及雄性需要应付"单身汉"或雄性侵犯者等各种原因造成的，但这种复杂的社会形式还没有被人们充分认识清楚。

　　母马通常一次只能生 1 只幼崽，只有细纹斑马的怀孕期超过 1 年。由于雌性在分娩后的 7～10 天就会再次发情，因此，伴随着新鲜植物的生长，分娩和交配发生在同一个季节里。雄性之间为争夺那些发情雌性的竞争非常激烈。竞争的初期表现为一些可见的展示，诸如摇头、将脖子弯成弓形、跺脚或者象征性地排便及发出擤鼻声，甚至发出尖叫声。这些冲突多半会升级，诸如个体之间的推搡，抬高身体，互相撕咬脖子，用"膝盖"猛戳对方，或者用后腿踢对手的胸和面部。相比之下，雌性之间则通过友

在肯尼亚的安博塞利国家公园，两只雄性平原斑马正在激烈争斗。为了赢得与雌性斑马的交配权，它们有时会爆发异常惨烈的争斗，包括凶狠的撕咬和踢踹。

好的相互"打扮"来增进感情。但雌性群体中也存在统治权和等级划分，那些地位高的雌性能享有很多好处，包括能首先进入水源地和那些优越的觅食区。

幼崽在出生后 1 个小时内就能站立起来，几周之内就能开始觅食，但是通常 8 ~ 13 个月才会断奶。雌性每年都可以繁殖一次，但因为喂养幼崽带来的压力使得它们通常会间隔一年。

与人类的关系
保护现状和生存环境

20 世纪初被确认的 20 个马的亚种中，3 个已经灭绝，另外有 13 个受到了威胁。从 1968 年以来，天然的栖息地里已经没有普氏野马的身影，仅有散布在全世界动物园里的 200 头和一些重新引进的种群幸存至今。

家马中许多跑到野外的野生马往往被看作是有害动物。强制进行有选择的迁移，实施改进措施，控制雌性的生殖能力，通过这些可保护牧场，可最大可能地减少其与家畜之间的竞争。对于斑马而言，只有平原斑马数量众多，并且仍然占据以前的大部分栖息地，但它们也在遭受人类的威胁。尽管被保护在国家公园里，山斑马的种群仍然很小。而由于漂亮的皮毛可以售出高价，那些细纹斑马的数量正在急剧下降。

甚至在可以容纳很多斑马的塞伦盖蒂平原，其数量在 20 世纪 90 年代也有近40% 的下降。据估计，其中 13% 的种群很明显是不可持续下去的。在没有受保护的地方情况更糟糕，因为日益增多的人在这里定居、种谷物、放养家畜。

如果贫困和政治不稳定得到了遏制，实施野外监控并减少谷物的种植，就可为斑马的可持续发展提供出路。事实表明，对于大部分斑马来说，每年只要有 6%的出生率就可以保持其种群数量的稳定。马科是非常有弹性的族群，一旦数量下降，出生率会随之提高，而性成熟期也有所提前。大部分成年雄性都会繁殖，这也提供了遗传的多样性。依赖于人类的想象力，加上在美丽的自然栖息地的运气，野外马科很有希望重现在动物科系中的辉煌。

细纹斑马和田园牧人

在肯尼亚北部，细纹斑马的数量自 1977 年以来急剧下降，很大一部分原因是和田园主人以及他们的家畜之间竞争越来越多。过度放牧会导致多年生的草类减少，使得细纹斑马不得不经常为了寻找食物而去更远的地方冒险。

饮水也会受到影响。在保护区域，斑马为了躲避掠食者，一般选择中午饮水；但在田园地区，白天人类和他们的家畜控制着水源，逼迫斑马只能在夜晚饮水，这使得它们更易受到攻击，尤其是那些马驹。由于马驹们没有能力像母斑马一样跑得很远很快，它们只好被留在离水源有一定距离的无保护的"托儿所"内，尤其是在黄昏和黎明时分，因此小斑马很容易受到袭击。解决这个问题的方案之一就是建立足够多的保护区，以保证斑马驹得以成活。

犀 牛

犀牛有庞大的身躯、坚韧的皮肤、突出的触角，这些使得人们一看到它们，就容易将其和恐龙家族而不是随后出现的哺乳动物联系在一起。实际上，这也有一定的合理之处，因为犀牛确实有着古老的祖先。

犀牛、大象以及河马都是那些幸存下来的曾经繁荣且多样化的巨型草食动物的代表性物种。4000万年前的第三纪有很多种犀牛，而直到1.5万年前的最后一次冰川期，欧洲才出现了羊毛犀牛。尽管那些灭绝的犀牛有着不同数量和排列类型的触角，但它们都是很庞大的。目前在5种幸存下来的犀牛中，2种处在灭绝的边缘，另外3种也正在遭受越来越严重的威胁。

哺乳动物中的恐龙
体形和官能

犀牛因为它们那与众不同的身体特点而被命名（名字来源于希腊语，意思是鼻角）。和羚羊、牛、绵羊的触角不一样，犀牛的触角没有多骨的核，其触角由位于头骨上粗糙区域集中起来的角蛋白纤维组成。黑犀、白犀（两种非洲种类）和苏门犀有一前一后2个触角，前面的通常大一点；印度犀和爪哇犀在其口鼻部末端只有1个触角。

犀牛有短而结实的四肢，以支撑它们巨大的身体重量。每只脚上的3个趾常使它们留下特殊的梅花状的印迹。印度犀皮肤上有着突出的褶皱及块状物，所以看起来有装甲板的感觉。白犀颈背有着突起的肉块，使得韧带可以支撑住其巨大头部的重量。成年雄性白犀和印度犀比雌性要大很多，相比之下，其他种犀牛的雌雄大小很相似。黑犀有着适于抓取东西的上唇，可用于握住木质类植物的枝梢，而白犀则有着延长的头骨和宽大的唇，来获取它们所喜爱的短草。这两种犀牛的颜色没有多大的改变，它们得到的通用名字很可能起因于当地的土壤颜色渗到了那些首先被发现的样本个体身上。

犀牛的视力很差，在超过30米的地方就无法侦察到静止不动的人。它们的眼睛长在头的两侧，所以，为了看清正前方的东西，它们首先用一只眼凝视，然后用另一只眼。它们有着很好的听觉，通过转动管状的耳朵，收集细微的声音。但它们几乎都是凭借嗅觉来感知周围的事物，它们嘴中嗅觉管道的容积超过了整个大脑的体积。

黑犀用它们厚厚的、适于抓取的钩状唇去采集木质的茎、厚厚的叶子和杂草。

— 135 —

犀牛

目 奇蹄目

科 犀科

4 属 5 种。

分布 非洲，亚洲热带地区。

黑犀

从南非到肯尼亚都有分布；栖息于山区雨

林一直到干旱的灌木林地；吃嫩枝叶；夜间活动多于白天。体形：体长 2.86～3.05 米，肩高 1.43～1.8 米；尾长 60 厘米；前触角 42～135 厘米，后触角 20～50 厘米；体重 0.95～1.3 吨。皮毛：从灰色到带浅褐色的灰色；无毛。繁殖：16～17 个月的怀孕期后产下 1 只幼崽。寿命：40 岁。保护地位：被 IUCN 列为严重濒危级。

白犀

或称方唇犀牛。分布于非洲南部和东北部；栖息于干旱的稀树大草原；吃草；白天和夜间都出没。体形：雄性体长 3.7～4 米，雌性 3.4～3.65 米；雄性肩高 1.7～1.86 米，雌性 1.6～1.77 米；尾长 70 厘米；雄性前触角长 40～120 厘米，雌性 50～166 厘米；后触角长 16～40 厘米；雄性体重可达 2.3 吨，雌性可达 1.7 吨。皮毛：身体呈灰色，因土壤的颜色而不同；大部分都是无毛发的。繁殖：16 个月的怀孕期后产下 1 只幼崽。寿命：45 岁。保护地位：被 IUCN 列为低危级的依赖保护次级，但是刚果（金）北部种群被列为严重濒危级。

印度犀

或者称大独角犀。分布于印度（阿萨姆邦）、尼泊尔和不丹；栖息于洪泛区的平原草地；主要食草；白天和夜间都活动。体形：雄性体长 3.68～3.8 米，雌性 3.1～3.4 米；雄性肩高 1.7～1.86 米，雌性 1.48～1.73 米；尾长 70～80 厘米；触角 45 厘米；雄性体重 2.2 吨，雌性 1.6 吨。皮毛：身体呈灰色，无毛发。繁殖：16 个月的怀孕期后产下 1 只幼崽。寿命：45 岁。保护地位：濒危级。

爪哇犀

或者称小独角犀。分布于亚洲东南部，栖息于低地雨林；吃嫩枝叶；夜间和白天都活动。体形：肩高可达 1.7 米；体重可达 1.4 吨。皮毛：身体呈灰色，无毛发。保护地位：被 IUCN 列为严重濒危级。

苏门犀

也称亚洲双角犀或多毛犀牛。分布于亚洲东南部，栖息于山区雨林；吃嫩枝叶；夜间和白天都活动。体形：体长 2.5～3.15 米，肩高可达 1.38 米；前触角长达 38 厘米，体重达 0.8 吨。皮毛：身体呈灰色，覆盖着稀疏的长毛。繁殖：7～8 个月的怀孕期后产下 1 只幼崽。寿命：32 岁。保护地位：被 IUCN 列为严重濒危级。

在没有人类干扰的情况下，犀牛有时能发出嘈杂的多种声音。不同种的犀牛发出不同的喷鼻声、噗噗声、吼叫、尖叫、抱怨声、长声尖叫以及类似雁的叫声。喷鼻声大多数时候被用来维持个体间的距离，而尖叫声被这些笨重家伙用来作为寻求救护的信号。雄性白犀会通过长声尖叫阻止母犀牛离开它们的领地，而当公犀牛教训其他个体时，通常会发出尖锐的气喘声。另外，公犀牛示爱时会发出柔和的嗝喘声。

犀牛比较特殊的一点是：和大象一样，雄性的睾丸并没有沉入阴囊中，其阴茎在收缩状态下是朝后的，因此，无论雌雄，都是直接尿向后方。雌性位于后腿之间的地方有 2 个奶头。

5种犀牛：1.印度犀，
2.爪哇犀，3.苏门犀，
4.黑犀，5.白犀。

5个物种，3个部族
分布类型

现存的5种犀牛属于犀牛科里3个不同的部族，苏门犀是起源于大约2000万年前的中新世的双角犀族中唯一幸存下来的代表。印度犀和爪哇犀——真犀族，在1000万年前的印度有着共同的祖先，而已经灭绝的羊毛犀牛是这一部族中其他家族的最后形态。两种非洲犀牛——非洲犀族，在大约1400万年前的中新世中期有同一个非洲祖先；两种现代犀牛属（白犀属和黑犀属）在距今500万年前的上新世早期开始脱离分化。

犀牛现在的分布受到狩猎和栖息地消失的极大影响，尤其是黑犀的分布范围正在急剧缩小。到20世纪60年代时，黑犀还漫步在除了热带森林外撒哈拉以南的非洲，栖息于肯尼亚的多山地区（最高可达海拔3000米）、马里、纳米比亚的多石沙漠以及从赞比亚到莫桑比克的灌木丛林带中，现在其分布则非常不均匀，大部分幸存者仅仅局限在禁猎保护区的范围里。

数以千克计的食物
食性

所有的犀牛都是依靠树叶等植物的植食动物，它们每天都要摄取大量的食物来维持它们庞大的身体所需。一头有腹膜炎的雌性白犀死时胃里的草料总湿重达72千克，是自身体重的4.5%，这大致是其一天要吃掉的食物数量。由于庞大的体形及强大的大肠发酵能力，它们能够容忍相对高纤维含量的食物，但在可能的情况下，它们更钟爱有营养的叶状的食物。两种非洲犀牛都没有门齿和犬齿，只用它们的嘴唇去吃草。亚洲种类依然有门齿，而苏门犀还有犬齿，但这些都更多地用来争斗而不是采集食物。白犀宽大的嘴唇使得它们吃东西时可以咬一大口，因此在一年中的大部分时候，它们都能从所钟爱的草地上采集到足够多的食物。在干旱季节，当短草都已经枯萎时，它们在树荫遮蔽的地方寻找那些主要包括大黍草的植物，最后再转向那些高高直立的以黄背草为主的食物。黑犀能用它们适于抓取的唇来获取木质的食物，它们喜欢的种类包括金合欢树、大戟属植物，还包括那些有乳状汁液的多汁植物；非草本植物也是其食物中的重要部分，但很少吃草；数量丰富的非洲吊瓜树是它们的水果食物来源。

印度犀用它们灵活的上唇采集比较高的草和灌木，但当需要吃短草时，它们也可以把唇折叠起来。它们更喜欢比较高的草类，尤其是甘蔗属植物，但在冬天，其20%的食物都是木质的；它们也寻找滑桃树上掉下来的水果。爪哇犀和苏门犀是特有的吃嫩枝叶者，它们经常弄倒小树来吃枝叶；和非洲黑犀一样，它们也吃某些特定的果实，苏门犀常吃的水果包括山竹和芒果。

所有的犀牛都离不开水，在条件许可的情况下，它们几乎每天都在小池塘和河流中喝水。在人工圈养的情况下，一头白犀每天要喝80公升的水，但在野外，这个数字可能要小一些。在干旱的条件下，两种非洲犀牛可以不喝水而存活4~5天。

犀牛经常会在水坑中打滚，印度犀尤其会花很多时间躺在水里，而非洲犀牛经常用湿泥涂满它们的身体。水可以带来清凉，而湿泥则主要用于保护它们免受飞虫的叮咬（尽管犀牛有厚厚的皮肤，但它们的血管只在一层薄薄的表皮之下）。

社会性的独居者
社会行为

对于大型的诸如犀牛这样的哺乳动物来说，生命历程较为持久。雌性白犀和印度犀在大约5岁时开始经历第一个性周期，6~8岁时经过16个月的怀孕期后，会产下第1只幼崽。在体形小一些的黑犀中，雌性要比白犀和印度犀提前一年繁殖后代。犀牛每胎只能产1只幼崽，产崽的间隔期最短也需要22个月，大部分是2~4年不等。刚出生的小家伙相对很小，只有母犀牛体重的4%（白犀和印度犀幼崽只有65千克，黑犀幼崽只有40千克），雌性在哺育期间与别的犀牛是隔离的。白犀幼崽出生后3天就可以跟在母犀后面行动了，而印度犀中的母犀有时会在离幼崽800米远的地方觅食。白犀和印度犀的幼崽一般会在母犀的前面跑，这样可以得到更好的保护，而那些栖息在矮树丛中的黑犀幼崽通常跟在母犀的后面。在受到威胁的情况下，母白犀会站在其幼崽身边保护它们。

在野外，雄性犀牛7~8岁就已经成熟了，但直到10岁左右，它们拥有自己的领地或者取得统治地位时，才能得到交配机会。

幼崽在一年中的任何时候都可以出生，但雨季是非洲犀牛的交配高峰期，因此大部分幼崽会在旱季初期出生。母犀牛可以用母乳给幼崽提供营养，以便度过那段艰难的时光。尽管白犀的幼崽 3 个月大时就可以啃草了，但却需要由母犀看护到 1 岁大小。

成年犀牛大部分都是独居的，但母犀会一直和最近出生的幼崽待在一起，直到幼崽 2 ~ 3 岁时，为了下一个幼崽的出生小犀牛才会被迫离开。然而那些不成熟的雌雄个体或者还没有生育幼崽的成年雌性有时也会成双结对，甚至组成更大的群体——在白犀中这种临时群体通常包括 10 个甚至更多的个体。带着一只幼崽的雌犀牛，加上一只大一点的小犀牛而组成三成员群体，在白犀牛中也并不罕见，虽然这只雌犀牛一般不是那只比较大的小犀牛的母亲。没有幼崽的成年雌性犀牛也十分乐意带着那些年轻的小犀牛。除了和发情的雌性短暂地在一起待一段时间之外，几乎所有的成年雄性都是独居的。

白犀和印度犀一般的生活范围是 10 ~ 25 平方千米，而在低密度分布地区，可能会达到 50 平方千米，甚至更大。雌性黑犀的生活范围从 3 平方千米的森林小块地，到高达近 90 平方千米的干旱地区不等。所有种类的雌性其生活范围都在很大程度上重叠，因为它们不需要占有领地。雌性白犀通常参加"鼻碰鼻的友好会议"，它们可以很文雅地互相摩擦触角，而印度犀则对任何密切的接触都很抵触。然而，它们中快要成年的个体都会接触那些成年雌性、幼崽及其他未成年的个体，进行"鼻碰鼻的友好会议"或者顽皮的摔跤较量。

所有种类的雄性都会加入到会导致严重受伤的残酷的争斗中，两种非洲犀牛通过它们前面的触角来较量。在种内战斗可能导致毁灭性后果的物种中，黑犀最为典型——大约50%的雄性和33%的雌性由于战斗留下的创伤而死亡。它们为什么如此好斗，人类不得而知，但不管怎样，有着高死亡率的犀牛的数量恢复很慢。亚洲的犀牛会张开大嘴，用它们长尖的下门齿来进行攻击，而苏门犀则是用它们的下犬齿。

黑犀以具有无缘由的进攻性而闻名，然而它们通常只是以盲目的疯跑来赶走入侵者。印度犀受

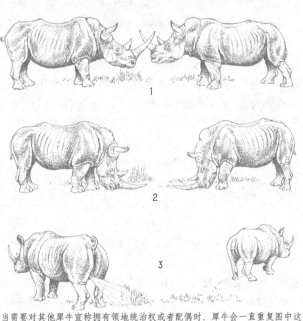

当需要对其他犀牛宣称拥有领地统治权或者配偶时，犀牛会一直重复图中这些相同的姿势，直到挑战者离开：1.角对角，2.用角擦拭地面，3.占统治地位的雄性通过喷尿来显示其权威，下级的雄性只能后退。

雌性黑犀之间友好的"鼻碰鼻的会议"。虽然基本上所有的犀牛都是独居动物，但通过这样的接触和联系，它们和共享一片家园的其他个体可以彼此熟知。

到骚扰时，经常充满进攻性地狂奔；在一些犀牛占据的避难所，它们还时不时地攻击大象。

形成对比的是，白犀尽管体形庞大，但其实很温和，天生没有攻击性。包括那些快要成年的白犀在内的一群白犀，经常臀部互相紧贴，朝着外面的不同方向站立，形成保护阵形。这样或许可以成功地保护那些小犀牛不受诸如狮子和鬣狗这样的食肉动物的攻击，但是对付装备了武器的人类却无能为力。

最近，很多白犀在动物园里被大象杀害，因为这些地方引进了在优胜劣汰竞争中留下来的小象"孤儿"，也许是由于青春期误导致使它们表现出攻击行为。

不稳定的存在者
保护现状与生存环境

关于危机和保护研究方面一个比较有趣的案例是黑犀。从 20 世纪 70 年代到 90 年代末期，大量的黑犀被残忍地屠杀，据估计，其数量由 10 万只直线下降到不足 3 000 只。70 年代中期，《濒危野生动植物种国际贸易公约》把犀牛纳入受保护物种内，但是收效甚微。偷猎者只是为了将犀牛角卖到黑市上，这些犀牛角主要流向也门和亚洲其他地区。在也门，犀牛角被加工成匕首的柄，男人佩戴它可以象征他们的地位；在亚洲其他地区，犀牛角还被用作传统药材。遏制这种屠杀的措施有多种，诸如与村民合作，开展教育项目，寻求更多的保护等一些传统的做法，还包括将犀牛转移到非洲的安全地方，甚至非洲以外地区等激进想法。有争议的做法包括一发现就处死偷猎者及去掉犀牛触角。处死政策被证明效果不佳，而去掉触角也遇到了各种麻烦和经济问题。

鼓舞人心的是，现在在一些大的保护区，仍然有黑犀出没，有些保护区面积超过 2 万平方千米（比如南非的克鲁格国家公园和纳米比亚的伊托沙国家公园），除此之外，所有其他种群都是被圈养的。唯一的例外出现在纳米布沙漠，在那里有一个黑犀种群，其密度低到每平方千米 0.002 头。

现在，犀牛的存活首先依赖武装保护及对旅游收入的合理利用。目前犀牛和其他动物还能够在公园和保护区里共存，然而从长远来看，保护者们依旧不知道怎样解决犀牛基因单一及过度拥挤带来的问题（包括和大象间的争斗）。此外，传统中药市场的繁荣也会带来持续的偷猎威胁。

野猪和疣猪

野猪在优雅和漂亮方面有所欠缺，但是在力量、适应性和智力方面却十分突出。它们能适应森林、灌木丛、林地和草地，在那里，它们组成小队神出鬼没，通过决斗来争夺地位和配偶，避开掠食者并享用遍地的美食。

野猪类是现存的偶蹄哺乳动物中最平凡的。它们有一个简单的胃，每只脚上有4个趾；在3个属中，都有着完整的齿系。它们大部分栖息在森林和灌木丛中，在夜晚活动，这样可以减少同人类的接触。大约9000年前，随着定居农业的兴起，野猪开始被驯服。

敏锐的感觉
体形和官能

现存的野猪是中型的偶蹄类动物，它们有着特有的大头、短脖子、覆盖着粗糙刚毛的有力而敏捷的身体。它们的眼睛很小，但富有"表现力"的耳朵却相当长。它们长长的嘴中有特殊的獠牙（犬齿），末端是圆盘样的可动的有两个鼻孔的鼻子。长嘴、獠牙和疣状面部结构与饮食类型以及战斗风格密切相关。它们加穗的尾巴则可用来击打飞虫和宣泄情绪。

大犬齿、有圆形尖头的臼齿、支撑鼻子的前鼻骨是野猪的主要特征；在疣猪中，第1和第2颗臼齿退化并消失了，而第3颗臼齿变长，以便填充齿系。

野猪依靠每只脚上的第3趾和第4趾来行走，较小的第2趾和第5趾通常是不接触地面的。所有的雄性体形都要大于雌性，而且有更明显的獠牙以及疣。

野猪类嗅觉、听觉和发声都很完善，它们的群体成员通过不间断的吱吱声和咕噜声来彼此联系。大的咕噜声能传达警报，而有节奏的咕噜声则仿佛是求爱时期的"情歌"。

知识档案

野猪和疣猪

目 偶蹄目

科 猪科

5个属13（或16）种：猪属，有7（或10）种；疣猪属，有2种；河猪属，有2种；鹿豚属，1种；巨林猪属，1种。

分布 欧洲、亚洲、非洲；引入北美和南美、澳大利亚、塔斯马尼亚岛、新几内亚和新西兰。

栖息地 主要是森林和林地。

体形 体长从倭猪的58～66厘米，到巨林猪的130～210厘米；体重从前者的6～9千克到后者的130～275千克。

皮毛 虽然一些野猪几乎全身无毛，但绝大多数身上都稀疏地覆盖着粗糙的刚毛。

食性 杂食，包括真菌类、根、鳞茎、块茎、水果、蜗牛、蚯蚓、爬行动物、雏鸟、蛋、小型啮齿动物以及腐肉。

繁殖 怀孕期从倭猪的100天到普通疣猪的175天不等，一胎能生1～12只幼崽。

寿命 一般为15～20岁，鹿豚的寿命可达24岁。

吃植物和昆虫
食性

　　尽管野猪类的成年雄性是独居的，但其他的个体和家庭团队则一起觅食，它们的食物范围很广泛（真菌类、蕨类、草、树叶、根、鳞茎和果实），还会守候在杂乱潮湿的地面上捕获昆虫幼虫、小脊椎动物（青蛙和老鼠等）和蚯蚓。据发现，南非耐斯纳森林里薮猪的食物构成：植物的块茎和球茎部分（40%）、树叶（30%）、果实（13%）、动物肉类（9%）和真菌类（8%）。

　　巨林猪和疣猪是更加特别的植食动物。巨林猪在常绿的草原和森林中的林间空地吃草和嫩枝叶，它们几乎从不用嘴来挖东西。疣猪几乎只吃草，用它们独特的门牙和唇采摘正在生长的草尖，或者用坚韧的鼻子上部从那些晒裂的草原土壤上拔出草根。在津巴布韦最干旱的时期，草根构成了疣猪食物的85%；在雨季，草叶占到95%；在雨季末期，60%的食物则是草的种子。

母系群落
社会行为

　　尽管野猪18个月左右就可以达到性成熟，但雄性只有到4岁左右才能成功交配。在潮湿的热带地区，它们四季都可以繁殖，而在季节性变化明显的温带和亚热带地区，交配一般发生在秋季，母猪在第二年春天产崽。小猪出生在母猪做的草窝或者地下洞穴中，出生时的体重在500～900克之间。幼崽在跟随母猪活动之前，一般要在窝里待上10天左右。

　　每个幼崽都有专属的奶头来吃奶，一般到3个月大时开始断奶，但小猪仍然和母猪一起待在一个近亲组成的家庭中，直到母猪准备生下一胎时才离开。产崽之后，年轻的母猪又重新回来，形成更大的母系群落，里面或许包括好几代。

　　野猪的求爱方式有好多种。一头发情的公猪会轻推母猪的腰窝，闻它的生殖区，用鼻子拱其腹部，并不断地尝试把下巴搁在母猪的臀部上。薮猪、疣猪和猪属中的猪等在唱"情歌"时，会散发出分泌于唇腺的信息素；猪属中的猪还产生一种唾液泡沫，以便引诱那些发情的母猪做出交配的姿态。交配通常持续10分钟，公猪的螺旋形

图为一头母野猪及其幼崽。幼崽皮肤上与众不同的斑纹是用来伪装的，会随着年龄的增长而褪色。野猪分布于欧洲很多地方的森林中，常被作为重要的狩猎目标。

阴茎插到母猪子宫颈内，会在那里形成由凝结的精液构成的栓。这个栓可用来阻止其他公猪精液的进入。

从社会体系上来说，公猪喜欢独居，或者生活在单身群体中；雌性则由一只或一只以上的成年母猪带着不同年龄的后代，构成一个母系的野猪群。当这种"母女团体"变得太大时，会分化成不同的血缘单元。这种单元由生活在同样生活区域的有血缘关系的母野猪群构成，它们共享同样的进食区、水坑或水塘、打滚区、休息地和睡觉的洞穴。野猪通常不

野猪不同的争斗方式：1.巨林猪用它们坚韧的头顶互相冲撞；2.薮猪有着交叉的剑状的猪嘴，通过上面的疣保护自己；3.欧亚野猪互相"猛砍"对方的肩膀，并依靠厚厚的皮肤和错杂的毛发来保护自己。

具领地性，倭猪的生活范围大约为 0.25 平方千米，疣猪为 1～4 平方千米，欧亚野猪为 10～20 平方千米。猪有不同的标记生活区域范围的手段，比如通过唇腺分泌物、眼眶前骨的分泌物（疣猪和巨林猪）或者脚的分泌物（薮猪）。在群体内部的雄性中，交配体系表现出明显的等级性。

在婆罗洲的东北部，髭野猪以周期性的大规模迁徙而闻名，随之而来的是每年持续的森林果实丰产及其刺激和促进下的种群大爆发。上一次大规模的迁徙发生在 1983—1984 年，有 100 万或者更多的猪加入了这次大约 200 千米的行程。伴随着这种周期性爆发的持续消耗，果实的数量会大大减少。

与人类的关系
保护现状和生存环境

在一些地方，像倭猪这样的野生物种正在受到栖息地消失的威胁；在其他地方，跑到野外的家猪则变成了危害当地真正野猪的"害兽"。爪哇疣猪现在数量极少，它们的生存依赖于栖息地的保护和大力开展的人工繁殖项目，这需要把它们转移到将欧亚野猪排除在外的保护区，以实现它们的繁荣和发展。非洲的野猪和分布广泛的欧亚野猪目前的生存状况比较令人满意。

河 马

河马是非同寻常的双物种现象的一个典型例子——双物种现象即两个有很近血缘关系的物种分别适应不同的栖息地（其他例子包括森林象和草原象以及两种野牛）。大一点的河马栖息在草地上，小一些的则生活在森林里。

河马因其生活被划分和隔离的方式而显得不同寻常，如繁殖和觅食发生在不同的栖息地；白天在水里活动，夜间在地上活动。生活区域的划分被认为和它们独特的皮肤结构紧密相关，当它们暴露在白天的空气中时，皮肤的失水率很高，因此它们白天花大部分时间待在水里是十分必要的。事实上，河马的失水率比其他动物要多好几倍，每 5 平方厘米的皮肤每 10 分钟就要失掉 12 毫克的水，其失水率是人的 3 ~ 5 倍。

两栖有蹄类动物
体形和官能

普通河马有着大的桶状的身体，靠它们那看上去似乎难以支撑体重的相当短的腿来平衡，实际上，河马大部分的时间都是浮在水里的。它们的眼睛、耳朵和鼻孔都在头的顶部，使得它们在水中的时候可以看、听和呼吸。由于水栖性比较差，倭河马的眼睛长在头部更靠边的地方；此外，它们的脚也很少有蹼，而是有着更短的侧趾。河马的身体两侧的前部是倾斜的，使得它们可以通过那些矮层的丛林；普通河马的背脊和地面大致是平行的。两种河马的下颌都在头骨后面很远的地方，因此，它们可以打大大的哈欠。它们的嘴巴可以张开到 150°，而人的嘴巴只能张开到 45°。

两种河马都主要在夜间活动，但普通河马在草原出没，倭河马则是森林动物。普通河马白天待在河、湖或泥坑里。

在黄昏，它们开始外出到内陆 3 ~ 4 千米的范围吃草。一些河马，通常是雄性，在湿润的季节，会选择待在草原上出现的临时泥坑里休息一下，以便节省能量，而不总是回到那些永久的水域里，这样一来，这些河马可以将它们的活动范围扩大到 10 千米。

有的时候，倭河马待在河床的洞穴里，但这显然不是它们自己挖的洞穴，而是诸如非洲小爪水獭或者斑颈

河马的眼睛、耳朵和鼻子的位置使得它们在水中也能看、听和闻。

水獭这些动物的活动造成的——它们在树根之间挖洞穴，这些洞穴会随着河水的冲刷和侵蚀而变大。

一直以来，河马同猪以及西貒，都被分在偶蹄目中的猪亚目，但近来有关线粒体DNA的研究提供的证据表明，河马和鲸类有着更近的联系。鲸类和偶蹄类动物有亲缘关系已经被大家所接受，但是先前并没有确定哪组偶蹄动物和它们最接近，现在看来，就是河马。鲸类和河马的分化大约出现在5400万年前，但这并不意味着一种是另一种的继承，仅仅意味着它们有着共同的祖先。鲸类和河马的化石记录非常有限，因此很难搞清它们共同祖先的模样。

非洲特有
分布类型

普通河马，也就是两种中体形比较大的那种分布在非洲撒哈拉以南，大部分种群发现于东部和南部的一些国家。小一些的倭河马主要限于利比里亚，在其邻国塞拉利昂、几内亚以及科特迪瓦也有一些小群，还有一个隔绝的亚种则存在于离利比里亚1800千米远的尼日尔河三角洲附近地区，其数量本来就不多，现在是否依然存在还有争议。

尽管它们现在仅存于非洲，但是河马过去的分布要广泛得多。那些已经灭绝的河马虽然不曾到达澳大利亚和美洲，却曾经大量出现在欧洲和亚洲。

有节制的进食者
食性

考虑到它们巨大的体形，河马的饮食习性相对而言是比较"节约"的。它们每天只吃相当于自身体重1%～1.5%的食物，是可与之比较的诸如白犀这样的哺乳动物的一半。从乌干达精选出来的河马身上发现，其雄性胃的平均干重只有34.9千克，雌性为37.7千克。由此看来，成天待在温暖的水里是保存能量的一种高效生活方式。

普通河马一般只吃草，有时也附带消化一些双子叶植物（非禾本科草本植物），但任何时候都不会吃水中的植物。尽管有些报道说河马也吃肉，有时候其"猎物"还是被它们杀死的，但通常它们只吃一些腐肉。倭河马有着更为不同的食物范围，由落下的水果、蕨类植物、双子叶植物和草类组成。它们晚上离开水去吃水果、蕨类植物的叶子或者森林地表的草，它们用厚厚的唇去取食，而不是通过牙齿去咬。

河马需要依靠它那不同寻常的消化系统，以分解那些占它们草类食物主体的粗糙的纤维素。它们的胃由4个胃室构成（尽管有权威人士坚持认为只有3个），其功能同反刍动物中的牛和羚羊比较类似，发酵"桶"中的微生物会产生分解纤维素所需要的酶。河马还会将那些部分消化了的食物重新返回到嘴里，进行第二次咀嚼。

群居但是不爱交际
社会行为

河马的群居生活并不突出。大约10%的雄性是有领地的，但由于两栖的本性，它们并不保卫小块的陆地，而是防卫长达几百米的河岸或者湖岸。它们也允许其他雄性进入领地，前提是它们必须很顺从，但是会尽全力独享同领地里的雌性交配的权利。如果一个独身的雄性没有遵守这一规则，挑战领地所有者的权威，激烈的争斗便一触即发。血腥的争斗往往会导致其中的一个死亡；它们的攻击主要依靠长达50厘米的锋利的下犬齿。河马在排便过程中，会猛烈摇晃它们的尾巴，把它们的粪便喷得很远很广。这有着一定的社会意义，因为雄性可以通过这个做标记，以便彼此区分开来。扩散粪便更可能被作为一个重要的定位手段，因为那些从矮树丛蔓延到吃草的地面的区域通常是被喷过标记的。

雌性通常存在"派别"，但它们并不以群居的团体形式出没。雌性之间并没有什么联系，尽管每天早晨回到同样的水域里。除了带着幼崽之外，它们一般会离开水独自去觅食，另有证据表明，它们会经常更换领地。普通河马是以"自我"为中心的，只是临时选择群居而已。

倭河马同样缺乏社会性，除了交配以及带着幼崽的母河马之外，人们经常发现它们独自生活。人们不能完全确定它们是不是有领地的动物，但一般认为它们不是。雄性一般生活在和其他雄性有重叠的居住范围里，很多雌性也共同生活在这片区域内。当人们发现成年倭河马在一起时，通常是雄性在交配之前追求雌性，而类似的示爱却不会出现在普通河马身上，它们的交配是高度强制性的，雄性一般会粗暴对待雌性。两种河马的交配一般都发生在水里，倭河马有时也在陆地上交配。

河马的水栖习性部分是由它们的皮肤结构决定的。河马的皮肤非常厚（普通河马最厚处可达35毫米），包括一层薄的含有很多神经末梢的真皮上面的表皮和一层浓密的含有纤维的胶原质层，这种结构赋予了它们很大的力气。真皮下面布满了粗糙的网状的血管，但是没有皮脂腺（真正的温度调节器），这就意味着它们不能出汗，因此水是让它们的身体降温的关键所在。和某些大型哺乳动物通过白天吸收阳光的热量，然后在凉爽的夜晚释放热量来调节身体的温度所不同的是，普通河马主要依靠待在水里，从而将体温持续地保持在大致不变的范围以内。倭河马也是采取同样的体温控制方式，它们皮肤的生理特点与普通河马是类似的。

除了尾巴上和嘴周围有一些刚毛之外，河马的皮肤是无毛的，也被认为是很敏感的。河马的体色是略带浅灰的黑色，适度夹带着一些略带粉红的棕色，而倭河马则是清一色的黑色。

关于河马分泌血液的说法可能源于它们皮肤下面腺体产生的被当作"防晒霜"的大量分泌物，在阳光下，这种分泌物能由无色变为红棕色。这种分泌物还有抗菌特性，可以快速干净地治愈那些在同其他雄性争斗中造成的创伤。

河马的生殖器官和常见的哺乳动物大同小异，但它们的睾丸是部分下沉的，因没有阴囊导致很难区分性别。雌性的两个特别之处在于：阴道的上部有明显的大量的褶皱，生殖道的前庭有两个突出的囊。这些部位的功能至今还是未知的。

普通河马能够产生能引起共鸣的呼喊，一开始是声调很高的尖叫，随后是一系列深沉的隆隆的低音，这在很远的地方都能听见。大部分的呼喊是在空气中传播的，但最近的研究表明，普通河马在水下也可以做到这一点。

所有的普通河马都是在夜间发出呼喊，但此时正在吃草的其他河马并不能听见，不知道这些呼喊究竟有什么用。所谓的"齐声合唱"是雄性团体喜爱的，当一群河马一起咆哮然后被邻近的河马群回应时，声音就像波浪一样，沿着河流传开。这样的声波可以在4分钟内传到下游的8千米处。声音越大，表明群体越大，也就意味着雄性的领地统治者更为强大，因此，这些声波也是针对雌性的很好的"广告"。这种呼喊有时也被领地所有者用来向无领地权的其他雄性展示力量、发号施令。

有时河马会在水下发出嘀嗒的噪声，这种水下的呼喊被用来宣告在黑暗的水里有一只河马存在。没有证据表明这些是用来起定位作用的，然而解剖学证据表明，水下的声音是通过颌骨来收集的，因此，这些呼喊能同时被水面以上的耳朵和水面以下的颌感知。

河马的怀孕期持续大约8个月（倭河马为6.5个月），这对于如此巨大的动物而言是比较短的，但同时提高了河马产崽的频率。分娩可以发

河马的摄食范围受到它们从水源到摄食区所花费时间的限制。通过一些泥坑来降温，可以扩大它们的活动区域。

生在陆地上，但主要是在水中。哺乳也是两栖的，一直持续到幼崽完全断奶为止，大约1年。两种河马一般都是在6~8个月大的时候开始断奶；断奶之后，幼崽仍然和母河马待在一起，直到完全长大，大概到8岁时离开。

两种河马的繁殖生理的相似性表明，倭河马比较小的身体是近期进化的结果。当然，也发现过相当大的倭河马化石以及比较小的普通河马的化石。

偷猎者的重要目标
保护现状和生存环境

倭河马主要生活在浓密的雨林中，由于它们独居和夜间活动的习性，使得人类很难观察到它们，更不要说统计它们的数量了，粗略估计从几千只到上万只。

对倭河马的生存构成最大威胁的是森林的消失，另一个则是人类的猎杀行为，虽然目前还很难评估猎杀的危害。能提供可持续的栖息地的利比里亚萨坡国家公园，是河马存活下去的最大希望所在，人们最近在那里发现了河马的身影。那些生活在尼日利亚的河马亚种身份需要确认，但它们很有可能已经灭绝了。

倭河马在动物园里表现得很适应，繁殖哺育也很正常，但并没有达到它们最理想的状态。这可能部分归因于动物园理所当然地给它们进行一雄一雌的配对，这违背了它们的自然习性，从而导致生殖能力的下降。尽管如此，在过去的25年里，被人类圈养的河马数量仍增加了一倍，几乎现在所有动物园中的河马都是人工繁殖的。倘若我们不把注意力集中到潜在的遗传问题上，这或许意味着即使不确定它们在野外是否会灭绝，但将它们保留在动物园仍然是个好办法。

普通河马和倭河马在很多方面有相似之处，但它们的生态习性大不相同，它们像需要水一样，需要依赖那些草地生存下来。根据在乌干达的发现，河马的分布密度从默奇森瀑布国家公园的每平方千米9.4~26.5头，到伊丽莎白女王国家公园的大约每平方千米28头不等。后者的密度是非常高的，研究发现，高密度会导致过度取食和栖息地退化等情况的出现。觉察到伊丽莎白女王国家公园的过度拥挤情况后，20世纪60年代初期，人类开始了淘汰劣质河马的措施，21000头河马中的大约7000头被射杀了，从而使得植被得到恢复性增长，也让这些大型哺乳动物群体变得更加平衡、和谐。

根据1988—1989年间的大陆范围内的数量普查，发现普通河马的数量要多于倭河马。虽然不同国家调查的精确性有所不同，但最乐观的估计是整个非洲大陆总共有17.4万头河马，其中南部非洲有86400头，东部非洲有79500头，西部非洲只有7700头。拥有河马数量最多的国家是赞比亚（4万头），接下来是刚果（金）（3万头）。在拥有河马的国家中有十几个国家的河马数量出现了下降，仅在2个国家发现了河马数量的增加，另有几个国家河马的数量据说很稳定，但其他国家没有关于河马保护的相关情况。

调查清晰地表明，西非是需要保护河马最为紧迫的地区。在那里，不仅河马数量不多，而且正在被分裂成最多几百头的小的亚种群。

从部分地区来说，尽管栖息地很重要，但对于普通河马而言，比栖息地流失威胁更大的是偷猎。因为它们白天习惯于聚集在大的群体中，使得它们很容易成为偷猎者的目标。人类猎杀河马是为了获取它们的肉，它们的大犬齿和门齿则常被当作奖赏的战利品。象牙的买卖禁令常使得河马犬齿的贸易量增长，这是循环性的。

河马有时因为破坏庄稼而招致敌意，而且它们偶尔也会伤害人类。它们最经常袭击的庄稼是水稻，因为水稻更接近于它们常吃的草类。在那里，即使谷物没有被吃掉，庄稼地也会因为被践踏而遭到破坏。

农民主要依靠呼喊以及敲击铁罐发出的声音来保护其庄稼不被河马袭击，但这是非常危险的。射杀是一个选择，不过需要由当地政府而不是农民来执行，动物权益保护人士认为，这些河马是极其危险的。那些受河马袭击风险最高的人是独木舟上的渔民，那些狂暴的河马很容易就能掀翻小船。

尽管单一的动物园很难拥有多头河马，但普通河马如同倭河马一样，在动物园中生活得很好，并产下了很多后代。动物园和研究机构的合作，对于让那些圈养的河马克服遗传限制是十分必要的。

奥卡万戈河的"水利工程师"

在半干旱的博茨瓦纳北部，逐渐倾斜的扇形奥卡万戈河三角洲是南部非洲最大的湿地。奥卡万戈河流入这片达4000平方千米的湿地，洪水泛滥时可以达到12000平方千米。大量的岛屿分布在这一区域里，大约96%的径流量及降雨都被蒸发掉了。

奥卡万戈河是河马的天堂，因为这些"两栖动物"白天可以待在深的漫滩沼泽里，晚上可以去那些小岛上吃东西。由于它们的活动严重影响了奥卡万戈河的水流方式，因此，河马也会反过来对自己的栖息地产生很大的影响。因为需要往返于休息地和摄食地，河马们开辟了它们每天都要经过的路径。这些规则路径的路基非常宽，而周边则有植被装点着。这一地区的其他动物诸如非洲象和非洲野牛则开辟了连接那些岛屿的陆地通道。

水流沿着这些路径流动，通过侧面的泄漏来补充那些永久的沼泽地，这些水沟通过浓密的植被与那些少植被的漫滩沼泽分离开来。日积月累，因为腐蚀而变得越来越宽的通道最终将崩溃掉，迫使水流选择另外的路径，但通常是那些低阻力的路径，也就是另一条河马开辟的路线。因此，人们说奥卡万戈河三角洲的地面设计者是河马。

这种归因于河马的水体转移会进一步导致这一地区产生令人惊讶的变化。河马的路径因为伴随着水流，通常会导致湖泊的形成，随之而来的那些沉积物又会填充和破坏这些湖泊。而当洪水泛滥的时候，大水沿着河马的路径，流向周边的陆地，从而形成季节性的沼泽地。如果没有河马的存在，奥卡万戈河地区的地理可能会是完全不同的样子。

🐫 骆驼和驼羊

骆驼科的成员们与那些干旱栖息地的主要大型植食哺乳动物生活在一起。通过进化而适应了靠近沙漠或者在沙漠中生活的骆驼，给人类在该环境下的生存和发展做出了不可磨灭的贡献。

人们熟知的骆驼包括亚洲西南部和北非的驯化的单峰骆驼以及在蒙古大草原现在仍然存在的双峰骆驼，但新大陆的人们广泛了解的其他 4 种动物也被归为骆驼类，它们是驯化了的驼羊和羊驼以及野生的原驼和骆马。

独一无二的有蹄类动物
体形和官能

骆驼是用脚底的垫块——事实上，仅仅是蹄的前端——接触地面的，而不像其他有蹄类动物那样靠蹄来支撑身体。南美洲的骆驼科动物生活在海拔 0 ~ 4600 米的干旱的草原环境里，它们脚趾的垫块没有其他骆驼那么宽，使得它们可以灵活地行走在岩石路面以及布满沙砾的斜坡上。它们裂开的上唇、长而弯曲的脖子、大腿和身体间缺乏张力的皮肤，使得它们的腿显得格外长。这是骆驼的特征，它们以缓慢的节奏行进。骆驼是哺乳动物中唯一有椭圆血球的动物，还有相互隔开的上门齿，在南美的雄性骆驼科动物的上下颌中还发现了类似于犬齿的锋利的钩状尖牙。骆驼的胸部以及腿关节处有着角状的老茧。

单峰驼和双峰驼都过着特别艰苦的生活。它们在广阔的生活区域里吃很多种

驼羊是安第斯高原上重要的驮畜，可以负载 25 ~ 65 千克重的东西，在崎岖的地区一天能行走 15 ~ 30 千米。

植物，比如那些其他动物敬而远之的荆棘、干燥的植被以及滨藜。它们可以忍受长时间的缺水（不活动时可长达 10 个月），因此，它们可以去距离沙漠绿洲很远的地方寻找食物。它们一旦喝到水，通常可以在很短的时间里喝掉约 136 升。它们排很少的尿和干燥的粪便，在炎热的天气里，它们白天的体温可以上升 6 ~ 8℃，以此减少对排汗降温的依靠，尽管必要时它们也会使用分布在身体内的汗腺——事实上，骆驼皮肤内的汗腺密度和人类的差不多。骆驼也出汗，那些湿气很快会被蒸发掉。除了上唇、鼻孔的外面以及肛门附近的地方以外，它们有着简单的盘绕着的管状汗腺，连接在全身的毛囊上。它们的汗腺比大部分动物的都要深一些，即使在很轻微的活动之

后，也能感受到骆驼鞍子下面的湿气。

　　各方面的进化使得骆驼可以在极端的环境下生存下来。它们的鼻孔可以关闭起来，以便抵挡飞来的沙尘；鼻腔通过加湿吸进来的空气和冷却呼出的空气，

以减少水分的散失。它们的驼峰可以作为储藏大量能量的脂肪容器，使其可以在没有食物的情况下行走很长时间。它们厚厚的皮毛可以在寒冷的沙漠夜间保持体温，或者在白天隔热。它们尽量不将身体暴露在阳光里，还会浓缩尿液从而保存水分。

有共同祖先的一组近亲
进化和分布类型

骆驼第一次出现是在始新世末期。骆驼科起源和进化于4500万～4000万年前的北美洲，仅在300万～200万年前，才关键性地扩散到南美和亚洲地区。

南美骆驼类动物之间的关系目前正在研究之中。那些可繁殖的后代是由纯种配对或者4种之间的杂交产生的，它们有相同的染色体数目（74），但野生骆马和原驼的门齿以及它们的行为特点都存在比较大的差异。长期以来的观点认为，驼羊和羊驼是野生原驼的后代，但这种说法受到另一种说法的挑战，即细毛的羊驼是由骆马和驼羊（或者原驼）杂交产生的。

基于分子技术的研究又使得这些争论更加激烈，似乎最站得住脚的结论是：它们都是有共同祖先的近亲物种，正处于目前仅存在一点区别的初级分化阶段。

以毛的长度以及体形为标准，目前公认驼羊和羊驼都有2个不同的亚种。苏力羊驼因为兼有直直的和波浪状的毛而闻名。在现在的安第斯山区，所有的驼羊和羊驼都和人类生活在一起。近来在迪拜，骆驼和骆羊成功杂交出后代，使得动物史上旧大陆和新大陆的骆驼是单系起源的观点得到了确认。

南美骆驼类的驯化中心是的的喀喀湖田园地区或者是西北方的胡宁高地，其驯化的历史记录始于5000～4000年前。

一些生物学家认为，单峰驼最初驯化于公元前2000年的阿拉伯半岛中部和南部，在公元前4000年的一些地方也可能有驯化，而在其他地方，一般开始于公元前13～前12世纪之间。它们从那里扩散到北非，然后到达东非

骆驼科的代表成员

1. 双峰驼；2. 阿拉伯骆驼，或者叫单峰驼，和双峰骆驼一样，有着两趾的蹄，可在沙地或雪地上支撑其体重；3. 羊驼，被人类饲养以获取其毛；4. 驼羊，是南美地区传统的重要负载工具；5. 来自安第斯高地的骆马。

和印度。

　　双峰驼大约于公元前 2500 年在伊朗北部和塔吉克斯坦南部高地的某一个或者几个中心区域被驯化，然后从那里一直向东扩散到伊拉克、印度和中国。

　　现在全世界大约有 2150 万头骆驼科动物，其中大约 770 万头在南美。被驯化的驼羊和羊驼的数量远远多于野生骆马和原驼，驼羊（370 万）稍多于羊驼（330 万），原驼（87.5 万）则比骆马（25 万）多得多。大部分的羊驼和骆马分布在秘鲁，南美洲的驼羊则大多数出现在玻利维亚，而几乎所有的野生原驼都在阿根廷和智利。总体上来看，由于它们的毛很有价值，所以，羊驼、骆马和原驼的数量在增加，而驼羊的数量正在减少。

　　全世界 1400 万头骆驼中有近 90% 是单峰的，63% 的骆驼则生活在非洲。苏丹（280 万）、索马里（200 万）、印度（120 万）、埃塞俄比亚（90 万）是骆驼数量最多的国家，而索马里骆驼的密度最高（3.14 头／平方千米）。尽管世界范围内骆驼的数量相对稳定，但由于一些游牧部落的强行定居，导致近几十年来一些国家的骆驼数量减少了。

　　双峰驼曾经广阔的分布范围已经大大缩小了，尽管它们仍然存在于阿富汗、伊朗、土耳其和俄罗斯等国。蒙古和中国境内的骆驼大部分都是双峰驼，而在跨越阿尔泰山的戈壁沙漠里，野生的双峰驼可能不足 1000 头。

进食、繁殖和休息

社会行为

　　骆驼的怀孕期很长，可达 10 ～ 16 个月。南美的骆驼科动物是季节性的繁殖

原驼在智利和秘鲁得到了保护。图中的这群原驼生活在智利的特雷斯地区。

者，每次只能站着产下 1 只幼崽，并不去舔干它们，也不吃它们的胞衣。小家伙一出生就很活跃，在生下来15 ～ 30 分钟后，就可以跟在母亲的后面了。

骆驼类的分娩通常是在早上，巴塔哥尼亚的雌性原驼的产崽是同时的。产崽 24 小时后的雌性原驼会再次发情，但在子宫完全恢复的两周内不能进行交配。考虑到恶劣的环境和较长的怀孕期（11 个月），它们的繁殖安排得非常紧凑，这就可以解释为什么分娩之后交配得如此早。大多数雌性驼羊第一次产崽要到 2 岁，但有一些可能会更早一点，这种情况同样适合野生的骆马和原驼。没有关于家养驼羊和羊驼的社会组织的分析，因为饲养的雄性一般都被阉割而不能繁殖。不管怎么样，有证据仍表明，在一个领地系统里，雄性总会伴随着一大群雌性。

骆马是严格的食草动物，高度为 3 700 ～ 4 800 米的高山草地是它们的栖息地。它们是定居和不迁徙的，待在整年防御的领地之内。骆马的种群分为雌性群体和雄性群体，有领地倾向的雄性会保卫其领地，而且，一块领地通常由一只雄性、几只雌性以及不到一岁的后代共同占领。这种领地分为两部分，一部分用于吃食物，另一部分用于休息，而休息的地方被安排在更高的地带。用于吃食物的领地部分有着丰富的食物来源，交配和产崽都发生在这里。

原驼既是草食者，也吃嫩枝叶，并且出现了固定不动或迁移的种群。它们可能会占据荒芜的草地、大草原、灌丛带，有时甚至是森林以及海拔 0 ～ 4250 米的不同地方。其领地系统和驼羊及羊驼类似，但是用来吃食物的领地里的个体数目不同于骆马，也和食物数量没有关系。年轻的原驼和骆马会被成年的雄性从家族中排除出去，如年岁稍大的骆马或 1 岁多的原驼。骆驼类的交配贯穿全年，但出生的高峰正好和植物丰盛的季节一致。它们躺下交配，但是可能需要刺激才能排卵。

骆驼科动物和人类
保护现状与生存环境

精力充沛的骆驼科动物可作为驮畜使用，它们还能提供肉、皮毛和奶，对于人类成功地在高海拔地区或荒漠安家是必不可少的。古印加帝国的文化和经济交流都围绕着驼羊展开，它们是运送人和货物的主要工具。16 世纪早期，西班牙征服者到达之后，印加社会系统遭到了破坏，骆驼类动物的数量急剧下降，这在很大程度上是由不加节制的射杀及绵羊的引进造成的。

现在，安第斯山区的驼羊仍然被人用做驮畜以及用于产肉，虽然它们和现代化运输工具相比显得黯然失色。一些驼羊已经被引进到了别的国家，主要用于消遣性的驮畜、毛织品来源或作为宠物。在安第斯山区，毛发细密的羊驼作为最重要的家养骆驼类动物，正在取代驼羊。现在，羊驼和驼羊广泛地分布在世界各地。在美国，它们被作为宠物，但在澳大利亚、新西兰和一些欧洲国家的干燥和边缘地区，它们被作为毛纺织业的基础动物。

西班牙征服期间的南美有成千上万只原驼，仅南美南端的彭巴斯草原就有3 500万～5 000万只。现在，其数量虽然大大减少了，但原驼仍然是分布最广泛的骆驼科动物。

数个世纪以来，骆马的数量急剧下降。20世纪50年代早期，其数量从1 500万只降到了40万只；到60年代后期，甚至不是1.5万只。1969年，骆马第一次被国际自然与自然资源保护联合会列入红色名录的濒危级。给予保护措施之后，骆马的数量才上升了一些，现在估计大约有25万只。秘鲁的一项可持续计划现正在执行。

几千年来，单峰驼在撒哈拉沙漠西部一直是重要的负载工具，并且它们还能生产出特别有价值的产品，如它们的奶对于沙漠中的游牧者来说，经常是主要的营养来源。人们常用单峰驼来运输帐篷和水——通常在凉爽的清晨或者月圆的深夜骑着它们去运输东西。骆驼以一种休闲的步伐，并且在边休息或边进食的情况下，一天能走30千米；在凉爽的夜晚，它们甚至能走以上距离的两倍。在现在的阿拉伯国家，虽然骆驼仍在社会习惯和仪式中占据着特殊的地位，但它们实际的作用已经被汽车所取代了。在撒哈拉国家，骆驼的未来命运依赖于游牧民族，如果游牧民族急于定居的话，骆驼将会成为"无用之物"。不管怎么样，如果继续采用传统的方式，骆驼将继续是重要的资源。

在印度、苏丹和亚洲及非洲的其他国家，骆驼仍然被用作运输工具或用在农业生产上，例如，在印度拉贾斯坦邦西部的农村社区，用骆驼拉的四轮车每次可以轻松地载6～8个人。

图中被驯化的双峰骆驼正脱去冬天时御寒的外装。在一些国家，骆驼仍然是重要的运输工具。

长颈鹿和㹴狐狓

高出地面4～5米，一群在稀树大草原中的长颈鹿远远看去就像是一支看不见头和脖子的小舰队，穿行在树冠间。长颈鹿是世界上现存最高的动物，它们的高度，加上有着金色花纹的皮毛和特殊的身体构造，让人过目不忘。

长颈鹿带给人的极其强烈的印象主要来源于它脖子的拉长，尤其是它相对短小的身体与报道中脖子的长度相联系时，这种反差会更为强烈。这种奇特的构造在与它唯一的近亲㹴狐狓——一种难以捉摸的、体形接近马的林栖动物——进行比较时，显得更加突出。

吃高层的嫩枝叶
体形和官能

显而易见，长颈鹿垂直拉长的脖子的职能意义在于更容易地接近树冠的嫩枝叶。在进化过程中，每逢食物短缺的危急时刻，有着更高视野的长颈鹿在与短颈的吃嫩枝叶的动物竞争时将显得更有优势，因为它们可以充分享用高层的树叶。更为高大的长颈鹿不易因为缺乏食物而毙命，这样，它们的基因也就有了更多的机会延续到下一代。长颈鹿的长脖子被认为是自然选择学说中教科书般经典的例子，尽管以前从来没有人确切地证明过它们的长脖子是否真的可以使长颈鹿吃到更多更好的食物。

图为罗得西亚长颈鹿亚种的一只幼鹿。随着渐渐长大，它那精巧的解剖学结构特征会变得越来越明显，它的脖子会按照特定比例变得越来越长。

然而，对以上观点的支持正在增加，南非正在进行的实验就能证明。以下几点是可以确认的。首先，体形比较小的植食动物每天需要的食物量也比较少，这就给了它们仔细挑选食物的余地。其次，小型植食动物的口鼻部往往比较窄，可以深入叶丛中去挑选更好的树叶和嫩芽。小型植食动物也包括地方性密度相对较高的物种，所以，它们留给大型植食动物的食物常常不是最适宜的。但是在小型植食动物头顶以上，有着丰富的未被利用的资源。因此，加长的脖子给长颈鹿带来的好处跟苹果采收机带给人类的好处是一样的。

不过为了这么长的脖子，长颈鹿也付出了不小的代价。一头成年长颈鹿的心脏大约在它蹄子上方2米处，距它的大脑约 3 米。这就意味着长颈鹿每条腿下组织的毛细血管都要承受很大的血压。对于其他的现存动物来说，这将会导致过滤性水肿，血液会在压力下冲破毛细血管壁。但是，长颈鹿纤细的下半肢的毛细血管有一层特殊的由绷紧的上皮组织组成的厚鞘，它们在有效地保持血管外高压的同时抵消了血管内的压力。这个效果跟战斗机飞行员穿的航天服是一样的，可以防止飞机冲向高空时因为高速加速而带来的血液冲向腿部造成的暂时性失去知觉。

长颈鹿的解剖学特征还有几个反常的地方，比如其循环系统是个"泵"，它产生的压力可将血液送往大脑（在心脏处产生 215 毫米汞柱的压力），这差不多是一头牛平均水平的两倍。然而，它大脑处的血压却维持在 90 毫米汞柱的水平，这与一般的大型哺乳动物并没有什么区别。还有另外一个令人惊讶的地方：当长颈鹿低下头喝水的时候，按照常理，向下奔涌的血液会冲向大脑，导致血管爆裂，但是事实并非如此，因为长颈鹿的颈动脉处有一个压力调节机制，即在大脑附近，大量的毛细血管网从颈动脉处分离出来形成网状结构；与此同时，长颈鹿喝水时弯腿屈膝的特殊姿势也使得它的胸腔更接近地面，这样就减小了心脏和大脑之间的高度差。

长颈鹿的颈部结构和工地上吊车的结构很相似，7 块延长了的颈椎（和所有哺乳动物数目相同）被肌肉和肌腱串起来一直延伸到肩峰的固定点（垂直的脊柱一直扩展到胸椎）。这个结构像一根管子一样吸入和呼出气体，吃进和反刍食物。长颈鹿是最大的反刍动物，和其他反刍动物一样，它不止一次地咀嚼食物，当食物进入其长长的颈部再一次咀嚼时，我们可以明显地看到网球大小的食团，就像是起重机在升高一个物体。这样长的颈部也显露出一个对于呼吸的巨大挑战，因为气管大约有 1.5 米长，直径是 5 厘米，这样就容纳了约 3 升空气。在鼻孔到肺的空间里充满了要呼出和要吸入的气体，它们不得不回流以增加那些可能快要进入肺的空气。为了克服这个困难，不得不加快其呼吸的频率。一般的成年长颈鹿呼吸的频率是一分钟 20 多次，而成年人是 12 ~ 15 次。

长颈鹿皮毛上不规则的斑点分布酷似草原林地上光影形成的花斑。颜色和纹点在长颈鹿的亚种之间有很大的差别。长颈鹿有特别柔软的皮毛，但在种群内不同性别和年龄间会有差别。在南非，雄性的臀部几乎为黑色，随着年龄的增长会慢慢变白。此外，长颈鹿皮毛的功能就像用来区分个体的指纹，一些研究领域已经应用这些花纹（尤其是脖子部位的），通过建立图片库确认并监控个体的长颈鹿。

不断缩小的草原栖息地
分布类型

长颈鹿是草原的"土著居民"，生活于非洲撒哈拉以南的整个稀树大草原，但现在它们已失去了其 50% 以上的历史分布区域。这主要是由于栖息地丧失及过度狩猎，也许还和暴发牛型传染病有关系。分布在西非的长颈鹿仅局限于萨赫勒地区，它的中心距尼日尔西南部的尼日美很近。另外，在南部非洲，近些年长颈鹿的分布区则正在扩张，即将取代野牛的位置，这与私人商业农场的狩猎有关。除了总体上数目在增长，令人费解的是没有一只长颈鹿在赞比亚和津巴布韦之间的赞比西河流域出现，这可能是与 20 世纪初牛型传染病在动物界的大流行有关。

寻找绿色植物
食性

长颈鹿是只吃嫩枝叶的动物，完全以双子叶植物为食（树木、灌木、非禾本科草本植物），只有当雨后牧草肥美的时候它们才偶尔吃些草。在它们的分布区内，它们利用种类繁多的金合欢树枝叶等作为主要的食物，也包括其他很多属的树，如风车子属、没药属、丛林茶属等。大多数关于长颈鹿食性的研究都是在非洲南部和东部进行的，那里有典型的长颈鹿常年吃的食物，包括 40 ~ 60 种木本植物。长颈鹿是一个挑食者，它们吃植物高质量的部位，如新叶、幼芽、果实和花。当然，在贫瘠的月份长颈鹿也吃纤维含量高的耐旱植物的叶片来维持生活。作为反刍动物，长颈鹿可以通过反刍改变叶片的可消化

为了方便食用那些多刺的树叶，长颈鹿有着长达46厘米的和猴子前臂一样灵巧而强有力的舌头。此外，它们还拥有高度灵活的有强健肌肉的唇。

性，并且它们还有一个独特的能力，就是在走路的过程中进行反刍，这就拥有了更多的进食时间。

由于在稀树大草原生态系统内植物很分散，并且叶子生长有季节性，长颈鹿需移动很远的距离去觅食，特别是在干旱季节。在南非和东非，它们要在300～600平方千米左右的范围内活动，而在尼日尔的萨赫勒地区无论是雌的还是雄的都要在1500平方千米的范围内活动。在干

虽然这些网纹长颈鹿身上的斑纹看起来很相似，但事实上每一头长颈鹿身上的网纹都是不同的。在所有亚种中，网纹长颈鹿拥有最清晰、最具有特色的图形样式。

旱的季节里，除了靠近水边的植物外，其他的树木都不长叶子，长颈鹿不得不去比较低洼的地方，因为那里有比较适合树木长叶子的湿润土壤。大多数的时间里它们自由活动，而且分布很混乱。在克鲁格国家公园它们常食用水里的植被。

长颈鹿的嘴非常适合取食。长舌头可将植物芽上的刺去掉，然后用它的臼齿将食物磨碎。光滑的树芽能倾斜地通过臼齿和犬齿之间的缝隙，而它们的嘴在捋住树枝时，叶子便在门齿和犬齿之间被捋下。长颈鹿能吃到任何高于地面不到5米的树叶，雄长颈鹿更可以很容易够到母长颈鹿和小长颈鹿够不到的食物。这种觅食的不同一方面因为雄长颈鹿比母长颈鹿高大，另一方面也是因为它们的头在寻觅食物时可以在180°的范围内转动，而母长颈鹿仅可在135°范围内转动。这些觅食姿势的不同在很大程度上也适用于长颈鹿的交配，但是其原因目前还不清楚。

这种现象在一定程度上也与雄长颈鹿每天需要的其他活动有关。母长颈鹿一天中几乎一半以上的时间都在吃植物，而雄长颈鹿仅仅花费43%的时间，因而雄长颈鹿需要更高的摄食效率。除了觅食以外，雄长颈鹿还需要去交配，去巩固自己的领地，因此它们需要缩短觅食时间。

因为食物中70%是水分，长颈鹿很少喝水，但是如果有比较适合饮用的净水它们还是要喝的。它们偶尔也会去咀嚼一些老骨头，还吃泥土，这可能是由于在一些地方太缺少它们需要的微量元素了。有的时候长颈鹿会死于窒息或是波特淋菌中毒，这是它们咀嚼或吞下被食腐者丢弃的骨头造成的。

拥吻和联合
社会行为

长颈鹿的社会活动相对来说不是很复杂。母鹿、未成年雄性和幼崽通常是在一个很少超过20头的群体中活动。其群体结构因为不同个体的加入和离开而显得不太

稳定，但母鹿和没有断奶的小鹿之间的联系是较固定的。成年雄性长颈鹿大范围（常常一天走 20 千米）地寻找发情期的雌性，因此常常是独居的。体形最大的居主导地位的雄长颈鹿有交配的独占权，如果一个"下级"想要取代这个统治者的地位，这头雄长颈鹿会直立起头来用蹄踢向挑战者。胜利者还要追赶失败者一段距离，然后站在很高的地方直到失败者消失，才回到自己的领地去相会处在发情期的母长颈鹿。

在遇到雌性的时候，雄长颈鹿通常要检查雌性的生殖状况，会嗅每个雌性的尿液，用鼻爱抚其生殖区。雌性会停下来，将一小股尿送入雄长颈鹿的舌头上，雄性通过嘴唇和嘴里的犁鼻软骨进行检查。比较成功的交配一般发生在 8 岁以上的大个雄性中，雌性则在 4 ～ 5 岁时就能第一次怀孕。怀孕期通常要持续一年以上（15 个月），因此长颈鹿没有特定的繁殖期。一般的雌性通常在一只 100 千克重的幼崽出生后 5 个月左右再次怀孕，它们一生要产 5 ～ 10 只幼崽。一般每胎只产 1 只幼崽，很少有双胞胎。小长颈鹿每个月增高大约 8 厘米，大概有 18 个月左右的哺乳期。50% 的幼崽会在头 6 个月死亡。幼崽的死亡主要是由于像狮子和鬣狗之类食肉动物的捕杀，尽管豹和非洲野狗之类也捕杀新生的长颈鹿。

在生命中的最初几个星期里，当母长颈鹿在附近觅食时，小长颈鹿会自己在树荫下休息，母长颈鹿则有规律地回去给它喂奶。幼崽度过这个早期阶段后，会变得具有群体性，我们通常会看到由 10 只左右的幼崽组成的群体，并有 2 ～ 3 只成年者陪伴。当母长颈鹿不在周围的时候，幼崽那高度敏锐的视觉能发现大约 1 千米外的危险物。当一只幼崽遭受侵袭时，它的母亲通常会站在它的附近保护，并用前后蹄猛踢侵袭者；这是有效的防御，尽管一群狮子常常最终取得胜利。

快要成年的长颈鹿会加入相互盘绕脖子的竞赛，这个时候一方会缠绕住对方的脖子，并用头撞对方，这个过程要持续 30 分钟或者更长，但这显然是一种友善行为。这种行为有助于每个年龄段的雄性建立其等级秩序，而且为这些年轻的长颈鹿提供了加强它们颈部肌肉的练习机会，可以以此来提高它们抵御危险的能力——当它们成年以后这些能力具有相当重要的意义。雄性长颈鹿很少卷入激烈的争斗之中，但是一旦卷入就会非常严重。它们会互相摇摆头部，然后向着位置较低者冲击以击打对手的腹部，位置较好的雄性长颈鹿能使重 1500 千克的对手失去平衡。并且如果两只长颈鹿的头一齐撞，会进而伤害其眼睛和角。

一种被大多数年轻雄性长颈鹿仪式化的战斗方式就是盘绕脖子式的比拼。它们用角和头作为武器，颈部慢慢地缠绕住，从一边到另外一边，就像一场武装摔跤。在一个地区，只有最强壮的成年雄性长颈鹿才有资格与成年雌性交配。

很明显，长颈鹿的头脑可以容忍包括不断地撞击和猛烈弯成弓形及每次冲击造成的震荡。不用惊讶，因为在长颈鹿的颅骨里有结实和多层次的沉积骨，并且在年龄大者的眼眶到角上都有这种形式的骨头沉积。成年雄性的头以每年1千克左右的幅度增长，到了20岁左右的时候能长到30千克。雌性的头8岁之后是17千克左右。一些研究者认为，脖子的角力和头的撞击是很奇异的，明显是雄性建立统治地位要付出的代价，那些长脖子可能是性选择引起的，也就是说有长的和肌肉强健的脖子的雄性可以更有保证地获得交配机会，而并不是为了更易获得食物。很难确定这个假设的确切性，因为长颈鹿的进化历史离我们很远。但是紧接着就有一个明显的疑问，那就是雌性长颈鹿也有很长的脖子，并且根本不用来打斗。

长颈鹿用它们敏锐的视觉和身高的优势来保持联系。它们的发声，至少在人类能听得见的范围以内，是难得一听的，只有在很危急的情况下，譬如有掠食者威胁时才用。那时成年长颈鹿会吼叫或喷鼻息，幼崽有的时候则哀鸣。当一队长颈鹿全站着凝视着相同的方向，耳朵高高竖起时，这是一个十分显著的信号，表明它们正在监视掠食者。狮子是长颈鹿的主要捕猎者，即使是成年长颈鹿狮子有时也能被其扑倒。狮子的战略是把它的猎物驱赶到凹凸不平的地方并迫使其减速或失去平衡。

由于长颈鹿的体形比较大，一群狮子能够依靠一头长颈鹿的肉维持几天的生活。在克鲁格公园，长颈鹿的肉占狮子食物总量的43%，多于其他种类的猎物。雄性长颈鹿似乎更容易遭受狮子的攻击，在克鲁格公园被狮子猎杀的长颈鹿的雌雄比例是1:1.8。其中的原因可能是为了寻找交配机会，雄性长颈鹿常独自游走于各个群体之间，因而缺少群体警戒。这也导致了成年长颈鹿之间性别比例失调，如在塞伦盖蒂和克鲁格国家公园，雌性长颈鹿的数量几乎是雄性的2倍。

长颈鹿的未来
保护现状和生存环境

在西非和东非北部，长颈鹿部分栖息地的不断缩小已经成为一个值得关注的问题。问题的根源是过度狩猎，加之萨赫勒地区的人们为了获取木柴和方便放牧而不断砍伐树木，致使其栖息地更加退化。值得一提的是，长颈鹿是萨赫勒地区现存的最后的本土大型哺乳动物。在与家畜的竞争中，其他吃嫩枝叶的动物都 场 败了，而长颈鹿由于可以吃到极高处的树叶而存活了下来。

在长颈鹿生活范围的东部和南部，它们的种群比较稳定，甚至由于受到 业牧场的欢迎，它们的种群出现了扩张的趋势。长颈鹿数量还有进一步 力，因为它们是进入以牲畜为基础的动物饲养系统的理想候选者。在 草原上，牧人们一般都会饲养超出草场自然承受力的牲畜，但长颈 有刺的木本植物为食，所以长颈鹿是不会被排斥的。

不过长颈鹿不适合圈养，它们不喜欢篱笆，并且一头被屠杀 内能产出大量的肉，一个农村家庭是不能很快地将这些肉消 对于一个牧人也很难在肉变质之前有效率地将其运往市场。 共牧场，它们就成了公共财产，牧人们可以在时机适合的

一种神秘的动物

貛㺢㺢

　　貛㺢㺢现在依然是一种很神秘的动物，对于它们在野外的生活人们知之甚少。这个物种是1901年被英国探险家哈瑞·约翰斯顿爵士正式发现的。爵士的兴趣是被一种生活在比利时属刚果森林中的被俾格米人捕获的似马动物的长期流言唤起的。貛㺢㺢这个名字就是俾格米人给这种神秘动物起的。

　　它们现在分布在刚果（金）北部一直到乌干达边境及其东部的塞姆利基河等地区的热带雨林中。预计现存的3万只野生貛㺢㺢中有5000只生活在伊特里斯森林的貛㺢㺢野生保护区，那里曾经在1997—1998年受武装冲突影响最严重。

　　像大多数栖息在森林中的大型哺乳动物那样，貛㺢㺢也是极具地方性的，但是适合其生存的生活环境相对比较多。据统计当地种群密度是1～2.5只／平方千米。适宜的栖息地由浓密的次生林组成，小树和灌木增加了食物的来源。河边的树林，尤其是林间空旷的地方由于阳光的照射而生长了很多低矮的嫩枝叶，这是貛㺢㺢最爱吃的。

　　它们典型的像长颈鹿的特征包括被皮肤包裹着的角和叶状的犬齿，加之一条长而灵活的舌头——用来把食物采集到嘴里。只有雄性有角，虽然雌性有时也有多对角壳。

　　长颈鹿和貛㺢㺢之间在行为和生态上的差异源于它们不同的生活环境：长颈鹿在广袤开阔的稀树大草原而貛㺢㺢生活在森林中。早期的报告显示，貛㺢㺢（尤其是独栖的，虽然事实上它们经常会用标记连接它们喜欢的觅食区。与长颈鹿有腺体，而且曾经发现它们用尿液标记灌木丛。

　　貛㺢㺢的发情期会持续1个月，在这期间雄性一直很安静，但是雌性会通过尿液标记和雄性足够的时间来找到雌性，长颈鹿来，雌性貛㺢括性嗅反应（卷一个发情的雌性攻击和撞击而加强。短的脖子，长而粗头几个星期里保持隐工圈养条件下，幼崽豹子是貛㺢㺢幼崽的护自己的幼崽。是一个很大的问题。为了及肉类贸易的时候，这种类更容易接近于某一地区的

家兔和野兔

没有几种哺乳动物像欧洲野兔那样，几个世纪以来和人类的命运紧密地联结在一起。它可能在罗马时代的北非和意大利就开始被驯化，今天共有超过100种的家养野兔来源于古代一个单一的种类。另外，同一世系的野生或是驯化的野兔后代，通过侵袭或者有意的引进，现在遍布到了全世界，许多种群达到了极度的繁荣甚至成了有害动物。然而欧洲野兔只是50多种兔科动物中的1种，还有一些已经到了濒危的境地，其数量只有几百只而不是成千上万只。

兔科动物从广义上来说可以分为两大组：兔属类的野兔，以及其他10个属的家兔。但情况有的时候比较复杂，一些种类如非洲红兔和濒危的阿萨姆兔（粗毛兔）一般认为是野兔，即使它们的行为很像家兔。

区分野兔和家兔
体形和官能

野兔和兔属的家兔最主要的区别在于这两类动物在面对入侵的掠食者时采取的策略不同，生殖策略也不一样。基本上长腿的野兔能逃脱它的追捕者——在极度惊吓情况下一些野兔的速度可以达到每小时72千米，而短腿的家兔则会跑到茂密的掩蔽物或者地下洞穴中寻找安全。另外，小野兔在出生时与新生的小家兔相比发育得更成熟（早熟性的）。不打洞的野兔，有着比较长的怀孕期(37～50天)，它们的小兔出生时，全身有毛覆盖，眼睛能够睁开，并且能协调地运动。相反，家兔的小兔在出生时赤裸着身体或者有稀疏的毛覆盖，眼睛在出生后4～10天才能睁开。长着长长的耳朵是所有兔科动物的一个突出特征，但是最典型的是羚羊兔，双耳可以长到17厘米以上。野兔和家兔的眼睛都很大，并且能适应微光和夜间的活动方式。所有的兔科动物都是植食性的，但是诸如山地兔和雪鞋兔等在食物种类上比其他的包括欧洲野兔在内的种类有更多的选择性。

图为生活在坦桑尼亚塞伦盖蒂国家公园的一只大草原野兔，它听到陌生的声音时会竖起长长的耳朵，眼睛睁得很开，警惕着危险。一般来说，野兔会凭借极快的速度逃脱捕食者，而家兔则会尽快地找到最近的避难所。

开阔的地形或茂密的掩蔽体
分布方式

除了一些在森林中生活的兔子如雪鞋兔外，大部分野兔喜欢开阔的栖息地，那里覆盖着岩石或植被。它们有着广阔的地理分布，栖息地从沙漠一直到草原和冻土地带。而家兔却很少在远离茂密的掩蔽物或地下洞穴的地方出现，它们生活在一系列复杂的、连续不断的地区，这些地带主要是以草地连接着茂密的掩蔽物为特征。在北美洲地区，林兔的掩蔽物是由灌木和荆棘这样的植被提供的。其他的兔科动物对它们自己的栖息地也有独特的要求，两种有斑纹的兔子即苏门纹兔和阿纳米兔以及日本的琉球兔生活在热带森林的掩蔽下，而南非山兔和阿萨姆兔则分别局限于南部非洲干燥台地高原小河边上的灌木丛和印度次大陆的高山草甸上。和家兔明显不同的是，野兔倾向于白天在洞穴中躲避，但是一旦遇到捕食者就立刻跑出洞外去。

群居但缺少亲代的照料
社会行为

　　成群的穴居生活，在欧洲野兔中是司空见惯的，但对于其他兔属动物却并非如此。除了欧洲野兔以外，只有小山兔、琉球兔、薮岩兔在地下挖洞来保护自己，一些投机主义者如东林兔、荒漠林兔、西林兔则常利用别的动物挖的洞穴。曾经有报道说一小类兔子挖洞是为了躲避极端的温度，例如加州兔和草兔这样做是为躲避沙漠高温，而雪鞋兔和北极兔挖洞到雪中是为了躲避严寒。地表或植被表面凹陷的地方，普遍被兔子用作休息的场所。这些地方可能是被几代兔子修建成的完美的栖息地，也可能仅仅是几个小时的临时避难所。

　　穴兔挖的地下洞穴形成了固定的领地和繁殖群体，其社会系统在许多兔属动物中是不常见的。大多数的野兔和家兔没有固定的领地，只有单独的家庭。一些

知识档案

家兔和野兔

目 兔形目

科 兔科

共 11 属 58 种。其中有 7 个单型属（每属只包括 1 种）：山兔、粗毛兔、穴兔、琉球兔、火山兔、薮岩兔、小山兔。另外苏门兔属有 2 种，岩兔属有 3 种；林兔属有 14 种，包括森林兔和东林兔等；兔属有 32 种，包括羚羊兔、加州兔、美洲兔（雪鞋兔）、欧洲野兔等。

分布 南北美洲，欧洲，亚洲，非洲；人工引进到澳大利亚、新西兰以及其他地区。

栖息地 较为广阔多样，包括沙漠、山地森林、热带雨林、苔原冻土区、沼泽地、高山草甸和农业区。

体形 体长从小山兔的 25 厘米到欧洲野兔的 75 厘米不等，尾长从 1.5 厘米到 12 厘米不等，体重从前者的大约 400 克到后者的 6 千克。

皮毛 一般来说，毛发比较细密和柔软，但是一些种类如阿萨姆兔和灰尾兔的毛发就比较粗糙。兔科动物耳朵上的毛发比较短并且较为稀疏。脚上有毛发覆盖。毛发的颜色有红褐色、棕色、浅黄色、灰色和白色。腹部一般颜色比较浅，为苍白色或纯白色。只有两种兔子有花纹。极地或北方的兔子在冬天的时候皮毛变成白色（如雪鞋兔、北极兔、山地兔和日本兔）。

食性 植食。

繁殖 野兔的怀孕时间（山地兔可达 55 天）比家兔（穴兔是 30 天）一般要长。野兔的幼崽在出生时是早熟性的，但是家兔的幼崽出生时发育得不很成熟。

寿命 野外生存的兔子平均寿命不到 1 年，欧洲野兔和穴兔的寿命最长可达 12 年。

保护状况 12 种已经被 IUCN 列入受危名单（包括严重濒危级、濒危级和易危级），6 种被列入低危级的接近威胁次级。

野兔的活动范围达到了 3 平方千米，而且有相互重合的较好觅食区。一些种类的兔科动物会临时聚合在一起，包括南疆兔、雪兔、加州兔和林兔。欧洲野兔有一定的组织性，群体中居主导地位的个体常常比其他个体优先获得食物。在冬天的几个月中，大群的雪鞋兔会聚在一起，这些个体有着白色的毛发作为伪装。雪鞋兔聚在一起可以减小被掠食动物捕获的概率。

除了"管理"，公兔也插手保护小兔免受其他成年母兔的攻击。据了解，公兔父亲般地照料小兔没有固定的形式，甚至母兔在地表以上对小兔的照顾也相当少，这种现象叫作"缺少亲代照料"。对野兔来说，早熟、有毛发覆盖、可以活动的小兔出生在地表的洼地，而发育不完善的家兔幼崽在细心建造的地下窝里（例如，火山兔就有厚厚的树枝草丛组成的住处）得到细心的照顾。兔科幼崽出生以后，不断和不寻常的母性照料就是哺乳和在很短时间内舔干小兔，一般来说，这种照料最短 5 分钟，最长 24 小时。实际上，母兔的奶水有很高的营养价值，含有很多脂肪和蛋白质，小兔可以在 17 ~ 23 天的短时间内快速成长。举例来说，穴兔中母兔和小兔之间的联系持续到 21 天后小兔断奶，此后，母兔就开始为已经怀上的下一胎的出生做准备。

作为一种策略，母兔和小兔之间联系的缺乏可以减小引起掠食动物对小兔注意的概率。有些家兔专门挖些用于哺育的洞穴，在每一次短暂的哺乳后都用松软的泥土仔细地封住洞口。在地表之上哺育小兔的野兔，幼崽大约在出生并被哺乳 3 天后就分别离开出生的地方，但是在特殊的地点和确定的时间（一般是太阳落山时）小兔会进入一定的群体以便从雌兔那里得到快速的、简单的哺乳。

气候和繁殖之间的关系在野兔和新大陆的林兔身上显示得十分清楚。对林兔属来说，纬度和每胎所产小兔数量之间有着直接的关系。在北方种类中有最短的繁殖时间和最多的幼崽数。东林兔看来是林兔属中繁殖力最强的一种，一只一年可以产 35 只小兔；森林兔最少，每年产 10 只左右。极北地区生活的兔属类兔子每胎生 6 ~ 8 只小兔；在赤道地区，每只母兔一年则能产 8 胎，每胎 1 ~ 2 只小兔，大约可以用每年产 10 只小兔的标准来统计数据和计算。雪鞋兔的产崽数变化很大（一只雌兔产 5 ~ 18 只小兔），它们种群的周期性变化广为人知，并且同步地反映在全部的地理环境中。

与鼠兔更多地靠声音沟通相比，家兔和野兔之间的交流更多地依靠气味而不是声音。然而，也有一些种类比其他的兔子更加依靠声音，特别是火山兔。许多兔科动物被掠食动物捕获时，会发出悲伤的长声尖叫；5 种家兔和所有群居的兔科种类，都能发出特殊的警戒声音。我们知道穴兔、林兔、荒漠林兔遇到危险时常用后腿重击地面，可能是提醒地下窝内的同伴。另外，许多兔科动物的尾巴下侧是显眼的白色，在被掠食动物攻击时，可以作为看得见的警告标志。有趣的是，这些有尾巴标志的兔子在开阔的栖息地也很容易看到，而像森林兔、火山兔、粗毛兔的尾巴下侧则是黑色的。

所有的家兔和野兔的腹股沟和下巴处都有秘密的气味腺体，在同异性的交往中，这是很重要的一点。对于群居的穴兔来说，气味腺体的活动与雄性激素的分泌水平和睾丸大小有关，也可以标志其在兔群中的地位。穴兔群体中居主导地位尽管许多种野兔现在处在濒危的境地，但穴兔数量众多，以至于人们有时把它们当作了主要的有害动物。特别是把这种兔引入到它们以前并不生活的地方，问题就出现了。例如在 19 世纪前期它们被引入到澳大利亚和新西兰，结果其数量剧增，给当地从事耕种和畜牧的农民造成了巨大的损失，最后只好在 20 世纪 50 年代人为地引进一种多发黏液瘤病毒才一定程度上控制了穴兔在当地的蔓延。

穴兔数量迅速增加的一个原因是建立了它自己的生态圈。不同于与它相似的其他那些兔子，穴兔是一种不怎么挑食的动物，能在生长的不同阶段吃同一种植物。在一个大大的洞穴中，穴兔集体生活在一起，这也是一个很独有的特征，这种生活方式增加了穴兔的密度。最重要的是，它有强大的繁殖力。成年的母兔一年可以产 5 胎小兔，平均每胎有 5 ～ 6 只，而母兔的后代在 5 ～ 6 个月以后又可以生育。这是一个螺旋式上升的永远不断的过程。

的公兔最经常留下气味标记，气味腺体分泌物的分泌也更为频繁，还会喷射尿液来标记自己的地位。

许多种类濒危
保护地位和生存环境

遗憾的是，野兔和家兔的形象受到了穴兔之类的影响，后者因为对农作物和森林植被造成了破坏，常被认为是有害动物。把野兔和家兔作为有害动物的偏见可能导致我们忽视了兔科动物在世界生态系统中起到的重要作用：一方面是作为小型至中型有脊椎掠食动物的猎物，另一方面它们又吃草，是生物链中最基础的能量转化者。就因为它们的坏名声使它们的数量逐渐减少，一些种类被 IUCN 列为高度受危物种。

通常来说，这些濒临灭绝的兔科动物是留下来的较原始的种类，只有很少的数量，许多种类对它们的栖息地有很高的要求。例如非常漂亮的南非山兔现在只局限

于南非中开普省两条季节河的残留的河床地区，因为当地人为了扩大农作物的灌溉面积，把它们的栖息地破坏了。另外，较为原始的粗毛兔如今也只局限在一些单独不相连的区域，只在穿过印度次大陆北部的自然保护区内高高的草丛中栖息；小小的墨西哥火山兔也只在墨西哥城附近火山边的斜坡上长有草丛的狭小区域内栖息。这些活蹦乱跳的长耳朵的动物该受到更多关注，我们应有更积极的心态对待它们。

野兔和家兔中具有代表性的种类

1.羚羊兔，2.琉球兔，它正在挖洞；3.南非山兔，正处于警戒姿势；4.薮岩兔，正在蹦跳，5.穴兔，图中是一只群体中居主导地位的雄性，正在用下巴腺体蹭树做气味标记，6.苏门纹兔，正在梳理自己的髭须，7.一只雄性东林兔，正处于警戒姿势，8.欧洲野兔，正在搏斗，9.厚尾岩兔，正处于警戒观望姿势，10.阿萨姆兔，正在自己的窝内卧着，11.火山兔，正蜷缩成球状休息。

食蚁兽

食蚁兽仅以社会性的昆虫为食，其中主要是蚂蚁和白蚁。它们对这一类食物的适应不只改变了自己的咀嚼和消化结构，而且还改变了行为、新陈代谢速率和移动能力。食蚁兽是独居动物，除了母兽在背上背着幼崽时——这一时间长达1年，直到小兽几乎与成年兽一般大小。

不同种类的食蚁兽在分布上没有大的重叠，即使在小的重合处它们也在不同的时间及地层上活动。大食蚁兽主要在白天进食（虽然现在它们已因为人类的打扰而具有了夜行性），两种小食蚁兽在白天和黑夜都很活跃，二趾食蚁兽则是严格的夜行兽。与此相似，大食蚁兽是陆栖动物，小食蚁兽部分树栖；二趾食蚁兽则几乎专门树栖。所有的食蚁兽都能挖洞和攀爬，但大食蚁兽几乎不攀爬，而二趾食蚁兽则几乎不下到地上来。不同的环境造成了它们食性的区别：大食蚁兽吃体形最大的蚂蚁和白蚁，小食蚁兽食用中型的昆虫，而二趾食蚁兽则只吃最小的昆虫。

无牙的食虫者
体形和官能

食蚁兽与树懒、犰狳，还有已经灭绝的古雕齿兽同属异关节目，但又是这个目里仅有的没有牙齿的成员。所有的食蚁兽嘴都很小，并且只能张成一个小椭圆形；食蚁兽的嘴特别长，与身体不成比例，大食蚁兽的头看起来几乎是管状的，超过34厘米。窄而卷的舌头则比它们的头更长，两种小食蚁兽的舌头伸出有大约40厘米，而大食蚁兽的舌头能伸到61厘米长。

在所有的食蚁兽中，舌头都能卷起来，然后直接刺出去。它们的舌头上涂了一层很厚很黏稠的唾液，由唾液腺分泌出来，唾液腺比其他任何动物的都相对大一些。食蚁兽的胃也不像普通的胃分泌盐酸，而是含有蚁酸，它们利用这种酸来帮助消化吃掉的蚂蚁和白蚁。

大食蚁兽的自然掠食者只有美洲狮和美洲虎。如果受到攻击和威胁，它会用后腿暴跳起来，用长达10厘米的爪子向攻击者猛抓下去。人们曾

小食蚁兽拥有强壮的爪子和一条有力的尾巴。尾巴在它爬树的时候可提供额外的支持，在它用后肢站立的时候则起到支撑作用。

经看见大食蚁兽甚至把攻击者环抱起来，并碾碎它们。大食蚁兽和二趾食蚁兽前掌上第二和第三指上的爪最大，但是两种小食蚁兽的第二、三、四趾上的爪最大。

　　所有的食蚁兽都有五个指以及四或五个趾，尽管有些指头缩小了或者隐藏于前掌的皮肤中。大食蚁兽的第五指头以及二趾食蚁兽的第一、第四、第五指为缩小的指。食蚁兽活动的时候，前肢的指头向后收缩，以防止锋利的爪尖接触地面。有时它们用后脚的侧面行走，将其爪子向内转，这点和它们的"亲戚"——现已灭绝的地懒很相似。爬树时，小食蚁兽和二趾食蚁兽使用它们可卷起的尾巴和长达 400 毫米的爪子抓住树枝。当遇到威胁时，地上的小食蚁兽用后腿和尾巴保持平衡，并且用前爪疯狂地晃动。在防御时，二趾食蚁兽同样用它能卷起的尾巴和后肢来抓住一根支撑的树干，而爪子则是向前和向内的。奇特的是，二趾食蚁兽能从一根支撑的树干上水平伸出，它的脊椎骨之间的额外的异关节让这种特别的技巧成为可能。此外，位于脚底上额外的（也是独特的）关节允许爪子向脚下面转以加强抓握力。栖息在树上的食蚁兽最常见的天敌包括角鹰、鹰雕和眼镜鸮，这些猎手在树冠上方飞行并且靠视力搜寻猎物。二趾食蚁兽的皮毛和构成跟木棉

知识档案

食蚁兽

目	异关节目
科	食蚁兽科

3 属 4 种。

分布　墨西哥南部地区；中美洲和南美洲，向南到巴拉圭和阿根廷北部；特立尼达也有分布。

大食蚁兽

分布于中美洲，南美洲安第斯山脉以东至乌拉圭和阿根廷西北地区。栖息于草地、沼泽地、低地热带森林。体形：体长 1～1.3 米，尾长 65～90 厘米；体重 22～39 千克，雄性比雌性要重 10%～20%。皮毛：粗糙，坚硬，浓密；颜色为灰色，肩部有黑白相间的条纹。繁殖：怀孕 190 天后可产下 1 只幼兽，春天分娩。寿命：野生未知，人工圈养情况下可以生存 26 年之久。保护地位：被国际自然与自然资源保护联合会列为易危级。

中美小食蚁兽

分布地域从墨西哥南部到委内瑞拉西北部和秘鲁西北部。栖息于稀树大草原、荆棘灌木丛、潮湿或干燥的森林。体形：体长 52.5～57 厘米，尾长 52.5～55 厘米；体重 3.2～5.4 千克。皮毛：淡黄褐色到深棕色，从颈部到臀部有不同的黑色或者红棕色的色块。繁殖：怀孕期为 130～150 天。寿命：野外未知，人工圈养至少为 9 年。

小食蚁兽

分布于南美洲安第斯山脉东部地区（从委内瑞拉到阿根廷北部）；特立尼达也有分布。体形：体长 58～61 厘米，尾长 50～52.5 厘米；体重 3.4～7 千克。皮毛：和中美小食蚁兽类似，但是分布于东南区域的个体有黑色"背心"。

二趾食蚁兽

分布于中美洲和南美洲，从墨西哥南部到亚马孙盆地和秘鲁北部地区；栖息于热带森林。体形：体长 18～20 厘米，尾长 18～26 厘米；体重 375～410 克。皮毛：柔软，浅灰色到黄橙色，背部中间带有颜色深一些的条纹。

树的豆荚的银色绒毛巨球十分相似，因此形成了保护色，在这些树生长的地方经常能发现二趾食蚁兽。没有一种食蚁兽会发出特别的叫声，但是大食蚁兽在受到威胁时会吼叫。此外，和母兽分开的幼兽也会发出短的、高音的叫声。

挖掘食物
食性

食蚁兽通过气味探寻食物，它们的视力可能很差。大食蚁兽吃体形大的群集的蚂蚁和白蚁。食蚁兽进食迅速，通常在蚁巢上方挖个洞，在下潜时舔食工蚁，同时以舌头每分钟动150次的速度吃幼蚁和卵。昆虫被粘在布满唾液的舌头上，接着便撞击在坚硬的上颚上，最后被吞入腹中。食蚁兽会躲避大颚蚂蚁和白蚁中的兵蚁。

由于口鼻部的皮很厚，很显然它不受兵蚁叮咬的影响。而且它们待在每个蚁巢的时间很短，每次进食也只吃140只左右的蚂蚁（只占它们每天总食量的0.5%）。食蚁兽很少对蚁巢造成永久性的损毁。它们的命运似乎和一个地区蚁巢的数量息息相关，为了获取足够营养，它们每天都会造访一些蚁巢（加起来每天总共要吃3.5万只蚂蚁）。它们也吃甲壳虫的幼虫，并从食物中获取水分。

在所有哺乳动物中，食蚁兽进食的方式独树一帜。它们缩小了咀嚼肌肉，将下颚骨的两个半边卷到中间，因此能分开前面的尖端并张开嘴。翼骨肌肉拉伸两个向内的下颚骨的后边，将前面的顶端抬高到嘴的位置，因此嘴巴得以闭合。结果是颚部的活动更简单并且最少，伴随着舌头进进出出的动作和几乎不间断的吞食，能使得每次摄入最大量的食物。

两种小食蚁兽专吃小型白蚁和蚂蚁，并且和大食蚁兽一样会避免吃兵蚁。它们同样不吃有化学防御物质的白蚁种类，但是会吃蜜蜂和蜂蜜。一只小食蚁兽通常每天吃9000只蚂蚁。二趾食蚁兽吃栖息在树上的平均长度为4毫米的蚂蚁和白蚁，而大食蚁兽则会吃8毫米或更大的猎物。

早熟的幼崽
社会行为

通常所有种类的食蚁兽都是独居的。大食蚁兽的领地在食物丰富的地方可能只有0.5公顷大，例如在巴拿马巴罗克勒纳多岛的热带森林，或者巴西东南部的高地内就是如此。在蚂蚁和白蚁巢比较少的地带，如委内瑞拉的混合落叶林和半干旱大草原，一只大食蚁兽也许需要最大24.8平方千米的地盘。

雌性大食蚁兽之间的活动范围可能有30%的重叠，相比之下，雄性大食蚁兽之间则一般只有不到5%。两种小食蚁兽的体形还不到大食蚁兽的一半，并且有着跟巴罗克勒纳多岛同样良好的栖息地，每只的领地面积大约为0.5～1.4平方千米。在广阔的大草原上，一只小食蚁兽需要大约3.4～4平方千米的活动区间。雌性二趾食蚁兽在巴罗克勒纳多岛的领地平均起来是2.8公顷，相比之下，一只雄性个体需要大约11公顷，雄性个体的活动范围要和两只雌性的范围重叠，但与邻近的雄性个体则没有重叠现象。虽然四种食蚁兽的地理分布不一样，当它们在同一栖息地出现时，每个个体的领地看起来并没有受到其他个体出现的影响。

大食蚁兽和两种小食蚁兽在秋天交配，幼崽会在春天出生。大食蚁兽站立着分娩，把尾巴当成除了后腿之外的第三个支撑。新生幼崽很早熟并且有着锐利的爪子，使得它们在出生后不久就能抓住母兽

图为一只大食蚁兽将它长长的嘴伸入一个原木的孔洞中吃里面的昆虫。食蚁兽对它们所食用的蚁类很是挑剔，在食用时非常防范那些有侵略性的兵蚁。

的背部。一胎两只幼崽的情况很少见，新生幼崽会经过大约6个月的哺乳期，但是可能在两岁之前一直跟随母兽，直到它们达到性成熟。大食蚁兽的幼崽在出生后1个月内会猛长，但一般还是移动缓慢并且被母兽背在背上。两种小食蚁兽可能会将幼崽放在首选的哺乳地点边的一根树枝上，或者将它们放在树叶巢中一小段时间；二趾食蚁兽也会如此。二趾食蚁兽会给幼兽喂已半消化过的蚂蚁，雄兽和母兽都提供这种反刍食物，幼兽可能被它的父亲或者母亲带着并喂养。幼小的大食蚁兽是它们父母的缩影，而幼小的小食蚁兽与它的父母并不相像。

大食蚁兽事实上并不挖洞，只是挖出一个浅浅的凹型地坑，一天睡上15个小时，休息时，它们会用大大的扇状尾巴盖住身体。两种小食蚁兽一般找树洞休息，二趾食蚁兽在白天则蜷曲在树枝上睡觉，用尾巴包住脚；它们一般不会在一棵树上超过一天，每天会换不同的树。

大食蚁兽和两种小食蚁兽能从肛门腺产生出一种有极强气味的分泌物，二趾食蚁兽则有一个面部腺，但其功用还不清楚。大食蚁兽也能辨别出它们自己的口水味，但是否用唾液分泌物来进行交流还不是很清楚。

主要基于微小的颜色样式区别，大食蚁兽被分成了3个亚种，中美小食蚁兽则分成了5个亚种。在地理上毗邻的区域里，这种物种的不同尤其显著，并且可能是性状转移的一个优秀例子。皮毛颜色的变更能解释为什么小食蚁兽会被分为13个亚种，皮毛颜色的不同也能解释二趾食蚁兽被分为7个亚种的原因。在北部区域，二趾食蚁兽一律都是金黄色，或者背部有暗色条纹，但越往南颜色越变为灰色，背部条纹也越来越暗。

🐨 树袋熊

现在树袋熊是澳大利亚的标志性动物，也是世界上最具有超凡魅力的哺乳动物之一，但情况并非一直这样。早期的欧洲定居者认为它们懒惰，并为了获取它们的皮毛而大量杀掉它们。这种动物的生存面临的更严重的威胁来自于人们对森林的清除、大规模的森林大火，以及引进的动物性疾病（特别是家畜所带来的衣原体疾病）。

对树袋熊的威胁在1924年达到了高峰，当年有200多万张树袋熊皮出口。在那之前，这种动物在澳大利亚南部已经灭绝，并在很大程度上从维多利亚和新南威尔士州消失掉了。公众开始为它们大声疾呼，政府也颁布了狩猎禁令，加强了管理，这种衰减的趋势才得到了逆转。现在树袋熊再一次在其偏爱的栖息地变得相当常见。

大胃部，小脑袋
体形与官能

桉树属的树木在澳大利亚广为分布，而树袋熊正是与其紧密联系在一起的——它们几乎终生都在桉树上度过。其白天的许多时间都用来睡觉，只有不到10%的时间用来觅食，而其他的时间主要花在静坐上。

树袋熊对这种相对不活跃的树栖生活做了大量的适应。由于它们既不使用巢穴也不使用遮盖物，所以它们那无尾而似熊的身体覆盖着一层密密的毛发，能起到良好的隔绝作用。树袋熊大多数的脚趾上都长有极为内弯的、针一般锐利的趾甲，这使它们成为极高超的攀缘者，能够轻松地登上树皮最光滑、最高大的桉树。爬树的时候，它们用爪抓住树干的表面，并用其有力的前臂向上移动，同时以跳跃的动作带动后肢向上。树袋熊前爪的钳状结构（第一趾、第二趾与其他三个趾位置相对），使得它们能够紧握住比较小的枝条并爬到外层树冠上。它们在地面上的敏捷度比较差，经常以四只脚缓慢行走的方式在树木之间移动。

树袋熊的牙齿适合处理桉树叶（桉树叶含有大量的纤维）。它们用臼齿——在每个颌上已经缩减为1颗前臼齿和4颗宽而高齿尖的臼齿——把树叶咀嚼成很细的糊状，然后这些东西会在盲肠里进行微生物发酵。相对于其体形而言，树袋熊的盲肠在所有哺乳动物里面是最长的，长达1.8~2.5米，3倍于它的身体长度甚至更长。

树袋熊有比较小的脑，这可能也是对其低能量食物的一种适应。脑是高耗能的器官，会不成比例地消耗掉身体全部能量预算的很大一部分。相对于身体的大小，树袋熊的相对脑量几乎是所发现的有袋动物中最小的。分布在南部的树袋熊脑的平均重量（平均体重为9.6千克）只有约17克，只占体重的0.2%。

雄性树袋熊的体重超过雌性50%，有一个相对比较宽阔的面部，一对相对较小的耳朵，还有一个比较大的散发气味的胸腺。雌性主要的第二性征是其育儿袋，内有2个奶头，向后端开口。

回报率比较低的食物
食性

桉树作为常绿植物，持续不断地为食叶动物提供了可用的食物资源，一只成年树袋熊每天会吃掉大约500克重的鲜树叶。尽管有600多种桉树供树袋熊选择，但它们仅仅以其中的30种左右为食。偏食程度在种群之间有所不同，它们通常聚集到较湿润、物产更丰饶的栖息地里的树种上。在其分布范围的南部，它们偏爱多枝桉和蓝桉，而在北部的种群主要以赤桉、脂桉、小果灰桉、斑叶桉以及细叶桉的树叶为食。

桉树叶对大多数食叶动物而言并不适于食用（如果不是全然有毒的话）。桉树叶中包括氮和磷在内的基本营养物质的含量极低，并含有大量的难以消化的结构性物质，例如纤维素和木质素，而且还含有酚醛和萜烯（油类的基本成分）。最近的研究表明，这些物质化合之后最终形成的东西可能是树袋熊偏食的关键所在，因为已经发现树袋熊对桉树叶的可接受性与某些毒性极高的苯酚-萜烯混合物呈反相关关系。

树袋熊做了很多适应性改变，以使自己能够应付如此难处理的食物。有些树叶它们很明显地完全避开不吃，有些树叶中含有的毒素则能在肝中进行解毒并被排出体外。处理可用能量这么低的食物，需要做出行为习性上的调整，因此树袋熊睡得很多，一天最多可睡20个小时。这就造成了一个广为流传的说法：它们因摄食桉树叶中的化合物而变得麻痹。树袋熊还表现出对水分的高利用率，除了在最热的季节之外，它们从树叶中就可以获得所需的全部水分。

独居而又惯于定居
社会行为

树袋熊是独居动物，也是惯于定居的，雄性占据着固定的巢区。巢区范围的大小与栖息地环境的物产丰饶度相关联。在物产丰富的南部，巢区范围相对比较小，雄性占据的面积为0.015～0.03平方千米，雌性占据的面积为0.005～0.01平方千米；但是在半干旱地区，巢区的范围就要大得多，雄性常占据1平方千米或者更多。居于社会统治地位

一只树袋熊幼崽正骑在母树袋熊的背上。树袋熊每胎只产1只幼崽，出生的时候，幼崽非常小，体重低于0.5克。5个月之后它开始吃由母树袋熊预先进行部分消化的桉树叶。7个月大的时候它离开育儿袋，但还要继续跟随母树袋熊4～5个月。

的雄性的巢区与最高可达 9 只之多的雌性的巢区相重叠（同样也与那些接近成年的雄性和处于隶属地位的雄性的巢区发生重叠）。

树袋熊主要在夜间活动，到了繁殖季节，成年雄性在夏季的夜晚会在很大的范围里走来走去。如果雄性遇到另一只成年的雄性，通常就会发生争斗；如果雄性遇上一只处于发情期的雌性，它们可能会进行交配。交配时间很短，一般少于 2 分钟，并在树上进行。雄性从后面爬到雌性身上，交配的时候通常把它抱在自己和树枝之间。

雌性每次生育 1 只幼崽，大部分是在仲夏（12 月～次年 2 月）进行生产。新生幼崽体重低于 0.5 克，依靠自己的力量从生殖口处爬到育儿袋里，并紧紧地附着在两个奶头中的一个上。在接下来 6 个月的育儿袋生活中，幼崽就靠吮吸这个乳头的奶汁成长和发育。5 个月之后开始断奶，断奶从幼崽以部分消化的树叶物质（从母树袋熊的肛门产生）为食开始。在这种柔软的物质产生出之前，母树袋熊能够在体内清除掉其中的比较硬的粪粒。幼崽把鼻子插入母树袋熊的这个地方就可能刺激它这么做。微生物在这些半流质食物里高度聚集，人们认为这是母树袋熊把帮助消化桉树叶的微生物"嫁接"到幼崽的消化道里去。从这以后幼崽的成长开始变得很快，7 个月之后就能离开育儿袋，附着在母树袋熊的背上四处游荡。大约 11 个月大的时候，它开始独立，但通常还要在靠近母树袋熊的周围继续生活几个月。

雄性在繁殖季节的头几个月不断地吼叫，这些叫声（包含一系列的刺耳的吸入声，而紧随吸入声之后有大声的呼出式的吼声）

好像既是为了呼唤潜在的配偶，也是对与其竞争的雄性发出的温和的警告。一只雄性的叫声往往能引得这个地区所有的雄性发出一阵回应声。人们从雌性那里能够听到的唯一的大声地发声，就是一种悲号式的叫声——通常在雌性被一只成年雄性骚扰得不耐其烦的时候发出。在每年的这个时候，经常可以看到雄性对着树干摩擦它们的胸腺做气味标记，但是这种行为的具体作用尚需研究。

缤纷的鸟类世界

鸵 鸟

与普遍流行的说法相反，鸵鸟从不会把头埋入沙中。事实上，在受到威胁时，这种体形庞大、不会飞的鸟无一例外的都是依靠恰恰相反的策略，即借助它们的长腿逃离逼近的危险。"世界上最大的鸟"这一荣誉属于鸵鸟。

鸵鸟广泛分布于非洲平坦、开阔、降雨少的地区。有4个区别显著的亚种：北非鸵鸟，粉颈，栖息于撒哈拉南部；索马里鸵鸟，青颈，居于"非洲之角"（东北非地区）；马赛鸵鸟，与前者毗邻，粉颈，生活在东非；南非鸵鸟，青颈，栖于赞比西河以南。阿拉伯鸵鸟从20世纪中叶起便已绝迹。

通过进化，鸵鸟已经具备了一套行之有效的预警系统：长而灵活的脖子和大而敏锐的眼睛。这使它们能够及时发现迫近的危险，从而迅速采取行动逃离。

高大且不会飞行
形态与功能

鸵鸟的羽毛柔软，没有羽支。雄鸟一身乌黑发亮的体羽与它两侧长长的白色"飞"羽（初级"飞"羽）形成鲜明对比，这使它显得异常醒目，白天在很远的距离之外便能看到。雌鸟及幼鸟为棕色或灰棕色，这样的颜色具有很好的隐蔽性。刚孵化的雏鸟则为淡黄褐色，带有深褐色斑点，背部隐隐有一小撮刚毛，类似刺猬。鸵鸟的颈很长，且极为灵活。头小，未特化的喙能张得很开。眼睛非常大，视觉敏锐。腿赤裸，修长而强健。每只脚上仅有两趾。脚前踢有力，奔跑速度可达50千米/小时，是不知疲倦的走禽。因为步伐大、脖子长、啄食准，鸵鸟能够非常高效地觅得栖息地内分布稀疏的优质食物。它们食多种富有营养的芽、叶、花、果实和种子，这样的觅食与其说像鸟类，不如说更像食草类的有蹄动物。鸵鸟在多次进食后，食物塞满食管，于是像一个大丸子一样（即"食团"）沿着颈部缓慢下滑，由于食物团近200毫升，因此下滑过程中颈部皮肤会绷紧。鸵鸟的砂囊可以至少容下1300克食物，其中45%可能是砂粒或石子，用以帮助磨碎难消化的物质。鸵鸟通常成小群觅食，这时它们非常容易遭到攻击，所以会不时地抬起头来扫视一下有没有掠食者出现，最主要的掠食者是狮子，偶尔也有美洲豹和猎豹。

照看"别人的孩子"
繁殖生物学

鸵鸟的繁殖期因地区差异而有所不同，在东非，它们主要在干旱季节繁殖。雄鸵鸟在它的领域内挖上数个浅坑（它的领域面积从2平方千米到20平方千米不等，取决于地区的食物丰产程度），雌鸵鸟（"主"母鸟）与雄鸵鸟维持着松散的配偶关系并自己占有一片达 26 平方千米的家园，雌鸵鸟选择其中的一个坑，此后产下多达 12 个卵，隔天产 1 枚。会有 6 只甚至更多的雌鸵鸟（"次"母鸟）在同一巢中产卵，但产完卵后一走了之。这些次母鸟也可能在领域内的其他巢内产卵。接下来的日子里，主母鸟和雄鸟共同分担看巢和孵卵任务，雌鸟负责白天，雄鸟负责夜间。没有守护的巢从空中看一目了然，所以很容易遭到白兀鹫的袭击，它们会扔下石块来砸碎这些巨大的、卵壳厚达 2 毫米的鸵鸟

在繁殖季节，一只雄马赛鸵鸟着一身黑白分明的亮丽羽衣，追逐 2 只正在炫耀的雌鸟。雌鸟低下头、垂悬双翅的姿态暗示它们接受了雄鸟的追求。

蛋。而即使有守护的巢也会受到土狼和豺的威胁。因此，巢的耗损率非常高：只有不到 10% 的巢会在约 3 周的产卵期和 6 周的孵化期后还存在。鸵鸟的雏鸟出生时发育很好（即早成性）。雌鸟和雄鸟同时陪伴雏鸟，保护其不受多种猛禽和地面食肉动物的袭击。来自数个不同巢的雏鸟通常会组成一个大的群体，由一两只成鸟护驾。仅有约 15% 的雏鸟能够存活到 1 岁以上，即身体发育完全。雌性长到 2 岁时便可以进行繁殖。雄性 2 岁时则开始长齐羽毛，3 ~ 4 岁时能够繁殖。鸵鸟可活到 40 岁以上。

雄鸟通过巡逻、炫耀、驱逐入侵者以及发出吼声来保卫它们的领域。它们的鸣声异常洪亮深沉，鸣叫时色彩鲜艳的脖子会鼓起，同时翅膀反复扇动，并会摆出双翼一起竖起的架势。繁殖期的雄鸟向雌鸟炫耀时会蹲伏其前，交替拍动那对展开的巨翅，这便是所谓的"凯特尔"式炫耀。雌鸟则低下头，垂下翅膀微微震颤，尽显妩媚挑逗之态。鸵鸟之间结成的群体通常只有寥寥数个成员，并且缺乏凝聚力。成鸟很多时候都是独来独往的。

很少有鸟类的个体会愿意照顾其他鸟的卵，因为这种（表面上的）利他行为通常不符合自然选择原理。体形大、巢易受袭击很可能是鸵鸟选择这种行为的原因所在。从绝对尺寸来讲，鸵鸟蛋是所有鸟类中最大的卵；然而，与自身体形相比，它们却是最小的卵。因此一只鸵鸟在巢中能够盖住很多卵，比它能产下的卵或者真正要孵的卵都多。繁殖的成鸟性别比例失调，雄鸟与雌鸟的数量比约为 1 : 1.4。加之巢被天敌侵袭的概率又高，造成许多母鸟没有自己的巢来产卵。所以，产在别的地方对它们而言显然是个不错的选择。而自己的巢内有其他鸟的卵存在对主母鸟来说同样是件好事，因为在遭到小规模的袭击时，它自己的卵因稀释效应而得到保护（换言之，20 个卵中或许只有 12 个是它自己产的，它自己的卵受损的

显眼的翅膀，修长的颈和腿，再加上整个身体灵活自如，这一切使鸵鸟得以极尽炫耀之能事。上面展示了几种不同的炫耀姿势：1. 一只雌鸟张开双翼主动出击；2. 一只雌鸟在求偶时"勾引"对方；3. 一只雌鸟故做"受伤"状；4. 一只雄鸟昂首阔步，摆出一副盛气凌人的架势。

可能性就相对变小）。

假如（事实上经常发生）一个待孵的巢中产了太多的卵，超出了一只雌鸟所能覆盖的范围，那么这只雌鸟在开始孵卵时会将多余的卵移至巢的外围。那些卵便会因得不到孵化而最终死亡。雌鸟能够逐一辨别巢里那么多卵，确保移出的卵不是它自己的。这种识别本领令人惊叹，因为鸵鸟蛋在外表上都相差无几。

▌未来靠饲养？
保护与环境

  长期以来，鸵鸟的羽毛一直被用来当作饰物。在古埃及，对称放置的鸵鸟羽毛是正义的象征，同时，鸵鸟的大脑被视为美味佳肴。如今在非洲，鸵鸟的蛋壳碎片仍用于项链和腰带上的装饰；而在一些地方，完整的蛋壳被认为具有某种神奇的力量，可以保护房屋和教堂免受雷击。相比之下，一种较为世俗化的做法和非洲西南部的一样，将空的蛋壳当作盛水的器皿。

  食肉动物的密集存在和人类频繁的狩猎活动，都使鸵鸟的巢很难守护。正是人类的大肆捕杀导致了曾大量存在的阿拉伯鸵鸟惨遭灭绝。随着人类日益介入它们的栖息地，鸵鸟的数量正在减少，只是目前对于这一种类而言尚未构成严重威胁。此外，有许多鸵鸟生活在农场里。人们饲养它们是为了获得它们的羽毛和肉，另外，柔软的鸵鸟皮很适合做优质皮革。

知识档案

鸵鸟

目 鸵鸟目
科 鸵鸟科
有马赛鸵鸟、北非鸵鸟、索马里鸵鸟、南非鸵鸟4个亚种。

分布 非洲（以前还有阿拉伯半岛）。

栖息地 半沙漠地带和热带大草原。

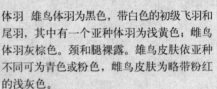

体形 高约2.5米，重约115千克。雄鸟略大于雌鸟。

体羽 雄鸟体羽为黑色，带白色的初级飞羽和尾羽，其中有一个亚种体羽为浅黄色；雌鸟体羽灰棕色。颈和腿裸露。雄鸟皮肤依亚种不同可为青色或粉色，雌鸟皮肤为略带粉红的浅灰色。

鸣声 响亮的嘶嘶声和低沉的吼声。

巢 地面浅坑。

卵 窝卵数10～40枚；有光泽，乳白色；重1.1～1.9千克。孵化期42天。

食物 草、种子、果实、叶、花。

保护状况 非洲的鸵鸟目前未受威胁。阿拉伯鸵鸟因遭捕杀而灭绝，最后的记录是在1966年。

◆ 企 鹅

企鹅为不会飞的海洋鸟类，生活于南半球，主要集中在南极和亚南极地区。企鹅是一个独特的群体，高度特化，适应于它们所生存的海洋环境和恶劣的极地气候。当然，它们长相可爱，充满活力，是一群惹人喜爱的鸟。

葡萄牙航海家瓦斯科·达·伽马和费迪南德·麦哲伦在他们的探险航行中（分别为1497—1498年和1519—1522年）最早描述了企鹅。两人分别发现了南非企鹅和南美企鹅。然而，大部分企鹅种类直到18世纪随着人类为寻找南极大陆而对南极洲进行探索时才逐渐为世人所了解。

天生游泳健将

形态与功能

企鹅的所有种类在结构和体羽方面非常相近，只是在体形和体重上差别较大。它们背部的羽毛主要为蓝灰或蓝黑色，腹部基本上为白色。用以种类区分的标志如角、冠、脸部、颈部的条纹和胸部的镶边等主要集中在头部和上胸部，当企鹅在水面游泳时这些特征很容易被看到。雄企鹅体形通常略大于雌企鹅，这在角企鹅属中相对更明显，但两性的外形酷似。雏鸟全身为灰色或

在一大片翻腾的气泡和同类的潜水身影中，王企鹅全力追捕猎物。这种类以其出色的深水潜水能力而闻名。

棕色，或者背部两侧及下层羽毛为白色。幼鸟的体羽往往已接近成鸟，仅在饰羽等方面存在一些细小的差别。企鹅的形态和结构都非常适于海洋生活。它们拥有流线型的身体和强有力的鳍状肢来帮助它们游泳和潜水。它们身上密密地覆有3层短羽毛。翅膀退化为强健、硬朗、狭长的鳍状肢，使它们在水中能够快速推进。企鹅的脚和胫骨偏短；腿很靠后，潜水时和尾巴一起控制方向。在陆地上，企鹅常常倚靠踵来站立，同时用它们结实的尾羽做支撑。因为腿短，企鹅在陆上走路时显得步履蹒跚，不过一些种类能够用腹部在冰上快速滑行。并且，尽管它们的步伐看上去效率低下，但有些种类却能够在繁殖地和公海之间进行长途跋涉。企鹅的骨骼相对较重，大部分种类的骨骼仅略比水轻，由此减少了潜水时的能耗。喙短而强健，能够有力地攫取食物。皇企鹅和王企鹅的喙长而略下弯，也许是为了适应在深水中捕食快速游动的鱼和乌贼。

除了保证游泳的效率，企鹅还必须在寒冷、经常接近冰点的水中做好保温工作。为此，它们不仅穿有一件厚密且防水性能极佳的羽衣，而且在鳍状肢和腿部

企鹅

目　企鹅目

科　企鹅科

6属17种。种类包括：皇企鹅、王企鹅、白颊黄眉企鹅、斯岛黄眉企鹅、翘眉企鹅、黄眉企鹅、长眉企鹅、凤头黄眉企鹅、小企鹅、黄眼企鹅、阿德利企鹅、纹颊企鹅、白眉企鹅、加岛企鹅、秘鲁企鹅、南非企鹅、南美企鹅等。

分布　南极洲、新西兰、澳大利亚南部、非洲南部和南美洲（北至秘鲁和加拉帕哥斯群岛）。

栖息地　平时仅限于海洋，繁殖时会来到陆上的栖息地，如冰川、岩石、海岛和海岸。

体形　身高从小企鹅的30厘米至皇企鹅的80～100厘米不等，体重从1～1.5千克到15～40千克不等（同样为上述种类）。

体羽　大部分种类背部为深色的蓝黑或蓝灰，腹部白色。

鸣声　似响亮而尖锐的号声或喇叭声。

巢　最大的2个种类（王企鹅和皇企鹅）不筑巢，站立孵卵；其他种类都筑有某种形式的巢，巢材为就地取材。

卵　窝卵数1～2枚，具体依种类而定；卵的颜色为白色或浅绿色。孵化期依种类33～64天不等。

食物　甲壳类、鱼、乌贼。

保护状况　有3个种类（翘眉企鹅、黄眼企鹅、加岛企鹅）目前被列为濒危种，另有7种易危。

还有一层厚厚的脂肪，以及一套高度发达的血管"热交换"系统，确保从露在外面的四肢流回的静脉血被流出去的动脉血所温暖，从而从根本上减少热量的散失。生活在热带的企鹅则往往容易体温过高，所以它们的鳍状肢及裸露的脸部皮肤面积相对较大，以散发多余的热量。此外，它们也会穴居在地洞内，尽量避免直接暴露于太阳底下。

所有企鹅都具有出众的储存大量脂肪的能力，尤其是在换羽期来临前，因为在换羽期它们所有的时间都待在岸上，不能捕食。

有些种类，包括皇企鹅、王企鹅、阿德利企鹅、纹颊企鹅以及角企鹅属，在求偶期、孵卵期和育雏期也会出现长时间的禁食。育雏的雄皇企鹅的"斋戒期"可长达115天，阿德利企鹅和角企鹅属为35天。在这段时间内，它们的体重可能会减轻一半。相比之下，在白眉企鹅、黄眼企鹅、小企鹅和南非企鹅中，雄鸟和雌鸟通常每1～2天会轮换一次孵卵或育雏任务，因此在繁殖期的大部分时间内它们都不必进行长时间的禁食。

然而，一旦育雏完毕，几乎所有种类的亲鸟都会在繁殖期结束时迅速增肥，以迎接2～6周的换羽期，因为在换羽期内，它们体内脂肪的消耗速度是孵卵期的2倍。秘鲁企鹅和加岛企鹅没有特别固定的换羽期，换羽可出现在非繁殖期的任何时候。未发育成熟的鸟通常在完成繁殖行为的成鸟开始换羽之前便已完成换羽，但至少对角企鹅属来说，未成鸟的这种换羽时间会随着年龄的增长而不断推后，直到它们自己也开始繁殖。不同种类的企鹅在繁殖和换羽行为上的差异至少部分是因为栖息地之间的差别所造成的，尤其是栖息地更靠南的种类，它们的生存环境更寒冷，繁殖期相对很短。

喜寒

分布模式

企鹅的繁殖栖息地南起南极的海冰和亚南极地区的草地，北至赤道附近海岛上光秃秃的熔岩海岸、亚热带沙滩和凉爽的温带森林。然而，从根本上而言，它们适于在较冷的气候下生活。在热带地区，企鹅主要出现在海洋寒流存在的区域，如受沿南美西海岸活动的洪堡洋流影响的区域和受南非周围本吉拉洋流和厄加勒斯洋流影响的区域。大部分种类生活在南纬 45°～60°之间，其中以新西兰地区的种类最为丰富。但南极洲海岸和亚南极海岛上生活的企鹅数量最多。

在繁殖期，有些种类如白眉企鹅，只在群居地方圆 10～20 千米的范围内活动，而其他一些种类如皇企鹅，每次觅食之旅会长途跋涉 1 000 千米以上。企鹅冬季的分布和活动情况尚不清楚，但可以确定的是，热带和暖温带的种类不迁徙，而有些种类则会在冬天从繁殖地迁徙至数百千米外的地方。

水中豪强

食物

企鹅以食甲壳类、鱼和乌贼为主，它们在水中追捕这些猎物，然后一饱口福。不同的种类有不同的食物偏好，这就减少了同域种类之间的竞争，例如，阿德利企鹅和纹颊企鹅各自喜食不同体形的磷虾。鱼对于南非企鹅、小企鹅、白眉企鹅这些生活在近海岸的种类以及深水潜水型的王企鹅和皇企鹅来说，是重要的食物来源，如许多种类都食南极银鱼。乌贼则是某些王企鹅种群的主餐，同时也经常受到皇企鹅、凤头黄眉企鹅和一些环企鹅属种类的青睐。而在一些亚南极地区如马尔维纳斯群岛，那些捕食其他食物的企鹅种类如南美企鹅和凤头黄眉企鹅，因与商业捕捞发生冲突而面临威胁。

南极磷虾是阿德利企鹅、纹颊企鹅、白眉企鹅和长眉企鹅的首选食物，其他甲壳类动物则是黄眼企鹅和凤头黄眉企鹅（很可能还有其他角企鹅属的种类）的重要食物来源。与许多其他的海洋浮游动物一样，磷虾白天基本上不出现在水面上，因为那些给雏鸟喂食磷虾的企鹅主要是白天在海面上活动。但有些种类的企鹅夜间也待在海上觅食，白天则在区域内四处游弋，或者干脆就发挥它们的潜水本领，直接潜入深水中去觅食。

群居生活

繁殖生物学

绝大部分企鹅都是高度群居的，无论在陆地上还是在海里。它们通常进行大规模的群体繁殖，仅对自己巢周围的一小片区域进行领域维护。在密集群居地繁殖的阿德利企鹅、纹颊企鹅、白眉企鹅和角企鹅属中，求偶行为和配偶辨认行为异常复杂，而那些在茂密植被中繁殖的种类如黄眼企鹅则相对比较简单。南非企鹅尽管生活在洞穴内，却通常成密集的繁殖群繁殖，具有相当精彩的视觉和听觉炫耀行为。而小企鹅则因所居的洞穴更为分散，炫耀行为较为有限。这些企鹅的群居行为很大程度是围绕巢而展开的。相比之下，没有巢址的皇企鹅只对它们的伴侣和后代表现出相应的行为。企鹅号声般的鸣叫在组序和模式上各不相同，这为个体之间相互辨认提供了足够的信息，因此即使是在有成千上万只企鹅的繁殖群中，它们也能迅速辨认出对方。例如，一只返回繁殖群的王企鹅在走近巢址时会发出鸣叫，然后倾听反应。王企鹅和皇企鹅是唯一通过鸣声就能迅速辨认配偶的企鹅。

许多企鹅种类复杂的炫耀行为通常见于繁殖期开始时，即求偶期间。大部分企鹅一般都与它们以前的伴侣配对。在一个黄眼企鹅的繁殖群中，61%的配偶关系维持 2 ～ 6 年，12%维持 7 ～ 13 年，总体"离婚"率为年均 14%。在小企鹅中，一对配偶关系平均维持 11 年，"离婚"率为每年 18%。然而，在一项对阿德利企鹅的大型研究中，发现居然没有一对配偶关系能维持 6 年，年均"离婚"率超过 50%。

长眉企鹅的初次繁殖至少要到 5 岁；在皇企鹅、王企鹅、纹颊企鹅和阿德利企鹅中，至少为雌鸟 3 岁、雄鸟 4 岁；小企鹅、黄眼企鹅、白眉企鹅和南非企鹅则至少为 2 岁。即使在种、属内部，首次繁殖的年龄也各不相同。例如，在阿德利企鹅属中，极少数种类在 1 岁时就踏上了繁殖群居地，有不少是 2 岁时在通常的雏鸟孵化时节过来小住数日，而大部分第一次踏上群居地是在 3 岁和 4 岁时。长到约 7 岁时，阿德利属的企鹅种类每个季节到达群居地的时间开始变得越来越早，来的次数越来越多，待的时间越来越长。一些雌鸟初次繁殖为 3 岁，雄鸟为 4 岁。但大多数雌鸟和雄鸟的繁殖时间是往后推一两年，有些雄鸟甚至直到 8 岁才繁殖。

繁殖的时期主要受环境的影响。南极大陆、大部分亚南极和寒温带的企鹅在春夏季节繁殖。繁殖行为在繁殖群内部和繁殖群之间高度同步。南非企鹅和加岛企鹅通常有 2 个主要的繁殖高峰期，但产卵却在一年中任何一个月都有可能发生。大多数的小企鹅群体也是如此，在南澳大利亚州有些配偶甚至一年内可以成功育雏 2 次。皇企鹅的繁殖周期则相当独特，它们秋季产卵，冬季（温度可降至 −40℃）在漆黑的南极大陆冰上育雏。王企鹅的幼雏也在繁殖群居地过冬，但这期间成鸟几乎不给它们喂食，其生长发育主要集中在之前和之后的夏季。在绝大部分企鹅种类中，雄鸟在繁殖期来临时先上岸，建立繁殖领域，不久便会有雌鸟加入，既可能是它们原先的伴侣，也可能是刚吸引来的新配偶。仅有皇企鹅和王企鹅为一窝单卵，其他企鹅种类通常一窝产 2 枚卵。在黄眼企鹅中（情况很可能更为普遍），年龄会影响生育能力。在一个被研究的群体中，2 岁、6 岁和 14 ～ 19 岁的孵卵成功率分别为 32%、92%和 77%。在产双卵的种类中，卵的孵化常常是不同步的，先产下的、略大的卵先孵化。这种优先顺序会引发"窝雏减少"现象（窝雏减少是一种普遍的适应现象，目的在于保证当食物匮乏时，体形小的雏鸟迅速夭折，而不致对另一只雏鸟的生存构成威胁），通常使先孵化的雏鸟受益。然而，在角企鹅属中，先孵化的卵远小于第 2 枚卵，但同样只能有 1 只雏鸟被抚养。唯独黄眉企鹅通常是 2 枚卵孵化后都生存下来。对于这一不同寻常的现象，尽管人们提出了数种假设来予以解释，却没有一种完全令人满意。

在绝大多数企鹅中，育雏要经历2个不同时期。第一个是"婴儿时期"，时间为2～3周（皇企鹅和王企鹅为6周），期间一只亲鸟留巢看护幼小的雏鸟，另一只亲鸟外出觅食。接下来则为"雏鸟群时期"，此时，雏鸟体形变大了，活动能力增强了，当双亲都外出觅食时便形成了雏鸟群。阿德利企鹅、白眉企鹅、皇企鹅和王企鹅的雏鸟群有可能为规模很大的群体。而纹颊企鹅、南非企鹅以及角企鹅属的雏鸟群较小，只由相邻巢的寥寥数只雏鸟组成。

在近海岸捕食的种类如白眉企鹅每天都给雏鸟喂食。而阿德利企鹅、纹颊企鹅和角企鹅类，由于一次离开海上的时间经常会超过一天，因而它们喂雏的次数相对就少。皇企鹅和王企鹅会让雏鸟享用大餐，但时间间隔很长，每三四天有一顿就不错了。小企鹅与众不同，它给雏鸟喂食是在黄昏后。作为企鹅中最小的种类，它的潜水能力也最为薄弱，因此它们更多的在傍晚时分捕食，那时候猎物大量集中在近水面处。

雏鸟生长发育很快，尤其是南极洲的那些种类。随着雏鸟年龄的增大，一餐摄入的食物量迅速增多，在体形大的种类中，大一些的雏鸟一顿可摄入1千克以上的食物。而即使是在小体形的企鹅中，幼雏的食量也十分惊人，它们能够轻松消灭500克的食物。很大程度上正是因为幼年的快速发育，使它们看上去长得像梨形的食物袋，下身大、头小。

雏鸟完成换羽后，通常开始下海。在角企鹅属中，会出现大批企鹅迅速从繁殖群居地彻底离去的现象（几乎所有的企鹅在1周内全部离开），亲鸟自然也不再去照顾雏鸟。而在白眉企鹅中，学会游泳的雏鸟会定期回到岸上，因为至少在

企鹅的代表种类
1．一只黄眼企鹅的成鸟和两只雏鸟，2．一对在育雏的凤头黄眉企鹅，3．上岸的小企鹅，4．两只孵卵的王企鹅，其中一只在将卵放到脚上，5．一对阿德利企鹅在相互问候，6．阿德利企鹅在滑行，7．阿德利企鹅跃出海面，8．阿德利企鹅在做"海豚式飞泳"，9．一只站立的南非企鹅，10．准备上岸的南非企鹅。

2～3周内，它们还要从亲鸟那里获得食物。在其他种类中，也会出现类似的亲鸟照顾现象，但雏鸟由亲鸟在海里喂养则不太可能。

一旦雏鸟羽翼丰满，它们就会很快离开群居地，直至回来进行初次繁殖。企鹅的幼鸟成活率相对较低，特别是在换羽后的第一年以及繁殖期前这段时间，如仅有51%的阿德利企鹅的幼鸟能够在第一年中存活下来。不过，这种低幼鸟成活率因高成鸟成活率得到了弥补。如皇企鹅和王企鹅的成鸟成活率估计约为91%～95%，与其他大型海鸟类基本持平。小型企鹅的成鸟成活率较低一些，如阿德利企鹅为70%～80%，长眉企鹅和小企鹅为86%，黄眼企鹅为87%。

▌庇护于南极
▌保护与环境

虽然不会飞，但成年企鹅在陆地上却鲜有天敌，因为它们通常选择偏僻孤立的地方进行繁殖，而它们的喙和鳍状肢则是有力的武器（不过它们易于受到外来引入的大型哺乳动物的侵袭）。企鹅的卵和雏鸟会遭到贼鸥和其他食肉鸟的掠食。在海上，虎鲸、豹海豹以及其他的海豹和鲨鱼也会捕食企鹅，但基本上仅限于局部地区。事实上，有几种生活在南极的企鹅（特别是纹颊企鹅），随着须鲸的大幅减少，可捕食的磷虾大量增多，它们的数量反而得到了相当程度的增长。一些王企鹅类的数量也有所增长，至少与当初被须鲸排放的油脂所毒害的时期相比回升了不少。过去，人类出于私欲攫取了大量企鹅蛋，导致许多企鹅数量减少（同时群居地也遭洗劫），但如今，这一问题基本上已不复存在。真正的南极种类则并没有遭到破坏，它们的数量近年来稳中有升。而在南极以外，栖息地的丧失、

企鹅的栖息地极为偏远蛮荒，这令它们中的许多种类得以避开人类的侵扰和威胁。

人类的捕捞、外来引入物种之间的竞争以及气候变异，构成了对企鹅生存的主要威胁。

目前有 3 个企鹅种类被列为濒危种。加岛企鹅仅在加拉帕哥斯群岛的 2 个岛屿上繁殖。这一种类曾经主要受野狗的威胁，而 20 世纪 80 年代和 90 年代的厄尔尼诺现象则使其遭受重创。黄眼企鹅的数量波动很大，主要原因是在它们所繁殖的新西兰地区人们将土地另作他用，并且破坏了沿海的沙丘生态体系。而在新西兰的外岛，因相对更容易采取保护措施，那里的黄眼企鹅受影响较小。不过，如今即便在新西兰主岛上，也已经采取保护措施，遏制了栖息地的减少。相比之下，和黄眼企鹅在同一地区繁殖的翘眉企鹅，繁殖区域很小，仅有 2 个主要的繁殖点，在过去 45 年里，其数量缩减了一半。另有 7 个企鹅种类被列为易危种，如南非企鹅和秘鲁企鹅都生活在海产丰富的海洋区域，那里富含营养物的上升流带动了大规模的渔业。这些企鹅种类的数量急剧下降，起初是因为人类攫取它们的卵和粪，后来则演变成了与它们争夺食物。南美西海岸及南非的捕捞业，与企鹅一样，都以凤尾鱼和沙丁鱼为主要目标。因此唯有在商业捕鱼和自然保护之间达成妥协，才能切实维护这些种类的生存。

所有企鹅都特别容易受到油污染的侵害，尤其是南非企鹅，它们的许多繁殖群居地离好望角附近的油轮航线不远。虽然那些被油污染的南非企鹅已经得到了彻底清洁，并被放回它们的群居地进行繁殖，但这无疑是一项代价昂贵、旷日持久的行动。类似的，有数千只南美企鹅死于麦哲伦海峡的油污染。而商业捕鱼，无论是现有对凤尾鱼的捕捞，还是正在发展中的磷虾捕捞业，都对企鹅的生存构成了日益严峻的威胁。

🦆 天鹅、雁和鸭

数千年来，水禽类天鹅、雁和鸭不断为人类提供着蛋、肉和羽毛。人们将它们作为捕猎、娱乐和饲养的对象。在人类文化中，它们的影响范围涉及艺术、音乐、舞蹈、歌曲、语言、诗歌、散文等多个领域。然而，它们的湿地栖息地却遭人诟病，常常被描绘成危险可怕的人类疾病（如疟疾）之源。不过近年来，保护水禽及其赖以生存的湿地的重要性已为越来越多的人所认识。

与水禽和叫鸭亲缘关系最近的当数红鹳类、猎禽类、鹳类、鹮和琵鹭，但尚无足够的化石记录来揭示它们之间的确切关系及起源。在水禽类内部，虽然可分成多个族（拥有多达 400 个以上的杂交种便可说明这一点），但种与种之间的关系却很密切。大多数成员为人工饲养，也有部分为野生。有不少跨族的杂交种也为世人所熟知。

15 个族
形态与功能

几乎所有的水禽类都营巢于淡水域的水面或水边，只有几个种类，包括黑雁、叫鸭和海番鸭，大部分时间生活在入海口和浅海中。水禽类均为水栖鸟种，身体宽、下部扁平、颈中等偏长、腿较短、具有蹼足。潜水的习性经过多次进化，那些擅长潜水的种类身体极富流线型。喙通常宽而扁，喙尖长有一角质"嘴甲"，在某些种类中微具钩。颌骨两侧有栉状的"栉板"，一些种类用以从水中滤食。舌头相当短且厚，成锯齿状的喙缘用以咬住和处置食物。

多数鸭类腿长得非常靠后（有些极为靠后），因此在陆上行动时缓慢笨拙。但也有不少在水下潜水和觅食的种类如潜鸭类、秋沙鸭类和硬尾鸭类，同样能够在地面快速灵活地活动。极少数种类如红胸秋沙鸭，在水下时会使用翅膀，但总体而言，水禽类在潜水时翅膀贴紧身体。雁类和草雁类通常更倾向于陆栖，尤其是在觅食时。它们的长腿更靠近身体的中部，因而站立姿势挺拔，行走起来轻松自如。

基于各个种类的内部特征如骨骼，外部特征如成鸟和幼雏（小于 3 周）的体羽模式和类型、行为特征以及最近的 DNA 分析，本篇将水禽类分为 15 个族（外加神秘的麝鸭，暂时无法

一只雄林鸳鸯从水中跃起，将翅膀上的水抖落。林鸳鸯曾一度在美国被捕杀，几近灭绝，但自 1918 年起受到法律的保护。如今，它的北美种群数量估计已超过 100 万只。

归入任何一族）。

澳大利亚的鹊雁是鹊雁族的唯一一种。它在整体外形上与叫鸭颇为相似，特别是两者都具有长腿和长颈，并且趾间的蹼都退化。虽然澳洲鹊雁的喙在基部深而宽，却是典型的水禽类喙形——向上穿过笔直的额，直至进入头部宽大的圆顶中。翅宽，振翅缓慢，飞行稳定，路线直。鹊雁的体羽像许多水禽一样为黑白色，但翼羽却并不像几乎所有的水禽那样一次性换羽，因此，在翼羽脱换期间，鹊雁仍具有飞行能力。与大部分其他水禽不同的是，鹊雁的亲鸟会给雏鸟喂食，方式为将食物从亲鸟的嘴中送至雏鸟嘴中。一般的群居形式为1只雄鸟和与它配对的2只雌鸟，三者共同筑巢、孵卵、看雏和喂雏。而在其他水禽中，多配制是很罕见的。

近来对澳大利亚麝鸭的研究发现，该鸟与之前隶属的硬尾鸭族并没有亲缘关系。所谓的相似性很可能是趋同进化的结果，主要为后肢因潜水而都发展成重要的觅食工具。和鹊雁一样，麝鸭的雏鸟也由亲鸟喂食，雌雄鸟的体形相差很大（比其他任何鸭类都明显）。不存在配偶关系，相反，有一套"展姿场"繁殖机制：20只或更多的雄鸟聚集在同一个地方竞相炫耀，并使所有被吸引到展姿场内的雌鸟受精。雄鸟相互之间非常好斗，经常在水中追逐。

树鸭族广泛分布于热带和亚热带地区。但大多数种类限于相当小的分布范围内，不发生重叠。然而，茶色树鸭的分布却异常广泛，见于南北美洲、东非、马达加斯加和南亚地区。同时，在如此大范围而又不连续的分布区内，该种类的各种群在形态上并没有出现明显的变异。

树鸭的配偶关系为长期性，双亲共同育雏。它们中大部分体形相当小，腿长，站立时姿态挺拔。树鸭的名字源于它们普遍栖于树枝上的习性，而它们的另一个名字"啸鸭"则是源于它们发出的鸣声为尖锐的呼啸声。它们的翅宽，飞行速度并不快。除了可以在陆上出色地行走，树鸭也会游泳和偶尔潜水。两性的体羽一样，颜色通常集中为褐色、灰色和浅黄褐色。茶色树鸭和其他3个种类在胁部的炫耀性饰羽很粗。长着绒羽的雏鸟浑身的羽毛与其他水禽类的雏鸟都不一样（扁嘴天鹅除外），其中最独特的是眼下方有一条浅黄色或白色羽线绕于头部，头顶羽毛为黑色。在进行交配后，树鸭配偶会陶醉于相互的炫耀中——双方做出相似的动作，如将靠近对方的那一扇翅膀展开等。

非洲的白背鸭（白背鸭族）与树鸭具有亲缘关系：雌雄鸟外形相似，维持长期的配偶关系，共同筑巢、孵卵和育雏。然而，白背鸭非常擅长潜水，这从根本上改变了它的体形。和麝鸭一样，它在外形上与硬尾鸭接近，但没有坚硬的尾羽。

澳洲灰雁（澳洲灰雁族）像雁族一样为食草类。它们的配偶关系也为长期性。雄鸟帮助筑巢，但不孵卵，这一点与天鹅族类似，与雁族不同。DNA分析表明，澳洲灰雁归属于一个古老的族，而与它亲缘关系最近的也许是扁嘴天鹅。

雁族为"真正的"雁。它们在交配前会相互炫耀，并且在成功将竞争者（1只雄鸟或1对配偶）驱走后，会举行一个胜利仪式。15个种类都分布在北半球，它们在南半球的生态位由草雁取而代之。雁类羽色不统一（尽管雌雄鸟相似），一些种类为黑色和白色，而其他种类以灰色或褐色为主。它们能够很好地行走和跑动，腿相当长，位于身体中部，颈中等偏长。雌雄鸟维持长期的配偶关系，但只有雌鸟单独筑巢和孵卵，雄鸟负责看护。

天鹅（天鹅族）拥有一身纯白的羽衣，有时为黑白相间，从体羽为白色、外翼为黑色至体羽为黑色、外翼为白色不一。各种类两性相似，亲鸟往往会照看雏鸟一年以上。7个种类中有4种限于北半球（人工引入除外），另外3种仅见于南半球，其中最古老的种类很可能是扁嘴

天鹅和雁的代表种类

1.疣鼻天鹅，喙基部有黑色的瘤（雄鸟的较大），为该种类的典型特征；2.大天鹅在做胜利炫耀；3.红胸黑雁摆出具有攻击性的示威姿势；4.粉脚雁，在冰岛、格陵兰岛和斯瓦尔巴特群岛繁殖的北方种类；5.灰雁，在用喙的下侧将1枚卵滚入巢中；6.头部长有独特圆顶的澳大利亚鹊雁；7.一只飞翔的斑头雁加入迁徙群；8.在苔原巢中的帝雁；9.加拿大黑雁的典型休息姿势；10.一只黑颈天鹅背着小天鹅；11.一只雄夏威夷黑雁在送走对手。

天鹅。天鹅中有最大的水禽个体，翼展超过2米，体重逾15千克。天鹅颈非常长，但腿相对较短，陆上活动能力不强。它们以及雁类都是出色的飞行专家，有几个种类定期往北迁徙进行繁殖，常飞越数千千米。

斑鸭为斑鸭族的唯一代表，外形总体上与鸭相近，只是腿较短。两性体羽相似，全身带有灰褐色斑点，不过雄鸟的喙在繁殖期呈红色。雄鸟筑巢，但之后就不再操心"家庭事务"。由于与雁和天鹅无论在生理结构上还是行为模式上都存在许多相似性，故将斑鸭族置于紧随雁族和天鹅族后面的位置。

硬尾鸭（硬尾鸭族）绝大部分见于南半球，仅有2种出现在赤道以北。它们为体小、矮壮的潜鸟，尾羽短而硬，用以在水中掌舵。腿长得很靠后，因而在陆上行动受限。雄鸟的体羽主要为深栗色或褐色，头部常常为黑色或黑白相间，并且许多种类的雄鸟在求偶期间喙呈明亮的蓝色；雌鸟一般为暗褐色。翅膀短粗，飞行快速、笔直，但需较长的助跑方可起飞。雄鸟的炫耀行为相对比较复杂。大多数水禽的翼羽和尾羽每年脱换一次，期间不会飞，然而绝大部分（如果不是全部的话）硬尾鸭却每年换羽2次。

山鸭、湍鸭和船鸭可能只是暂时地同归于湍鸭族下，有必要进一步研究。船鸭限于南美洲南部，绝大部分水栖，通常在海岸附近。4个种类中有3种翅膀极短，完全不能飞行，另外1个种类偶尔飞行，但飞行能力很弱。船鸭体格结实，颈短，腿短，喙有力。它们像轮船的轮子。船鸭的体羽主要为灰色，两性相似。山鸭和湍鸭生活在南半球的急流险滩中，以水生无脊椎动物为食，如石蛾（在北半球为鲑鱼的食物）。它们像船鸭一样有很强的领地性，配偶常年在一起，共同育雏。湍鸭有数个地理分布明显的亚种，它们适于在南美安第斯山区水流湍急的溪流中生存。它们的身体呈流线型，爪子锐利，可以抓住打滑的石头，尾长而硬，用以在急流中控制方向。山鸭在新西兰的栖息地与湍鸭的类似。

距翅雁和瘤鸭共同组成了分布于非洲和南美洲的距翅雁族。它们与雁族颇为相似，体羽相像。雄鸟通常明显大于雌鸟。羽毛以黑色和白色为主，为黑色时常泛有绿色光泽。配偶关系相当松散，雄鸟很少与后代在一起。

由麻鸭和草雁构成的麻鸭族包括1属7种麻鸭（1种很可能已灭绝）和4属8种草雁。麻鸭在中美洲和北美洲之外呈世界性分布，而草雁仅限于南半球，但非洲的蓝翅雁和埃及雁例外。它们体形中等，其中草雁可持站立姿势，但2类均可既在水中又在陆上觅食。体羽各异，但大部分种类有一鲜艳的绿色翼斑（为长于次级飞羽外面部分的一色斑），同时翼覆羽为白色。其他常见的羽色有白色、黑色、栗色和灰色。在一些种类中，两性相似，而在其他种类中，则对比鲜明。不过，其配偶关系持久，双方共同育雏。炫耀行为与雁族类具有某些相似之处。一些种类（如果不是全部的话）和鹊雁一样按序脱换翼羽，并且，翼羽的脱换可能会隔年进行一次。

共同组成红耳鸭族的红耳鸭和花纹鸭之间的亲缘关系也同样存在疑问，有待进一步研究。小巧的澳大利亚红耳鸭像斑马那样长有黑白相间的羽毛，头两侧各有一粉红色的小色斑，两性相似。喙大，边缘具栉板，非常适于在水面过滤微型有机物。新几内亚的花纹鸭栖息于多种河流中，但主要生活在水流湍急之处。这种鸟具有领域性，两性相似，体羽成黑白条纹，喙成鲜艳的黄色。

水面觅食和嬉水类鸭（鸭族）为水禽中最大的族，包括了许多进化非常成功、适应性很强的种类。绝大多数为水栖类，体型小，腿短，在水面觅食或采取倒立姿势——在水面下的浅水中嬉水。嬉水类鸭见于世界各地，包括在偏远的海岛上，人们也发现生活着数种非迁徙型的种类，如莱岛鸭和奥岛鸭。其他许多嬉水类鸭，诸如针尾鸭、绿翅鸭、赤颈鸭等为典型的候鸟，可进行长途飞行。小型种类几乎能从水面垂直起飞，同时在空中也非常灵活。另有少数种类可栖于树枝等物体上，这在其他所有水禽中极为罕见。约有1/3的种类营巢于洞穴中，它们的雏鸟长有锐利的爪子和相当坚硬的尾巴，出生不久后便可以爬离洞巢。大多数种类主要分布在热带和亚热带地区，少数种类见于温带，如鸳鸯。在更小的种类如棉凫中，两性差别很大，羽色各异，从暗褐色到浅栗色、绿色、白色均有。

在许多种类中，雄鸟羽色鲜艳，并有亮丽的翼斑，而雌鸟和幼鸟的羽色为具有保护性的褐色。不过，雄鸟在繁殖后会失去醒目的羽色，同时在翼羽脱换、不会飞行期间也为褐色。雄鸟的羽色通常有褐色、绿色、栗色、白色和浅蓝色。求偶炫耀主要是雄鸟做出一系列复杂的行为来展示它的羽毛、最大限度地吸引异性。雌鸟则很少炫耀，所以相互炫耀行为少而又少，甚至完全没有。雌鸟通常单独育雏，只有少数几个热带种类的雄鸟会帮助看护后代不被掠食。

潜鸭族的潜鸭为全球性分布。它们主要为淡水种，一部分种类在沿海过冬，均通过潜水来觅食。腿短，并且相对于肥胖的身体而言很靠后，故很少上岸。起飞时通常需要在水面进行助跑，翅膀快速拍动。虽然雄鸟的羽色有别于雌鸟，但并不是特别鲜艳，以灰色、褐色和黑色最为常见。它们不像麻鸭和其他该科的成员一样具有翼斑，不过翅膀上常有白色的条纹。鲜艳的颜色仅出现于胸部和深色的头部。它们的求偶炫耀相对简单。雄鸟在孵卵期一开

睡眠觅食和嬉水的代表种类

1.埃及雁，属麻鸭族。2.一只雄鸳鸯，这一漂亮可爱的东亚种类被广泛引入西方进行人工饲养。3.白脸树鸭，热带树鸭族的一个种。4.棕硬尾鸭，一个北美种，繁殖地北起加拿大的不列颠哥伦比亚省和魁北克省，南至墨西哥边境。5.云石斑鸭，因其湿地栖息地受到严重破坏，现被世界自然保护联盟列为易危种。6.一只雄赤麻鸭，该鸟为南欧种，其显著特点是身体呈橘黄色，头部为浅色。7.绿眉鸭，因其独特的白色头顶有时被称为"秃鸭"。8.一只雄绿头鸭在进行仪式化梳羽。9.翘鼻麻鸭的飞行特点为翅膀成弓形，拍动缓慢。10.针尾鸭，具有加长型的中央尾羽，因而得名。11.林鸳鸯，营巢于树洞中。12.莱岛鸭，只分布于夏威夷的莱珊岛，2000年该鸟的数量仅为375只。

始便离雌鸟而去，下个繁殖期则会向另一只雌鸟求偶。

秋沙鸭族除了秋沙鸭还包括绒鸭，后者有时被单独列为一族——绒鸭族。秋沙鸭族中大部分为海水域种类，通过潜水捕食动物性食物，仅有少数几种繁殖于淡水域边。绝大多数限于北半球，不过稀少的褐秋沙鸭见于南半球，而黄嘴秋沙鸭（现已灭绝）也曾生活在新西兰南部的奥克兰群岛上。许多种类身大体沉，起飞相当吃力，需要长距离助跑，但其中食鱼的齿喙类秋沙鸭则相当灵活迅速。

几乎所有的秋沙鸭都呈性二态，雄鸟以黑色或黑白色为主，尽管头部时常带有鲜艳的绿色或蓝色，或者全身泛有淡淡的绿色或蓝色。求偶炫耀由雄鸟表演，常常相当复杂，并且种类之间差别很大。雌鸟则与嬉水类鸭一样很少炫耀。雌鸟在暂时离巢时为了给卵保温，会从自己胸部拔下一些绒羽，这一现象在北方繁殖的绒鸭中最为常见。这些绒羽对冰岛的农民而言是非常有价值的商品，它们对孵卵的雌鸟群体进行保护，从而在雏鸟孵化后收集绒羽，经清洁处理之后出售。

除了南极，哪里都有
分布模式

水禽类遍布除南极大陆外的世界各大洲，以及所有大的岛屿和许多小岛。不过，少数种类如夏威夷黑雁和褐秋沙鸭仅有数百只。一些岛屿种类如坎岛鸭，也同样稀少，甚至不足100只。其他种类如针尾鸭等则数量巨大，也许有成千上百万只，且分布十分广泛。

各种类的分布模式既可能是对多种栖息地和食物都具有很强适应性的结果，如绿头鸭，也可能与长途迁徙有关，如白额雁，或者是纯粹出于一种偶然，将某个海岛作为群居地，结果丧失了迁徙本性，逐渐进化成仅适于当地条件生存的种类——这样的例子有太平洋上的莱岛鸭、印度洋上的凯岛针尾鸭和南大西洋上的短翅船鸭。

食草、嬉水和潜水
食物和觅食

陆上食草和水中采撷植被是雁、天鹅和草雁类最常见的觅食方式。有些种类也在软泥中掘植物的根。有许多雁和草雁及一些天鹅已经习惯在农田里觅食，起初食草和种植的庄稼，近来则开始捡食人们收割中遗留的谷物、豆子、甜菜、胡萝卜、玉米和马铃薯。有些嬉水类鸭也在陆上食草，不过大部分是从水面摄取种子和小昆虫。近年来，稻谷成了一些种类的重要食物来源。

食植物的水禽类的内脏中都没有相应的细菌来帮助消化纤维素，它们从植物的叶和茎中获得的营养成分仅来源于细胞液，由砂囊在特意摄入的小片砂粒的帮助下磨碎细胞壁而获得。这些种类需要花很多时间来觅食，尤其是在冬季的温带地区，往往白天的大部分时间都用于觅食，才能找到足够的食物。经过内脏消化的植物排出后仍可辨别，因此常常可以从这些鸟的排泄物中辨认它们摄取的食物种类。

食草类以善挑选植物的精华部分（如草生长中的叶尖）而出名，嬉水类则似乎不太挑剔，往往张嘴含入较多的表层水，然后在舌头的帮助下从两侧栉板排出。被栉板挡在里面的细颗粒、种子和昆虫随后便被分几次吞下。

　　潜水类鸭以各种水中植物和无脊椎动物为食，通常为浅水中的食物源，仅少数潜入深水觅食。秋沙鸭和锯齿类鸭可潜至相当深的水中，其中后者捕食鱼和游动灵活的大型无脊椎动物，前者则善于从岩石中撬取软体动物，或从浅水和淤泥中捕食蟹和其他甲壳类。它们的喙大而有力，可以紧紧咬住上述猎物的外壳，然后吞入砂囊中加以研磨。此外，一些秋沙鸭也在海洋环境中觅食，从入海口的淤泥里筛选出小型的软体动物和甲壳类。而船鸭和绒鸭一样，用它们结实的喙从被潮汐冲刷的岩石中攫取贝类。硬尾鸭也几乎全在水中觅食，它们沿水底游动，将下颌伸入淤泥表层来捕食动物性猎物，尤其是摇蚊的幼虫。

成对与成群
繁殖生物学

　　鸭科的绝大部分种类为年度性

潜鸭和秋沙鸭的代表种类
1.欧绒鸭，2.红胸秋沙鸭，3.王绒鸭，为一北方种；4.鹊鸭的雄鸟，眼睛前方有醒目的白斑，5.斑头秋沙鸭的雌雄鸟，前面的为雄鸟，6.凤头潜鸭，潜水捕鱼时翅膀贴身，7.普通秋沙鸭，喙内缘成锯齿状，适于捕鱼。

繁殖，但也有些靠近热带的种类会隔年才繁殖一次，或者是等待适宜的条件再进行繁殖，例如在澳大利亚的部分腹地那些需面对无规律降雨的种类。此外，有些年份，在北极高纬度地区的种类中也可能会有大批无法进行繁殖。

水禽类在维持配偶关系和亲鸟育雏方面表现出很大的差异。天鹅类和雁类的配偶关系基本为长期性，虽然只有雌鸟孵卵，但双方共同育雏，通常会一起度过雏鸟出生后的第一个冬天，只有当下一个繁殖期来临时，家庭成员才有可能分散。这期间会包括一次前往过冬地的长途迁徙，雏鸟从中记住迁徙路线和途中间歇地，这种模式经过多年的往返会形成一种根深蒂固的传统。如白额雁最晚自18世纪起便一直在英格兰塞汶河口的瘦桥过冬。

很多鸭类在一个繁殖期内只选择一个配偶，但配偶关系有可能在之前的秋季便形成（如许多嬉水类鸭），然后维持到次年春季（如许多潜鸭和秋沙鸭）。通常当雌鸟开始孵化，配偶关系就破裂。雌鸟一般将雏鸟抚养至会飞然后再离开，但有些雌鸟会在雏鸟发育到一半时便弃之不管。在有些秋沙鸭和麻鸭中，数只雌鸟会一起照看一个雏鸟群。

硬尾鸭的配偶关系和亲鸟育雏时间都很短，大多数雏鸟几乎从出生之日起就自己照顾自己。黑头鸭便是如此，它们从不自己筑巢，卵全部产于其他鸟的巢中，后代得不到亲鸟的任何照顾。

绝大部分水禽为群居性鸟，其中有一些尤为突出。天鹅、雁和草雁在繁殖地以外几乎总是成群出现，有些甚至半群居繁殖。在这些种类中，集群的规模差别很大，从数十只至10万只以上不等。

天鹅群和雁群的成员为亲鸟和后代、配偶和未繁殖过的未成鸟，而嬉水类和潜鸭的过冬群体为大批的雄鸟和大批的雌鸟，这些雌雄鸟之前往往并不居于同一个地方。在几个栖息于北半球的种类中，特别是潜鸭类，雄鸟先离开繁殖地，但雌鸟的过冬地更靠南。

许多水禽类的寿命很大程度上受到人类狩猎活动的影响。若不遭捕猎，雁和天鹅相当长寿，活20年不成问题，但大规模射杀造成的威胁可以使它们的预期寿命最多不超过10年。大部分嬉水类鸭、潜鸭和硬尾鸭在1岁时就发育成熟，预期寿命为4～10年（如果它们有幸没成为猎人的目标），而这又会受到气候的很大影响。大多数天鹅发育至3～4岁才成熟，雁、草雁和麻鸭则为2～3岁。类似的，绒鸭和大型的锯齿种类通常也在2岁以后才成熟。

保护湿地
保护与环境

关于水禽保护问题，近年来强调的重点已从过去保护个别种类转移到进一步认识湿地栖息地的极端重要性上来。针对小规模或数量不断下降的野生种群，人们成功开展了人工饲养行动，一些种类如夏威夷黑雁，已经成为受益对象。

也许有必要对大部分水禽采取保护措施，因为在某些情况下它们会被视为害鸟，特别是对农业而言，其次为渔业。从世界范围来看，被视为害鸟并不是一个突出问题，但在局部地区可能会产生很大影响。拉布拉多鸭在1875年的灭绝、黄嘴秋沙鸭在1902年的灭绝，以及印度和尼泊尔的粉头鸭在20世纪90年代中期几近灭绝（由于捕猎和湿地丧失）都在提醒人们，倘若不希望更多的种类消失，那么需要做的还很多。

1971年，《拉姆萨尔湿地公约》的签订是国际水禽保护运动迈出的重要一步。所有缔约国均承诺在其境内至少指定和保护一处湿地。在公约的各项条款中，明确规定湿地正常栖息的水禽不得少于20000只或者不少于任一种类总数量的1%。截至2002年，已有130个国家加入该公约，有1040处湿地被列为拉姆萨尔公约地，总覆盖面积达917000平方千米。

洞穴营巢

在水禽的进化史上至少出现过3次独立的洞穴营巢活动。所有雁形目中约有1/3种类倾向于洞穴营巢，这种行为对它们的分布范围和生命活动都产生了巨大的影响，如它们的分布通常不会超过林木线（在该界线往两极方向生长的树木极其矮小）。由于自己不能掘洞，它们必须依赖于其他因素来营巢。举个例子，为了保护鹊鸭（右图）、斑头秋沙鸭、白枕鹊鸭、棕胁秋沙鸭、林鸳鸯和鸳鸯，不仅需要保护森林，而且还要保证森林中有相当数量的啄木鸟，它们啄出的树洞可以留给鸭科种类日后所用。而啄木鸟又需要从死树或临死的树上捕食昆虫，所以还必须是原生态的森林，不能人为地过度控制，不能没有任何疾病。

鹊鸭以前从未在英伦群岛育种，直至1970年一对配偶在苏格兰营巢。据研究表明，它们不在英国繁殖的原因正是那里没有黑啄木鸟。人们为此专门为鹊鸭设立了巢箱，但直至15年后才被一只鹊鸭接受——也许当时的这只雌鸟之前曾在欧洲大陆的某个箱子里孵过卵。如今，鹊鸭在英国的繁殖数量仍很少，并且很大程度上依旧营巢于巢箱中而非自然界的洞穴里。

一些斑头鸭营巢于啄木鸟的地洞中或（在阿根廷）选择灰胸鹦哥的弃巢，从而可以很好地躲避天敌。澳大利亚境内没有啄木鸟，但仍有许多鸭类要营洞穴巢，于是它们就必须依赖湿气、菌类、蚂蚁和白蚁来提供洞穴。绝大部分麻鸭使用地面哺乳动物的洞穴，但新西兰的黑胸麻鸭例外，之前它们一直生活在没有哺乳动物的世界里，它们的雌鸟在岩石裂隙中营巢。在诺曼底人将野兔引入英国之前，那里的翘鼻麻鸭肯定相当少。赤头麻鸭则对土豚的洞情有独钟，而后者自身正变得日益稀少，需要大力保护。棕头草雁的雌鸟像短翅船鸭一样喜欢营巢于企鹅洞中。湍鸭会使用翠鸟的弃洞。因此，为保证许多水禽类的繁殖数量，就必须维护整个栖息地的生物多样性，倘若缺乏某种安全可靠的营巢方式，由此限制了它们的繁殖，那么就应当采取尽量模仿其特征的人工方式（如巢箱形式）来弥补。

巢箱方案还有一个优点，即巢箱的制造和设立涉及广大公民，故有助于普及对鸟类保护的实际操作技巧。如野生的绿翅雁和中华秋沙鸭便是近年来受益的水禽，它们已经成功地在人工巢址中营巢繁殖。

鹰、雕和兀鹫

昼行性的鹰科是迄今为止世界上最大的食肉鸟群体。种类繁多，体形各异（小至如伯劳鸟那样的娇鸢和侏雀鹰，大至如天鹅般大小的虎头海雕和皱脸秃鹫），意味着该科无论在形态还是觅食习性上都呈现出广泛的多样性。

鹰科食肉鸟以壮观的空中炫耀表演而出名，但在领域炫耀中，有些种类（如蛇雕和非洲冠雕）只是做翱翔和鸣叫。领域炫耀行为既可以是模仿进攻，如一只鸟俯扑向另一只鸟；也可以演变成真正的攻击，即相互之间有接触行为；有时则会出现翻筋斗旋转而下的精彩场面。而求偶炫耀常常为反复的波状飞行，一般主角是雄鸟，先扇翅向上翱翔，然后合翅向下俯冲。一些种类如鱼雕，扇翅节奏会比平时慢，幅度则更大。另一些种类如非洲鹃隼，炫耀中会翩翩起舞。还有少数种类（如黑雕）向下俯冲时动作灵活多变，甚至会做出又翻圈又成环形飞行的动作。

在求偶期间一般是雄鸟给雌鸟喂食，通常在栖木上进行。然而，鹞类会进行壮观的空中食物接力——飞翔的雄鸟放下食物，雌鸟迎到半空中接住。

空中食物接力
在白头鹞中，外出为雏鸟觅食的雄鸟并不返回巢中，而是雌鸟迎上前去，在空中仰面朝上接住由雄鸟扔下的猎物。

"鹰击长空"

形态与功能

鹰科中最大的 3 个群分别代表了公众最熟悉的食肉鸟：鹰、鹭、雕。其中人们最耳熟能详的鹰类有 6 属 58 种，大部分为鹰属种类（科内最大的属），如苍鹰、雀鹰等。它们为中小体形的鹰，翅短而圆，尾长，善于在林地或森林中曲折穿行，快速追捕小鸟、爬行类和哺乳动物，这些是它们中许多种类的主要食物。大多数在栖息地相当隐秘，不容易观察到。但非洲的一部分鹰如浅色歌鹰，见于开阔的大草原，栖于显眼的栖木上，它们捕食各种地面小动物，此外还会食珠鸡。

鹭类同样为一个大群，甚至更细化，包括 13 属 57 种，主要以小型哺乳动物和某些鸟类为食。真正的鹭（即鹭属的鹭）分布非常广泛，如欧洲的普通鹭、北美的红尾鹭、南美的阔嘴鹭、非洲的非洲鹭等。鹭类在新大陆最具多样性。体形大者如南美森林中强健的角雕，主要捕食猴和树懒；体形中等者如食鱼的黑领鹰；体形小者如以食昆虫和小型爬行类为主的南美鹭系列。而后两者也均见于南美森林。在世界其他地方，鹭类的多样性则体现在诸如稀少而引人注目的菲律宾雕（具有长而尖的头羽和巨大的喙）、小巧的非洲蝗鹭鹰、新几内亚山地林中的长尾鹭等种类身上。

真正意义上的雕类以腿部覆羽而有别于其他的雕，共有 9 属 33 种。其中体形最大、也最为人熟知的便是雕属的雕，包括北半球的金雕和澳大利亚的楔尾雕。大部分在食哺乳动物和部分鸟类之外还会食一些腐肉。但所有这些"穿羽靴"的雕都以捕食活猎物为主，并且有许多种类如鹰雕系列是非常活跃的食鸟类，在森林或林地的树荫层飞翔捕猎。少数为特化种，如亚洲的林雕展翅翱翔在森林上空专门搜索鸟巢，非洲的黑雕则在凸出地表的岩石中间寻捕蹄兔。很多雕类一窝产 2 枚卵，但先孵化的雏鸟通常会攻击并杀死后出生的雏鸟。残杀手足的现象在其他一些食肉鸟中也有发生，表现为本能行为或通过食物争夺来实现，然而其起源及优点所在仍有待研究。

鸢和蜂鹰类包括 15 属 29 种，具有某些极端的特化形式。鹃头蜂鹰专门用它的直爪挖掘胡蜂的幼虫，而为了避免被螫，其脸部长有羽毛。食蝠鸢喜欢在黄昏时用翅膀捕捉蝙蝠，然后通过它异常大的咽喉一口吞下。黑翅鸢像隼一样盘旋寻觅啮齿动物，用强健的腿脚将其击晕而捕获。食螺鸢和黑臀食螺鸢用它们具钩的长长喙尖从螺壳里啄出螺。而黑鸢和栗鸢则在非洲、印度和亚洲其他地方的乡村和小镇上四处觅食（腐肉），因而成了最常见、最适应各种条件的猛禽。

兀鹫类（9 属 15 种）特化为食腐，虽然食腐的方式多种多样。达尔文形容它们"沉湎于糜烂"。多数为大型鸟类，头和颈裸露或覆以绒毛，翅宽，用于翱翔寻找尸体残骸。有些种类的喙粗壮，

知识档案

鹰、雕和兀鹫

目 隼形目

科 鹰科

62 属 234 种。

分布 全球性（除南极），包括许多海岛。热带种类最丰富。

栖息地 从雨林至沙漠再到北极苔原。森林边缘带、林地和大草原最丰富。

体形 体长 20～150 厘米，体重 75 克～12.5 千克。通常雌鸟大于雄鸟。

体羽 主要为灰、棕、黑和白色。雏鸟羽色有别于成鸟。两性成鸟略有区别，少数种类差异明显。喙长，具钩；爪弯，一般呈黑色；腿、脚、喙基的肉质蜡膜常为黄色，有时呈橙、红、绿或蓝色。虹膜一般为深褐色，有些种类为米、黄或红色，极少情况下为灰或蓝色。

鸣声 各种啸声、喵喵声、呱呱声、吠声，通常很尖。大部分种除繁殖前一般较为安静，但一些林栖种类很嘈杂。

巢 树枝所搭的平台，常衬以绿叶，一般筑于树杈或岩崖。

卵 窝卵数 1～7 枚；颜色为白或浅绿色，常有褐色或紫色斑纹。孵化期 28～60 天，雏鸟离巢期 24～148 天。

食物 所有种类都喜食新鲜的肉，捕杀活的动物。部分种类食腐肉，兀鹫为代表。多数种类会捕获从蚯蚓到脊椎动物的各种动物。但少数特化为专食螺、胡蜂、蝙蝠、鱼、鸟、鼠，甚至油棕的果实。

保护状况 有 8 个种类目前被列为极危种，包括古巴钩嘴鸢、白腰鹫、长嘴兀鹫和里氏鹫等。另有 4 种濒危，22 种易危。

用以撕碎肉、皮肤和肌腱，有些喙精巧，善于从骨骼缝隙间将少量的肉等啄出来。其他的则为特化种。白兀鹫是极少数会使用工具的鸟之一，会将其他鸟的卵摔到

鹰科大型种类的代表种

1.斯氏鵟,从阿拉斯加迁徙至
阿根廷,穿过中美地峡,以避免
做长途海上飞行2.棕尾鵟,3.白
头海雕,是非常出色的捕鱼能手,
但与鹗同处一地时会经常抢夺
后者的食物,4.西班牙雕,5.饰
冠鹰雕,6.黑雕,7a.一只兀鹫
的脚,兀鹫能够在地面自如行走
和跑动,7b.雕的脚爪强健有力,
能够紧紧抓牢猎物,8.亚洲的白
背兀鹫,栖息于印度的农田中,
9.一只秃鹫在用喙给雏鸟喂水,
10.胡兀鹫,11.棕榈鹫。

— 198 —

地上摔碎或者扔下石块将卵砸碎；胡兀鹫会将骨头扔到岩石上摔碎，然后用勺子状的舌头舔食骨髓；而棕榈鹫摄取的非洲油棕榈的果实比腐肉还多。

海雕和鱼雕类（2属10种），也食大量腐肉，不过它们的主食是鱼和水禽，这与它们的亲缘种叉尾鸢一样，只是后者体形较小，且为杂食鸟。最声名显赫的海雕便是作为美国国徽标志之一的白头海雕，这种鸟的数量曾一度大量减少，不过如今已得到恢复。相比之下，灰头鱼雕就没有这么幸运，栖息于亚洲一部分河流流域的它们在不断减少。而马岛海雕有可能是目前世界上最稀少的猛禽。

蛇雕和短趾雕类（5属16种）为大型猛禽，善于用它们的短趾和有大量鳞片的腿来捕杀蛇。它们头很大，像猫头鹰，再加上眼睛为黄色，因此很容易识别。它们像兀鹫一样一窝只产1枚卵，但与兀鹫不同的是，它们捕食活的猎物，衔在嘴中回到巢里吐出来，短趾雕便是如此。大部分栖息于森林或茂密的林地中，如刚果蛇雕和珍稀的马岛蛇雕，后者在绝迹半个多世纪后直到1988年才重新出现。

色彩鲜艳的短尾雕，虽然与蛇雕有明显的亲缘关系，但是有其独特的弓形翅和极短的尾，使之得以在非洲大草原上游刃有余地低空滑翔，寻觅尸体腐肉和活的小型的猎物。而非洲鬣鹰和马岛鬣鹰很可能与蛇雕的亲缘关系更近。它们具有细长的腿和与众不同的双关节"膝"，从而能够从树洞和岩脊洞中拖出小型的动物。同时，它们瘦小、光秃的脸便于它们慢节奏地滑翔、灵活地穿过林地的植被，从缝隙或叶簇中觅得食物。

南美的鹤鹰在形态和习性方面与鬣鹰如出一辙，但鹤鹰很可能属于另一个群体鹞类（3属16种），因此这无疑是通过趋同进化实现生物相似性的绝佳例子。鹞类是一群相当统一的鹰，中小体型，尾长，翅宽，在草地上空（如乌灰鹞）和沼泽上空（白头鹞）缓慢地低空觅食。主要捕食小型动物和鸟类，另外也食某些爬行类和昆虫。它们的脸像猫头鹰，耳大，对藏于茂密植被中的猎物发出的声响非常敏感。绝大部分鹞营巢于深草丛中的地面或芦苇荡的水面上，但澳大利亚的斑鹞例外，它营巢于树上，通常远离水域。

大多数热带猛禽为定栖性，生活在永久性的领域内。而在温带地区，由于气候更带有季节性和不可预测性，绝大部分种类都会进行某种形式的迁徙，在繁殖地和非繁殖地之间做距离不一的迁移。最长的迁徙为每年飞行约2万千米，由那些定期在东欧和非洲南部之间（如普通鵟）或北美和南美两端之间（如斯氏鵟）往返的猛禽完成。

成对、成群

繁殖生物学

大部分鹰科猛禽一年内只有一个配偶，有些数年内保持同一个配偶，而少数大型的雕甚至被传称配偶为"终身伴侣"，但这尚未得到证实。一雄多雌制，即1只雄鸟在同一段时期内与1只以上的雌鸟进行繁殖，在鹞类中比较常见；而一雌多雄制，即1只雌鸟与多只雄鸟进行繁殖，则在中美洲的沙漠种类栗翅鹰中很常见。这2种繁殖机制偶尔也见于其他种类中。

鹰科的所有成员都筑有自己的巢，巢材为树枝和茎，常常衬以新鲜植被，一般筑于树上和岩崖上，有时营于地面或芦苇荡中。不同种类之间不时会互换巢址。而隼和猫头鹰则不自己筑巢，经常占用鹰的弃巢。

大多数猛禽在繁殖期有非常明确的分工。雄鸟负责外出觅食，雌鸟留守巢周围，负责孵卵和看雏。这一模式会一直保持到雏鸟发育过半，然后雌鸟也开始离开巢址，协助雄鸟捕猎。与其他大部分营巢鸟类的后代不同的是，猛禽类的雏鸟一孵出来便覆有绒羽，并且眼睛睁开，喂食时它们会很配合地迎上前来吞下食物。

在多数猛禽中，雌鸟最初会将猎物的肉撕成碎片，之后由雏鸟从它的嘴里啄取，但雏鸟在会飞前便须学会自己撕碎猎物。在兀鹫类和一些鸢类中，亲鸟履行职责更为平等，它们轮流营巢，自己的食物自己解决，并带一部分回巢吐喂给雏鸟。

猛禽在栖息地内给自己安排空间的方式各不相同，很大程度上取决于食物的

鹰科小型种类的代表种

1.见于西非森林中的非洲长尾鹰，2.白头鹞，3.鹊鹞，4.灰歌鹰，在一个白蚁墩上鸣叫，5.雀鹰，栖息于旧大陆的温带森林，6.黑背鹰和它刚捕获的猎物，7.马岛鬣鹰在觅食昆虫，8.黑胸短趾雕叼着它的猎物，几乎所有的蛇雕类都为非洲种，9.食螺鸢生活在美洲的沼泽地中，以大型螺为食，10.燕尾鸢，见于美国南部至南美洲，11.赤鸢，12.鹃头蜂鹰。

分布情况。存在 3 种主要的机制。第一种是配偶划定它们的巢域，每对配偶维护巢边上外加周围一定面积的区域。约有 3/4 的猛禽采用这种模式，包括最大的群体鹰类、鸳类和雕类中的部分种类。无论猎食区或巢址为专属还是发生重叠，在栖息地内不同配偶的巢之间往往间隔相当大，小型的猛禽为将近 200 米，大型猛禽则可达 30 千米以上。以这种方式来安排空间的种类成员通常为单独猎食和栖息，捕食活的脊椎动物，每年在数量和分布上体现出相当的稳定性。

鹰科鸟类在求偶炫耀中展示的一流的飞行技术
1."眩晕式"表演。图中一对非洲海雕用爪相互钩在一起，共同翻筋斗，或者像落叶一样左右飘忽。2.波状飞行，起伏可深可浅。图中的白尾鹞俯冲时翅膀半合，而后扇翅重新上升。3."浪峰式"表演。这是波状飞行的极端形式，图中的茶色雕俯扑时翅膀完全闭合。4."钟摆式"表演。图中的黑雕呈八字飞行。

　　第二种机制是一些配偶成群聚集在一起，在空间有限的地点"邻里"营巢，外出去周围地区觅食。这一机制在诸如黑鸢、赤鸢、黑翅鸢和纹翅鸢以及蝗鸳鹰、白头鹞、白尾鹞和乌灰鹞身上体现得非常明显。不同的配偶会在不同的时间或朝不同的方向捕猎，或数对配偶在同一区域内各自独立觅食，或是在不同的区域内进行轮换。繁殖群一般由 10～20 对配偶组成，巢之间的间隔为 70～200 米。有时也会发现规模更大的繁殖群。在鹞类中，群居营巢倾向有时因一雄多雌制而得到进一步强化，因为每只雄鸟会有 2 只或更多的雌鸟将巢筑在一起。

　　在合适的营巢栖息地不足时，群居营巢对于鹞类和鸢类而言往往都是十分必要的。因此，即使它们会普遍采取巢掩盖措施，但群居的习性还是显而易见的。这样的种类常常只能零星地获得丰富的食物来源，如局部的蝗虫或啮齿动物泛滥成灾。这也使得它们在某种程度上具有移栖性，结果每年在局部地区的数量可能会出现很大的波动。鸢和鹞在非繁殖期也经常成群栖息，其中鸢一起栖于树上，鹞栖于芦苇荡或深草丛中，不过每只鸟均各自拥有一块站立的平台。白天，它们分散在周围地区捕猎，晚上则数十只鸟聚在一起栖息。在非洲的一些地方，偶尔会有几个不同种类的数百只鸢和鹞栖息在一起。同一个栖息地每年都会被使用，但栖息的鸟类数量会差别很大。

第三种机制是配偶在密集的繁殖群中营巢，并群体觅食。这种机制见于食螺或食昆虫的小型鸢类，包括食螺鸢、燕尾鸢、娇鸢和灰鸢，但也出现在兀鹫属的大型种类中。在这些种类中，配偶营巢间隔非常近，通常不足 20 米，并且聚集成大的群体。一个群体一般至少有二三十对配偶，食螺鸢群体有时不止 100 对，而一些大型兀鹫则会超过 250 对。同时，这些种类还集体觅食，一般成分散的群体。兀鹫则是在空中分散飞行，然后聚集到有尸体腐肉的地方。觅食群体在规模大小和组成成员方面都不固定，而是随着个体的加入或离开不断变化。它们的食物来源很明显比较集中，但时间和地点难以预测，可能某一天在某一个地方会觅得大量的食物，而改天换个地方就截然不同了。另外，这些种类始终栖息在一起，非繁殖期会形成规模更大的群体。

无论分散还是集中，绝大部分猛禽都会选择一个特定的地方来营巢。可以是一处悬崖、一棵孤立的树、一片小树林，也可以是一片森林等。所筑巢很多都会长期使用，如一些金雕或白尾雕相继在某些特定的悬崖营巢已至少有一个世纪。一些雕类的巢，则会年年添砖加瓦，变得越来越大。如一个历史上著名的美国白

雌鸟大于雄鸟

猛禽类最有趣的特点之一便是两性在体形上存在显著差异，雌鸟普遍大于雄鸟，在一些种类中甚至为雄鸟的 2 倍大。这种性二态很明显与猛禽类的生活方式有关，因为这样的特点也见于其他食肉鸟身上，如猫头鹰和贼鸥。不过，也出现在少数非猛禽的种类中，如水雉（水雉科）、彩鹬（彩鹬科）和三趾鹑（三趾鹑科）。

总体而言，在猛禽中，体形的差异程度和性别角色的分化程度与猎物的速度和灵活性成正比。极端的例子便是兀鹫，它们食完全静止不动的腐肉，因此在两性体形和角色方面没有明显的差别。在以螺等行动缓慢的猎物为食的种类中，雌鸟仅略大于雄鸟，同时两性在繁殖行为中有不少方面为共同承担。那些食昆虫和爬行类的猛禽则表现出相对较大的体形差异，食哺乳动物和鱼的种类更是如此，而捕食其他鸟类的猛禽则具有最明显的两性差异。在这些种类中，如果捕食相对于自身体形越大的猎物，那么两性差别就越大。因此那些捕杀比自己重的鸟的鹰类和鹰雕类在繁殖中会体现出广泛的两性差异，两性体形相差极大，以至于雌雄鸟会捕食不同大小、不同种类的猎物。

虽然了解了两性体形与食物之间存在着上述关系，并且也了解这种两性差异关系到繁殖行为中的性别角色，但至今尚不清楚为何在猛禽中较大者是雌鸟而非雄鸟。并且，最主要的差别似乎在于对根本资源的竞争力。在猛禽中，雌鸟争夺领地用以吸引配偶和抚育后代，于是通过自然选择的作用，雌鸟的体形会趋于适合它实现最佳生存和繁殖的最大值。然后，雌鸟会选择一个与它在体形上最匹配的雄性，无论比自己大还是小或接近，从而适应在所属种类中特定的"生态位"。这样的进化原理使两性体形差异的多样性更富有意义，不仅对于猛禽类，对于同样是雌鸟大的那些非猛禽类，甚至是对于占鸟类大多数的雄鸟较大的种类而言都是如此。

头海雕的巢，面积达 8 平方米，巢材可以装满两辆货车；另一个在南非的黑雕巢则高达 4 米。而即使是一块地被植物，白尾鹞也可以营巢数十年。群居的猛禽倾向于年复一年地在同一个地区营巢，如在非洲南部，许多悬崖（至今仍为南非兀鹫所用）从人们给它们取的名字中就可以看出之前数个世纪一直是南非兀鹫在那里营巢。和其他群居繁殖的鸟类一样，猛禽的每对配偶也只维护巢周围的一小块区域，因此只要有足够的岩面，许多配偶都会拥挤在同一个悬崖，而不会去其他同样合适的空悬崖。总体而言，筑在岩石上的巢比树上的巢更长久，筑于树上的巢则比草被上的巢更长久。

无处安巢
繁殖密度

　　体形对繁殖的走向似乎会产生巨大影响。种类的体形越大，开始繁殖的年龄越晚，繁殖周期越长，则每次繁殖产下的后代越少。而猛禽类由于对巢的特殊要求，是极少数繁殖数量和成功率受限于巢址落实情况的几种鸟类之一。如在悬崖筑巢的猛禽类，它们的繁殖密度受限于合适岩面的数量，而它们的繁殖成功率取决于掠食者接近这些岩面的难易程度。在开阔地的猛禽则受限于树木的短缺，尤其是在大的草原和草地，常常有充足的食物，却鲜有树木。而即使在林地，适于安巢的地方也远比想象中的少。据一位生物学家得出的结论：在芬兰，数百平方千米的成熟森林中，平均每 1000 棵树中适合白尾雕营巢的连一棵都不到；而在未成熟的森林中，适于营巢的树木更是稀少，甚至完全不存在。不过，从积极的方面来看，这一事实也意味着提供人工的巢址（如树上、建筑物上、采石场、铁塔上的平台）可以用来提高食肉鸟的繁殖密度。

　　在巢址供大于求的地区，猛禽的数量则取决于食物的供应。食物多样化的种类往往拥有相当稳定的食物供应，即使在某个具体的区域，繁殖数量也保持相对稳定，数年间平均的起伏幅度不超过 10%～15%。在不受人类负面影响的地区，像金雕和猛雕这样的鸟类则成为数量长期保持稳定的范例，虽然因局部食物供应情况会使区域间的繁殖密度产生较大差异。

　　相反，如果依赖于捕食具有季节性波动的猎物，那么这样的猛禽类其繁殖密度每年都会不一样，或多或少地随猎物的波动情况而起伏。典型例子便是以啮齿动物如旅鼠为食的白尾鹞和毛脚鵟以及以野兔和松鸡为食的苍鹰。啮齿动物的数量每隔 3～4 年达到一次高峰，它们的掠食者也是一样；而野兔和

红尾鵟的雏鸟孵化后，雌鸟会育雏 1 周。之后亲鸟双双外出捕猎以带给这些大食量的雏鸟足够的食物。雏鸟在会飞后继续留在亲鸟身边 6～7 个月，直到学会独立觅食。

松鸡的循环周期为 7 ～ 10 年，它们的掠食者亦是如此。其中苍鹰的情况尤其具有指导意义，因为它们在猎物（如野兔）供应稳定的地区繁殖数量就稳定，在猎物供应有波动的地区就同样跟着起伏。

总体来说，较之于捕食大型、稀少猎物的大型猛禽类而言，小型猛禽类捕食的猎物较小但数量多，因此它们的繁殖密度相对较高。一只小型的非洲鹰捕猎的范围为 1 ～ 2 平方千米，一只普通鵟为 1 ～ 5 平方千米，而一只大型的雕捕猎的范围远大于此。猛雕，非洲最大的雕，以小羚羊、巨蜥和猎禽类为食，平均每 125 ～ 300 平方千米才出现 1 对，巢址间的距离为 30 ～ 40 千米，成为世界上分布最稀的鸟类之一。不过大型的食鱼猛禽为例外，它们在鱼类集中的地区呈高密度分布。而大型的群居性猛禽，如大型兀鹫，在群居地数量众多，但倘若考虑到它们极为广阔的觅食区域，实际上它们的整体密度也非常低。

身处险境的顶级掠食者
保护与环境

既然食肉鸟捕食其他动物，那么不管体形如何，它们存在的密度就必然低于构成它们猎物的鸟类和其他动物的密度。而它们在局部食物链中处于最顶端的位置也给它们带来了数方面的负面效应，这通常为人类活动的结果。首先，一旦栖息地出现任何恶化现象，如自然地被用以农业耕作或森林遭毁坏等，那么猛禽类受到的影响最直接、最广泛。其次，当猛禽类将猎禽、家禽、牲畜作为它们的猎物时，势必会与人类产生冲突，而这种竞争的结果往往是它们遭到直接的迫害，或被枪击，或落入陷阱，或被下毒。最后，也是最难以察觉的，它们因捕食猎物而在体内不断积累起有毒化学物质，如汞、DDT（二氯二苯三氯乙烷）、PCBs（多氯联苯）、狄氏剂等，通常源于农业杀虫剂或工业污水，结果很容易被感染以致中毒，如北美的白头海雕便是例子。

因此，世界范围内近 25%（234 种中有 58 种）的鹰科种类被世界自然保护联盟列为受胁种也就不足为奇。其中有 8 种极危种，包括菲律宾雕、马岛海雕、马岛蛇雕、白领美洲鸢等。而在局部地区，形势更严峻，许多其他的猛禽种类数量也在大幅减少甚至绝迹，虽然在现阶段这些种类的总体数量还尚未出现危机。

栖息地遭破坏已经成为导致猛禽类和其他野生生物数量下降的主要原因。从长远来看，人口的持续增长、经济发展和人类社会的强盛，仍是它们的最大威胁。不管存在其他何种不利影响，栖息地对任何野生生物的数量、规模和

东北亚的虎头海雕是世界上最大的雕之一，体重 6 ～ 9 千克，翼展可达 2.5 米，这使该鸟能够携重型猎物如大鲑鱼和水禽类等飞行。

分布范围都具有最终的决定作用。生活在特殊的或受限的栖息地的种类最容易受到影响，因为栖息地的总面积及其能承受的最大野生生物的数量都非常有限。大量栖息于森林、沼泽和岛屿的种类在全球范围内普遍受到威胁，原因便在于此。

由于一个地区对猛禽的承载能力有时依赖于巢址的获得情况，因此，通过人工增加巢址可以在一定程度上弥补不足。而倘若通过增加食物供应来提高一个地区的承载能力则要困难得多，因为刺激猎物数量的增长通常需要对土地使用模式进行改变。于是，最可行的办法往往是维护现有的优质栖息地，或至少防止其进一步恶化。在北美、非洲、亚洲和澳大利亚，一些大型的国家公园为猛禽类提供了绝佳的栖息地，使它们可以保持很高的数量。在人口众多的国家，通过这种方式得以保留下来的地区，大部分面积都太小而无法支持大量鸟类的生存，尤其是那些需要大片栖息地才能维持生存的大型种类。不过，如今在各个地方，人们都日益认识到减少对人类居住地周围的野生生物栖息地施以人为影响的重要性。

现在，人类对猛禽的直接迫害已不如过去那样严重，至少在北半球国家，对动物的仁慈道义已演变为保护性的立法。这些立法在世界各地各不相同，在不同的国家获得的成功程度也各异。通常，在发达国家效果最明显，如欧盟、美国、加拿大、日本和澳大利亚。对立法的态度也不一，有尊重，也有漠视，尤其在欠发达国家。并且，由于鸟类的保护很难进行监督，所以在法律的效力和执行之间仍存在相当大的漏洞。

关于化学污染的威胁，从长期而言，唯一的解决办法便是减少生物杀灭剂的使用，从而使其在环境中的浓度降低。在许多北半球发达国家，人们通过用毒性小、药性持续时间短的新型化学制剂来代替以前的那种杀灭剂，虽然新型制剂更昂贵。然而，廉价而危险的化学产品仍在制造，并广泛在欠发达国家中使用。结果不仅威胁到当地的种类，也威胁到迁徙至那里的猛禽。

在生物杀灭剂的使用导致环境水平开始下降后，人们采取了多种不同的措施来进行弥补。有数个种类被人工饲养繁殖，以重新放回野外。目前，这方面的工程包括：法国将人工饲养的西域兀鹫重新放回野外，瑞士将人工饲养的胡兀鹫放生回阿尔卑斯山（在这项方案实施了 16 年后，如今有 70 只胡兀鹫飞翔在阿尔卑斯山上空），美国纽约州将人工饲养的白头海雕放回野外，另外还有菲律宾的菲律宾雕和南非的白兀鹫。其他放回野外的计划还牵涉到将雏鸟从一个地区转移至另一个地区，如眼下在苏格兰重建白尾雕野生种群的行动便是如此。在英格兰和威尔士，人们从西班牙等赤鸢较为常见的国家引入赤鸢，然后将人工繁殖的个体放生到多林地带。

当某个种类在原本适宜的栖息地因人类活动而遭灭顶之灾时，人工繁殖然后放回野外是唯一的选择。许多大型猛禽的种群极为分散，要使这些种类通过自然的方式重新连接起一块块孤立的栖息地基本上不可能，至少在可预见的将来不会实现。但人工繁殖然后放生的计划实施起来不仅难度大，而且成本高，因此，保护食肉鸟最经济最有效的办法就是尽可能保护更多优质的栖息地，并将其他一切负面因素降至最低。

雉和鹑

地栖性的雉和鹑构成了鸡形目（松鸡和火鸡也属其中）最大的科。对于人类而言，雉科显得无比重要，因为它里面就有普通家禽的原种。普通家禽饲养始于至少5000年前，如今在地球上的数量据称有240亿只，几乎为全球人口的4倍。由于雉科的成员对人类而言具有很大的利用价值，因此许多种类目前面临威胁。

雉和鹑往往外表绚丽。在南亚许多地方人民喜爱的蓝孔雀以其美丽动人的身姿征服了全世界。另有数个种类，如山齿鹑和环颈雉，往往关系到价值达上亿美元的乡村产业的发展问题。

而有些种类则以它们的歌唱本领受到世人的喜爱（如鹑在巴基斯坦），还有些种类成为勇敢的象征（在古代中国，出征的将领会戴上褐马鸡的尾羽，即将军头盔上的雉鸡翎）。在爪哇，绿孔雀的尾羽乃是传统的服饰材料。而与之形成鲜明对比的是，该科中也有一些最不为世人所知的种类，尤其是喜马拉雅鹌鹑，至今只收集到约10个标本，并且这些标本都是1个世纪以前的。阿萨姆林鹑同样在近年来未曾有过记录。

圆鸟圆翅
形态与功能

几乎所有的雉和鹑都为圆胖型的鸟，腿短，翅圆。从小型的非洲蓝鹑到高贵的蓝孔雀，均善奔走，疾跑肌肉发达，而极少飞行，除非为了逃离危险，从遮蔽物中冲出时才会迅速扇翅飞走。一些栖息于茂密森林中的种类如凤冠孔雀雉，倾向于穿过下层丛林偷偷溜走，只有在突然受到侵扰时才方奔跑。大部分种类不能远飞，为定栖性鸟，仅在出生地方圆数千米内活动。不过，有些鹌鹑类却会进行长途飞行，为迁徙性或移栖性鸟。例如，鹌鹑每年定期迁徙，花脸鹌鹑在非洲的一些种群则为移栖性，很可能是为了适应季节性的降雨模式，南亚的黑胸鹌鹑亦是如此。

新大陆鹑类为其中最典型的圆胖型小鸟，有明显的黑色、白色、浅黄色或灰色斑纹，有些具向前的硬冠羽。最出名的种类或许是山齿鹑，在美国是一种主要的猎物。

旧大陆鹑类栖息于非洲、亚洲和澳大利亚的草地中，虽然数量少，但分布广。其中有6个种类通常被两两归为一类，组成所谓的"超种"，表

见于喜马拉雅山的灰腹角雉，为5种亚洲山区雉类（角雉属）之一。这种鸟以它们的羽毛、食草性以及树上营巢的习性（为雉科中的唯一）而出名。

明它们之间的亲缘关系非常密切。它们是鹌鹑、西鹌鹑、花脸鹌鹑、黑胸鹌鹑、非洲蓝鹑和蓝胸鹑。

鹧鸪类是一个多样化的集合，主要为体形中等、身体结实的猎禽，见于旧大陆的多种栖息地。其中包括大型的雪山鹑，重 3 千克，栖息于中亚的高山苔原。在东南亚，有许多鲜为人知的鹧鸪种类栖息在热带雨林中，如华丽的冕鹧鸪。但鹧鸪类最常见于开阔的栖息地，如半干旱沙漠、草地、矮树丛。不少种类也适应在大片的耕田里生活，比较突出的是灰鹧鸪和石鸡，这两种鸟在欧洲许多地方的耕田中已很常见，并被引入到了北美。然而，现代农业技术尤其是杀虫剂和除草剂的广泛使用，使这些鸟近年来在欧洲的数量持续下降。非洲仅有鹧鸪类的两个属，分别为像矮脚鸡的石鹑（石鹑属）以及鹧鸪属，后者包括 41 种，大部分限于非洲大陆。这些与鹑相似的鸟非常健壮，生活于多种栖息地内，往往很嘈杂。1992 年在坦桑尼亚的山区新近发现了一个新的种类：坦桑尼亚鹑。

雉类通常指该科中体形相对较大、色彩更鲜艳的成员。在 16 属 48 种中，仅有 1 种不分布在亚洲，那便是与众不同、楚楚动人的刚果孔雀，由 W.L. 查平于 1936 年发现，在鸟类学界轰动一时。雉类为林鸟，有些生活在东南亚的雨林中，其他的则见于中亚山区不同高度的森林中。虽然雄鸟色彩绚丽、鸣声响亮嘈杂，但大部分雉类很隐秘，难见其踪影。最突出的例子便是见于中国西部的红腹锦鸡和白腹锦鸡，这是两种有颈翎的雉。两者的雄鸟异常艳丽，其中雄红腹锦鸡的羽色为红、黄、橙，雄白腹锦鸡具白、绿、红和黑色。曾在很长一段时期内，欧洲的博物学家们认为中国艺术家所画的这些鸟纯粹是想象中的虚构之物，因为它们看上去实在太不可思议了。

雉科种类的群居结构体现出一种颇

有意思的差异。大部分较小的鹑类和鹧鸪类为高度群居，但为单配制。较大的雉类有一些也为群居，如孔雀。但更多的尤其是栖息于茂密森林中的种类则为独居，它们通常为一雄多雌制(一只雄鸟拥有数只雌鸟做配偶)或为混交，即不形成配偶关系。

广布而各异
分布模式

　　雉、鹑和鹧鸪常见于美洲、非洲、亚洲和澳大利亚大部分地区的陆上栖息地。从东南亚茂密的雨林到阿拉伯半岛的干旱沙漠或喜马拉雅山的高峰，几乎每个栖息地都有代表性种类。只有南极、某些海岛、南美南部（它们在那里的"生态位"由鹅占据）以及北半球北端的苔原和林地（那里的"生态位"由松鸡取代）见不到它们的身影。

　　在所有的分布区内，都既有见于开阔性栖息地的种类，也有见于封闭性栖息地的种类。一般而言，居于开阔地带的种类对栖息地没有特别的要求，因此分布相对广泛。如非洲的一些鹧鸪广泛分布于该大陆，其中红喉鹧鸪或许是分布最广的种类，其范围超过 400 万平方千米。相反，栖息于森林和林地的种类，往往对栖息地有更特殊的要求，分布也就较为有限。当然，这种规律也有例外，如黑鹇，就广泛分布于从巴基斯坦东部直至缅甸境内的喜马拉雅山林区。

觅食于落叶层
食物

　　角雉类，连同高海拔的雪鸡类，被认为是雉科中唯一完全食植物的种类。喜马拉雅山的暗腹雪鸡，夏季生活在海拔 4570 米的高山上，在化雪的山坡和高山草地中觅食，在土壤里搜索各种根、茎、种子、叶和芽等。其他大部分种类的食物则相对

更加丰富，并有数种觅食技巧。其中一些种类，如彩雉和褐马鸡，具有结实的喙（和雪鸡一样），通常在地面大范围地挖掘，觅食地表下面的植物部分。一些新大陆鹑，如冠眼鹑，用它们的长腿在落叶层里觅食。还有些种类，如原鸡，在土壤或落叶层的表面刮抓，以此来惊扰躲在下面的无脊椎动物，或者发现种子及其他植物性食物。而黑鹑和其他几种热带森林中的鹧鸪则在落叶层上啄食。栖息于干旱地带的种类，如美国西部的新大陆鹑类，也是从地面啄食而非刮抓下面的食物。还有许多种类的食物仍有待于进一步去发现，因为它们通常生活在偏远的栖息地，观察难度非常大。

成对、成窝
繁殖生物学

在鹧鸪类和鹑类中，基本的群居单位为"窝"，即一组家庭成员，或许再加上其他数只伴随性质的鸟。在那些居于开阔栖息地的种类中，如雪鸡、石鸡、山齿鹑，"窝"通常会融合成大的"群"。而另一个极端是，一些林栖性种类如马来西亚的黑鹑或者部分鹧鸪，成鸟全年都单独或成对生活。结偶一般发生在"窝"解散前，虽然雄鸟常常会加入到其他的窝中去物色配偶。近来对鹌鹑所做的实验表明，这种行为很可能是为了避免"近亲繁殖"，尽管人们发现鹌鹑在择偶时往往对最初同一窝的"兄弟姐妹"一往情深，而不太选择"远亲"。

在相对更大、实行一雄多雌制的雉类中，求偶包含一系列持续时间长、场面壮观的炫耀仪式。其中非常独特但极为罕见的一幕是印度和尼泊尔的红胸角雉，雄鸟所做的炫耀将喉部铁蓝色的肉垂垂下，同时膨胀头顶2个细长的蓝角。喜马拉雅山的棕尾虹雉，色彩绚丽的雄鸟会在高高的悬崖和森林上空飞翔炫耀，并发出高亢的鸣声，着实令人惊叹。而最惊艳的求偶炫耀或许是来自马来西亚森林中的大眼斑雉之舞。雄性成鸟拥有巨大的次级飞羽，每根羽毛上都有一系列圆形的金色饰物，使之看上去成三维立体型。雄鸟会在森林中某个小丘顶上腾出一个舞台，用它那巨大的翅膀扫去落叶层以及其他的叶和茎。然后每天清晨，它都发出响亮的鸣声"号啕大哭"，以吸引异性。当一只雌鸟过来后，它便开始围着它起舞，在舞跳到高潮时，它会举起双翅，然后围成2个大大的半圆形扇形，露出翅上的千百双"眼睛"。而它真正的眼睛则通过2个翅膀中间的缝隙盯着雌鸟。

在斑雉的2个种类中，求偶炫耀以交配结尾，然后雌鸟离开，独自产卵育雏。而在原鸡类和环颈雉中，雄

10

雉和鹑的代表种类

1.原鸡，见于东南亚，普通家禽的野生原种，2.白腹锦鸡，南亚山区一种美丽的鸟，3.石鸡，从地中海地区引入美国西部，4.西鹌鹑，5.山齿鹑，美国南部和东部一种常见的猎禽，6.灰山鹑，7.红腹锦鸡，源于中国的多山地带，8.红腿石鸡，9.山鹑，10.飞翔的环颈雉，11.蓝孔雀，为人们所熟悉的孔雀，起源于印度，被引入到世界各地。

11

鸟与数只雌鸟结成配偶关系，并照看这些雌鸟，直至它们产卵。这种繁殖机制在其他鸟类中几乎不曾出现过（但在哺乳动物中很常见）。

除角雉类外，所有的雉和鹑都在地面营巢，通常在浓密的草本植被中筑一个简单的浅坑。窝卵数从斑雉的2枚至灰山鹑的近20枚（所有鸟类中最多的窝卵数）不等。由于卵经常被掠走，环颈雉的雌鸟每个繁殖期会营巢2次或2次以上。当产下2窝卵时，一窝雌鸟自己孵，一窝给雄鸟孵。除这种鸟外，其他雉科的雄鸟很少或根本不参与孵卵。曾发现过人工饲养的雌红腹锦鸡不饮不食（甚至不动）连续孵卵22天。有一回，当这种鸟如此静坐时，一只蜘蛛在它背上结了一个蜘蛛网。在野生界是否也会发生这样的情景尚不清楚。

雉科的雏鸟为早成性。一出生就能自己进食，数小时内便离巢，1周后就会飞。非洲蓝鹑的幼鸟仅有2个月大时便可以繁殖。由于繁殖能力强，雉和鹑能够在大量遭掠食的情况下依然生存下来。而人类也学会利用这一点来对它们进行捕猎。有许多种类都成为捕猎的对象，比较突出的是环颈雉。

人类的猎物
保护与环境

雉科类的鸟往往是美味佳肴，再加之多数陆上栖息地均遭到大规模的侵占或退化，这些都意味着它们的数量比其他大部分鸟的数量减少得快。世界自然保护联盟最新公布的评估表明，所有鸟类中有11%的种类生存受到威胁，而雉科近200个种类中竟有1/4为受胁种。其中，至少有一个种类即新西兰鹑，目前已灭绝。

总体上看，生活于森林中的种类形势最严峻。喜马拉雅山、中国、东南亚和新热带地区森林退化现象严重，只是在不同时期退化的速度不一。由此导致的结果是如今适于栖息的森林面积大量减少，同时剩下的栖息地很容易受人类活动的影响。

不过，人们正在采取多种措施来保证鸟类能拥有明天。在过去20年里，人们对许多种类特别是雉类进行了分布生态研究和基线生态研究，从而得以更好地了解雉科面临的各种压力，并为如何解决这些压力提供了步骤概要。保护区是其中至关重要的组成部分，诸如印度西北部的大喜马拉雅山国家公园和马来半岛的达曼·努加拉国家公园内都有大量的鸟种。但仅凭这些公园是不够的，还需要对更大范围内的自然区域进行合理的管理。眼下正在中国西南省份四川开展的工作可以成为一种范例：原先对濒危种四川山鹧鸪的调查如今已经上升为一项实质性的行动，旨在对该省南部的所有森林进行管理，造福当地多种地区性鸟种。

在雉科中，雄类的求偶炫耀行为尤为突出。红腹锦鸡（和白腹锦鸡）的雄鸟能在突然之间展开平时贴于头侧面的覆羽，产生令人印象深刻的围领效果。

🦢 鹤

鹤是鸟类中的极品。它不但是最古老的群落之一，其起源可追溯至约 6000 万年前的古新世，而且寿命很长，人工饲养的鹤可存活七八十年。同时，鹤也是身高最高的飞鸟，其中一些种类直立达 1.8 米。

鹤以优美高雅而著称于世。长期以来，许多当地的人们对鹤都肃然起敬。但不幸的是，鹤已成为世界上最濒危的鸟类之一，目前 15 个种类中有 9 种面临威胁。人类无疑是导致它们近年来数量下降的始作俑者。

长颈、长腿
形态与功能

鹤的喙长而直，且强有力。所有种类都有修长的颈和腿。它们的鸣叫底气十足，声音洪亮、穿透力强，可传至方圆数千米之外。的确，在鸟类世界中很少有别的鸣声能出其右。有些种类的气管通过在胸腔内盘绕而得以加长，这一结构大大增强了它们的鸣声。鹤飞行时，脖子前伸，腿绷直，通常高于短而粗的尾巴。不过，在寒冷的天气里，飞行的鹤会弯曲它们的腿，将足收放于胸羽下面。尽管鹤绝大多数都为水栖，但它们的脚并不是蹼足，而且它们仅在浅水域繁殖、觅食和夜间栖息。

居于开阔空间
分布模式

鹤一般栖息于开阔的沼泽地、草地及农田。大部分种类通常将巢筑于浅湿地的偏僻处，但蓑羽鹤属的 2 个种例外，它们经常在草地或半沙漠地带营巢。

只有冠鹤属的 2 个种类栖息于树上。冠鹤也是鹤类的"活化石"。在遥远的始新世（5 500 万～3 400 万年前），这些羽毛蓬松、顶着绚丽的大头冠的鸟曾在北半球活跃了数百万年，直至地球变冷、适应寒冷气候的鹤出现。冰川期时冠鹤的生活范围仅限于非洲中部的热带大草原，因为当时北半球的大陆为冰雪覆盖，而那里却保持着热带气候。如今，冠鹤的 2 个种类仍点缀着非洲的草原，而其他 13 个适应寒冷气候的鹤种则漫步在北半球及澳大利亚的湿地中。

杂食机会主义者
食物

如今那些成功生存下来的鹤类都是见什么就吃什么的杂食者。这是在过去数千年间为了适应从农田里找到充饥之物而养成的习惯。鹤属中的几个种类、冠鹤属的 2 个种类以及蓑羽鹤属的 2 个种类都为短喙型，能够有效地捕食昆虫，从草的茎上啄取种子，或像鹅一样啃新鲜的绿色植物。而相比之下，大部分濒危鹤种都有着长而有力

鹤

目 鹤形目

科 鹤科

4 属 15 种。种类包括：蓝鹤、黑冠鹤、白鹤、肉垂鹤、黑颈鹤、灰鹤、丹顶鹤、沙丘鹤、赤颈鹤、白枕鹤、美洲鹤等。

分布 除南美洲和南极洲外的各大洲。

栖息地 繁殖期栖息于浅湿地，非繁殖期栖息于草地和农田。

体形 高 0.9～1.8 米，翼展 1.5～2.7 米；最小的种类体重 2.7～3.6 千克，最大的种类体重 9～10.5 千克。雄鹤体形通常大于雌鹤。

体羽 白色或各种暗灰色，头部为大红色裸露皮肤或细密的羽毛。次级飞羽长而密。尾羽长、悬垂，或有褶边、卷曲，在求偶炫耀时竖起。

鸣声 音尖，悠远。其中有 12 种可以从成鸟配偶的齐鸣中辨别雄雌。

巢 筑于浅水域或低矮的草地。

卵 窝卵数 1～3 枚，白色或深色，重 120～270 克。孵化期 28～36 天。

食物 昆虫、小鱼和其他小动物、块茎、种子以及农作物的落穗。

保护状况 白鹤因其赖以生存的湿地环境面临严重威胁而被列为极危种。美洲鹤和丹顶鹤同为濒危种，另有 6 个易危种。

的喙，用以在泥泞的土壤中挖掘植物的根和块茎，或捕食小鱼、两栖类和甲壳类等水生动物。这样的种类以大型的鹤类为主，包括肉垂鹤、赤颈鹤、澳大利亚鹤、美洲鹤、白鹤、丹顶鹤和白枕鹤。

一唱一和

繁殖生物学

绝大多数野生鹤长到 3～5 岁时才开始繁殖。那些易于生存的种类如沙丘鹤和灰鹤，每次繁殖通常会抚育 2 只后代。相反，那些稀有的种类，包括美洲鹤和白鹤，往往仅抚育 1 只雏鹤，人工饲养也不例外。比起易于生存的种类，它们常常很难进行繁殖。

鹤为单配制。随着春季或雨季来临，成对的配偶退居偏僻的草地或湿地，在那里建立并维护自己的繁殖领域。可能有数千公顷大，具体依种类和地形而定。

成对的配偶会发出"齐鸣"二重奏，雄鸟和雌鸟各自的鸣声清晰可辨，同时又保持一致。在大多数种类中，当雄鸟每发出一串悠长而低沉的鸣声时，雌鸟就配合着发出数声短促的高音。从这种炫耀行为中可以区分鸟的性别。而这样的"齐鸣"有助于巩固配偶之间的感情，促进繁殖领域的维护。然而，当 2 只鹤之间的关系稳固下来后，这种齐鸣更多地成了一种示威行为。拂晓时分，一对对配偶纷纷开始齐鸣，表明各自的领域范围。邻近的配偶便报以更多的齐鸣，于是，齐鸣声回荡在方圆数千米内的湿地和草地上空。

一对关系稳定的配偶，双方的生殖状况通过激素周期的调节而保持同步。激素周期会受到天气、白昼长短以及各种复杂的炫耀行为如"齐鸣""婚舞"等因素的影响。鹤在产卵前数周开始交配。为保证繁殖成功率，雌鸟必须在产卵前 2～6 天内受精。

配偶会在湿地繁殖领域内某个偏僻的地方筑一个平台巢。冠鹤类通常一窝产 3 卵，其他鹤类一般产 2 卵，其中肉垂鹤例外，更多情况下只产 1 卵。

雄鹤和雌鹤共同担负孵化任务。雌鹤一般负责夜间孵卵，雄鹤则白天接班。不在巢内的一方通常在离巢较远的地方觅食，有时和其他的鹤一起在"中立区"觅食。孵化期为 28～36 天，具体依种类以及亲鸟投入的精力而定。冠鹤类总是等一窝卵全部产下后才开始孵，因此雏鸟同时孵化。其他种类的鹤在第 1 枚卵产下后便开始孵，雏鸟出生时间一般差 2 天。

鹤的雏鸟一孵出来便发育得很好（即早成性），跟随它们的亲鸟在浅水域四处活动。2～4 个月后长齐飞羽，

一只灰冠鹤在炫耀它那蔚为壮观的冠

冠鹤属的 2 个种类是进化历史最悠久的鹤，同时也是唯一栖于树上的鹤。

体形较大的热带种类如肉垂鹤和赤颈鹤的雏鸟长飞羽期较长，而白鹤较短——因为靠近北极的气候使食物充足期变得很短，雏鸟在这段时间里必须快速发育。虽然鹤的卵大部分情况下都能得到孵化，但许多雏鸟会夭折，而且很多被列为濒危的种类每次繁殖只能抚育 1 个后代。雏鸟会飞后，仍与亲鸟生活在一起，直到下一个繁殖期来临。在有些种类中，新长大的鹤会跟随亲鸟南下飞往数千千米外的传统过冬地，以熟悉迁徙路线。

先天与后天的关系在鹤身上得到了很好的体现。尽管它们做出复杂的视觉和听觉炫耀是基于一种天生的本能，但却是后天的学习决定了炫耀行为发生的背景环境。比如，由人抚养的幼鹤就更喜欢与人而非鹤发生联系，它们会引诱或者威胁人。此外，亲鸟还会教幼鹤去何处觅食及觅何种食物。

生存面临威胁
保护与环境

以水生动物为食的鹤类面临的生存威胁最为严峻。它们数量下降的一个关键原因就是湿地的退化和消失。另外，庞大的体形和醒目的羽色使它们很容易被猎人和卵的攫取者发现。

北美的美洲鹤被视为鹤中最珍稀的种类，在 20 世纪 40 年代初期仅剩 20 只左右，今天也不过约 400 只（野生和人工饲养的均包括在内）。其次是丹顶鹤，野生的共有 1 800 只左右。白鹤为 2 500～3 000 只，白枕鹤和黑颈鹤各约 5 000 只，肉垂鹤 8 000 只，白头鹤 11 000 只。所幸的是，鹤毕竟是受人喜爱的鸟，近年来许多亚洲国家通过努力，保护了那些对鹤的生存至关重要的湿地。然而，捕杀鹤的行为在一些国家仍在继续。在巴基斯坦的西北边境地区，每年有 2 000～4 000 只活鹤被捕杀。而随着湿地所在区域的人口数量飙升，湿地承受的生态压力与日俱增。

亚洲有 5 种濒危种，每种仅有寥寥数千只。不过由于鹤在许多亚洲国家的文化中具有特殊的象征意义，因此尽管数量少，但保护学家对避免让这些种类灭绝持乐观态度。只是高度依赖湿地的白鹤有可能成为例外。白鹤仅会从浅水域中挖掘水生植物中肉质的根和块茎，而不像其他种类那样在迁徙途中和过冬地能够在农田和草地觅食。在中国，保护大片的浅湿地无疑是一项重大挑战，因为每年 10 月至次年 4 月，半数以上的白鹤都生活在这里。

在非洲，4 种地区性的鹤尽管在当地数量不少，但近年来由于人类的介入，已出现了大范围的减少。全世界 18000 只蓝鹤中，除了纳米比亚的 100 只左右，都集中在南非。然而在纳米比亚，将草地改种树林、大规模农场的细分及中毒现象都严重威胁着作为该国国鸟的蓝鹤，同时当地肉垂鹤和灰冠鹤的数目也受到威胁。在西非，黑冠鹤的生存也因栖息地丧失、遭人类围捕和用于交易而受到威胁。但从全球角度来看，从东非到南非，灰冠鹤的情况还是相对比较令人放心的。不过，湿地放牧过度和人类的大量干涉还是在很多地区造成了该种类数量的下降。

和亚洲的白鹤一样，非洲的肉垂鹤也是湿地依赖型。所幸的是，非洲中部的数片大湿地（尤其是博茨瓦纳的奥卡万戈三角洲、赞比亚的卡富埃平地、巴韦卢沼泽地和莫桑比克的赞比西三角洲）栖息了相当一部分的肉垂鹤。而与筑坝相关的水利工程以及由此导致的湿地变迁则成为肉垂鹤生存的最大威胁。

为了保护受胁鹤种，人们设立了数个针对性强的保护行动方案。与北美的保护美洲鹤行动遥相呼应的是，俄罗斯在奥卡自然保留地成立了白鹤人工饲养繁殖中心。人工繁殖的鹤目前正被用于试验，目的是增加迁徙至伊朗和印度的白鹤数量。为此，人们在试验中使用了大量技术手段，如将白鹤的卵放入野生灰鹤的巢中进行交叉孵化，将做上标记的白鹤与野生白鹤和野生灰鹤一起放飞等。

鹤的代表种类
1.黑冠鹤，2.蓑羽鹤，3.白鹤。
另外仅显示头部的为：4.美洲鹤，5.赤颈鹤，6.沙丘鹤。

杜鹃

作为春天的使者以及有趣的巢寄生现象研究的主体，大杜鹃可谓闻名遐迩，甚至是臭名昭著。杜鹃占据其他鸟巢的不良行径广为人知，以致在英语中专门根据它的名字产生了一个词"cuckold"（意为戴绿帽子者）来指妻子有外遇的丈夫。不过，大杜鹃这种名声比外形更为人熟知的鸟，在杜鹃科中却是一个例外：对这种繁殖于欧洲和亚洲温带地区的鸟，人们有详细的研究，而其他大部分杜鹃则是鲜为人知的热带种类。此外，并非所有的种类都像大杜鹃那样进行巢寄生。

杜鹃是极为多样化的一科：北美沙漠中结实强健的走鹃与非洲灌丛中小巧精致的白腹金鹃看上去几乎毫无相似之处。生理解剖的内部细节以及两趾向前两趾向后的对趾结构，使杜鹃有别于与其表面上相似的鸣禽类，而与鹦鹉和夜鹰的关系更密切。这种不同寻常的足部结构使杜鹃可以神不知鬼不觉地爬上纤细的芦苇秆，或者在地面悄无声息地疾走。

一只沟嘴鹃在食无花果

这种世界上最大的杜鹃将卵产于多种鸦类的巢中，如黑背钟鹊和斑噪钟鹊。

部分寄生
形态与功能

杜鹃科包括 6 个亚科，3 个分布于旧大陆，3 个见于新大陆，各自之间差异很大。在旧大陆，最大的亚科有 54 个种类，为清一色的寄生杜鹃。另外 2 个亚科中，其中一个由 28 种鸦鹃组成，分布于非洲、东南亚和澳大利亚；另一个由 26 种岛鹃和地鹃组成，分别限于马达加斯加岛和东南亚。在新大陆，其中有 18 种也被称为杜鹃的非寄生种类，构成与旧大陆亲缘种类不同的一个亚科。3 种集体营巢的犀鹃加上圭拉鹃形成另一个亚科。第 3 个亚科则由 10 种鸡鹃组成，其中 3 种为寄生性。

许多种类颇似小型的鹰，喙明显下弯，尾长，并且和鹰一样会遭到小型鸣禽的群起围攻。杜鹃之所以这样不受欢迎，原因在于它们中有很多利用小型鸟类的巢来进行寄生式繁殖。约有 57 个种类将卵产于其他鸟类的巢中，这其中包括杜鹃亚科的所有种类，外加美洲鸡鹃亚科的 3 个寄生种类。关于在进化史上这种寄生习性究竟出现过多少次一直没有定论。

瞒天过海
繁殖生物学

守护领域的大杜鹃雌鸟会密切关注来来往往的鸣禽留鸟，事实上它主要是在

杜 鹃

目 鹃形目

科 杜鹃科

28属140种。种类包括：黑嘴美洲鹃、大杜鹃、大斑凤头鹃、沟嘴犀鹃、白腹金鹃、噪鹃、圭拉鹃、沟嘴鹃等。

分布 欧洲、非洲、亚洲、大洋洲、南北美洲。大多数种类为定栖性的热带或亚热带种类，有一部分候鸟种类会将分布范围延伸至温带。

栖息地 从干旱沙漠至潮湿森林甚至高沼地（大杜鹃）均有，但大部分种类栖息于或稀疏或茂密的灌丛和林地，并通常有河流水道。

体形 体长 17～65 厘米，体重 30～700 克。两性一般大小相近，有时雄鸟略大。但就整科而言，同一性别的不同种类在大小和体重方面差异很大。

体羽 普遍为不起眼的灰色和褐色，下体通常有横条纹和（或）竖条纹，尾羽展开时有时带有醒目的点斑或块斑。

鸣声 一般听上去似笛声和口哨声，而双音节的打呃声正是这种鸟的英文名的由来。也有很多种类尤其是刚会飞的雏鸟会发出刺耳的鸣声。至少在部分种类中，两性鸣声相异。

巢 非寄生的种类在树上、灌丛或空旷的地面筑一树枝平台巢。

卵 寄生种类每个繁殖期一般产卵8～15枚，非寄生种类的窝卵数为2～5枚。卵重8～70克。非寄生种类的卵相对雌鸟的体重而言显得很大，部分寄生种类的卵很小。孵化期约11～16天，雏鸟留巢期16～24天。寄生种类卵的颜色各异，主要与寄主的卵保持一致。

食物 几乎完全为食虫类。多数种类会食其他鸟无法觅得的有害猎物（如毛虫）。较大种类也会食某些小型脊椎动物。有一属（噪鹃属）以食植物为主。

保护状况 苏门答腊地鹃和斯氏鸦鹃2个种类为极危种，另有1种濒危，6种易危。

寻找其中的某一种鸟，因为它的卵颜色很特别，需要找一个卵与之相配的潜在寄主。在发现合适的巢后（通常是一个雌鸟处于产卵期的巢），大杜鹃会悄悄地飞进去，将一枚或多枚寄主的卵吞到嘴里，然后迅速放入一枚自己的卵，随后离开，这一切在 10 秒钟内完成。由于卵的颜色相仿，并且大杜鹃的卵相对较小，巢的主人回来后看不出一窝卵有被动过的痕迹。而大杜鹃在成功完成这一巧妙的行动后，会吃掉盗来的卵，作为对自己的犒劳。

大杜鹃的卵发育极为迅速，即使在寄生发生时寄主的一些卵已开始部分孵化，杜鹃的卵也往往是最先孵化的。出生的大杜鹃雏鸟具有突出的驱逐其他卵和雏鸟的本性。对此，英国医生爱德华·金纳（疫苗接种的发明者）在 1788 年首次予以了描述。大杜鹃的雏鸟会陆续拱走周围的其他一切东西，直至整个巢中只剩它自己。如此一来，它就消除了任何可能的竞争，确保它的"养父母"一心一意做一件事——抚育雏杜鹃！而即便当悲剧发生时养鸟就坐在巢中，它们也不会干预和阻止杜鹃残害它们自己的后代。

当然，杜鹃并不是千篇一律地都采用这种模式。有许多种类如大斑凤头鹃、沟嘴鹃和噪鹃，并不表现出驱逐行为。相反，它们的雏鸟与寄主（对它们而言通常为鸦类）的后代一同生活在巢中。然而，发育迅速、更活跃的杜鹃雏鸟还是会将雏鸦践踏致死，或者通过巧妙的方式独揽养鸟带回巢内的食物。

即使在孵化后，杜鹃的雏鸟为了能够从养鸟那里得到食物，也必须继续进行欺骗。它们往往通过模仿养鸟与巢中后代之间交流的信号来得逞。如大斑凤头鹃模仿雏钟鹊乞食的鸣叫声可以假乱真，而它乞食时张得大大的嘴甚至比同居一巢的寄主后代更能博得养鸟的同情。

杜鹃乞食的样子极为煽情，以至于在它离开养鸟的巢以后，也同样能引来其他鸟的眷顾。那些路过的小型鸟类，虽既不是亲鸟也不是养鸟，却会向这些"可怜乞讨"的鸟儿施舍食物。

从进化的角度而言，杜鹃的雏鸟成功得到养鸟的抚育实属不易，因为不利于这种行为的力量无疑非常强大。由于对卵颜色和大小的模仿可提高被寄主接受的概率，因此杜鹃会尽可能调整自己以适应当地的寄主种群特点。如非洲褐鸫鹃为非洲中部的一个寄主种类，它们在大部分分布区内产的卵为天蓝色，但在尼日利亚北部的一个地方产的卵为粉红色或紫红色。令人难以置信的是，它

杜鹃的代表种类

1. 雉鸦鹃；2. 噪鹃；3. 沟嘴犀鹃；4. 在自己巢中的黄嘴美洲鹃，当食物充足时，这种鸟会变成巢寄生；5. 大杜鹃，正在盗一枚卵；6. 走鹃。

一只苇莺在给仅剩的杜鹃雏鸟喂食,其速度等同于它给自己一窝三四只雏鸟喂食的速度。杜鹃能够保确保寄主会努力为其服务的关键因素是它会模仿寄主一整窝雏的声音,不断发出"嘶—嘶—嘶"的乞食鸣声。杜鹃对鸣声频率的精确把握弥补了张口面积小于4只雏苇莺总张口面积的不足。

们的杜鹃寄生种在进化过程中将这种着色变化如实地继承了下来。这种局部模仿的精确性取决于杜鹃种类(无论为候鸟还是留鸟)对繁殖地的忠诚度,一只不想在自己出生地附近繁殖的雌鸟可能会很难找到合适的寄主。而这种机制得以维持似乎是因为雌性雏鸟不但从母鸟那里遗传了卵的颜色,而且往往会通过寄生感染同一种抚养它们的寄主。由此,杜鹃形成了多种以雌鸟为基础、基因区别明显的繁殖谱系。但这样并不会产生新的种类,因为雄鸟与来自任何谱系的雌鸟进行交配,只会促进基因流动。

黄嘴美洲鹃和黑嘴美洲鹃则代表了介于杜鹃的完全寄生和其他一些种类的部分寄生(如家麻雀、椋鸟和黑水鸡偶尔会将卵产于同类的巢中)之间的进化过渡形态。在许多年份,这两种鸟正常营巢。然而,当食物(如蝉)特别丰富时,雌鸟也会试图将卵寄生于同种或不同种的鸟巢中,同时自己育一窝雏。那么是什么样的生态因素导致了这种混合繁殖策略的出现呢?这两种杜鹃的显著特征是:卵相对于身体体形而言显得很大,这些大的卵发育特别快,仅11天就孵化,为鸟类中最短的孵化期。卵迅速孵化对巢寄生的成功有着至关重要的意义,因为当杜鹃发现寄主的巢时,那里面已经有发育中的卵,倘若杜鹃的卵孵化远远晚于寄主的卵,那么寄生成功的可能性就非常渺茫。

寄生性杜鹃惹人注意的独特行为往往掩盖了另一个事实,即约有2/3的杜鹃种类在繁殖习性上为非寄生性,它们实行单配制,配偶相伴在一起共同抚育后代。雉鹃便是其中之一。它们抚养1~2只奇形怪状的黑色雏鸟,像其他许多杜鹃一样,在怀疑有天敌出现时,雏鸟会分泌出一种味道难闻的液体。然而,对于大多数种类,我们都知之甚少。

相对安全
保护与环境

与其他有些引人注目但只充当配角的种类不一样,许多杜鹃种类乃是灌丛、次生林中的主角。它们栖息于受人为影响的地区,而这样的地区随着人类的介入会越来越多。这种栖息地偏好对它们相当有利,从而使受胁种类的比例保持在相对较低的水平,不到10%。大部分受胁种类见于东南亚,它们分布范围有限,栖息地面临丧失的威胁。如2个极危种苏门答腊地鹃和斯氏鸦鹃分别位于印尼苏门答腊岛和菲律宾民都洛岛上的森林栖息地,因农业开发森林遭到广泛砍伐——焚毁式的破坏。

巨嘴鸟

巨嘴鸟类最显著的特征便是它们巨大而绚丽的喙。其中喙最大的当数雄巨嘴鸟，体长 79 厘米，喙长就占了将近 23 厘米。巨嘴鸟频繁见于人类的各种作品中，俨然成了美洲热带森林的传统象征。在鸟类极其丰富的热带，或许只有蜂鸟比它更吸引艺术家们的目光。

巨嘴鸟科与拟䴕科有密切的亲缘关系，起源于一个共同的美洲原种。一些分类学者认为巨嘴鸟类与美洲的拟䴕种类应当组成一个科，独立于其他拟䴕种类。其他学者则倾向于将各种拟䴕和巨嘴鸟归为同一科的 2 个亚科。然而，巨嘴鸟类在生理结构和遗传基因上的统一，以及表现出诸多不同于其他鸟类的独特特征，使这个富有特色的群体更适合自成一科。

多功能喙
形态与功能

巨嘴鸟的喙实际上很轻，远没有看上去那样重。外面是一层薄薄的角质鞘，里面中空，只是有不少细的骨质支撑杆交错排列着。虽然有这种内部加固成分，巨嘴鸟的喙还是很脆弱，有时会破碎。不过，有些个体在喙的一部分明显缺失后，照样还可以生存很长时间。巨嘴鸟的舌很长，喙缘呈明显的锯齿状，喙基周围无口须。脸和下颚裸露部分的皮肤通常着色鲜艳。有几种眼睛颜色浅的种类在（黑色）瞳孔前后有深色的阴影，使它们的眼睛看起来成一道横向的狭缝。

数个世纪以来，自然学家一直在研究巨嘴鸟这种如此夸张的喙究竟做何用途。它使这些相当笨重的鸟在栖于树枝较粗的树冠上时，能够采撷到外层细枝（不能承受它们的重量）上的浆果和种子。它们用喙尖攫住食物，然后往上一甩，头扬起，食物落入喉中。这一行为可解释喙的长度，但没能解释其厚度和艳丽的着色。巨嘴鸟以食果实为主，食物中也包括昆虫和某些脊椎动物。一些巨嘴鸟会很活跃地（有时成对或成群）捕食蜥蜴、蛇、鸟的卵和雏鸟等。有些巨嘴鸟会跟随密密麻麻的蚂蚁大军捕捉被蚂蚁惊扰的节肢动物和脊椎动物。打劫鸟巢时，巨嘴鸟五彩斑斓的巨喙常常使受害的亲鸟吓得一动都不敢动，根本不敢发起攻击。只有在巨嘴鸟起飞后，恼怒的亲鸟才会进行反击，甚至会踩在飞行的巨嘴鸟的背上，但在后者着陆前，亲鸟会谨慎地选择撤退。巨嘴鸟的喙同样使它们在觅食的树上对其他食果鸟处于支配地位。此外，也可以有助于不同的巨嘴鸟种类相互识别。如在中美洲的森林里，黑嘴巨嘴鸟和厚嘴巨嘴鸟的体羽如出一辙，只有通过喙（和鸣声）才能区分。其中厚嘴巨嘴鸟的喙呈现出几乎所有的彩虹色（七色中仅缺一种），从这个意义上而言，它的另一个名字——彩虹嘴巨嘴鸟也许更贴切。而它的亲缘种黑嘴巨嘴鸟的喙主要为栗色，同时在上颌有不少黄色。巨嘴鸟的喙还可用来求偶，因为雄鸟的喙相对更细长，犹如一把半月形刀，而雌鸟的喙显得短而宽。

居于雨林

分布模式

　　大型的巨嘴鸟类，即巨嘴鸟属的 7 个种类，主要栖息于低地雨林中，有时会出现在邻近有稀疏树木的空旷地上。在海拔 1700 米以上的地方很少看到它们的身影。它们的喙成明显的锯齿状，成鸟的鼻孔隐于喙基下面。体羽主要为黑色或栗黑。大部分鸣声嘶哑低沉，但黑嘴巨嘴鸟的鸣啭（"迪欧嘶，啼—嗒，啼—嗒"）在远处听起来相当悦耳动听，红嘴巨嘴鸟的鸣声（"迪欧嘶—啼—嗒—嗒"）也是如此。它们会反复鸣叫这样的音符。

　　簇舌巨嘴鸟属的 10 个种类较巨嘴鸟属的种类体形小而细长，尾更长。它们也栖息于暖林及边缘地带，很少出现在海拔 1500 米以上的地方。上体黑色或墨绿色，腰部深红色，头部通常为黑色和栗色；下体以黄色为主，大部分种类有一处或多处黑色或红色斑纹，有时会形成一块大的胸斑。它们的长喙呈现出多种色调搭配，包括黑色与黄色，黑色与象牙白，栗色与象牙色、橙色、红色等。喙缘一般呈明显的锯齿状，外表为黑色或象牙色，看上去有几分像牙齿。曲冠簇舌巨嘴鸟头顶有独特的冠羽，宽而粗，富有光泽，犹如金属薄片上了釉后盘绕起来。簇舌巨嘴鸟的鸣声

巨嘴鸟的代表种类

1. 一只绿巨嘴鸟在鸣叫，2. 黑嘴山巨嘴鸟在攀上枝头时露出腰部的一抹黄色，3. 一只栗嘴巨嘴鸟扬起头使夹于喙尖的食物吞入喉部，4. 一只巨嘴鸟在觅食，5. 圭亚那小巨嘴鸟在寻觅巢穴，6. 一只飞翔的橘黄巨嘴鸟，7. 一只领簇舌巨嘴鸟准备离巢。

通常为一连串尖锐刺耳的声音，或者如摩托车发出的那种咔嗒咔嗒声；少数种类则没有类似的机械声响，而是为哀号声。至少有部分簇舌巨嘴鸟种类全年栖息于洞穴中，迄今为止这在其他巨嘴鸟种类中不曾发现，尽管其他的巨嘴鸟在鸟类饲养场里也会栖于洞中。

绿巨嘴鸟属的6个种类为中小型鸟，体羽以绿色为主。鸣声通常为一连串冗长而不成调的喉音，类似蛙叫和狗吠，以及干涩的咔嗒咔嗒声。它们大部分居于海拔1000～3600米的冷山林中，也有少数种类部分栖息于低地暖林。秘鲁中部的黄额巨嘴鸟为濒危种。

6种小巨嘴鸟生活于洪都拉斯至阿根廷北部的低地雨林中，极少出现在海拔1500米以上。与其他巨嘴鸟相比，它们的群居性不强，而体羽更多变。所有种类都有红色的尾下覆羽和黄色或金色的耳羽。它们和几种簇舌巨嘴鸟是巨嘴鸟中为数不多的两性差异明显的种类，雏鸟长到4周大就可以通过体羽来辨别性别。茶须小巨嘴鸟的喙为红棕色和绿色，带有天蓝色和象牙色斑纹。而南美东南部的橘黄巨嘴鸟体羽主要呈绿色和金色至黄色，带有些许红色。这种鸟是该属中的唯一种类，似乎与簇舌巨嘴鸟有一定的亲缘关系。橘黄巨嘴鸟通常见于海拔400～1000米的地区，有时被视为果园害鸟。

4种大型的山巨嘴鸟相对鲜为人知。这些鸟生活在委内瑞拉西北至玻利维亚的安第斯山脉中。它们的分布范围从亚热带地区一直延伸至温带高海拔地区，甚至接近3650米的林木线。黑嘴山巨嘴鸟可谓是色彩斑斓的典型代表：下体浅蓝色（在巨嘴鸟中所罕见），头顶黑色，喉部白色，背和翅以黄褐色为主，腰部为黄色，尾下覆羽为深红色，腿和尾尖为栗色。雌雄鸟在鸣叫时会先低下头、翘起尾，然后扬起头低下尾发出鸣啭（这一过程与小巨嘴鸟极为相似），同时会伴以咬喙声。其中最为人熟知的是扁嘴山巨嘴鸟，它们红黑色喙的上侧有一块凸起的淡黄色斑。这种鸟是山巨嘴鸟中2个受胁种类之一，原因是安第斯山脉西坡的森林遭到大量砍伐。因种植农业经济作物、经营农场及采矿导致的森林破坏也许很快将威胁到大部分巨嘴鸟的生存，因为它们的栖息地将被人类占用。

缓慢的发育者
群居行为

巨嘴鸟既有程度不一的群居种类，也有不群居的种类。群居的巨嘴鸟成群规模一般不大，飞行时成零零星星的一列，而不像鹦鹉那样成密密麻麻的一群。大型的巨嘴鸟种类飞行时常常先扇翅数下，然后收翅呈下落之势，继而展翅做短距离滑翔，之后重新开始扇翅上飞。由于长途飞行对它们而言显得困难重重，因此它们很少穿越大片的空旷地或宽阔的河流。小型种类的扇翅频率相对则要快得多，其中簇舌巨嘴鸟外形似长尾小海雀，但飞行时也呈单列。巨嘴鸟喜栖于高处的树干和树枝上，雨天它们会在那上面的树洞里用积水洗澡。配偶会相互喂食，但栖于枝头时并不紧挨在一起，而是用长长的喙轻轻地给对方梳羽。

偶尔，巨嘴鸟也会玩起"游戏"，可能与确立个体的支配地位有关，而这会影响日后的配对结偶。如2只鸟的喙"短兵相接"后，会紧扣在一起相互推搡，直到一方被迫后撤。然后会有另一只鸟过来将喙指向胜利者，而获胜的一方将继续接受下一只鸟的挑战。在另一种游戏中，一只巨嘴鸟抛出一枚果实，另一只鸟在空中接住，然后以类似的方式掷给第三只鸟，后者可能会继续抛向下一只鸟。

巨嘴鸟后背和尾基的脊椎骨进化得很独特，从而使尾部能够贴于头部。巨嘴鸟栖息时会将头和喙埋于向前覆的尾羽下，看上去犹如一个茸球。

多数大型的巨嘴鸟种类将巢营于树干上因腐朽而成的洞中，并且若营巢繁殖成功，则会年复一年地使用。不过，由于这样的树洞并非随处可见，因而有可能会限制繁殖的配偶数量。一般而言，巨嘴鸟钟爱的洞木质良好、开口宽度刚好够成鸟钻入，洞深17厘米至2米。当然，树干根部附近若有合适的洞穴，也会吸引通常营巢于高处的种类将巢营于近地面处。如巨嘴鸟会营巢于地上的白蚁穴或泥岸中。小型的巨嘴鸟种类通常占用啄木鸟的旧巢，有时甚至会驱逐现有的主人。大型的扁嘴山巨嘴鸟会经常侵占巨嘴拟鹎的巢，如果后者在树上的巢对前者而言足够大。一些绿巨嘴鸟种类会在朽树上凿洞穴，而小巨嘴鸟种类、山巨嘴鸟种类及橘黄巨嘴鸟通常先选择洞穴，然后在此基础上做进一步的挖掘工作。事实上，在许多巨嘴鸟种类中，某种程度的凿穴是它们繁殖行为的重要组成部分。巢内无衬材，一窝1~5枚卵，产于木屑上或由回吐的种子组成的粗糙层面上，随着营巢的进展，这一层会越积越厚。

亲鸟双方分担孵卵任务，但常常缺乏耐心，很少会坐孵1小时以上。它们易受惊吓，一有风吹草动，就会立即离巢飞走，并往往不会将卵遮掩起来。

卵孵16天左右雏鸟出生，全身裸露，双目紧闭，无任何绒毛。足部发育严重滞后，不过踝关节处长有一肉垫，即面积较大的钉状凸出物。雏鸟刚开始便依靠两只脚上的肉垫和皮肤粗糙、凸出的腹部，形成"三足"鼎立之势来支撑身体。和啄木鸟的雏鸟一样（巨嘴鸟与啄木鸟外形相似），它们的喙很短，下颌略长于上颌。雏鸟由双亲喂食，随着它们的发育，食物越来越多地为果实类。但它们的发育出奇地缓慢。小型巨嘴鸟种类的雏鸟长到 4 周时身上的羽毛还相当稀少，而较大种类的雏鸟在一个月大时很大程度上仍属于赤裸状态。双亲共同照看雏鸟，但夜间没有固定由哪一方负责

中美洲的厚嘴巨嘴鸟拥有异常绚丽的喙。这种鸟以食果实为主（图中在食一枚万寿果），但它也会在食物中加入鸟的卵和雏鸟、昆虫、小蜥蜴和树蛙，以补充蛋白质。

看雏。大的排泄物和残留物会用喙啄出巢，有些种类如绿巨嘴鸟，巢保持得相当整洁，而红嘴巨嘴鸟会让腐烂的种子留在巢中。

当雏鸟终于羽翼丰满后，它们看上去与亲鸟颇为相似，只是色调较为暗淡，还没有表现出成鸟的鲜艳色彩。并且喙相对较小，喙缘不成锯齿状，也没有垂直的基线，整个喙需要 1 年或 1 年以上的时间才能在大小和特征方面长得与成鸟的喙一样。

小型巨嘴鸟种类的雏鸟在出生 40 天后离巢而飞，较大种类的雏鸟则需要 50 天以上，一些山巨嘴鸟种类的雏鸟留巢期更是长达 60 天。某些簇舌巨嘴鸟的幼鸟在会飞后仍由成鸟领回巢中，与亲鸟一起栖息，不过其他绝大部分种类的幼鸟此后便独立栖息于叶簇中。

簇舌巨嘴鸟的协作繁殖

簇舌巨嘴鸟为中等体形的巨嘴鸟，身材细长，尾羽很长，栖息于低地森林和小片森林中，有时会出没于农田。具领羽或胸斑的种类会发出"噼啼"或"噼嘶"的尖锐鸣声，通常无节奏感。它们飞行时动作灵巧，成零星的小群，一只接一只。

人们曾在巴拿马的一片森林里观察到 6 只领簇舌巨嘴鸟艰难地挤进一根粗树枝下侧的狭小树洞里，这根树枝为水平方向，长于一棵大树上，离地面有 30 米高。数周过后，在这个树洞里栖息的鸟开始减少，最后只剩一只鸟留在那里孵一窝卵（这只鸟很可能是繁殖配偶中的一方）。然而，当卵孵化后，另外的 5 只鸟重新回到这个树洞栖息，并都为雏鸟带来食物。起初主要是用喙尖衔昆虫回来，随着雏鸟的发育长大，5 只鸟开始更多地带回果实，其中一部分通过回吐的方式喂给雏鸟。

大约 43 天后，最先孵化的雏鸟离巢飞翔。傍晚时分，它的照顾者们领着它回巢栖息。然而，就在这只毫无经验的幼鸟试图钻进向下的窄小洞口时，一只白南美鵟俯扑过来，用爪一把攫住了它。随着幼鸟的一声惨叫，南美鵟带着它飞身而去，留下那些成鸟的一片鸣叫声。

这 5 只鸟中很可能有 3 只是不繁殖的协助者，也许是繁殖配偶以前的后代。协作繁殖现象据目前所知，至少出现在 2 种簇舌巨嘴鸟中，但通过对其他种类在繁殖期的观察，发现这种现象也见于其他 8 种簇舌巨嘴鸟的部分种类中。在巨嘴鸟科内，多数种类仍严格地成对营巢，尽管人们在绿巨嘴鸟、扁嘴山巨嘴鸟和红嘴巨嘴鸟中观察到，配偶的群居群体中不繁殖的成员会出现在繁殖领域周围。

啄木鸟

独特的攀树、啄树习性，令啄木鸟与众不同。而它们的击木交流同样令人印象深刻，这事实上是独一无二的，在繁殖季节可在世界上许多森林里听到。

凭借它们特别的啄树本领，啄木鸟无疑是树栖性昆虫的头号克星，无论是藏于树皮下或木质中的昆虫还是借助长长的通道在树内部筑窝的昆虫（如蚂蚁和白蚁等）都是它的猎物。而啄木鸟自己也在树上凿穴营巢以供繁殖和日常栖息，它们所掘的树洞通常会使用若干年。

典型的啄木鸟
啄木鸟亚科

典型的啄木鸟种类为中小体形的鸟，强壮、结实。它们的喙适合于砍凿。舌能伸得特别长（绿啄木鸟的舌可伸出 10 厘米），舌尖具倒钩，因而整个舌头是非常高效的捕食装置，使啄木鸟可以从缝隙里及由昆虫幼虫和蚂蚁、白蚁所挖的通道中啄取猎物。它们的脚爪特别适合攀爬，2 趾向前、2 趾向后，第 4 趾可往侧面屈伸，从而使尖钉状的爪子总是能够置于和树干、树枝的线条完全相吻合的位置上（不过，在大型的象牙嘴啄木鸟中，第 4 趾为前置）。第一趾可能会相当小，并且在数个种类中缺失，如三趾啄木鸟。

啄木鸟的支撑尾羽呈楔形，羽干具有辅助稳定作用，从而极大地方便了它们的攀树和啄食行为。这样的尾可以使啄木鸟的身体完全不贴于攀爬面，使它们在啄食和来回攀爬期间能够保持一种放松的姿势。这是一种特殊的适应性，可以保护啄木鸟的内部器官尤其是脑在啄击时不受震荡影响。这种保护对啄木鸟而言绝对是不可或缺的，因为它们每天都要进行大量的啄击活动（如黑啄木鸟每日的啄击次数为 8 000～12 000 次）。

典型的啄木鸟种类主要食节肢动物，特别是昆虫和蜘蛛，但也会摄取植物性食物（如果实、种子和浆果）。此外，它们还会从树洞巢、露天巢和吊巢中掠食其他鸟的雏鸟。橡树啄木鸟食橡果，并将它们贮存在专门挖掘的洞穴里

知识档案

啄木鸟

目 䴕形目
科 啄木鸟科
3 个亚科 28 属 218 种。

分布 南北美洲、非洲、欧洲、中亚和南亚、东南亚、澳大利亚。

栖息地 热带和亚热带的阔叶林，果园、公园和草地。

体形 体长 8 厘米（鳞斑姬啄木鸟）～55 厘米（帝啄木鸟），体重 8～563 克（同样以上述 2 个种类为上下限）。

保护状况 帝啄木鸟、象牙嘴啄木鸟和冲绳啄木鸟 3 个种类为极危种或可能已灭绝，另有 1 种濒危，7 种易危。

以备过冬所用。吸汁啄木鸟类的舌尖像粗糙的刷子，它们会在树上横向钻一圈孔（即所谓的"环剥"行为），然后用舌舔舐流出来的树汁。这种习性也普遍见于欧亚大陆的斑啄木鸟。

啄木鸟往往在树缝或树杈上处理大的食物，如大型甲虫、雏鸟、果实、坚果、球果等。大斑啄木鸟有它们自己的"砧板"，它们将球果楔入砧板的洞里，然后啄出里面富含脂肪的种子。在这种鸟的领域内会有三四个"主砧板"，每个主砧板下面有多达 5000 枚球果的外壳。在砧板上处理果实和种子或者储存在专门的贮藏处（如美洲啄木鸟属的种类），有助于它们在冬季气候寒冷、昆虫呈季节性匮乏的地区生存。

啄木鸟捕猎时有多种技巧。最简单的是直接从树叶、树枝或树干上啄取。稍微复杂一点的是将喙伸入树皮的缝里，剥落部分树皮。吸汁啄木鸟和三趾啄木鸟会先钻圆孔，然后将舌头伸进去捕捉藏于树皮下或木质中的昆虫。其他啄木鸟，包括大型种类在内，干脆砍凿或撬起大片的树皮，然后掘很深的洞来觅食昆虫。一只黑啄木鸟一顿需要食入 900 只棘胫小蠹（树皮甲虫）幼虫或 1000 只蚂蚁。地啄木鸟基本上只在漏斗形的蚁穴中捕食蚂蚁——将它们具有黏性的舌头沿着通道伸入巢室，卷走成年蚂蚁和蚁蛹。一只绿啄木鸟每天需要食入约 2000 只蚂蚁，大部分为草地蚂蚁。当条件不允许时，如欧洲 1962—1963 年极度寒冷的严冬，就会有很大一部分啄木鸟死亡。此外，还有些种类，如黄须啄木鸟和刘氏啄木鸟及其美洲啄木鸟属中的亲缘种，经常在飞行中捕捉昆虫。

大部分啄木鸟为定栖性种类，会在同一领域内生活很长时间。只有少数种类，包括北美的黄腹吸汁啄木鸟和三趾啄木鸟及东亚的棕腹啄木鸟为候鸟。大斑啄木鸟的北部亚种隔上数年会进行一次爆发式迁移，原因是它们的主要食物来源——种子作物出现短缺。大斑啄木鸟在球果匮乏的年份会深入欧洲的中部和南部地区。

啄木鸟的代表种类
1.北美黑啄木鸟，2.黄腹吸汁啄木鸟，3.在喂雏的红头啄木鸟，4.大斑啄木鸟，5.蚁䴕，6.觅食中的绿背三趾啄木鸟，7.绿啄木鸟，8.做起舞状的北扑翅䴕，9.三趾啄木鸟。

在北美和欧洲的森林周期性遭受虫害（特别是在森林火灾后）时，三趾啄木鸟便会来到相关地区。

绝大多数啄木鸟都具有领域性，有些情况下会在个体、配偶或群体领域内生活数年。一只被做以标记的大斑啄木鸟在它 25 公顷的领域内生活了 6 年。在所研究的大部分种类中，多数个体终生生活在领域内或领域附近。而维护领域则有助于保证繁殖的成功率，同时保证有充足的食物供应及能够栖息于可遮风挡雨的洞穴中（这对啄木鸟而言格外重要）。

一般而言，啄木鸟对同类入侵者的反应富有攻击性。有些在开阔地带繁殖的种类，如安第斯扑翅䴕和草原扑翅䴕，会形成松散的繁殖群。有些种类在非繁殖期会与其他鸟组成混合种类的觅食群体，如小型的欧洲小斑啄木鸟和北美的绒啄木鸟，两者都会加入山雀或鸸的觅食队伍中。而这种现象并不限于小型啄木鸟种类，如大灰啄木鸟也会与其他大型种类如白腹黑啄木鸟联合觅食。

啄木鸟的繁殖行为通常从击木开始，接下来是扇翅炫耀飞行和发出响亮的鸣声。雌雄鸟都会做出这些行为，以此来炫耀领域范围和带有洞穴的树、吸引潜在的配偶来到巢址（即"巢展示"）、带给伴侣性的刺激及威胁对手。不过，在大部分情况下，雄鸟更为活跃主动。

啄木鸟不会每年都重新凿穴营巢，旧的巢穴可以用上若干年，如黑啄木鸟会使用同一个巢穴达 6 年，而在绿啄木鸟中更是可长达 10 年或 10 年以上。然而，即使是这些种类，在遭到寒鸦或椋鸟的驱逐后也会被迫掘新洞。掘一个洞穴需要 10 ~ 28 天，具体取决于种类和采用的方法。雌雄鸟共同凿穴，但通常雄鸟分担得更多一些。人们曾在一个黑啄木鸟洞穴下面的地上发现了约 1 万片木屑。当树洞挖成后，它们会在内壁刮落一些小木屑，留在巢穴里，为日后的卵和雏鸟做垫材。

交配一般不会伴以特别的仪式，通常与筑巢活动发生联系。雌鸟摆出准备交配的姿势与树枝成十字形，雄鸟直接飞到它的背上，而后速战速决。在与啄木鸟有亲缘关系的拟䴕及蚁䴕中常见的相互求偶觅食现象只见于少数典型啄木鸟种类，如亚洲的绿背三趾啄木鸟和安的列斯群岛上的岛屿种类瓜岛啄木鸟。富有光泽的白色卵产于清晨，每日产一枚，直至一窝卵全部产毕。自首枚卵产下后，亲鸟一般就开始不间断地守护巢穴。这是可以理解的，因为有许多鸟喜欢在啄木鸟的洞穴内繁殖，竞争非常激烈。所有啄木鸟种类的雄鸟在孵卵期和育雏期都会在巢穴中过夜。在美洲啄木鸟属的部分种类和一些热带种类中，这期间雌雄鸟终日生活在一起。

在孵卵期间，配偶会每隔 30 ~ 150 分钟轮换一次。轮换仪式与"巢展示"行为相似，即暂时不孵卵的一方鸣叫和击木。但通常处于孵卵期的配偶会保持安静，甚至对其他同类发起的领域挑衅也极少做出反应。在树上啄食的啄木鸟将食物衔于嘴里喂给雏鸟，而地啄木鸟和所有大型啄木鸟则通过回吐方式来喂食。雏鸟几乎不停地发出"咔嗒咔嗒"的乞食鸣声。双亲共同担负喂雏任务，但通常雄鸟喂的次数更多。而在雏鸟留巢期末期，有可能全部由雄鸟来喂食。

雏鸟留巢期为 18 ~ 35 天。当它们离巢时，已经能够攀树和飞行。此后不久，它们便跟随成鸟在领域内四处活动，通过发出与亲鸟鸣声顺序一样的声音来保持远距离的联系。而在与成鸟进行近距离联系时，幼鸟会发出响亮的尖叫声。在部分种类中，当幼鸟会飞后，双亲仍会共同照顾它们；而在其他种类中（如大斑啄木鸟和其他斑啄木鸟属的种类、啄木鸟属和非洲啄木鸟属的种类及绿啄木鸟和灰头啄木鸟），一窝后代被分开来，亲鸟双方各照看 1 ~ 3 只幼鸟。在幼鸟离巢 1 ~ 8 周后，亲雏关系破裂，亲鸟越来越多地使用各种威胁手段（包括竖起冠羽、展开翅膀、发出威胁鸣声等）来驱逐其后代，幼鸟最终离开，去建立自己的领域。

在亚马孙河流域，一只鳞胸啄木鸟在觅食花。大部分啄木鸟为食虫类，但也有少数种类会食花和果实。

　　然而，在有些种类中，主要为热带种类（如地啄木鸟和大灰啄木鸟），幼鸟与亲鸟待在一起的时间要长得多，可能直到亲鸟开始再次孵卵才被撵出巢。当扩散受限及缺少合适的繁殖机会时，幼鸟不得不留在亲鸟的领域内，或者与其他配偶进行来往，由此在数个种类中产生了群居行为和存在"协助者"的复杂繁殖机制。如在受胁种类北美的红顶啄木鸟中，群居单元由一对繁殖配偶和一到两只负责协助的成鸟（通常为雄鸟）组成。协助者一般为亲鸟之前的后代，参与孵卵和看雏。繁殖配偶从中获得更高的繁殖成功率，而协助者在配偶一方死亡的情况下会继承领域。在橡树啄木鸟中，情况更为复杂，可能会有 2 只雌鸟和 3 只雄鸟同喂一窝雏，雏鸟与它们生活在一起，整个群体可多达 15 个成员。这种高度群居性的鸟会将数棵树作为它们的"粮仓"，每棵树上钻有多达 5 万个小孔，每个孔存放 1 枚橡果。每个群体具有强烈的领域性，会极力保护这些储存的橡果不被其他任何竞争者夺取。

姬啄木鸟
姬啄木鸟亚科

　　姬啄木鸟亚科为小型种类，在树枝上攀缘的方式与啄木鸟相同，或有时似山雀和䴓。其飞行呈波状。觅食方式为在树皮和软木上啄食蚂蚁、白蚁和钻木的昆虫。尾部没有大型啄木鸟那样坚硬的尾羽，在姬啄木鸟属的各个种类中尾部有 3 条醒目的纵向白色条纹。姬啄木鸟在树干、树枝上凿洞营巢，或将现成的洞穴拓宽为己所用。在求偶中，它们会鸣叫和击木。一窝卵为 2 ~ 4 枚，孵化需要 11 ~ 14 天。雏鸟在出生 21 ~ 24 天后会飞，它们可能会与亲鸟栖息在一起，直至下一窝卵孵化（如暗绿姬啄木鸟）。在亚洲、非洲和美洲的断续分布表明，这一类鸟的起源很早，这一点得到了 DNA 分析的印证。

蚁䴕
蚁䴕亚科

　　蚁䴕生活在开阔的树林、果园、公园和长有小矮树的草地中。和啄木鸟一样，

一只大山雀很明显是在等待一只大斑啄木鸟在一根枯枝上啄食完毕。当后者飞离后，前者会去察看啄出来的洞，期望发现一些残留的食物。

它们借助舌头来获得食物（主要为各种蚂蚁）。蚁䴕的英文名（"wryneck"，意为歪脖子鸟）源于它们在巢中的防御行为：在受到天敌的威胁时，它们会像蛇那样盘起颈部并边摆动边发出嘶嘶的声音。拍摄镜头显示，这种行为能够有效地吓退小型掠食者。春季繁殖时，蚁䴕的一个突出特征是会发出带有鼻音的"喹"的鸣声，音略微偏高，两性均会发，旨在吸引异性来到日后的巢址。一窝7枚或8枚卵产于光秃秃的巢中（它们入住现成洞穴时会将里面的一切东西都扔出洞外，包括之前已经开始繁殖的其他鸟的巢）。卵的孵化期为12～14天，雏鸟留巢21天，亲鸟喂以蚂蚁和蚁蛹（一窝雏鸟日均消耗蚂蚁约8000只）。雏鸟会飞后亲鸟会继续照顾2周时间。

每年7月，蚁䴕开始从欧洲和亚洲的繁殖地南下迁徙至非洲和东南亚越冬。它们的种群数量在下降，近年来在英格兰已经几乎看不到蚁䴕的身影。红胸蚁䴕见于非洲南部，包括海拔3000米的山区，举腹蚁占到了这种鸟食物的80%。

促进和妨碍
保护与环境

啄木鸟在森林的生态系统中扮演着重要角色。它们的取食使树皮和钻木昆虫的数量保持在较低水平，因此有利于树干的健康及树皮的覆盖质量。在啄木鸟啄食过的地方，其他小型鸟类（如山雀、鸸和旋木雀）便能顺利地觅食剩下的昆虫和蜘蛛。而啄木鸟的洞穴会被其他许多营洞穴巢的食虫鸟用来繁殖或栖息，而鸮（猫头鹰）、欧鸽、巨嘴鸟及貂和其他哺乳动物也会占用它们的巢穴。因此啄木鸟间接地给众多的昆虫和鼠类带来了压力。而且，因为啄木鸟对大量朽木的啄食，使得其他各种降解有机物更易进入土壤，所以在物质的分解—再生过程中同样发挥着重要作用。

啄木鸟有时也会与人类发生冲突。在局部地区可能会成为一种害鸟，例如啄破灌溉管道（以色列的叙利亚啄木鸟便有这种不良习性）、在电线杆上打洞（有数个种类会这么做）、将巢穴筑到人们房屋的绝缘塑料泡沫中（大斑啄木鸟）。它们对果实的偏好使果园主深为头痛（常见于美洲啄木鸟属的种类中）。此外，当白背啄木鸟钻进它们最钟爱的觅食处——覆于地面的柔软腐木层时，它们有时会招致香菇种植者的愤恨，因为他们正是利用这一层介质来培养产品的。

目前有3种啄木鸟处于灭绝边缘。事实上，古巴东南部的象牙嘴啄木鸟过去已经被列为灭绝种，然而，20世纪90年代末期，有迹象表明这种鸟仍存在，但存活的数量非常有限，于是被重新列为极危种。关于其他2个极危种，墨西哥马德雷山脉的帝啄木鸟自1956年起一直未出现过；而冲绳啄木鸟正面临着栖息地丧失的危险，成为森林退化的受害者，它们所栖息的宽叶林被大量用以建造高尔夫球场、修建公路和水坝及进行商业伐木。

黄鹂

黄鹂是一种鲜艳亮丽的鸟，雄鸟身上覆有大片夺目的黄色、红色或黑色。黄鹂的英文名"oriole"被认为是源于拉丁语"aureolus"一词，意为"金色"。然而，尽管色彩绚丽，却很少见到它们的身影，原因是黄鹂往往栖于森林或林地的树荫层。不过，悠扬清脆的歌声和鸣叫常使观鸟者们在瞥见一抹金色或红色之前便已意识到它们的存在。

黄鹂的大洋洲亲缘种裸眼鹂着色具隐蔽性，为绿色和灰色，但成群的习性使它们更容易被发现。黄鹂与新大陆的拟鹂并没有密切的亲缘关系，后者属于一个完全不同的科：拟鹂科。

树荫层之鸟
形态与功能

所有黄鹂在形状和体形上都颇为相似。印度尼西亚和新几内亚的岛屿上种类最多样化，体羽颜色也最为丰富。非洲的黄鹂，羽色几乎均为黄色和黑色（只有一个种类为黄色和橄榄绿色）。相比之下，澳洲黄鹂的羽色从黑鹂的全黑（尾下覆羽为栗色）、朱鹂的朱红色和黑色到裸眼鹂的暗黄绿色，显得丰富多彩。多数种类为定栖性鸟，有些种类为寻觅果实会进行大范围活动，少数为真正的候鸟。金黄鹂冬季从欧洲迁徙至非洲的非繁殖地，另有中亚的种类在印度越冬。

所有种类都见于森林或林地，并限于在树上觅食，只有金黄鹂和东非黑头黄鹂在地面觅食掉落的果实或在草丛觅食昆虫。黄鹂是少数食大量毛虫的鸟之一，它们在树枝上将大的昆虫摔死，将毛虫剥皮。

绝大部分黄鹂为独居，或成对、成家庭单元生活。在非洲，非洲黄鹂、东非黑头黄鹂和绿头黄鹂偶尔会加入混合种类的觅食群体，和其他鸟一起徐徐穿过森林或林地。当单独觅食时，黄鹂经常在果树之间或其他食物源之间做 1 ~ 2 千米的长距离飞行。而食果习性也使黄鹂会与人类产生矛盾，因为它们会进入果园觅食樱桃、无花果或枇杷。

裸眼鹂比黄鹂着色暗淡，体更沉，行动也相对较笨拙。与黄鹂微弯的喙不同，裸眼鹂的喙短而结实，末端具钩。它们的群居性比黄鹂突出，经常结成嘈杂的小群，多时可达 30 只。它们在森林中不同的树上到处觅食繁盛的果实。裸眼鹂会给桑葚和无花果等果实经济作物带来损失，与人类利益发生冲突。

一只雄黄鹂在配偶的注视下给雏鸟喂食

这种鸟是欧洲唯一的黄鹂种类，其分布范围延伸至非洲和亚洲。

在印度尼西亚的一些岛屿上，当地的黄鹂和吮蜜鸟在体羽方面惊人地相似，简直难以区分。同时，它们在生态习性上也相近，在同一棵树上觅食果实时，体形相对较小的黄鹂通过效鸣（模仿对方的鸣声）来避免遭到体形较大的吮蜜鸟的攻击。

有待进一步揭秘

繁殖生物学

许多黄鹂由于生活在森林树荫层上层，行踪隐秘，因而人们对它们的繁殖习性知之甚少。事实上，有几个种类的巢和卵至今都还未被发现过。研究最详细的种类之一为欧洲的金黄鹂，这种鸟占有大片的领域，基本上为单配制，但会有多达4只雄性协助者帮助营巢。

黄鹂的巢为杯形巢，很深，由草和须地衣等质地优良的巢材精心编织而成，悬于树枝下面，末端有几分像吊床。衬材为更柔软细密的材料。特别是那些用须地衣筑成的巢，常常有巢材垂下来，使巢变得隐蔽。在非洲的黄鹂种类中，巢更多地位于树的内层，很少筑于树荫层的外缘。在北方种类中，雌雄鸟共同筑巢并分担孵卵和育雏之责。而在所研究的少数热带种类中，孵卵基本由雌鸟完成，雄鸟负责提供食物。

裸眼鹂的巢比黄鹂的巢浅而薄，筑于树荫层长树枝末端的树杈处。巢材为细枝和草，不像黄鹂那样精心编织成巢。

面临威胁

保护与环境

有3种黄鹂被认为全球性受胁。淡色鹂仅见于菲律宾的吕宋岛，那里的森林破坏严重威胁着这种鸟的数量。白腹黄鹂限于西非外海的小岛圣多美岛上，它们的森林栖息地面临被可可豆种植业蚕食的危险。而繁殖于中国南部小片常青阔叶林中的鹊鹂则受到来自木材砍伐的压力。

🐦 山雀

山雀为小型鸟类，活跃于林地和灌丛中。大部分具群居性，善鸣叫。北美和欧洲种类中为世界上最受欢迎的鸟之一，冬季经常光顾喂鸟装置，夏季则在人工巢箱里营巢繁殖。山雀很少给人类带来危害；相反，它们给居家的观鸟者带来了愉悦和享受。

山雀的英文名"tit"源于"titmouse"一词，在英国，这一名字用于山雀科的所有成员；但在北美，仅用于其中一类山雀（另一类山雀以"chickadee"命名）。虽然其他一些没有亲缘关系的鸟类其名字中也带有"tit"，但只有山雀科、长尾山雀科和攀雀科这3个科的种类被认为是密切相连的，它们与鸸和旋木雀具有亲缘关系。全科53个种类中有50个种类都归在山雀属中，如今有一种论点拟将这一庞大的属细分为10个不同的属。

灵巧的捕虫手
形态与功能

在形态和总体外形上，绝大部分山雀都相当一致，因而山雀在全世界都很容易辨认。许多种类浅色或白色的脸颊与黑色或深色的头顶形成鲜明对比，有不少

山雀的代表种类
1.红胸山雀；2.黄颊山雀；3.青山雀；4.灰蓝山雀；5.头部放大的白眉冠山雀。

山雀

目 雀形目

科 山雀科

4属53种。种类包括：黑顶山雀、白翅黑山雀、青山雀、白眉冠山雀、煤山雀、凤头山雀、大山雀、沼泽山雀、橡山雀、林山雀、灰头山雀、美洲凤头山雀、白枕山雀、褐头山雀、黄眉林雀、冕雀、褐背拟地鸦等。

分布 欧洲、亚洲、非洲、北美(南至墨西哥)。

栖息地 主要为林地和森林。

体形 体长11.5～14厘米，体重6～20克。但冕雀除外，该种类体长22厘米、体重约40克。

体羽 以褐色、白色、灰色和黑色为主，有些种类带有黄色，3个种类具天蓝色。两性仅有细微差别，即有些雌鸟着色比雄鸟暗淡。

鸣声 多种单音节声音，叽叽喳喳的鸣叫，多种口哨声，复杂多变的鸣啭。

巢 洞穴中。有些种类在软木中凿洞。

卵 窝卵数通常为4～12枚；白色，带红褐色斑。孵化期为13～14天，雏鸟留巢期17～20天。

食物 以昆虫为主，也食种子和浆果；有些种类会贮藏食物以备后用。

保护状况 白枕山雀为易危种。

具冠。山雀的喙短而结实，腿也短。所有种类多数时间生活在树上和灌丛中，但也会到地面觅食。它们小巧玲珑，能轻松自如地倒挂于细树枝上。大部分种类终年为留鸟。

多种山雀以食昆虫为主。有不少种类也食种子和浆果，尤其是在寒冷地区的种类，种子是它们冬季的主要食物。冬季，山雀在花园和喂鸟装置前频繁出现的原因是可以获得大量的种子食物。有些山雀会储藏食物，主要是种子，有时也可能是昆虫，这些食物通常藏于树皮的裂缝里或埋于苔藓下面。贮藏的食物有可能一段时间都不会用上，也有可能刚藏起来数小时便取走。

在暖和的繁殖季节，所有种类都会给雏鸟喂食昆虫。一对青山雀的配偶在雏鸟发育最快的那段时间会以平均每分钟一条毛虫的速度喂雏，而在雏鸟留巢期间，喂雏的毛虫超过1万条。所以山雀被认为（尽管证据尚不确凿）在控制森林虫害方面起着重要作用，人们也因此为它们设置了大量巢箱。

山雀学习能力很强。1929年，人们在英格兰南安普敦观察到一些山雀将牛奶瓶的盖揭开然后喝起牛奶来。其他山雀迅速学会了其中的技巧，很快这一现象便出现在整个英格兰。

黄眉林雀的情况鲜为人知，这种体羽相当暗淡、主要呈绿色的鸟，不像其他大多数种类那样具有分明的着色模式，被单独列为一属。该鸟生活在海拔2000米以上的高地森林中。直到1969年，人们在一棵杜鹃花植物上发现了它的洞穴巢，才了解到这一种类的繁殖习性与其他山雀相似。

还有2个种类也属于山雀科。东南亚的冕雀对一般的山雀而言堪称庞大。这种鸟长约22厘米，重将近40克，几乎是其他种类最大的山雀的2倍。冕雀体羽主要为蓝黑色，富有光泽（雌鸟略暗淡），头顶为醒目的黄色，有可竖起的冠羽，腹部也呈黄色。生活在茂密的森林中，详细情况不清。

更为与众不同的是褐背拟地鸦。这种鸟生活在中国西藏及周围林木线以上的高原地区，体羽为褐色，喙弯曲，长度中等，营巢于啮齿动物的巢穴内或岸滩上的洞穴中。褐背拟地鸦外形看上去与山雀毫无相似之处，但近年来对其进行独立的形态研究和DNA分析后证实，它属于山雀科。

集中在赤道以北

分布模式

在山雀科、长尾山雀科和攀雀科这3个密切相连的科中，山雀科是目前最大、分布最广的科。从平地到高山，凡是有树的地方往往就能见到它们的身影。除了无树区和海岛，只有

一只孤独的黑顶山雀
在冬季，这种鸟却是由它们与啄木鸟、鸭、旋木雀和戴菊组成的混合觅食群中的核心成员。

南美、马达加斯加岛、澳大利亚和南极不存在山雀。11个种类见于北美（其中有一个种类也出现在欧洲、亚洲和非洲），13个种类分布在非洲的撒哈拉以南地区，剩下的种类则主要生活在欧亚大陆。

许多种类分布广泛。大山雀、煤山雀和褐头山雀的分布范围从不列颠群岛一直到日本。沼泽山雀也在这一范围内繁殖，但在中亚有一段约2000千米的断层带。灰头山雀的分布范围从斯堪的纳维亚半岛穿越亚洲至阿拉斯加和加拿大。欧洲和亚洲的褐头山雀与北美的黑顶山雀极为相似，很可能在史前有一种山雀绕北半球分布，后来分化为这2个种类。

多产的洞穴营巢者

繁殖生物学

山雀在温带地区为单配制，雄鸟维护领域、拒绝所有入侵者。领域通常建立于冬季和早春，在亲鸟忙于育雏时有可能不再维护。某些种类在秋季换羽后会有短暂的领域重建行为，而其他种类则会常年维护它们的领域。在斯堪的纳维亚半岛，褐头山雀会有最多6只个体成群在同一片领域内过冬。但即便如此，由于那里冬季的死亡率很高，有些领域进入春天时连一对配偶都不剩。

其他种类在一年的很多时间里都会聚集成群在林地里大范围游荡。不同种类的山雀聚到一起并经常连同林地中其他的小型鸟类成群活动，乃是欧洲、亚洲和北美的林地中一种常见现象。关于热带种类和非洲种类则知之甚少。不过，非洲的白翅黑山雀在繁殖期会有3~4只鸟出现在同一领域内，一起协助育雏。"额外的"个体一般为前一年在该领域内出生的雄鸟。

有些种类，如灰头山雀，终年留在繁殖地，而无论那里冬季的气温有多低（最低可达－45℃）。少数温带种类会做长途迁徙，尤其是当它们过冬所依赖的种子作物生长失败时。如已知大山雀会从俄罗斯北部迁徙至葡萄牙过冬。

据目前所知，山雀属的种类均营洞穴巢。少数种类营巢于花园中的人工巢箱

一只煤山雀成鸟带着毛虫回巢

煤山雀项上的白斑可用以区分这一种类和其他相似的山雀（如沼泽山雀）。煤山雀喜居针叶林栖息地，营巢于岸滩和树桩的洞穴中。

内，这些种类为人们所熟知，并有深入的研究。多数种类会寻找合适的现成洞穴，并且似乎不会做任何扩展。而有些种类，包括凤头山雀、褐头山雀和黑顶山雀，则在朽木的松软部位自己掘穴营巢。这一习性在这些种类中似乎都已习惯成自然，以至于哪怕在同一棵树上有前一年所挖的洞穴未曾用过，它们也会重新掘穴。这些种类一般不使用巢箱，有时人们在巢箱内铺以木屑，它们还会将木屑"挖"起来，然后才觉得此处可营巢。此外，当树上没有足够的适宜巢址时，山雀有可能会使用地面的洞穴。

大部分种类在巢内衬以苔藓，有些会添加一些毛发或羽毛。这由雌鸟完成，雄鸟只是陪伴它外出收集这些衬材。卵隔日产1枚，窝卵数往往比较多，热带种类为4～5枚，温带种类则更多。和其他营洞穴巢的鸟类一样，山雀的窝卵数多被认为是由于洞穴营巢这一方式可避免巢受到天敌袭击，从而能使亲鸟抚育大量的后代。生活在橡树林的青山雀平均窝卵数约为11枚，少数情况下这种鸟一窝能产下18甚至19枚卵，这在目前已知的雀形目鸟的窝卵数中首屈一指。

有些种类的窝卵数并不固定，会因多种因素而出现波动，如首次繁殖的配偶一窝产的卵比那些年长的、更有经验的配偶少，在花园这一资源相对不足的栖息地中产下的窝卵数会比在林地中产下的少，在毛虫稀少的季节及繁殖密度高的季节窝卵数也相对较少。大多数种类一个繁殖期只育一窝雏，但有些山雀在条件适宜时会育两窝雏，这时雌鸟单独孵卵。在雏鸟离巢后，这一群数量众多的后代会由双亲继续照顾一周左右（此为在温带种类中，在某些热带种类中则可能会更长）。

灰头山雀对喂鸟装置中的板油和未去壳的向日葵籽尤为感兴趣。这种鸟栖息于树洞中或雪中的鼠穴里，夜间会轻度蛰伏，天亮时恢复正常体温。

燕

燕子几乎受到所有人的喜爱，因为它们飞行能力突出，模样吸引人，是夏天的使者，食昆虫，喜欢在离人很近的地方营巢。

最新的分类体系中燕科含14属89种。然而，由于燕通常生活在空中，对其进行形态研究受到限制，因而难以做出精确的评估。

一流的飞鸟
形态与功能

燕很容易识别：修长的身材，狭长而尖的翅，叉形尾，外侧尾羽通常很长，似长条旗。这些特征与它们在空中觅食无脊椎动物的特化生活方式相吻合，同样也见于其他与它们并没有亲缘关系却具有类似生活方式的鸟类，如雨燕。

细长的身体可减少飞行过程中的阻力。燕的翅形呈高展弦比，意味着能产生很大的举力而所受的阻力很小。但这种符合空气动力学的高效率以降低机动性为代价（如与短而宽的翅相比），不过这一劣势又由叉形尾得到部分的弥补，因为

知识档案

燕

目 雀形目

科 燕科

14属89种。属、种包括：家燕、蓝燕、穴崖燕、美洲燕、红额燕、灰腰燕、红海燕、褐胸燕、白尾燕、线尾燕、崖沙燕、巴哈马树燕、金色树燕、红树燕、双色树燕、白腿燕、河燕类（如白眼河燕等）、崖燕类（如紫崖燕等）、毛翅燕类等。

分布 全球性，除北极、南极和某些偏远的岛屿。

栖息地 各种开阔区域，包括水域、山区、沙漠、森林树荫层上方。

体形 体长10～24厘米，体重10～60克；典型体长为15厘米，体重20克。

体羽 上体通常为金属质的蓝黑色、绿黑色，或为褐色；有些种类的腰部具有对比鲜明的颜色；下体一般着色较浅（常为白色、浅黄色或栗色）。两性通常具细微差异，但雄鸟有时比雌鸟着色醒目且尾较长；幼鸟一般较成鸟暗淡、尾更短。

鸣声 鸣啭为简单而快速的啁啾声或嗡嗡声，平时鸣声则持续时间较长、音节顺序多变。

巢 泥巢（或敞开或封闭）或由植被筑成的简单杯形巢。泥巢一般附于建筑物上、悬崖岩面或筑于洞穴中。此外，也会经常使用自然洞穴（如树洞）和地洞（常为自己所挖）。

卵 窝卵数在大部分热带种类中为2～5枚（有些多达8枚），在大多数热带种类中为2～3枚；一般为白色，有时带红色、褐色或灰色斑。孵化期11～20天，平均为14～16天，天气恶劣时会延长。雏鸟留巢期16～24天，但在体形较大的河燕类中为24～28天，当食物稀少时雏鸟留巢期也会延长，特别是有些种类的雏鸟在恶劣气候下会休眠。

食物 几乎仅食空中的无脊椎动物。

保护状况 白眼河燕极危，已知仅生活在泰国中部的一个地区，被列为极危种，但已有20多年未曾出现过，可能已灭绝。另有4个易危种。

燕的代表种类

1.崖沙燕，这种鸟营群巢；2.红翎毛翅燕，见于中南美洲；3.蓝燕，被列为易危种；4.双色树燕。

这样的尾可提高鸟的机动能力。

部分种类具有长尾羽，可增加举力，其功能犹如飞机的襟翼，保证气流平稳地通过翅膀，而在燕准备着陆时可延缓气流通过，从而使燕在不增大阻力的情况下实现飞停。大多数种类跗骨短、腿小而弱，适于栖息而非行走，但自己掘穴或营巢于悬崖岩面的种类具有强健的爪。

上述对燕科种类形态的概括性描述不适用于河燕属的河燕类。它们看上去与其他雀形目鸟更相似，可能其原种介于燕科和其他雀形目鸟之间。河燕类的腿、脚相对较大，相关肌肉组织从面积大小、肌肉数量、复杂程度而言都较少退化。与其他燕宽而扁的喙相比，它们的喙显得更粗壮、厚实；鸣管中的支气管环则明显不如其他燕的完整。此外，毛翅燕属和锯翅燕属的毛翅燕类在外侧初级飞羽的边缘有一系列羽小支，形成钩状的增厚层，但其具体功能尚不清楚。

出色的候鸟
分布模式

燕遍布除南极外的世界各大洲，北极地区和少数偏远海岛没有分布。燕科很可能起源于非洲，那里拥有最多的本地繁殖种类（29 种），中南美洲次之（21 种）。少数种类在多个大洲繁殖，如崖沙燕除了在非洲北部繁殖外，还在欧洲、亚洲和北美繁殖。

冬季，燕在温带地区的食物供应大为减少，因而许多种类进行迁徙。但与其他大部分雀形目候鸟不同的是，燕在昼间迁徙，而且为低空飞行。此外，它们还经常在迁徙途中觅食，因此脂肪储备量较同等大小的其他候鸟低。在非洲繁殖的种类常随降雨模式而进行迁徙，但具体情况鲜为人知。而其他一些种类如灰腰燕，则似乎到处"流浪"，并没有固定的迁徙路线。

近年来，许多燕科种类的分布得到了扩展，原因是随着它们越来越多地使用建筑物作为巢址，这些鸟被不断引入到了以前它们不被人知的地区。如红额燕的分布范围向南扩大到了肯尼亚和坦桑尼亚，穴崖燕则从墨西哥进入了美国南部。而环境的变化同样会引起分布模式的变迁。如家燕的英国种群在南非过冬，如今它们在那里的范围已向西扩张，原因是西部降雨量增加。

空中捕食
食物

所有燕科种类几乎都只食空中的无脊椎动物，主要是昆虫。植物性食物仅见于少数种类的食物中，而且摄取量很少。只有双色树燕会经常性摄入植物性物质（以浆果为主），而这也仅出现在昆虫匮乏期间。

燕不是那种机会主义觅食者，不会漫无目的地四处飞行、张着嘴巴随机食入空中的浮游生物。相反，它们主动出击捕食特定的猎物。同域分布的种类往往特化为捕食不同体形级别的无脊椎动物。而就某一种类的个体而言，它常常会选择所能获取的最大猎物。候鸟种类在过冬地的食物通常有别于它们在繁殖地的食物。如家燕在非洲越冬时，食物中的蚂蚁比例会增加。此外，一个种类所偏爱的觅食程度在过冬地和繁殖地也会有所不同。上述变化被认为是这些候鸟与过冬地的留鸟种类进行竞争的结果。

多数单配
繁殖生物学

燕普遍实行群居、单配。雌雄鸟共同育雏，筑巢和孵卵则通常由雌鸟负责。然而，雄鸟经常进行混交，热衷于寻找机会与配偶以外的雌鸟发生交配。在有些种类中（如紫崖燕），会出现一雄多雌现象，1只雄鸟与2只雌鸟结成配偶。

虽然燕普遍都会维护巢址不受同类入侵，但只有少数种类（如红树燕）会维护特定的觅食领域，可能是由于燕的食物出现时间短暂所致。没有维护的领域，繁殖群便形成。有些种类的繁殖群很大，如美洲燕的繁殖群曾有多达4000对配偶。有些种类（如家燕）一般成小而松散的群体繁殖，有时为单对配偶。其他种类如蓝燕等则始终为单对配偶营巢。

不同燕科种类之间繁殖群规模各异的原因尚不清楚，但跨种类研究表明成群繁殖有利有弊。繁殖群相当于一个"信息中心"，个体可以从其他鸟那里知道哪里有高质量的觅食地。这样的情况存在于美洲燕的繁殖群中，但并不见于所有成群繁殖的燕科种类中（如家燕）。然而，令所有成群繁殖的种类都有可能受益的是：繁殖群发现天敌的时机更早，个体被掠食的概率更低（概率理论表明，当个体融入一个大的群体中后，遭到袭击的概率便减小），集体攻击掠食者更为有效。在一个繁殖群内，条件高的个体还可能会受益于除配偶外更多的交配机会，从而拥有更多的后代；而条件差的个体也会通过"突袭式交配"尽可能多地获得繁殖机会。

成群繁殖的弊端包括：被寄生虫感染和得病的概率增大（因为密度高），"戴绿帽子"的可能性变大，需要花更多的时间去保护巢，当不产生"信息中心"效应时平摊到每对配偶的食物量减少。不过，一些研究发现，有些种类（如家燕）成群繁殖并非纯粹是为了从繁殖群中受益，它们形成繁殖群居地仅仅是因为幼鸟长大繁殖时会选择在有成功繁殖先例的地方营巢及成鸟对繁殖点的忠诚所致。

成鸟对巢址的忠诚使巢的再利用成为可能，这在筑泥巢的种类中很普遍。然而在地洞中筑巢的种类则很少对巢进行重复利用，甚至在育第二窝雏时就会换巢，原因是巢穴倒塌的可能性太大。此外，一对配偶也会根据巢内寄生虫感染程度的高低来决定是否对它进行再利用。事实上，寄生虫感染这一因素会导致之前很大的繁殖群居地一夜之间被遗弃，这种现象在美洲燕中经常发生。

在成群繁殖的种类中，雄鸟之间会为配偶展开激烈的竞争，由此催生了一系列性选择特征。在这方面人们对家燕做了详细的研究，发现这一种类的雌鸟青睐长尾的雄鸟，这一性选择压力导致雄鸟的尾长超过了之前符合空气动力学要求的最佳长度。然而，雌鸟的偏好也不无道理，因为长尾是雄鸟质量的一个标志，与存活概率成正比。尽管睾丸激素（负责雄鸟尾部生长发育的类固醇激素）在高浓度时会成为一种免疫抑制剂，但长尾仍体现了一只雄鸟高效的免疫系统，因为能够拥有长尾无疑表明该雄鸟体内具有足够的类固醇，既可以防止感染，又能支持尾额外地生长。

雌鸟还会选择具有对称尾的雄鸟。而燕符合空气动力学的飞行模式也说明了对称性会提高飞行的质量，这一点或许可用以解释为何成鸟的存活率与尾的对称程度成正比。例如，尾非常对称的雄家燕比那些尾不对称的雄家燕较少被雀鹰捕获。

雄鸟的筑巢能力也是性选择的依据。以尾长和对称性作为标准来选择优质配偶的雌鸟往往需要面对雄鸟对后代照顾不力的现实，当然，它在其他方面会受益，最主要的可归结为后代继承了雄鸟的优质基因。因此后代也受益匪浅，它不仅具有很强的寄生虫抵抗力，而且从父鸟那里遗传了性吸引力和与之相关的高生殖率（这被称为"性子假设"）。此外，配偶在繁殖期死亡的可能性也较低。

部分受胁
保护与环境

目前有 6 个燕种为受胁种。分布范围小而零散的巴哈马树燕因森林砍伐而数量减少。引入的天敌则使这一种类的繁殖成功率正在下滑，并且如今家麻雀和椋鸟也在争夺它们的巢址。而愈演愈烈的伐木现象及背后人类房地产业的发展有可能在不久的将来使这种鸟的数量迅速下降。见于海地、牙买加和多米尼加共和国的金色树燕自 19 世纪以来分布范围和数量都明显减少，原因很可能是繁殖栖息地（潮湿的山林和松树林）缩减。

候鸟种类蓝燕面临的威胁是繁殖地和过冬地的草地栖息地均受到破坏而发生退化，原因主要是人工造林、密集型放牧、焚草、非当地树木和蕨类植物的引入。白尾燕仅非常有限地分布在埃塞俄比亚南部，关于它的生存状况人们知之甚少，但这一种类被认为面临当地经济发展和刺槐丛消失的威胁。白眼河燕和红海燕则均鲜为人知，它们的保护状况有待证实。

百灵

在美洲的大部分开阔地带都可以见到百灵的身影，在非洲的干旱地区其种类则尤为丰富多样，有时一个地区就会集着 10 多种百灵。许多种类拥有美妙动听的鸣啭，并常在飞行过程中发出。

尽管很多种类见于干旱沙漠或半沙漠地区，但这绝不意味着百灵就仅限于炎热地带。如角百灵便繁殖于开阔的北极苔原和高山上，同时遍及北美的许多地区。而近来一项调查发现，在英国繁殖的鸟类中，百灵科的成员之一云雀分布范围最广。

栖息于非洲南部草原的百灵可分成两类：以食昆虫为主的种类和以食种子为主的种类。食虫种类具有相对较长的喙，如钉踝百灵（图1）和黄褐歌百灵（图2），食种子种类的喙短而粗，如斯氏沙百灵（图3）和粉嘴沙百灵（图4）。

亚洲、欧洲和非洲的鸣禽
形态与功能

大多数百灵基本上为褐色，多条纹。有些在它们的体羽中（尤其在翅和尾上）有深色斑纹及白斑，通常情况下只能在它们飞行时才会见到。色彩最醒目的种类之一是拟戴胜百灵，翅上具黑白相间的斑纹，体羽为微泛粉红的浅黄色，看上去像戴胜而得其名。很明显，百灵的体羽一般呈保护色，使它们在地面活动时（特别是在孵卵时）具有很好的隐蔽性。

图为一只棕颈歌百灵在鸣啭。和其他许多百灵不同的是，这种鸟的鸣声为重复的单音节。

有几个种类的亚种其着色与它们所生活的环境表层颜色保持一致。这一点在漠百灵身上体现得淋漓尽致：经常可以看到沙色的漠百灵生活在沙漠里，而就在周围的深色旧熔岩流附近则生活着深色的漠百灵。角百灵的胸和脸为黑色，额上有马蹄铁形的黑色斑纹，最后形成向后倾斜的角羽，很漂亮。多数种类具有颇为强健的喙。有一个种类即厚喙百灵，喙形状奇特，大小与锡嘴雀的喙差不多。而其他种类如拟戴胜百灵等则具有长而下弯的喙。厚实的喙适于咬碎种子坚硬的外壳，而弯曲的喙则适于在土壤中掘食。不过事实上，有许多种类（不仅限于具弯喙的鸟）觅食时都会在地面用喙掘土以寻找昆虫，摄取种子则更为常见。

　　和其他许多主要生活在地面的鸟一样，百灵通常具有相当长的腿和后爪，使它们能够站稳。尽管有部分种类一有风吹草动就会立即飞走(甚至飞得很远)，但许多种类倾向于逃跑，这些种类往往擅长利用地形和周围植被来为自己的撤离做掩护。有些种类则在面临威胁时习惯性地蜷伏，依靠它们具保护色的体羽来躲过天敌。不少种类的领域内没有树木或灌木，但其他种类常常栖于树木、灌木的枝头或桩上。许多种类，包括多种歌百灵，则居于开阔的丛林地带。

以种子为主
食物

　　绝大多数百灵成鸟以食种子为主，但它们也会摄取部分无脊椎动物，特别是在喂雏期间，动物性食物对后代的生长发育至关重要。在许多栖息地（如沙漠）中，种子的供应非常有限，因而百灵的数量可能会很少，而且分布很稀疏。然而，当种子一下子异常丰富时(如在平时干旱的地区偶然有大的降雨或者农作物成熟时)，便会有数十只甚至数百只百灵成群出现。它们一般为同一个种类，但混合种类也并不罕见，因为适合一种百灵的环境条件通常也适合其他百灵。

以鸣啭吸引异性
繁殖生物学

　　大多数百灵在繁殖时具高度的领域性。雄鸟通过边飞翔边鸣啭来维护领域及吸引异性。许多种类，包括云雀、林百灵、草原百灵等，都具有优美动听的歌声。其中草原百灵经常在地面鸣啭，过去在地中海地区常被人们作为一种鸣禽笼养。这些鸟的辨识鸣声和警告鸣声在人耳听来也同样悦耳，并且比起其他一些鸟类（如麻雀）的鸣声来要复杂得多。

在不少地方，百灵的繁殖期与降雨密切相关。降雨期来临后，它们迅速开始繁殖，以确保雏鸟孵化时能赶上草籽数量处于高峰期。在这种情况下，只可能育一窝雏，随后亲鸟迁移至其他地方，当然也可能留在原地等待下一次降雨。而温带地区的种类经常在一个繁殖期内育 2 窝甚至 3 窝雏。

几乎所有种类都筑地巢，有时在露天，但一般至少部分隐藏于植被中。少数种类，主要是最炎热的沙漠地带的种类，直接营巢于灌丛中的地上，那样，空气的流通可使巢的温度略为降低。正午时分，亲鸟有时会长时间站在巢上为卵遮阴。

在炎热干旱地区，百灵的窝卵数常常很低，如在东非赤道附近繁殖的白颊雀百灵一窝只产 2 枚卵。而在温带繁殖的种类，如云雀、林百灵和在欧洲繁殖的凤头百灵，窝卵数经常可达到 4 枚、5 枚甚至 6 枚。据描述，少数沙漠种类会在巢（一般筑于斜坡上）较低的一侧下面用石子筑一道扶壁。有人认为这样做可使巢在遇山洪暴发后能尽快变干，但它们筑这道石壁更可能仅仅是为了挡风。

炫耀飞行是北美和中东的拟戴胜百灵雄鸟的一大行为特征。在这个过程中，雄鸟会成螺旋形飞到空中，然后滑翔至地面。

非洲南部种类长嘴凤头百灵为独居性鸟，觅食时在地面四处走动，啄取种子，然后用结实的喙咬碎。

雏鸟在出生的前几天总是会得到一些昆虫食物，然而许多种类在雏鸟孵化一两周内（那时雏鸟还不会飞，距离离巢还有相当长一段时间），便将它们的食物转变为植物性食物。这一突然的变化使雏鸟在离巢时羽毛质量相当低。但在迄今所研究的百灵种类中，都会出现后幼鸟期的全面换羽。其他大部分雀形目鸟在后幼鸟期只脱换躯体羽毛，而将在巢中长成的翼羽和尾羽留至第一次繁殖后脱换。百灵这种换羽模式的好处是可节省亲鸟的精力，因为如此一来，亲鸟在育雏过程中便无须提供额外的食物来保障雏鸟长出高质量的羽毛。相反，雏鸟可以在开始独立生活后自己慢慢地积蓄换羽所需的营养和能量。

威胁来自干旱和猫

保护与环境

　　有数种百灵被列为受胁种类。其中处境最严峻的是拉扎云雀。这一种类仅限于佛得角群岛的拉扎岛，营巢区域为一块面积只有数平方千米的火山平原。1990年，那里总共有拉扎云雀250只。但这种鸟只在有降雨时才繁殖，所以会出现有一段时间无繁殖机会的现象。结果在1998年一项对该岛的大调查中，这种鸟仅剩92只。人们对拉扎云雀采取了保护措施，不过由于在大普查中发现岛上有猫，因此这一种类的前景也许并不乐观。拉扎云雀的雌雄鸟在喙的大小上表现出巨大的差异，可能是为了能够在它们的领域内占据更广阔的生态位。

　　其他各受胁种类均生活在非洲大陆上，分布范围都很有限。其中一个种类——阿切氏歌百灵，栖于索马里西北部的内陆腹地，自1955年以来未曾发现过。但这种鸟极为隐秘，所以不能认定其已经灭绝。

百灵的代表种类
1. 黑百灵，为欧亚大陆中部的种类；
2. 云雀，著名的鸣禽，3. 角百灵，4. 非
洲的白颊雀百灵，5. 歌百灵。

纷繁奇异的鱼及爬行动物

鲱及凤尾鱼

世界上最为人类所熟知的鱼类物种当属仅包含4个现存物种科的目：鲱和凤尾鱼，以及齿头鲱和宝刀鱼。它们极具经济价值。

鲱及其近族（鲱科）是呈世界性分布的大型海生鱼类类群，与其他类群相比，它们特征明显、易于辨识。鲱和西鲱的淡水代表物种栖息在美国东部、亚马孙河流域、非洲中部及西部、澳大利亚东部，偶尔也零星地分布在其他一些地区。凤尾鱼分布在所有温带及热带地区的近海区域，其淡水物种则分布于亚马孙河及东南亚。宝刀鱼均为海生物种，齿头鲱科中的唯一物种则栖息于西非的少数淡水河流中。

知识档案

鲱及凤尾鱼

总目 鲱形总目

目 鲱形目

约357个物种,分为83属,4个现存(活的)科。

鲱（鲱科）
约214个物种,分
为约56属。分布：

世界各大洋中，约
50个物种分布在非洲的淡水中。长度：最长可达90厘米。物种：包括西鲱、拟西鲱、河鲱、美洲鲥、北大西洋鲱、沙丁鱼、小鲱、太平洋沙丁鱼。保护状况：俄亥俄西鲱为濒危物种；委内瑞拉鲱鱼为易危物种。

凤尾鱼（鳀科）
约140个物种,分
为16属。分布：

世界各大洋中，约17个物种分布在淡水或咸水中。长度：最长可达约50厘米。物种：包括秘鲁鱼和秘鲁鳀。

宝刀鱼（宝刀鱼科）
2个物种,分为1属：

宝刀鱼和长颌宝刀鱼。
分布：印度洋和太平洋西部。长度：最长可达约1米。

齿头鲱（齿头鲱科）
是该科下的唯一物种。分
布：西非的河流中（靠近尼日利亚和贝宁的边界）。长度：最长可达约8厘米。

鲱和西鲱

鲱科

在本类群中，鲱和西鲱所在的物种科所包含的物种数量最多（约214个），它们都极具经济价值。由于它们从前数量庞大，肉质富含营养，又素喜大片群生，因此成为渔船追逐的主要目标。1936—1937年间，在世界上所有捕捞的鱼类中，该科物种所占的重量比例竟达37.3%，其中约一半都出自同一物种，即太平洋沙丁鱼。

在北大西洋进行的鲱鱼捕捞由来已久。709年，盐渍鲱鱼就从英国的东英吉利出口至弗里斯兰岛，此渔业甚至被载入《英国土地志》（1086年）中。鲱鱼（及其近族）的最大优点就是它们可以用多种方式保存：用盐水腌制、盐渍、热熏及冷熏（可先盐渍再将其劈裂，也可直接熏制，制成腌熏鲱或红鲱）。在冷冻及制罐头的方法产生前，人们就是用上述这些保存技法来保存可食用鲱鱼的。

成群的鲱鱼在温暖的季节产卵，在海底排出一团团有黏性的卵，孵化出来的幼鱼营浮游生活（在水域的上、中层自由游动）。鲱鱼在其整个生命史中都以浮游动物为食，特别是小型甲壳类动物和大型甲壳类动物的幼虫。它们的最大游速可达 5.8 千米／小时。

小鲱是鲱鱼的小型近族，它们常作为另一种鲱鱼物种沙丁鱼的幼鱼在市场上销售。银鱼则是北大西洋鲱鱼和小鲱的幼鱼。

西鲱（西鲱物种）是鲱鱼中较大的物种。大西洋的美洲西鲱体长接近 80 厘米。1871 年，它们通过河流被引入太平洋，如今已经遍布美国的太平洋沿岸，体长已达 90 厘米。欧洲的北大西洋水域里有 2 个十分稀少的鲱鱼物种：拟西鲱和河鲱。其中河鲱有一些非迁徙性小型个体分布在基拉尼湖（爱尔兰）和部分意大利湖泊中。美洲拟西鲱也具有淡水物种。

鲱科物种的外表十分相似，大部分都为银色（背部颜色较深），头部无鳞。它们的鳍上无棘刺，鳞片十分容易脱落（暂时性鳞片）。

凤尾鱼
鳀科

凤尾鱼科中的物种比许多鲱科物种更长更薄，它们有大大的嘴、伸出在外的垂悬吻部和圆圆的腹部，其腹部上没有鲱科所具有的由鳞甲覆盖的脊骨。

太平洋东部的一种凤尾鱼能长至约 18 厘米，人们对其需求量极大，主要用来制油或做食物，而非上等佳肴，只将捕获的一小部分制成罐头或鱼酱。过去它们的数量比现在多出许多，例如，1933 年 11 月的一次围网中就有超过 200 吨的捕获量纪录。

更南部的秘鲁鳀广泛分布于食物丰富的洪堡洋流中，它们也是太平洋沿岸南美国家的主要鱼类资源。在厄瓜多尔、智利，尤其是秘鲁，都能捕获到大批的秘鲁鳀鱼群，但自厄尔尼诺的南方振荡发生以来，其数量已经急剧下降。凤尾鱼栖息于北大西洋和地中海的温暖水域中。在凤尾鱼通过各种形式出售前，都要将它们用盐封装在桶中，在 30℃ 的温度下保存 3 个月，直至其肉变为红色。凤尾鱼很少长至 20 厘米长，它们可存活 7 年左右，一般在第一或第二年年底就会达到性成熟。它们用长而薄的鳃耙过滤海水中的可食用浮游动物为食。

宝刀鱼和齿头鲱
宝刀鱼科，齿头鲱科

宝刀鱼科仅包括一个属和 2 个物种，即宝刀鱼。这种鲱中巨鱼体长能超过 1 米，栖息在印度洋—太平洋的热带区域中（西至南非和红海，从日本直至新南威尔士）。它们的身体长而扁平，还有锋利的腹脊骨。它们的颌上有大尖牙，舌和口腔顶上还有小齿。宝刀鱼是积极的捕猎者，能进行长距离的跳跃。这些物种的腹壁间有无数刺，而且一旦将之捕获，它们会猛烈挣扎并猛咬包括渔民在内的所有能触及之物，因此一般不将其用于食用。它们的肠内有螺旋瓣，能增加其吸收表面。具有螺旋瓣的硬骨鱼是十分少见的。

齿头鲱是齿头鲱科的唯一代表物种，它们长约 8 厘米，仅栖息在尼日利亚与贝宁边界少数流速极快的河流中。它们体呈银色，两侧有深色的条纹。它们虽貌不惊人，但其头部和身体的前端有许多醒目的锯齿凸起，并因此得名；但这些凸起的具体功能尚不明确。它们的化石与现存物种几乎并无二致，系源自坦桑尼亚从前的湖泊沉积物——约 0.2 亿～ 0.25 亿年前。现存的齿头鲱被认为是鲱形目中最古老的物种。

鲱及凤尾鱼的代表物种

1. 小鲱，以浮游甲壳类动物为食；2. 北大西洋鲱鱼；3. 沙丁鱼，它能在开放的海洋或靠近海岸处产卵，能产下 5 万～ 6 万枚卵；4. 在产卵时，部分地区的凤尾鱼会涉险游至湖泊、河口和环礁湖中；5. 一对宝刀鱼。

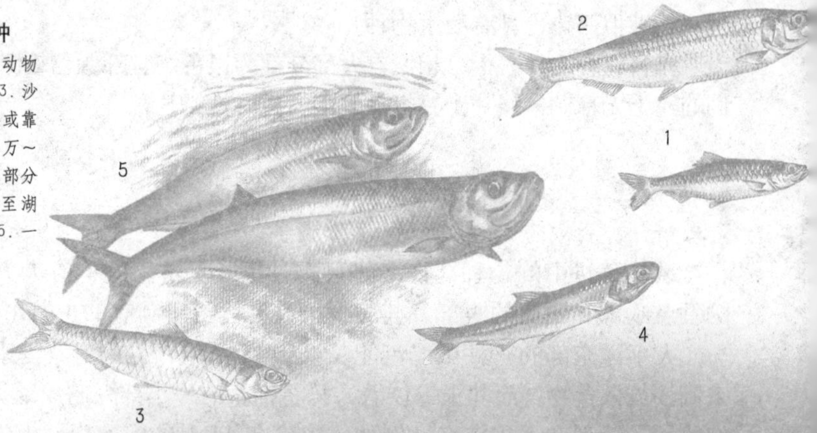

右图为一个大西洋鲱鱼群，它们用银色身体的两侧并排聚集成群，具有出色的听觉，逃跑时反应迅速，因此能躲开敌人在海洋中生存。大西洋鲱鱼仅依靠自己的听觉寻找食物。

龙鱼及其同类

主要为热带淡水生的龙鱼、齿蝶鱼、月眼鱼、弓背鱼和象鼻鱼组成了一个多种多样的鱼类类群，即骨舌鱼。部分羽鳍鱼也栖息在咸水中。它们虽然都有有齿的颌，但却主要用舌骨上的齿与口腔顶上的齿相碰来咬合。由于这一特性，这一类群有时也被统称为骨舌鱼。

骨舌鱼目的物种具有许多共同的结构特性，不仅具有相似的鳞片花纹或装饰纹，消化道中肠的分布也不同寻常地都位于咽和胃的左侧（大多数鱼类的肠则都位于咽和胃的右侧）。

广泛的分布

骨舌鱼科

龙鱼是具有显著眼睛和鳞片的鱼类，身体可从中等长度直至十分巨大，背鳍和臀鳍位于其长长身体的后端。巨型亚马孙骨舌鱼号称能长达5米，重达170千克；但这种说法从未得到证实，如果确有其事，那么它们很可能是淡水鱼类中的"巨人"。不过，毫无疑问的是，野生巨型亚马孙骨舌鱼的确能长至3米长，重逾100千克，这已是庞大得惊人！

巨骨舌鱼的鳔连接至咽喉，内有一层肺形内衬，因此它们除了能像普通鱼类一样用鳃呼吸外，还能用鳔呼吸空气中的氧气。非洲龙鱼或尼罗河龙鱼的鳃上有辅助的呼吸器官，还具有与巨骨舌鱼类似的鳔结构。究竟它们能呼吸多少空气，人们对此并不十分确定，但这两类鱼都能进入不适宜栖息的缺氧沼泽中产卵，都能筑巢保护其卵。尼罗河龙鱼能用植物碎片筑成有壁的巢，直径约为1.2米。而2种南美龙鱼（银带和黑带）、亚洲龙鱼和澳洲龙鱼则都在自己的嘴内孵化鱼卵和幼鱼。南美龙鱼和龙鱼由雄性负责孵化，而澳洲星点龙鱼却由雌性负责孵化，至于珍珠龙鱼的孵化职责由谁承担，目前人们对此尚无足够了解。

龙鱼为肉食性动物，以昆虫、其他鱼类、两栖类、啮齿动物为食，甚至还能吃鸟类、蛇和蝙蝠。异耳鱼则以泥沼、浮游生物及植物碎屑为食。

骨舌鱼类群中最小的鱼类是栖息在神秘西非的齿蝶鱼，其体长仅为6～10厘米。这一物种也能呼吸空气，栖息在长满草的沼泽里，并贴近水面游动。当它们捕食漂浮的昆虫和鱼类时，长而分开的腹鳍会露出水面。由于它们还能从水中跃起并在水面滑行一段较长的距离，因此它们还能捕食飞行的昆虫。

月眼鱼为中等长度的鲱形鱼，它们将骨舌鱼的分布范围扩展到北美。月眼鱼有两个物种：月眼鱼和金眼鱼。它们都是淡水物种，身体扁平（即从一侧向另一侧收缩为扁平状），具有银色的鳞片。它们还具有如脊棱般的腹部。月眼鱼为肉食性动物，以其他鱼类及昆虫为食。这两种鱼都具有经济价值，特别是金眼鱼。

弓背鱼为身体扁平的鱼类，其臀鳍从小小的腹鳍延伸至尾尖，它们能通过摆动这条长长的臀鳍在水中游动。斑鹿弓背鱼是 2 个亚洲弓背鱼物种之一，体长能达 1 米，有护卵行为。其雄性围绕鱼卵（位于凹陷支流或其他坚硬的表面）游动，在鱼卵 5 ~ 6 天的发育期间负责保护。其他弓背鱼比斑鹿弓背鱼小，其中非洲刀鱼（驼背鱼属和光背鱼属）的鳃上也有辅助呼吸结构，因此也能栖息在沼泽池塘中。这些鱼都有大嘴，为肉食性动物，主要以水生无脊椎动物及其他较小的鱼类为食。

　　象鼻鱼或锥颌鱼是许多非洲湖泊、河流和水池中的主要鱼类物种，它们大多为底栖动物，以蠕虫、昆虫和软体动物为食。部分物种有长吻，另一些物种的吻却向前或向下延伸出来，有些物种（这类鱼中的许多都被称为"鲸"）则根本没有吻。该科物种的头部形状千奇百怪。象鼻鱼体长从较小至中等长度，都有小小的嘴、眼睛、鳃孔和鳞片。其背鳍和尾鳍都位于身体后端，其中分叉的尾鳍还有不同寻常的狭窄肉茎，它们的肌肉形成了带电器官，能在鱼周围的连续区域内以不同频率产生微弱电流。而且，其大脑中扩大的小脑内还有电接收中心（锥颌鱼的大脑是所有低等脊椎动物中最大的）。它们的小脑非常大，延伸出了前脑的表面。这种电感应系统如同雷达一般，当有物体靠近时，电感应系统能探测到该物体身上的电场。这可能是对夜间生活习性的一种适应性进化反应，使它们能在黑暗水域中进行群体生活和繁殖沟通。

　　人们曾在尼罗河魔鬼鱼身上进行了大量电产生行为的早期研究，最近分类学者则将其从锥颌鱼中分出来，独立为裸臀鱼科。它们是大型的肉食性骨舌鱼，有报道称其体长达 1.6 米。尼罗河魔鬼身体形状特殊，无臀鳍和尾鳍，主要靠延伸于整个身体的背鳍的摇摆来游动。裸臀鱼形如一个 1 米长的细颈瓶，它们的鳔像肺一般，通常漂浮在水中，它们素以积极保护自己的草巢而著称。它们能产下约 1 000 个卵，孵化时间约为 5 天。

骨舌鱼及其同类的代表物种

1. 水面的新生龙鱼，2. 齿蝶鱼，3. 巨骨舌鱼，能在沙地上为自己的仔鱼筑起直径约 0.5 米的巢，4. 古铜色的弓背鱼，5. 一种无吻象鼻鱼物种，6. 猪嘴弯颌象鼻鱼，具有长吻的一种象鼻鱼。

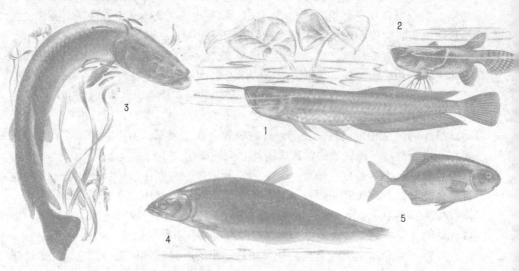

虽普及却面临许多困境

保护和环境

除科学研究外，人类与骨舌鱼的关系还涉及许多层面。人们捕捞南美的巨骨舌鱼和龙鱼、西非及白尼罗河上游的尼罗河龙鱼和尼罗河魔鬼鱼。大型象鼻鱼在非洲各地被广泛捕捞，但却无法作为食物被大众普遍接受。例如，许多东非的妇女因为迷信吃了这种象鼻鱼生的孩子会长出象鼻来，因此坚决不食用它们。龙鱼、月眼鱼和裸臀鱼则都是垂钓者所喜爱的游钓鱼类。在池塘中，这些鱼类能保持良好的生长。而由于尼罗河龙鱼具有超强的跳跃能力，能越过围网，因此对它们的捕捉遇到许多困难。与之类似的还有尼罗河龙鱼的南美、亚洲和澳洲近族。

齿蝶鱼、弓背鱼和许多小型裸臀鱼由于具有许多特性，因此特别受观赏鱼爱好者的青睐，但由于它们在人工养殖中不易繁殖，因此并不十分普遍。有些较大物种在公共水族馆中特别受欢迎，尤以巨骨舌鱼为最。当大型骨舌鱼被放入水族箱时，它们可能会试图穿过箱壁，带来麻烦，在人工养殖中，巨骨舌鱼也由于不能适应而不易繁殖。而数个塘养物种的繁殖却初见成果，其中便包括巨骨舌鱼。在远东地区，龙鱼的人工养殖历史已持续许多年，由于它们所具有的象征意义，因此许多优质的大型龙鱼往往售价昂贵。

6

知识档案

龙鱼及其同类

目 骨舌鱼目

约217个物种，分为29属，6科。

分布 南美及北美、非洲、东南亚、澳洲的河流、沼泽和湖泊中。

体形 长6厘米至3米；重量最大可达100千克。

食物 多种多样，包括昆虫、鱼类和浮游动物。

龙鱼（骨舌鱼科）
7个物种，分为4属。分布：南美洲、非洲、亚洲的马来西亚、澳洲的新几内亚、澳洲。物种：巨骨舌鱼、尼罗河龙鱼、龙鱼、澳洲龙鱼、南美龙鱼（骨咽鱼物种）。保护状况：龙鱼为濒危物种。

齿蝶鱼（齿蝶鱼科）
齿蝶鱼科的唯一物种。分布：西非。

月眼鱼（月眼鱼科）
月眼鱼属共2个物种——月眼鱼和金眼鱼。分布：北美。

弓背鱼（弓背鱼科）
8个物种，分为4属。分布：非洲、东南亚。物种：驼背鱼、非洲刀鱼。

象鼻鱼（象鼻鱼科）
近200个物种，分为18属。分布：非洲。物种：皮氏锥颌鱼、象鼻鱼。

尼罗河魔鬼鱼（裸臀鱼科）
裸臀鱼科下的唯一物种。分布：非洲。

比目鱼

正如这一属的名字所显示的一样，比目鱼因其扁平的身体和眼睛只生长在身体的一侧而闻名。由于具有鱼类中独一无二的不对称结构，比目鱼被认为是从一种习惯单侧休息的基本对称的鲈形鱼（海鲈鱼）进化而来的。

世界上大约有 570 种比目鱼，可以划分为 11 个科。比目鱼中最原始的科是鳒科，具有非常类似于鲈鱼的胸鳍与臀鳍，只有眼睛和长长的背鳍和海鲈鱼有所差异，这说明比目鱼是从鲈形目祖先进化而来的。

所有的成年比目鱼都是底生鱼类，但是它们的卵中包含着油滴，会漂浮到海面附近。几天后卵便会孵化，孵化出的幼鱼体形是对称的，两只眼睛分别位于头顶的一侧，嘴巴位于腹中线上，这更进一步表明了它们是从鲈形目鱼进化而来的。当幼鱼长到约 1 厘米长时，便发生了变形变化，对对称的颅骨产生了巨大的影响，最终形成了我们所见到的不对称的比目鱼。整个变化是从一只眼睛移动到鱼头的另一侧开始的，这是通过头颅上的软骨条再吸收而做到的。同样鼻孔也移动到具有 2 只眼睛的一侧或有颜色的一侧。除了鳒科鱼之外，其他科的比目鱼的嘴巴也和眼睛一样移动到相同的平面。眼睛移动的形式也是某些特殊科的典型特征。如菱鲆科和鲆科的鱼被称为"左眼比目鱼"，这是由于它们的右眼通常发生移动，所以最终身体朝上的带颜色的一侧是左侧。鲽科的鱼是"右眼比目鱼"，这是因为它们的左眼通常发生移动而最终右侧朝上。在鳒科中，右眼和左眼比目鱼的数量是相同的。

当发生这些显著变化的时候，幼鱼便沉入海底。比目鱼没有鱼鳔，所以它们一直保持以没有眼睛的一侧朝下躺在海底或靠近海底的姿势。成年比目鱼的身体形状是各不相同的——欧洲大比目鱼和其近缘种的体形是宽和长几乎相等；而舌鳎（舌鳎科）的体形则是又长又窄。通常比目鱼通过击打沙子或身体的蜿蜒钻动

一些比目鱼依靠伪装，贴着海底蜿蜒离开美国海滨并沿河口上溯。有时它们能离开海滨 120 千米远。

将自己埋藏起来，只把眼睛和上鳃盖露在外面。鳃腔与外界是通过一个特殊的通道相连接的，水从嘴巴通过鳃盖被吸入，呼出的水则通过埋藏侧的鳃腔中的特殊通道排到体外。

许多比目鱼带有颜色的一侧主要是棕褐色的，它们通常带有橙色的斑点和斑块，这使它们能够和海底的色彩融合在一起。鲽科比目鱼是鱼类中的伪装大师，它们可以改变自身的颜色以和海底的颜色相匹配。当它们被放置在一个格子底板上时，有些种类可以以合理的精度重新将体色改变成方格的色彩。所有的比目鱼都是食肉鱼类，但它们捕捉猎物的方式却是各不相同的。左眼鲆科羊舌鲆在白昼捕食其他鱼类，它们灵活地跟在猎物的后面游泳，视力非常好。鳎科的鳎鱼和舌鳎（舌鳎科）在夜间捕食软体动物和沙蚕，它们主要依靠嗅觉发现猎物。这些科的比目鱼在身体没有眼

睛的一侧的头部都有受神经支配的纤维结而不是鱼鳞，这可以增强它们的嗅觉能力。鲽鱼的捕食方法是两者兼有，有些种类如大比目鱼是灵活地跟在猎物后面捕食，而有的则如欧鲽一样依靠敏锐的嗅觉和灵活的行动捕食沙蚕和甲壳动物。

比目鱼的绝大多数是生活在海洋中的，但是也有一些种类能够生活在淡水中。欧洲比目鱼经常从海洋迁徙到河流捕食，在夏天可以沿着河流上溯到 65 千米处的内陆，当秋天到来时，它们会返回海洋产卵。褐鳎是一种淡水鱼类，通常在水族馆中都有养殖。它的体表面积和体重的比例非常巨大，可以舒展身体浮在水面。它们还可以通过在身体下侧面和水底面之间创造真空"粘"在岩石或水族缸的壁上。

尽管雄羊舌鲆通常具有一些纤维状的胸鳍和臀鳍或其他可见的性二态，但多数比目鱼种类的雌雄两性之间没有明显的区别。

许多比目鱼如多佛鳎鱼、鲆鱼和大比目鱼都被当作食用鱼，并且有些种类具有相当重要的商业价值。比目鱼特殊的结构非常适于烹饪：它们能够迅速均匀地被烹熟，其鱼刺易于剔除，可以很容易地做成鱼片。

刚出生的比目鱼体形和正常的鱼类是一样的，两只眼睛位于头顶两侧，并且具有一个居中的嘴巴。当幼鱼逐渐长大，一只眼睛便逐渐移动到头顶，直至另一侧，嘴巴也逐渐扭曲，直到成年比目鱼永久性地单侧躺在海底。这整个变形过程可以从图中豹鲆的进化图中看得很清楚。

海马及其同类

海马形状奇特，非常与众不同，这使得人们很难相信海马也是一种鱼。海马具有直立的外姿，头像马，长着非常强壮的、蜷曲的尾巴，呈现出一种非常奇特的形象。然而，海马仅仅是一个综合大型目即海龙鱼目中一种非常著名的鱼。

太平洋海马体长可以超过30厘米，这是世界上最大的海马种类。海马用它们灵活有力的尾巴缠绕住植物、珊瑚或海绵。图中的太平洋海马正缠绕在一棵红柳珊瑚上。

和海马一样，其他海龙鱼目的鱼类（如海龙、管口鱼、喇叭鱼、长吻鱼、虾鱼）完全都是海生鱼类。仅有少量的海龙个体永久性栖息在淡水中。这些鱼都具有一个重要特征——长着细长的嘴，这是第一节脊椎的延伸（虾鱼中，前6节脊椎的长度超过了脊柱长度的3/4），它们的背鳍也具有特殊的结构，并非由鳍线组成，而是由和脊椎相关的延长的连续段组成的。

虾鱼具有完全掩盖在薄骨片下的极其扁平的身躯，可以通过弯下后部的身躯来活动。虾鱼生活在温暖海域的浅水域，有时躲在海胆的刺之间寻求保护。深色长吻鱼生活在深海区，身体四周长着多刺的小齿，胸部长着一排鳞甲。除了缺乏亲体的关爱外，它们的生殖习性人们所知甚微。

然而，海龙具有非凡的适应性生殖系统。海龙亚科中，最简单的生殖策略就是将卵松散地贴在雄性海龙的腹部。颚部外伸形成管状吻的科类中，甚至是将卵分别嵌入到覆盖在雄性腹板上的海绵组织中。在其他海龙群落中，更多的保护通过发展半遮盖卵的腹板来实现。这些例子中，都是雄性海龙完成携带卵的整个过程。

海马（其实是头部和身体呈直角，长着善于抓握的尾和能够控制方向的背鳍的海龙）呈现了最优秀的卵保护能力。这种卵保护能力一直发展到育儿袋（或育幼袋）的形成。育儿袋具有一个独立的肛后囊孔。雌性有一个产卵器，卵被放置在雄

外形奇特、行动缓慢的中国喇叭鱼是管口鱼科的3个种类之一。它们通过悄然行动和伪装捕捉小鱼小虾。

性的育幼袋中，直到育幼袋被装满。显然，这种简单行为即使在没有意外的情况发生时也不一定总能成功，有时一些卵可能会丢失。

孵化的季节随着温度而发生变化，在育幼袋中4～6周后就能孵化出幼鱼。在一些较大的种群中，雄性用腹部摩擦岩石来帮助幼鱼孵化，在其他种群中，雄性则通过强有力的肌肉抽动以相当可观的速度孵化出幼鱼。生产后，雄性通过一张一缩来冲洗血囊，排出残留的卵及其他残骸，为下一个生育季节做准备。可能不久后就会进行下一次孵化，每年孵化3窝幼鱼的例子也已经被人们所知。

近几年来，海马的保护引起了极大的关注。对海草生长地（这对大多数的海马种群是非常重要的）的破坏、商业捕捞、古董贸易和水族贸易使海马的数量急剧减少。2004年5月，华盛顿公约贸易准则中提出了有限的关于对所有

海马种群的保护条款，同时包括中国在内的许多国家通过促进农业发展来保护海马。同时，栖息地破坏的势头可望得到控制，这将有助于保护这些稀有的鱼类。

除了少量的水族贸易外，其他的海龙鱼科鱼类经济价值并不高。

在温暖的南部海洋中生活着鬼龙。体形较大的雌性（图中）具有海角状的臀鳍形成一个育儿袋，在育儿袋中，卵被附着在短丝上。

鲨 鱼

老船员的故事和现代媒介的夸张使得大多数人认为鲨鱼是凶猛的食肉动物，但事实上仅仅只有少数鲨鱼是这样的。鲨鱼群落已经生存了大约4亿年，软骨鱼（鲨鱼、虹鱼和鳐鱼）在头部两侧都长有5个以上的鳃裂和软骨骼。这些特征使它们有别于其他鱼类，后者在头部两侧各有一个鳃盖和骨架。鲨鱼长着奇异的感觉器官，而且有些鲨鱼种类可以生小鲨鱼。

由于鲨鱼的自然天敌即猎食者很少，所以许多鲨鱼生长缓慢、发育迟缓，而且幼鲨的数量很少。近年来东南亚人们生活的富足导致对鱼翅（即鲨鱼鳍）的需求量大增，市场需求日益增长。目前人们正以超过鲨鱼自身繁衍的速度对鲨鱼进行捕捉，如果这种势头得不到控制的话，一些鲨鱼种类将会遭受灭顶之灾。

熟练的猎手

牙齿和感觉系统

鲨鱼最明显的特征是它的牙齿。一头巨大的食肉鲨鱼长着巨大而锋利的牙齿，其可以将它们的猎物撕裂和磨碎成供食用的大小。当咬住猎物时，它们通过旋转身体或者快速转动头部来撕裂猎物。那些以鱼类为食的鲨鱼长着又长又细的牙齿，帮助它们猎取和磨碎鱼。以海洋底部生物为食的鲨鱼长着平顶的牙齿，以便压碎软体动物和甲壳类动物的外壳。大多数的鲨鱼嘴中都可能长着许多排牙齿。只有前两排牙齿用于捕食，其余的牙齿作为替代牙齿以在新牙长出前备用。当它们用于捕食的牙齿破碎或脱落的时候，备用牙齿将会通过一套传送带系统前移以替代脱落的牙齿。鲨鱼中最大的种类，即姥鲨和鲸鲨，具有在捕食中毫无作用的细小的牙齿。事实上，它们的捕食方法与须鲸类似，即通过过滤水流以获取浮游生物。姥鲨具有变异的腮栅而鲸鲨具有鳃拱支撑的海绵状器官，可以吞咽下小型的鱼群。

鲨鱼可以通过一系列的感觉系统发现它们的猎物。许多种类的鲨鱼具有超乎人们想象的良好视力，并且与多数硬骨鱼不同的是，它们还可以控制瞳孔的大小。在暗光或黑暗中捕食的鲨鱼具有一个反光组织，可以放射光线，因此可以二次刺激视网膜，在黑暗中，鲨鱼的

知识档案

鲨 鱼

纲 软骨鱼纲

目 皱鳃鲨目、六鳃鲨目、虎鲨目、须鲨目、猫鲨目、平滑鲨目、砂锥齿鲨目、鲭鲨目、真鲨目、角鲨目、扁鲨目、锯鲨目。

鲨鱼包括12个目，21个科，至少74个属、370种（在其他的分类方法中例如尼尔森1994年第三版中将鲨鱼分为8个目）。

分布 鲨鱼分布在全世界范围内的热带、温带和极地海洋中的所有深度范围内。

体形 体长在15厘米到12米之间，体重在1千克到12000千克之间。

眼睛闪闪发光，使它们看起来像猫的眼睛一样。许多鲨鱼具有一个眨眼隔膜，它们的作用正如保护性眼睑一样。当鲨鱼接近猎物时，它们会合上眨眼隔膜，并切换到其他的感受器上，尤其是它的洛仑兹壶腹上。大白鲨没有眨眼隔膜，但当它们攻击猎物的时候可以将眼睛向后转以进行保护。劳仑氏壶腹是围绕鱼吻的一系列凹点，它们对其他刺激非常敏感，但

鲨鱼通过上百万年的进化形成了完美的流线型体形和强有力的肌肉，这使它成为高效的捕猎者。另外，鲨鱼的鱼吻上还有高度敏感的感觉探测器。图中所示的灰礁鲨正展示了鲨鱼以上的这些特征。

其最主要的作用是作为电感受器。通过使用这些电感受器，鲨鱼能够捕捉到百万分之一伏特电流的刺激，这些能够捕捉到的电流远远小于动物身体神经系统产生的生物电流，所以鲨鱼能够通过自然的生物电磁场来定位它们的猎物。有些种类的鲨鱼还可以根据地球的磁场来进行定位以帮助它们进行迁徙洄游。

和其他所有鱼类一样，鲨鱼具有一个侧线系统——即沿着身体两侧具有一系列的感受器，可以感觉到其他动物运动甚至是自身向一个固定物体运动时所产生的水波压力。有些种类的鲨鱼在它们的嘴巴周围具有一些感觉触须，可以触探海底以进行捕猎。鲨鱼具有极其敏锐的嗅觉，可以觉察到海水中百万分之一浓度的血液。

皱鳃鲨
皱鳃鲨目

目前存活的最原始的鲨鱼种类是皱鳃鲨，皱鳃鲨是皱鳃鲨目的唯一代表鱼类。它们具有只有在鲨鱼化石中才能发现的宽基的具有 3 个尖的牙齿。它们的名字来源于其长长的松软的鳃翼，这些鳃翼在头顶周围形成褶皱，这些都是它们科的唯一的原始的特征。皱鳃鲨最初是 19 世纪 80 年代在日本的相模湾被发现的。深网捕捞表明它们生活在澳大利亚、智利、美国加利福尼亚、欧洲和南非（在南非的种类可能是一个单独的皱鳃鲨属）广阔的海洋中 300 ~ 600 米的深度范围内。皱鳃鲨可以长到 2 米长，身体狭长如鳗鱼。它们以小鱼为食，而且是将猎物整个吞下。雌性皱鳃鲨的卵在体内进行发育，每窝可以产下 6 ~ 12 条小皱鳃鲨（即这种鲨鱼是胎生的）。

六鳃鲨和七鳃鲨
六鳃鲨目

六鳃鲨和七鳃鲨（通常被称为牛鲨）之所以如此得名是因为它们具有 1 组或 2 组额外的鳃裂。它们喜欢冷水，在热带则生活在深水中。这些鲨鱼种类没有眨眼隔膜。它们以其他鱼类为食，体长可以达到 4.5 米。它们的上颚牙齿很长，下颚牙齿较短，并具有独特的强壮有力的多重锯齿。这种鲨鱼的卵也是在体内发育，每窝可以产下多达 40 条的小鲨鱼。

猫鲨和伪猫鲨
猫鲨目

猫鲨和伪猫鲨包括大约18个属，87个种类，多数生活在冷水或深水中，可以在全世界范围内发现它们的踪迹。它们中的许多具有斑点图案，这些图案在长大成熟后也不会消失。它们生活在海底或靠近海底的地方，以软体动物、甲壳类动物和底栖鱼类为食。有些种类具有感觉触须，可以帮助它们定位猎物。

该目中的多数鲨鱼体形较小，成熟后一般在1~1.5米之间，但是有些种类体形较大，如伪猫鲨的体长可以达到3米。当受到威胁的时候，一种叫膨鲨的鲨鱼会将大量的水或空气咽入胃中，从而使它们的身体膨胀到原来尺寸的3~4倍。

平滑狗鲨
平滑鲨目

平滑狗鲨（平滑鲨）生活在热带、亚热带和温带海洋的浅水中。它们是中等大小的鲨鱼，体长可以达到2米。尽管事实上它们是底栖鱼类，以软体动物、甲壳类动物和其他鱼类为食，但它们并不会躺在海床上或在海床上爬行。该目中的多数种类都具有变异的、适合压挤和磨碎食物的牙齿。

生活在太平洋东北部的豹鲨具有美丽的彩色图案，它们的身体颜色是银灰色的，上面布有灰黑色到黑色的斑点，这使它们成为公共水族馆中广受欢迎的鱼类。

事实上该目中的所有种类都进行长途迁徙洄游，它们在热带海域度过冬天，然后在夏天迁徙回温带海域。证据表明这些迁徙活动是由水温决定的，并且海水温度反过来也会影响鲨鱼的产卵地点。这些种类中的雌性鲨鱼在子宫中孕育胚胎，每次会产下10~20条幼鲨鱼。尽管这些鲨鱼被认为是不会伤害人类的，但是至少有一个权威可信的例子表明，豹鲨在美国加利福尼亚北部曾经攻击过人。

角鲨或杰克逊港鲨鱼
虎鲨目

角鲨生活在印度洋和太平洋中。它们是行动缓慢的底栖鱼类，体长可以达到1.65米。它们有时在白天成群躺在海藻床上或珊瑚礁上，偶尔也会躺在沙地上。当夜晚来临的时候，它们便分散去进行捕食，因为在夜晚它们的猎物更加活跃。

鲨鱼的代表种

1. 皱鳃鲨（皱鳃鲨目中的关键种），最原始的鲨鱼种类。2. 项虎纹鲨（须鲨目）；3. 鲸鲨（须鲨目），这个易受伤害的物种是世界上最大的鱼种。4. 古巴光唇鲨（猫鲨目）；5. 豹鲨（平滑鲨目），在东太平洋既为商业捕捞的对象，又为娱乐垂钓鱼类。6. 剑吻鲨（砂锥齿鲨目），这种鲨鱼具有特殊的颚，可以突然伸向远方以抓住猎物。7. 大白鲨（鲭鲨目）；8. 细尾长尾鲨（鲭鲨目），广泛分布在热带和温带海洋中；9. 长鼻锯鲨（锯鲨目），这种鲨鱼偶尔出现在澳大利亚海岸附近；10. 丽扁鲨（扁鲨目），生活在东印度洋。

角鲨(例如杰克逊港鲨鱼)的鲜明特征包括眼睛上方角状的眉骨、前突的前牙、适合磨碎食物的后牙以及底栖的生活习性。

它们的属名虎鲨目（或称为异齿鲨目，希腊语的意思是"具有不同牙齿"）显示了它们具有突出的前牙和臼齿状的槽牙，这种牙齿组合非常适合咬住、咬碎和磨碎带壳的软体动物和甲壳类动物。这些种类的鲨鱼体格粗壮，它们的眼睛上方具有明显的前突的眉骨，这使它们看起来仿佛长了角，它们也因而得名为角鲨。该目的鲨鱼为卵生，它们产下的卵为极其独特的螺旋状。雌性鲨鱼将卵产到岩石的裂缝或珊瑚之间，每个卵可以孵化出一条小鲨鱼。

须鲨
须鲨目

须鲨是热带和亚热带海洋中的鲨鱼近亲。它们多数生活在印度洋—太平洋中，但在大西洋中也发现了须鲨目的 2 个种类。

从体形上来讲，须鲨目鲨鱼的体长范围从肩章鲨（体长 1 米）到鲸鲨不等，据报道，鲸鲨的体长可以超过 12 米，它们是世界上最大的鱼类。须鲨目的多数幼鲨在出生的时候都带有斑点状或带状图案，这些图案在它们长大成熟后逐渐消失。

须鲨目的多数种类都产卵（即卵生的），但是有些种类却是在体内孕育卵（即胎生）。它们每次产卵或生产的数目通常都少于 12 个。

除了鲸鲨之外，须鲨目其他的所有种类都是底栖鱼类。它们腹鳍的骨骼发生变异，因此能够使用这些鳍在海床上"行走"。即使在受到惊扰时，许多须鲨目的鲨鱼都是爬行着离开而不是游走。

多数须鲨目的鲨鱼都是以软体动物和甲壳类动物为食，它们具有适合挤压和磨碎甲壳的牙齿。该目中所有种类的鲨鱼在嘴巴周围都具有感觉触须。须鲨主要以鱼类为食，所以它们具有细长的牙齿。鲸鲨是滤食动物，它们具有特殊的鳃拱，可以过滤出浮游生物体和小型动物，所以它们以磷虾、鱿鱼、凤尾鱼、沙丁鱼及鲭鱼为食。它们的牙齿非常短小。鲸鲨巨大的体格需要持续的能量供应，因此它们不断游来游去过滤海水以获得食物。它们分布在全世界所有的热带、亚热带和温带海洋中。这种鱼类是首先被史密斯描述的，首次发现的时候所用的属名是Rhineodon，但在后来的描述中他所使用的属名为 Rhincodon and Rhineodon。鲸鲨属（Rhincodon）这个属名目前被广泛采用，有些研究者认为鲸鲨应该被划分为一个单独的科。

砂虎鲨、伪砂虎鲨和剑吻鲨
砂锥齿鲨目

砂虎鲨、伪砂虎鲨和剑吻鲨都是体形相当巨大的鲨鱼种类，它们的体长可以达到 3 ~ 3.5 米。砂虎鲨（只有 5 个种类，其中有一种可能是在哥伦比亚马尔佩洛岛附近发现的新种类）生活在全世界范围内温带和热带海洋中的浅水中。它们是巨大的鱼类捕食者，具有从口腔中突出的细长的牙齿，看起来十分恐怖，再加上它们温顺的脾性，使它们成为水族馆中供公众参观的理想鱼类。北美洲的虎鲨、澳大利亚的灰护士鲨和南非的斑点糙牙鲨都属于一个种类，该种类的学名由灰色护士鲨变为戟齿砂鲨，后来改为比锥齿鲨，最后又变回灰护士鲨鱼。砂锥齿鲨目的繁殖方式是胎生的，即在子宫内孕育胚胎，和其他鲨鱼种类一样，幼鲨

在中美洲哥斯达黎加海岸附近，一群白尾礁鲨聚集在一起进行捕食。这些体形细长、体格较小的鲨鱼在白天行动迟缓，但在夜晚却非常活跃，行动敏捷。它们通常生活在礁湖和珊瑚礁附近。

在子宫内都会自相残杀互相为食。在最初阶段，雌鲨在子宫内每胎孕育 6～8 个胚胎，但是当小鲨鱼胚胎逐渐长大的时候，最大的小鲨鱼将在子宫内吞食它的同胞、别的胚胎和其他未受精的卵，最后生产的时候只有 2 条小鲨鱼被产出。

伪砂虎鲨或鳄鲨生活在中国沿海和非洲东西部沿海的深水中，剑吻鲨可能是现存的所有鲨鱼中外貌最奇特的。它们的"前额"上有一个扁平的铲状的如同角的突出物，目前对这一角状突出物的作用还不得而知。它们的嘴巴可以前伸超过角状突出或者缩回到眼睛下面。日本渔民在第一次捕捉到这种鲨鱼时称它们为"剑吻鲨"。和皱鳃鲨一样，剑吻鲨最初是 19 世纪 90 年代在日本的相模湾被捕获的。从那以后在全世界各地深度为 300 米或 300 米以上的海水中都曾经捕获过剑吻鲨。然而除了了解它的体长为约 4.3 米之外，人们对这一物种的其他特性知之甚少，但 DNA 研究表明它们在进化过程早期发生了特殊变化。活着的剑吻鲨的颜色是半透明的银白色，但死去后它们的颜色会变成深暗棕色。

白眼鲨
真鲨目

白眼鲨可能是目前存在的鲨鱼中种类最多的群体，它们具有 10 个属，大约 100 个种类。从身体形状和行为方面看来，它们都是人们所认为的"典型的"鲨鱼。它们生活在所有的热带和温带海洋中，体长可以达到 3.5 米。

牛鲨生活在全世界范围内的热带和亚热带海岸边，有时也能够长时期地进入到淡水中。有报道表明牛鲨曾经上溯到亚马孙河入海口以上 3700 千米之处，以及曾经从海洋沿着密西西比河向上游动到 2900 千米的地方，还曾经沿着赞比西河向上游动到距入海口 1000 千米的地方，另外在尼加拉瓜湖中也曾经发现它们的身影。最初错误地以为这些淡水中的鲨鱼绝对不会游到海洋中，因此将它们划分为一个单独的种类，并以这些鲨鱼的发现地命名，例如尼加拉瓜真鲨。

真鲨所有的种类都分布广泛，在夏天，有些种类的真鲨会长途迁徙到温带海洋中。它们的背部是金属灰色或棕色的，但有些种类的鳍缘是白色或黑色的，因此它们被称为银鳍鲨、白鳍鲨和黑鳍鲨。体形最大的真鲨是虎鲨，体长可以达到 6

米，虎鲨毫无疑问是所有鲨鱼中最危险的种类之一。作为凶猛的清道夫，它可以吞咽下能从喉咙咽下的任何东西——包括鞋子、罐头、鸟类及人类的肢体。幼年虎鲨在银灰色的皮肤基色上具有黑色的条带状，这些条带状如虎纹，由此它们得名为虎鲨，但当它们成年后这些斑纹便会消失。

锤头鲨的得名是因为它们的头顶横向延伸，2只眼睛位于延伸的末端。除了它们独特的脑袋之外（正是这些独特的脑袋的形状被用来命名锤头鲨属的属名，或者可能是2个属的属名），它们是典型的真鲨。有人认为锤头形状的脑袋有助于使它们的身体呈流线型，或者使它们的视野更开阔，但是进一步的研究表明，延长的头部包含有额外的电传感器，即洛仑兹壶腹。锤头鲨通常在海底的沙滩上像使用金属探测器一样摆动脑袋，然后迅速地潜入到沙中抓住隐藏在那里的鱼类——多数情况下是线鳐；它们还可以跟随地球的磁场进行有规律的迁移。大锤头鲨是体形最大的种类，体长可以超过5米，而圆齿锤头鲨是潜水者最常见的锤头鲨种类。

白斑角鲨和其同类
角鲨目

白斑角鲨是生活在冷水中的鲨鱼种类，在全世界范围内都有分布。该目的所有种类都是卵生的，每次大约产下12枚卵。白斑角鲨的大小从30厘米至6米以上。该目中的多数种类尤其是深水种类都以鱿鱼和章鱼为食。

在北大西洋常见的白斑角鲨（也被称为盐狗鲨）是一种重要的食用鱼类，每年都有数以千万计的白斑角鲨被捕捞和储存。白斑角鲨的体长很少超过1米，它们成群游动，并进行长途迁徙，每个夏天从大西洋迁徙到北冰洋中。它们的每个背鳍前面都有一根刺，刺上具有能够分泌有毒液体的器官。这些毒液能让人类感觉到剧痛，但没有致命危险。

多数深水种类，尤其是乌鲨属的身体两侧具有发光器官，可以吸引作为它们深水中猎物的鱿鱼。它们还可以通过"逆光"进行伪装。其巨大的眼睛在暗光条件下非常敏锐。

体形非常细小的雪茄鲨（尤其是达摩鲨属）下颚上有巨大的延长的牙齿，它们靠近某巨大的动物（例如一条大鱼、鱿鱼甚至是鲸），然后咬它们，通过扭动身体从这些大猎物身上撕下一块鲜肉。这种捕食技巧使它们得到了另一个俗名——"甜饼切割师鲨"。

睡鲨是白斑角鲨中体形巨大的种类，也是永久生活在北极海水中唯一的鲨鱼种类，通常生活在冰川之下。它们以海豹和鱼类为食，被认为是唯一具有对人类和狗都有毒害作用的鱼肉的鲨鱼种类。

棘鲨是具有非同寻常的巨大扁平的突出在皮肤外面的牙齿的鲨鱼种类，这使它们从外表看起来像是长满刺棘。可能包含2个种类，一种生活在大西洋，另一种生活在太平洋。尽管它们的体形巨大，体长可以超过2.7米，但它们的骨骼却没有钙化，非常软。

长尾鲨、鲭鲨和巨口鲨

鲭鲨目

长尾鲨、鲭鲨和巨口鲨是世界上较大的鲨鱼种类，它们生活在热带和温带的海洋中。

长尾鲨得名于它们在尾鳍后面长着的非常细长的上瓣叶，其尾巴的长度几乎占了整个体长的一半。当它们游入小鱼群的时候，便会摇动尾巴，如挥动鞭子一样在鱼群中抽打，将小鱼杀死或击晕，然后吃掉。它们可以长到6米左右，产下的小鲨鱼数量不多。但是鲭鲨目中最大种类的鲨鱼所产下的幼鲨体长可以达到1.5米！

令人激动兴奋的一次关于鲨鱼种类的新发现是发现被称为"巨口鲨"的鲨鱼。巨口鲨最早于1976年11月在夏威夷岛被发现。巨口鲨的体长可以超过5米，目前在日本、印度尼西亚、菲律宾、美国、巴西和塞内加尔附近的海域都发现有它们的存在。巨口鲨是滤食动物，进行垂直迁移。它们白天潜入深水中，夜晚则向上游动到达距海面12米左右的海水中进行捕食。据推测，巨口鲨可以利用嘴上部发出的光来吸引猎物。研究者认为它们可能是姥鲨的远亲，但它们之间具有足够的差异表明两者是不同的鲨鱼种类。巨口鲨是雪茄鲨的猎物。另外令人担心的是，随着深海捕捞的发展，巨口鲨越来越多地成为捕捞的副产品。

8个鲭鲨科中包括一些非常著名的鲨鱼种类，如鼠鲨、灰鲭鲨、姥鲨及大白鲨。这些鲨鱼体形巨大，多数生活在所有的热带和温带海洋中。姥鲨的体长可以达到10米，但它们只被发现生活在温带海洋中。该科中的所有鲨鱼都具有一个非同寻常的尾鳍，尾鳍上长有几乎等长的瓣叶，尾骨位于尾巴的两侧，它们的游泳速度相对都较快。鲭鲨中的多数种类以各种鱼类为食。有些种类还具有"跃泳"行为，即从水中极其壮观地跃向空中。产生这种行为的原因目前还不得而知，但有推测认为，这是为了驱逐皮肤上的寄生物。据说姥鲨的这种跳跃可以掀翻船只。在鲭鲨科鲨鱼中，即使不是所有的种类，那也至少有大多数种类都是恒温的，即它们保持比周围环境温度更高的体温。

灰鲭鲨的体长可以超过6米，它们是世界上游泳速度最快的鱼类之一，有记录称灰鲭鲨的游泳速度曾经超过每小时90千米。

毫无疑问，世界上最"臭名昭著"的鲨鱼是大白鲨——有时也被称为蓝鲨、食人鲨，或简称为白鲨。它们是在提到鲨鱼攻击人类时候最常被引用的鲨鱼种类，尽管其实这些对人类的攻击中有许多是虎鲨和牛鲨所为。

大白鲨主要以海洋哺乳动物为食（它们是唯一以海洋哺乳动物为食的鱼类）。它们宽大锋利的牙齿可以从鲸、海豹和海狮身上咬下大块的鲜肉。目前已知的体长最大的大白鲨可以达到6.7米，它们的平均体长为4.5米。大白鲨的繁殖方式为胎生，发育中的胚胎以吞食未受精的卵为食。和许多鲨鱼一样，大白鲨身体的颜色为逆向隐蔽色，腹部白色，背部表面为蓝灰色到灰棕色或灰铜色。

鼠鲨和鲑鲨（有时也被称为太平洋鼠鲨）的体长大约为2.7米，它们是鲭鲨

正张开大口的鲭鲨目的姥鲨

姥鲨生活在温带海洋中，以靠近海洋表面的浮游生物为食。它们具有发育良好的鳃栅，牙齿则已经退化。尽管它们体形巨大，外表恐怖，但事实上却对人类没有威胁。

科中最小的鲨鱼种类，分别生活在大西洋和太平洋中。

姥鲨是体长仅次于大白鲨的鲨鱼。它们通常可以达到 10 米长。姥鲨是滤食动物，它们的牙齿退化，并具有发育良好的栅格可以过滤浮游生物。它们的肝脏含有大量的脂肪和油，因此成为太平洋北部当地渔民捕捞的对象。姥鲨的名字（Basking，舒适、取暖之意）得自于它们喜欢在海面游泳和休息的习性。

扁鲨
扁鲨目

扁鲨的外形非常奇特，它们的身体扁平，被认为是比其他鲨鱼更接近虹鱼和鳐鱼的鲨鱼种类。它们的体长可以超过 1.8 米，在扁鲨属中，有 12 ~ 18 种鲨鱼生活在所有的热带到温带的海洋中。它们的胸鳍前面有一个鳍瓣，延伸到鳃裂的前面。扁鲨具有细长的牙齿，它们能在很浅的水中很好地伪装起来，等待猎物游近，当有猎物靠近时，它们会迅速扑出，用前伸的颚抓住猎物。尽管它们通常都是昏昏欲睡，行动迟缓的，但它们却可以非常快速地游动以捕捉猎物。扁鲨是胎生的，每次能够产下 10 条左右的幼鲨。

锯鲨
锯鲨目

锯鲨具有长长的扁平的刀片状鼻吻，鼻吻的末端有不同大小的牙齿，它们与锯鳐非常相像，但它们却是真正的鲨鱼。锯鲨非常稀少，体长可以达到 1.8 米，其中的一个种类六鳃锯鲨包括一套额外的鳃。锯鲨属具有 7 个种类的鲨鱼，多数生活在西太平洋和印度洋的西南部，其中也有一种生活在巴哈马群岛、古巴和佛罗里达附近的深水中。它们锯齿状的牙齿下面长有一对细长的触须，可以帮助它们在海底发现软体动物和甲壳类动物。它们的牙齿扁平宽大，可以磨碎猎物，它们的"锯"只有在防卫的时候才会用到。锯鲨是胎生的，每次可以产下 3 ~ 22 条幼鲨，刚产下的幼鲨的锯齿是回缩的，以防止刺伤它们的母亲。

龟

龟可能是世界上最容易被辨识的脊椎动物，是唯一一种有一张包含肋骨和皮骨的壳、且壳中有肩胛骨的脊椎动物。这种关键的形态变革出现于2.2亿年前的三叠纪时期，早于哺乳动物、鸟类、蜥蜴、蛇和开花植物，与最早的恐龙同时出现。这种奇异的结构可能是（至少部分是）龟持续成功地进化及超越恐龙时代的原因。

龟有许多共同的特征：没有牙齿，体内受精，雌龟在修筑的巢中产下有壳的（有羊膜的）卵，并且具有许多相同的生命体征，例如晚熟、极长的寿命及成体的低死亡率。这些特征使得它们特别容易受到人类活动的威胁，而在它们存在的超过2亿年间，人类也是唯一威胁到它们生存的生物体。事实上，人类对这种动物的影响已经到了一个危急的时刻，据官方统计，大约有44%的龟种类已经被列为濒临灭绝、濒危、易危的物种。

由于龟具有非凡的多样性，所以这种局面就显得更加不幸。

有的龟能利用洋流和地球磁场迁徙到4500千米远的地方筑巢；有的龟会大规模集结，在48小时内会有多达20万只雌龟在同一个狭小的海滩上产卵；有的龟可以在单个繁殖季节中产下每窝多达100枚卵的11窝卵，有些甚至1窝可以产下258枚卵。

龟的独特之处　还表现在繁殖行

软壳龟的胸甲和背甲上覆盖着一层革质皮肤而不是骨质的盾片。作为一种高度水栖物种，它们有长的颈部和像通气管一样的口鼻部，这使得它们不需要到水面上来就可以呼吸。图中为一只棘鳖。

为以外的方面：一些新孵化出的幼龟能够在其窝中的温度低至－12℃的冬季存活下来；有的不同龟种类可以杂交并产下可存活的后代；有的种类能在与空气隔离的水下存活或者可以潜至海平面1000米以下的地方，而另一些种类能在海拔高达3000米的地方生活；在身体尺寸上，龟壳的长度范围为8.8厘米至最长的244厘米！我们怎么能够对有如此多样性的物种的衰落置之不理呢？

腿上面的盔甲
龟壳

没有任何其他的脊椎动物进化出像龟壳一样的盔甲。龟壳通常包含50～60块骨，由两部分组成：覆盖于背部的背甲和覆盖于腹部的胸甲（由7～11块骨组成）。这两部分由胸甲两侧的延伸部分形成的骨质桥连接在一起。

背甲由源自皮肤真皮层的骨形成，这些骨相互融合并与肋骨和脊椎骨连在一起。源自表皮层的大块盾甲覆盖并加固了龟壳的骨架。胸甲是由肩带（锁骨和锁

知识档案

龟

目 龟鳖目

至少有 14 科，99 属，293 种。

分布 温带和热带地区，除了南极洲以外的所有大洲和所有大洋。

栖息地 海栖，淡水中水栖或半水栖，陆栖。

大小 体长为 8.8～244 厘米。

颜色 各异，从水底栖息种类的灰暗、黑色、伪装性体色到鲜艳显眼的体色。其上表面颜色多为棕色、橄榄绿或灰色和黑色，一般夹有黄色、红色和橙色斑纹图案，下表面多为黄色，其间夹杂有棕色、黑色和白色。

繁殖 体内受精；所有的种类在陆地上产卵；一个种类有亲代照料。

寿命 饲养的种类中偶尔有存活超过 150 年的（有翔实记载的最长寿命为 200 年）；美洲野生盒龟的一些种类存活期会超过 120 年；水栖种类一般寿命较短。

保护状况 几乎半数的龟种类处于危险中；ＩＵＣＮ 最近将 24 个种类列为濒临灭绝种类，48 种濒危，60 种为易危。另外，7 个最新的种类，包括云南盒龟已被证实为灭绝的种类。

间骨）的某些骨骼、胸骨及腹膜肋（腹部肋骨，跟现存的鳄鱼和楔齿蜥体内的一样）演化而成的。肩带的其余部分转到龟肋骨的内部——现存和曾经存在的其他脊椎动物都没有特征。

如此成功的保护性盔甲已经成为龟身体结构的基础。其他适应性都围绕着这个盔甲构建，这种盔甲决定了它们的寿命，也限制了它们运动的方式。由于壳的存在，可以跑、跳、飞的龟在进化过程中都被淘汰，但是龟种群中仍出现了一定的适应性分散：一些龟开始是半水栖的沼泽居住者，后来演化为完全陆栖，居住在森林、草地及沙漠中；另一些种类则变成更为彻底的水栖种类，生活在湖泊、河流、河口及大海中。

具有讽刺意味的是，这个最初引导它们成功生存的笨重的壳，其规模在现存的一些种类中已经大大减小了。体形较大的龟仍保留有大块的壳，但是由于壳中的骨变薄而减轻了重量，坚固轻质的鹅卵石状盾甲和拱形状的壳而不是沉重的骨增加了龟壳的强度。

在一些龟的种类中，特别是高度水栖种类如鳖和海龟中，壳骨的尺寸已经大大缩小，在骨之间留下了较大的空间（囟门）。最极端的例子就是革背龟，成龟没有表皮盾甲，只在其革质的皮肤中镶嵌有小块的骨质板状甲片。看上去，龟壳减小的主要优势是减少了生长和维持这个笨重的壳所造成的生理机能上的

损耗，并降低了陆栖种类运动的能量消耗，以及增大了水栖种类的浮力。

不同的生活方式和生态环境造成了龟壳结构的另一些改变。陆栖龟类普遍长有高耸的拱状壳，以此作为一种防御武器来抵御捕食者对其猛烈的扑咬。水栖龟具有拱度较低且更具流线型的龟壳，在游水时能减少水的阻力。有的鳖长出了特别扁平的壳，这使它们在栖息的水域中能藏到水底的沙地和泥土里。但是也有例外，陆栖的非洲东部饼干龟的壳就不是拱形而是极扁平的，这让它们能够钻进其岩石栖息地的狭缝中。凭借其四肢的力量和壳中骨骼自然的弹性，一旦这种龟楔

入岩石缝隙中，就很难把它拔出来。另外，水栖种类如产自亚洲的潮龟、安南龟和佛罗里达锦钻纹龟，因为与庞大凶残的鳄鱼居住在一起，丧失了流线型的龟壳，进化出具有高拱形且加固的壳。幼龟的壳发育得很慢，其壳中骨骼还未完全成型。然而，骨质壳的保护功能会随着年龄的增长而加强。某些种类幼小、骨骼较软的幼龟进化出凸出的表皮层刺，大多长在壳的边缘，以抵御捕食者的袭击。这种适应性的最极端的例子是东南亚太阳龟，这种龟的外形几乎呈圆形，每处边缘盾甲都变得很薄，成为刺，这种龟的幼龟还有嵌齿轮状尖牙。枯叶龟和拟鳄龟的壳上长有肿块状物和凸脊，这些伪装物使它们看起来像是无生命的物体一样。

许多龟都已进化出灵活的壳，壳的运动是靠骨骼之间不同程度的运动产生的。一个最普通的变异是绞合胸甲的出现。不同种类的龟，包括印度箱鳖、美洲和非洲泥龟、亚洲和美洲盒龟、马达加斯加和埃及陆龟，都已进化出一个或两个胸甲的绞合部。非洲褶脊龟的背甲上而不是胸甲上有绞合部。绞合部使得这些龟能够把壳闭合，从而保护脆弱的身体部位。毋庸置疑，这种结构能抵御捕食者的袭击，防止身体水分流失，这也是绞合胸甲起到的最重要的作用：很少具有绞合胸甲的种类是完全水栖的。

某些池塘和河流中的龟的骨骼间移动幅度较小，一些种类，如亚洲叶龟、东南亚六板龟、新热区林龟，其胸甲上具有部分的绞合部，胸甲和背甲主要由韧带而不是骨骼连在一起。它们的胸甲可以略微活动，但是不能接近背甲开口处。这种灵活性在龟产下大且脆壳的卵时显得非常必要，因为这些卵太大而很难从壳开口处顺利产出。在许多亚洲龟种类中，包括柯钦蔗林龟、太阳龟、三棱黑龟，只有成熟的雌龟才有可活动的胸甲。

某些头部较大、攻击性较强的种类，如拟鳄龟和新热带麝香龟，由于骨骼减少及和背甲连接的韧带的作用，它们也具有可移动的胸甲。这些种类胸甲的灵活性使它们在张开下颚时也能把很大的头缩进壳中，这使它们的防卫固若金汤，甚至无懈可击。

很早的时候，龟为了把头缩回胸甲和背甲之间前方的开口处，就已进化出了两种独立的机制。所有的龟都有8块颈椎骨，但是一个主要的目——侧颈龟亚目的龟将头水平方向缩进身体侧部，从而使得颈部和头部一些暴露在壳的前方。这个目包括蛇颈龟，它们中的一些龟的颈比龟壳还长。另外一个目——潜颈龟亚目的龟通过将颈部向后折叠成一个紧绷的竖直S形来缩回头部。这些龟的大多数都能将头部完全缩回到壳中，甚至能够把四肢肘部全部聚拢在鼻子前，从而进一步保护头部。现存龟的3/4都属于后一种目，包括所有的北美、欧洲及亚洲大陆上的龟。

因其背部盾甲上的斑点图案而得名的豹斑象龟是一种产自非洲南部和东部地区的大型龟。

显示年龄
生长

  大多数完全生长的龟壳长至少为 13 厘米。例外的种类包括斑点海角陆龟、平背麝香龟和牟氏水龟，它们都是世界上最小的龟种类，最大体长不超过 12 厘米。现存种类中的巨型龟为革背海龟，体长可达 244 厘米，体重达 867 千克。其他较为著名的大型种类为体长 80 厘米、体重 113 千克的拟鳄龟；南美洲河龟体长为 107 厘米，体重为 90 千克；亚洲狭头鳖体长为 120 厘米，体重超过 150 千克；亚达伯拉象龟身长 140 厘米，体重 255 千克。

  龟的生长速度各不相同，即使产于同一窝卵的个体间也有差别。栖息地、温度、降雨量、阳光、食物类型和来源及性别都影响龟的生长速度。一般来说，一个种类达到性成熟前生长得越快，性成熟后则生长速度下降越明显。在其后的日子中，一些体形较小的种类会完全停止生长，但是体形较大的龟则在一生中都会不断生长。所以，长寿的龟同样也需要更长的时间达到性成熟。

  对龟类生长的研究比对大多数爬行动物方便得多，因为许多种类的盾甲上就有生长记录。龟的生长速度同时也体现在长骨（特别是大腿骨和肱骨）上的生长层的沉积物中。与树和盾甲一样，当在冬季或干旱季节生长减慢时，骨骼上也会增加明显的环。但是，由于骨骼会自然重塑，所以内（新）生长层会不断消失。因为这种天然的年龄记录来源存在潜在的误差，而且这项技术需要的是遭伤害的样本，所以这种方法还没有被大范围应用。

在水中并不缓慢
运动

  龟是出了名的行动缓慢的动物，当然，大部分龟是由于极大地受到了大而笨

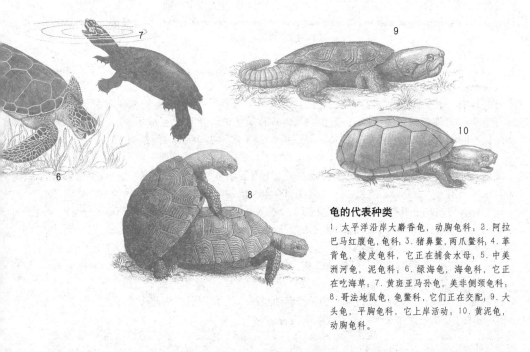

龟的代表种类

1.太平洋沿岸大麝香龟，动胸龟科，2.阿拉巴马红腹龟，龟科，3.猪鼻鳖，两爪鳖科，4.革背龟，棱皮龟科，它正在捕食水母，5.中美洲河龟，泥龟科，6.绿海龟，海龟科，它正在吃海草，7.黄斑亚马孙龟，美非侧颈龟科，8.哥法地鼠龟，龟鳖科，它们正在交配，9.大头龟，平胸龟科，它上岸活动，10.黄泥龟，动胸龟科。

重的壳的限制，所以行动缓慢。沙漠龟移动速度为每小时 0.22 ～ 0.48 千米。查尔斯·达尔文测出一只加拉帕戈斯巨龟移动速度为每天 6.4 千米。但是海龟在水中能够快速地游动，就如同人在陆地上行跑一样，其时速超过 30 千米。

龟的四肢能够准确地表明其栖息地及运动方式。最能适应陆地的陆龟长有巨大的足，脚趾很短也没有蹼。擅长掘洞的哥法地鼠龟，它们的前肢非常扁平，就像挖掘的铲子一样。

水栖龟和其他龟的不同之处在于其足上有被肉质和膜状的蹼连在一起的较长的脚趾，这使它们在水中能迅速前进。水栖龟可以在水底行走或游泳移动。水底行走的龟的移动方式与它们在陆地上的行动方式相同。枯叶龟、东南亚盒龟、鳄龟以及泥龟都把水底行走作为其行动的主要方式。游泳的种类如滑鳖、潮龟及中美洲河龟，都可以在河底行走，但它们通常会用四肢轮流划水。大部分拍击力是靠同时收回相对的前肢和后肢来提供的，这种方式在保持移动方向的同时，也能产生推力。

海龟和猪鼻龟是最专业的游泳者，它们的前肢已经变成鳍足状的足片形状，在水中能够很优雅地游动。这种游动方式被贴切地形容为"水中飞行"，其后肢只产生很小的推动力，主要的作用是掌舵。

深呼吸
呼吸作用

作为陆栖祖先的后裔，龟靠肺来呼吸是不足为奇的。由于具有坚硬的壳，它们的呼吸与别的脊椎动物不同。大多数龟的肺内部压力交换是靠前后肢囊中肌肉伸张和收缩提供的。腹部肌肉通过挤压肺内部器官辅助呼吸作用。四肢和腰带运动同样辅助了呼吸作用。

　　肺不是龟唯一的呼吸器官，水栖种类同样能够用皮肤、喉内壁和泄殖孔中薄壁的囊或滑囊来进行呼吸。这些辅助呼吸器官的利用程度随种类的不同而各异。对于没有泄殖孔滑囊的尼罗河鳖来说，皮肤吸收 70% 的溶解氧，喉内壁则吸收30%。由于依赖水下呼吸，比起栖息在一起的池龟种类来说，鳖对鱼藤酮（一种杀死用鳃呼吸的脊椎动物的毒药）更加敏感。其他水栖龟的大多数种类都具有泄殖孔滑囊，包括池龟、鳄龟以及侧颈龟。费兹洛河龟的这些身体构造发育得尤为良好，这种栖息在氧气含量丰富的溪水中的澳洲侧颈龟，它们的泄殖孔开口一直处于张开状态，且很少会到水面上去呼吸。

　　海龟特别能够忍受氧气含量很低的环境，在含纯氮的空气中，个别种类能存活 20 个小时。龟待在水底的时间长短取决于不同种类、温度及溶解在水中的氧气含量。在氧气饱和的水面下，池塘水龟最多能够存活 28 小时，而巨头麝香龟看起来则能存活更长的时间。在不到水面呼吸的情况下，水下蛰伏过冬的种类能够在水下存活数周或数月。

▌不慌不忙的捕食者
▌食物

　　许多龟如海龟和生活在热带的种类很活跃，因而终年都会觅食，但是生活在高纬度地区的种类则大半年的时间里都在水底或地下，并处于蛰伏状态。一些生存在极其干旱环境中的种类，如一些美洲泥龟每年最多只会在 3 个月的时间内比较活跃，在这段时间里它们必须进食、生长、交配和产卵，所有这些活动都必须在短暂的雨季结束前完成。

相对来说，几乎没有哪种龟有足够的速度和敏捷性去捕捉快速移动的猎物，因此大多数龟以植物或者速度比它们更慢的动物如软体动物、蠕虫和昆虫幼虫为食。但是偶尔遇到的食物，如一具动物尸体，或者从河边树上掉下的熟透的果实，会很快被发现并通常会吸引许多龟前来进食。

杂食种类的龟所吃的食物随着年龄的变化而变化。通常情况下，幼龟多捕食昆虫，而成龟，例如池龟或者彩绘龟成龟则会更依赖植物，或倾向于专门吃一种食物如软体动物，这类龟包括巨头麝香龟或食蜗牛龟。对那些因性别差异而造成体形相差很大的种类来说，雌龟和雄龟的食物也会不同，雌蒙面地图龟主要捕食软体动物，而体形小很多的雄龟则主要食用节肢动物。

对大多数龟种类来说，捕食采用的都是简单直接的方法，但是一些种类则有其独特的技巧和策略来获取食物，如埋伏、张嘴吮吸、引诱等。靠埋伏捕食的龟会等待，而不是追捕。许多种类的龟拥有好几种策略，通常埋伏的种类具有伪装色或伪装的形状，以及一条长而强壮的脖子，能向外伸出一定的距离捕食。具有长且覆盖着小块瘤状物的脖子、泥土颜色的皮肤以及长满藻类的壳的拟鳄龟就很好地体现了这些特征。东南亚的窄头鳖是一种埋伏捕食种类，它们具有光滑、图案鲜明的壳，但是当它们躺在栖息地河床上时，身体部分被沙子或泥土覆盖，它们黑色的条纹和斑与投射在起伏不平的河床上的阴影能很好地融合在一起。

大多数水栖种类龟都会不同程度地运用张嘴吮吸猎物的捕食策略。通过迅速张开嘴，同时扩张喉咙，会产生一个低压区域，能够将小型食物和一股水流吸进肠中，但是水很快就会被排出去。最擅长这种捕食策略的种类是奇特的枯叶龟，它们的伪装技巧非常高明，它们的壳很平，上面有很多突起，通常覆盖着水藻；宽阔的头部和长且强壮的脖子上长有一列不规则的薄片和突起物；像珠子一样的小眼睛长在细弱通气管状的口鼻部的前侧部；它们的嘴巴大得反常，颚部没有其他龟所拥有的角质覆盖物。

枯叶龟也是一种埋伏捕食者，它伏在水中栖息地的底部等待鱼的靠近。试验显示，一些这种龟的下颌与颈部的皮肤会鼓起，但不仅仅是为了伪装。它们具有丰富的神经末梢，能感知水中微弱的扰动，甚至在黑暗的水中也能接近猎物。它们下颏和颈部鼓起的皮肤被认为可以当作诱饵来引诱鱼的靠近。一旦鱼进入它们的范围，龟就会迅速出击，通过扩张有弹性的嘴巴和喉咙，将这些食物吸进肚中。人们也曾观察到枯叶龟把鱼赶入浅水中，在那里鱼更容易被捕食。

外观上的伪装效果仅次于枯叶龟，与枯叶龟生活在同样环境下的美国拟鳄龟使用诱饵吸引鱼。它们的舌头上长有一个蠕虫状的小凸起，当这个凸起充血时就会变成粉色，而口腔其余部分为黑色，从而更好地衬托这个诱饵。通过诱饵下方的肌肉运动，龟能摇晃诱饵。当它们捕鱼时，就张开下颚、晃动诱饵静静地守在水底。鱼游动在这些龟尖利角质的下颚间时，很难从它们的迅速猛咬中逃脱。如果猎物够小，它们就会整个吞下猎物，如果猎物太大，龟的下颚就会咬住猎物，交替使用前肢将其撕碎。这种诱饵的颜色随龟年龄的增加逐渐变深。可能对成龟来说，诱饵的作用不是那么重要。

另外一种值得一提的适应捕食的结构是某些龟上颚长有的宽阔的牙槽架（或称次生腭）。捕食蜗牛和蛤的种类例如地图龟、食蜗龟及一些美洲麝香龟，使用这种牙槽架碾碎猎物身上钙质的壳。在一些植食性龟种类的嘴中也有类似的牙槽架，这包括美洲河龟、亚洲潮龟和棱背龟。这些龟的牙槽架上长有一到两排锯齿状的突起，下颚上也长有锯齿状的突起，共同用于切断和碾碎植物的茎干和果实。

卵的保存
交配和繁殖

龟之间进行交配通常很困难，雄龟的尾巴一般更长更粗，与雌龟相比，其排泄口的位置要长在更里面的地方。在许多水栖游泳的龟种类中，雄龟较小，但是在陆栖和半水栖的种类中，雄龟则跟雌龟一样大甚至要大一些。为了在交配过程中适应雌龟高拱状的壳，雄龟的胸甲通常是凹的。长的前爪、小的口鼻部、膝关节后块状的斑纹或者一条尖的尾巴能够作为区分某些种类的雄龟的标志。

某些种类龟的体色可以用来区分性别，但大多数种类两性体色相似。即使是在两性双色的种类中，这种颜色上的差异通常也很微小。雄东方盒龟的眼睛一般是红色，雌性的眼睛为棕色。雌斑点龟长有黄色的下颌和橙色的眼睛，雄龟长有棕褐色的下颌和棕色的眼睛。某些亚洲热带地区的河龟例外，雄龟在繁殖季节会呈现出鲜艳夺目的体色，雌龟则为黯淡的土褐色。

所有种类的龟都将有壳的卵产在陆地上。大多数种类每年或每个繁殖季节都会筑巢——尽管有些雌龟个体并不是每年都会繁殖。海龟则通常为每两年或3年筑一次巢。对一些栖息在温带地区的龟来说，交配通常在秋季或春季发生，但是筑巢通常只会在春季进行。对热带地区的种类来说，求偶和筑巢在潮湿或干旱的季节都可能发生。人们发现一些热带和亚热带种类终年都在筑巢——尽管龟不大可能真的在连续不断地繁殖。许多种类的雌龟如环纹水龟和东方盒龟能够将精子储存数年的时间，因此它不需要每年都进行交配。另外，

龟的求偶

1.侧颈龟的求偶过程：a.头部在水面上摇晃，b.头部冲向水下。2.哥法地鼠龟摇晃头部围住雌龟走动，接着咬雌龟的壳和四肢。3.东方盒龟的交配姿势：a.雄龟撕咬雌龟的头部，b.用后足抓住雌龟的壳。

运用DNA分析技术显示：同一窝中不同的卵可能是雌龟与不同类的雄龟交配后产下的。

大多数龟在它们觅食的地方附近筑巢。但是一些海龟和河龟会长途跋涉迁徙筑巢。

栖息在南美洲巴西海岸的绿海龟会迁徙大约4500千米到阿森松岛上筑巢。某些迁徙的种类会在很短的时期内筑大巢，最壮观的例子就是榄龟大规模的筑巢情形。最大规模的筑巢场景发生在印度的奥里萨邦：多达20万只的榄龟在1～2天的时间内沿着5千米的海岸线筑巢。一些淡水龟如南美潮龟及东南亚潮龟也同样会大规模地聚集筑巢。大规模聚集筑巢的一个好处就是：仅仅依靠数量就能令捕食者望而却步，在这种情况下许多产下的卵能躲避捕食者的侵袭。

在许多水栖游泳的种类中，包括一些池龟、河龟、侧颈龟及海龟，雄龟的体形一般比雌龟小，并且它们一般都具有复杂精妙的交配行为。在半水栖水底移动种类中，如泥龟和拟鳄龟，这些种类的雄龟体型跟雌龟差不多大或比雌龟大一些，求偶行为一般都是以最简单的方式进行。在雄陆龟之间，为争夺领地其和雌龟的争斗时常发生。

对生活在温带地区的池龟和河龟，比如锦龟及地图龟来说，雄龟在求偶时期会依靠其后肢上伸长的爪来吸引雌龟。当它们与雌龟相对（或者一些种类在雌龟上方）游动时，雄龟的爪在雌龟口鼻部和下颏之间用高度模式化的动作扇动。当雌龟接受雄龟的求偶时，就会沉到水底，此时雄龟就会爬上雌龟的背部，用它的前爪抓住雌龟壳的前端，并把它的尾巴放在雌龟尾巴的下方，让它们的排泄口挨在一起。雄龟将单个的阴茎插入雌龟体内。交配过程会持续1个小时或更久，在这段时间内，交配双方都会偶尔浮上水面呼吸空气。

陆龟的求偶行为一般包括雄龟上下摆动头部，撞击撕咬雌龟来让雌龟停下不动，最后从后面爬上雌龟的壳。一些巨龟在求爱和交配中伴随的吼叫声之大甚至连大象都甘拜下风。

为了使生殖器官进入雌龟体内，雄龟身体会倾斜至竖直，最典型的例子是美洲盒龟——雄龟在交配过程中身体甚至会倾斜呈钝角。

卵可能会被产在腐烂的植物和垃圾下面（例如盖亚那红头木纹龟）；其他动物的巢中（如佛罗里达红肚龟将卵产在短吻鳄的巢中）；特别挖掘的洞穴中（黄泥龟），或者雌龟在水中建好的巢中（澳大利亚北部蛇颈龟）。但是通常情况下，卵被产在开口朝向地面的巢中，那是龟依靠后肢精心建造的瓶状的巢。一些种类的龟（如大多数鳖和彩龟）在迅速掩盖住卵后就离开产卵地，但是有的则会用相当长的时间将巢隐藏起来。革背龟会在回到大海前用上1个小时或更久的时间在筑巢地从各个方向把沙踢平。河龟通常会在真巢的不远处挖出一个假巢。在某些地方，龟还会将卵放在2个或3个巢穴间的一个巢中，以混淆捕食者的视线。爬行动物很少会出现亲代照料现象，大多数龟也没有这种行为，但亚洲巨龟是个例外，它们通常会用枯叶建一个巢穴，产下卵后它们会连续数天守护着卵以防御潜在捕食者的袭击。

龟的生殖能力通常与身体大小密切相关，这种关联在同种个体和不同种类之间都存在。体形较小的种类1窝产下1～4枚卵，而体型较大的海龟一般一次可产下超过100枚卵。产卵数量纪录保持者是玳瑁海龟，它1窝产的卵多达258枚。大多数种类在产卵季节中会产两次甚至更多次卵。绿海龟是至今所知的繁殖力最强的爬行动物，它们会在产卵季节中每隔10.5天就产下每窝为100枚、多达11窝的卵。在同种类和不同种类中都有一种倾向，即龟在高海拔地区会产下更多（更小）的卵。

　　龟的卵有两种形状：池龟、河龟、林龟及美洲麝香龟和泥龟产下的卵形状较长，而鳖、拟鳄龟及海龟产下的卵较圆。其他不同种类的龟，如陆龟和美澳侧颈龟中的一些个体产下的卵两种形状都有。能产下最大窝(50枚或更多)的龟产下的卵呈球形，这样才能将卵更多地堆积到狭窄的空间中。球形体积与表面积比率最低，因此卵失水的可能性最小。这可能就是许多龟产下球形卵的原因。

　　各个种类产下的卵的卵壳不尽相同，温带地区的池龟和河龟、拟鳄龟、海龟以及非洲、美洲侧颈龟的卵有弹性、革质壳（拇指可以把壳按凹陷），而热带地区池龟和河龟、美洲麝香龟、泥龟、鳖以及澳美侧颈龟的卵则具有更硬且易碎的壳。但是例外现象仍然存在。

　　壳易碎的卵对环境的依赖性较小，与有弹性壳卵相比，这种卵流失和吸收的水分都更少。但是具有弹性壳的卵往往发育得更快。不会挖掘结构精良的巢的龟，或者将巢筑在非常干旱或潮湿泥土上的龟，产下的卵往往具有易碎的壳。相反，产在易被洪水淹没的海岸上或者生长季节有限的地区的卵，必须迅速地生长发育，这些种类龟产下的卵一般具有弹性的壳。

　　卵的大小往往与龟体形大小成正比，这种情况在同种类和不同种类间都存在——当然也会有例外。巨大的革背海龟和加拉帕戈斯陆龟能产下大的球形卵，直径达5～6厘米，重量能达到107克。中华鳖产下的卵则是最小的球形卵，直径为2.1厘米，重量为5.1克。

　　热带地区的雌龟能产下最大的长形卵，许多卵仅比中等长度的成龟小一些。

一只雌性棒头龟在澳洲海岸附近的一个岛屿上寻找产卵场所。

马来西亚巨龟是池龟和河龟中最大的种类，壳的长度为80厘米，产下的卵大小达到4.4厘米×8.1厘米。黑林龟的壳长不及巨龟壳长的一半（32.5厘米），产下的卵却跟巨龟的卵大小相差无几，达3.9厘米×7.6厘米。目前所知的最小的卵为小臭弹龟产下的卵，有些大小仅为1.4厘米×2.4厘米，重量仅为2.6克。

相同种类的卵的孵化速度跟温度紧密相关。温带种类孵化卵的孵化时间通常需要2～3个月，而热带种类则需要4个月至1年的时间。孵化时间最短的种类为中华鳖（23天），而孵化时间最长的种类为斑豹龟（420天）。看起来孵化时间较长的卵生长发育会经过一段停滞的时期，甚至在同一窝的卵中，个体孵化时间也可能相差很大。产生生长停滞期可能是由于冬季蛰伏（当温度太低使生长不能继续——温带种类的一个普遍的现象）；滞育期（尽管处于正常的孵化环境中，胚胎早期发育仍出现的停滞现象，鸡龟、一些亚热带美洲麝香龟和泥龟、一些鳖和亚洲池龟、一些新热带龟、一些澳美侧颈龟及一些陆龟都存在这种现象）；或者由于延长的孵化期或者夏蛰（此时完全发育的胚胎在卵中停止孵化直到条件合适才出来，这种现象发生在澳美侧颈龟、猪鼻龟以及林龟种群中）。人类对大多数种类龟的奇异发育模式的研究仍然是很肤浅的。

在大多数龟中，孵化时期的温度同样也对孵化出的幼龟的性别起决定性作用。在被称为"温度依赖性别决定"（TSD）的种类中，孵化时期第3个阶段中期时的温度会引起性腺发育，最终决定胚胎的性别。龟有两种TSD类型：TSD1型（包括西半球池龟、新热带林龟、海龟、陆龟及猪鼻龟）孵化的关键温度范围很窄，通常为27～32℃，高于这个范围的温度导致只能孵出雌龟，低于该范围的则只能孵化出雄龟。TSD2型（包括美洲麝香龟和泥龟、非洲侧颈龟、美洲河龟、拟鳄龟及欧亚池龟和河龟等）具有两种孵化的关键温度范围，中间温度孵化出雄龟，而高或极低的温度则孵化出雌龟。也有些性别是靠遗传决定的，这一类包括鳖、澳美侧颈龟、林龟、两种巨麝香龟、棱背龟以及粗颈龟，但只有后4种龟才有二态的性染色体，其余种类的雄龟和雌龟的染色体都是一致的。这种令人费解的性别决定方式在进化中的优势至今仍是一个谜团。

当胚胎已完全发育成熟时，幼龟用长在喙上部的源自真皮层的小且呈角质的隆起物（肉冠）撕破或弄碎胚膜和卵壳，从卵中出来。孵化后，大多数新生幼龟从巢中钻出来并直接爬到水里或者植物上。但是，有些新孵化的幼龟会在巢中待上一段时间。孵化后，一些温带种类包括锦箱龟和黄泥龟，会立即在巢下方挖出1米深或更深的通道，这种行为可能是对即将来临的、威胁其生命的冬季的一种适应。其他一些温带地区的种类新孵化的幼龟（如锦龟）会在巢中度过冬季，它们在那里要经受－12℃或更低温度的考验。虽然它们能够在零下温度中存活下来（例如－4℃），但是它们必须过度冷却自己（身体组织不冻结）才能达到这一目的。它们完成过度冷却自身的精妙的生理机制至今仍不为人们所知。还有一些龟，特别是栖息在季节性明显的热带地区的种类，必须待在巢中直到雨水软化土壤后，才能钻出去。据一则趣闻报道，在澳大利亚一场旱灾中，宽壳蛇颈龟的幼龟被困于巢中达664天，最后竟然全部活了下来！

蜥蜴

在全球脊椎动物区系中，蜥蜴几乎无处不在。虽然大多数蜥蜴栖息在热带地区，但也有许多生活在温带地区。在西半球，蜥蜴的分布北至加拿大南部地区，南至南美洲南端的火地岛。在东半球，有一种山地麻蜥栖息在挪威北极圈中，其他一些种类分布在南至新西兰斯图尔特岛上。蜥蜴生活在从海平面到海拔 5000 米的地区。

仅以种类和数量来说，蜥蜴是脊椎动物中最为成功的种类。在生理结构、行为、多样性和地理分布广度上，蜥蜴也超过其他爬行动物。尽管龟和蛇的所有种类已经进化出高度特化的体形，但蜥蜴仍保持了四足动物的身体构造，并分化出各有一些差异的 20 个（有统计为 27 个）不同的科。因此，虽然大多数蜥蜴是昼行动物，但还是有很多种类夜行和黄昏时出没。尽管蜥蜴通常偏爱相对较为温暖的环境，但它们还是演变出了调节体温的方式及季节性活跃的行为模式，这使得它们几乎能在所有最恶劣的环境中生存。

大多数蜥蜴和人类一样，生活在陆地上并在白天较活跃。甚至夜行的壁虎也常常是人们生活中熟悉的一部分：在热带地区，这些眼睛凸出、没有眼睑的昆虫捕食专家是非常普遍的动物，且受到普通家庭的喜爱。以西非溪水半趾壁虎为例，通过它们透明的腹部可以看到它们捕食了大量的苍蝇，所以人们允许它们在人类居所中生活，它们依靠完美的能抓牢物体的趾在墙上和窗户上爬行，甚至能倒着爬过天花板。

动作灵活、皮肤粗糙
形状和功能

蜥蜴最突出的特征之一就是它们的皮肤，这些皮肤折叠形成鳞片。皮肤的外层充满角蛋白，这种角蛋白是一种粗糙且不溶水的蛋白质，它能使蜥蜴最大限度减少水分流失，使很多蜥蜴在即使是最干旱的沙漠中也能生存。它们的鳞片形状包括从小颗粒状到大片状，差异很大。鳞片有的一片一片互相连接，有的重叠。其皮肤可能非常光滑，也可能有一些突起（脊）。蜥蜴鳞状的皮肤通常粗糙厚实，不容易破。某些鳞片已经演

绿鬣蜥（鬣蜥属绿鬣蜥）具有小颗粒状的鳞片，且有一条贯穿整个身体和尾部的背脊。这只年轻个体下颌下部的垂肉显示其是一只雌蜥蜴。

变成尖利的刺，可以击退袭击者。有些皮肤则被称为皮骨的内骨片强化。

蜥蜴的一个很奇妙的特征就是脑部松果体的发育。17世纪的法国哲学家雷内·笛斯卡特称人脑中的松果体是思想和肉体互为作用的交点。他把松果体看作不朽灵魂的眼睛，与肉体感官上接收的信息进行交流。至少对蜥蜴来说，脑的这个部分似乎确实是它们的"第三只眼"，但是松果体实际上仅是将这个动物与物理世界连在了一起。长在松果体处一块开口的头盖骨使得其神经组织能够从脑部一直延伸至头顶上敏感性较弱但透明的吸盘处。研究表明松果体可能会在昼夜反复模式的影响下，起到调节"生物钟"的作用。

蜥蜴的颅骨是可动的。蜥蜴可以在头盖骨的牵引下移动鼻口部，从而大幅展开和收拢颚。成年蜥蜴下颚的两部分在前端是紧紧连在一起的，从而将可吞食的食物大小限制在比头部宽度略窄的范围内。所有蜥蜴的舌头都发育良好，与口腔后部连在一起。其口腔内长有固定的牙齿，有的种类的上颚上还额外地长出一些牙齿来。蜥蜴的牙齿一般是侧生齿，换句话说，它们具有延长的牙根，这些牙根与下颚内缘有着脆弱的连接，牙根的基部没有与下颚融合。一些种类具有端生齿，这些牙齿通过其底部、侧部或者底侧部与下颚紧紧地连在一起。大多数种类都会频繁更换牙齿。

蜥蜴的外耳开口一般可见。大多数种类的蜥蜴都有活动的眼睑。典型的蜥蜴具有1对发育良好的肺、1个膀胱和由动脉系统发展出来的锁骨下动脉。蜥蜴的1对肾脏一般对称地位于体腔后部。肛门开口与尿道在公共的腔——泄殖孔内连接在一起，泄殖孔以一条横向的狭长切口的形式存在。雄性蜥蜴具有成对的插入器官，单独的一个被称作"半阴茎"。

疾走和钻洞
运动

人们所熟知的蜥蜴的疾走行为对一些种类来说是不可能完成的，因为有些

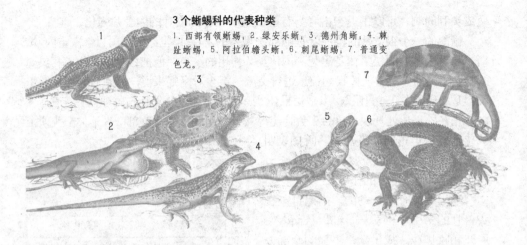

3 个蜥蜴科的代表种类

1.西部有领蜥蜴，2.绿安乐蜥，3.德州角蜥，4.棘趾蜥蜴，5.阿拉伯蟾头蜥，6.刺尾蜥蜴，7.普通变色龙。

栖息在地面上和洞穴中的蜥蜴的四肢已经退化甚至完全消失了。雌性盲蜥、一些蛇蜥和小蜥蜴的四肢都完全消失了，只在体内还保留了一些痕迹，骨质的骨盆带证明这些消失的四肢曾经存在。扁足蜥蜴、雄性盲蜥及各种各样的绳蜥和甲蜥都没有前肢，只有退化了的后肢，而一种丽纹攀蜥则只是后肢完全消失了。四肢退化对生活在只有狭窄开口的栖息地，如密林或地缝和岩石裂缝中的种类来说具有特殊的优势。对这些种类来说，移动是靠退化的四肢紧贴身体，像蛇一样侧向摆动身体来完成的。但是大多数种类都有四肢，每只足上有 5 个趾，这些有鳞类动物显示出蜥蜴运动的最典型模式：四肢在爬行时身体两侧以对称的步伐前进，因此身体不断摇摆。身体本身可以是圆柱形、扁平的（与地面齐平）或者纵向扁平的（与地面垂直）。四肢或短或长，或粗或细。穴居蜥蜴通常身体呈圆柱形，而裂缝栖息的种类则比较扁平，水栖和树栖种类的身体为特有的纵向扁平状。四肢粗壮较长的种类如澳洲砂巨蜥通常是疾跑的种类，它们栖息在开阔的草原和沙漠中。树栖种类如变色龙和鬣蜥蜴通常具有细长的四肢，这种四肢有助于蜥蜴在栖木间跳跃或从一个树枝爬到另一个树枝上。另外的因素如掘洞和争斗，都在四肢进化过程中可能起到了重要的作用。

一些种类的蜥蜴至少部分时间会生活在水中。大部分这种蜥蜴，如南美鳄蜥，具有强壮有力、稍稍扁平的尾巴，这能推动它们在水中前进。婆罗洲无耳蜥蜴自成一科——拟毒蜥科，它们擅长游泳，依靠其小的前肢和身体蛇形摆动，推动它们在水中游动前行。趾部长有蹼的海鬣蜥是仅有的栖息在海中的蜥蜴中的一种。蛇怪蜥沿着趾部侧面长有皱褶的皮肤，从而增大了足上的表面积，可以帮助它们跑过池塘和溪流表面。棘趾蜥和棘趾壁虎的趾部经过演化，适应了在松散的沙地上奔跑的移动方式。而蹼足壁虎具有被蹼完全覆盖的足，这种足就像沙铲一样帮助它们在沙地上行走。

树栖蜥蜴在运动适应性方面表现出一些最为显著的特点：东南亚飞蜥通过前后肢间由肋骨支撑的膜在树与树之间滑翔。另一些壁虎和蜥蜴的种类也有对滑翔或降落的一些适应性改变。

变色龙进化出适合栖息在树上的足，即一些趾朝外，一些朝内，所以它们能像鸟一样更牢固地抓住树枝，特别是前足的三个朝内的趾和两个朝外的趾是互相连在一起并内外相对的，后足则正好相反。这种形式被称为对生趾。改良的趾使许多壁虎和变色龙能够非常容易地在陡峭的表面攀爬。

有些种类的蜥蜴有可抓握的尾巴，在行动时，尾巴可以缠绕着植物，使自己得到稳固，因此，它们相当于拥有"五肢"。变色龙是所知的种类中最典型的拥有这种适应性结构的蜥蜴，在树栖和陆栖的许多种蜥蜴中也都具有这样的适应性结构。在壁虎的一些种类中，它们可抓握的尾巴的下表面长有跟趾部鳞片相似的鳞片，因此可以紧抓在植物上。一些种类的尾尖鳞片看起来像一只爪，也可以起到类似的作用。

安全策略
防卫

蜥蜴尾巴的特征化改进，导致自断或自动脱落这种独特现象的出现，但伪装或隐匿到目前为止仍是逃生方法中最为有效的途径。许多蜥蜴的图案和体色都与周围环境融为一体。凿齿蜥蜴和变色龙可以通过释放皮肤色素，在短短几秒钟内将皮肤颜色转变成伪装色。当蜥蜴静止不动时，伪装效果更加明显。但是与捕食者（如哺乳动物、鸟类或其他爬行动物）正面相遇时，蜥蜴也会采取许多其他行动和生理上的防卫策略来逃生。

蜥蜴动作的灵活性和迅速性不容置疑。当遭到袭击时，大多数种类都会试图逃脱，除了速度缓慢、身体笨拙的澳洲石龙子——它们会张开嘴，露出强壮的下颚和闪亮的蓝色舌头，并发出嘶嘶声来恐吓捕食者。具有毒性且速度缓慢的毒蜥，通常也通过张嘴和发出嘶嘶声来恐吓捕食者——这种行为看起来非常有效，因为这些种类的成体天敌较少。

澳大利亚伞蜥的脖子上有大块松弛的皮，当受到捕食者惊吓时，还会充气，使身体膨胀。巨蜥通过快速奔跑、强壮的颚和四肢，以及像鞭子一样的尾巴来威慑袭击者。蛇怪蜥凭借其长且强壮的后肢和扩张的趾在水面上奔跑，从而让只能在陆上行走的捕食者无可奈何，它们也很擅长游泳，并能在水下待上很长一段时间。改进的皮肤和骨骼使飞蜥能够从一棵树滑翔到另一棵树上，或者地面上一个很远的点，但是它们不能像鸟类、蝙蝠和昆虫一样产生动力飞行。蜥蜴中许多种类还会通过爬上树、岩石或人工建筑逃生。一些种类，包括绳蜥，会将身体楔进缝隙中，或者像胖身叩壁蜥一样使身体膨胀，使捕食者无法将它们从缝隙中拉出来。壁虎的许多种类依靠特殊的足和尾巴，都能轻易在各种表面上移动，甚至还可以颠倒身体运动。

许多蜥蜴生命中的大部分时间是在地下度过的，并以此来躲避捕食者。生存在地下的主要有石龙子、盲蜥、平足蜥及蛇蜥等。那些活跃在地面的种类有时也会通过潜水、钻洞或者陷入松软的沙地中逃生。许多种类在夜间很活跃，因为那时它们潜在的捕食者很少出现。

逃生的另一种策略是"装死",或者让身体变得很僵硬。当猎物奄奄一息或者身体僵硬，看起来像死掉时，许多捕食者就会停止攻击。捕食者依靠猎物的动作提示来展开攻击，一只"死"蜥蜴当然不会有任何的提示。

北美角蜥和澳大利亚棘蜥身体上尤为多刺，这会使捕食者难以入口。角蜥还进化出一种生理机制，即会从眼睛里向捕食者喷出血来。这种方法对付狐狸和土狼尤为有效，因为喷出的血的味道很糟糕。

普遍食肉
摄食行为

许多蜥蜴是食肉动物，它们主要捕食昆虫和其他小型陆栖脊椎动物，但是体形较大的蜥蜴通常会吃哺乳动物、鸟类和其他爬行动物。科摩多巨蜥为食腐和食肉动物，它们会捕食山羊甚至水牛这类动物。它们的牙齿侧面扁平，具有锯齿形

一只高冠变色龙伸出具有弹射性的舌头捕捉一只蟋蟀。这只倒霉的昆虫被紧紧地粘在这只变色龙具有黏性的舌尖上。一只变色龙舌头伸出的长度可以达到两倍于其口鼻部到排泄口的长度。

的边缘，与食肉鲨鱼的牙齿很相似，它们会将大型猎物肉躯干上的肉逐块撕下来。它们具有的高度灵活的颅骨使其可以吞下大块的食物。秘鲁鳄鱼蜥以蜗牛为食，它们强壮的颅骨、有力的颚部肌肉及类似臼齿的牙齿可以帮助它们弄碎蜗牛的壳。

在所知的所有蜥蜴种类中，只有 2% 的种类为植食性动物。鬣蜥，特别是成体，会吃各种植物。加拉帕戈斯群岛的海鬣蜥几乎全部以植物为食，它们会潜入水下 15 米或更深的地方，以生长在临近其栖息的岩石海岸的海藻、海草及其他海生植物为食。吃树叶和树茎秆的蜥蜴通常有特殊的肠道结构，拥有可以帮助它们消化植物组织的细菌共生物。壁虎、石龙子、蜥蜴中的许多种类，其食物通常以昆虫为主，但也以季节性生长的果实为食，这些果实更容易被消化。许多种类的蜥蜴成年时会改变它们的食谱，而且也伴随季节性改变。

相互清洁和恐吓对手
社会性行为

许多蜥蜴在遭遇到欲侵占其领地或具有挑衅性行为的同类或他类时，会发出威胁信息。改变体色、膨胀身体、张开颚、摇动尾巴，以及某些种类特有的头部运动都是重要的恐吓信号。当雄体之间或者与别的动物发生冲突时，变色龙有色的喉扇或垂肉就会变大。占据一片领地在许多方面都是有利的，但是也会付出代价，比如由于重复出现在同一个地点，被捕食者捕获的可能性也就相应增大。相对于不显眼的雌变色龙来说，靠视觉捕食的食肉动物，比如蛇，会更多地捕食颜

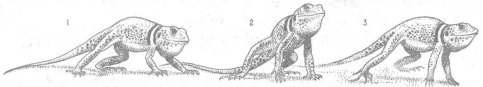

蜥蜴的进攻

一只雄性环颈蜥正在准备与它的对手进行一场搏斗。1. 注视它的对手。2. 不停地上下跳动，四肢离开地面。3. 开始攻击。

色鲜艳的雄变色龙。

当蜥蜴保卫领地或争夺配偶时，通常会发生争斗。雄性海鬣蜥在交配季节开始时，会争夺领地并与入侵的雄性猛烈争斗。当一只海鬣蜥严加防范自己的领地时，附近的雄体就会更少地卷入与这只海鬣蜥的领地争夺战中。体形较大的雄海鬣蜥通常会占据较大、较好的领地，它们交配的机会也更多。求偶行为是交配仪式中一个很重要的组成部分。一些种类的雌体也会占据领地并相互争斗。

新孵化的蜥蜴以及幼体，如普通绿鬣蜥，通常会同时从巢穴中钻出来，这是对抗捕食者的一个策略，因为一大群蜥蜴的警惕程度肯定强于单个蜥蜴，且数量上的优势使个体不易被捕食。

幼鬣蜥通常群体行动，其中的一只会充当暂时的头领，它们互相用舌头舔对方，并相互摩擦身体和下颏，以及扩张垂肉。夜晚它们通常一起在树枝上休息。

蜥蜴间的社会性交流有时会运用到化学信息。虽然蜥蜴的皮肤上完全没有分泌黏液的腺体，但是在其腹部、股下方（股腺）以及泄殖腔上（泄殖腔前部腺体）却长有其他类型的腺体。在已具备繁殖能力的成熟的雄体身上，这种腺体显得更大一些。腺体分泌物用来吸引雌蜥和标记领地。一些种类的雌性身上同样也长有这些腺体。

晒太阳，或者主动将身体暴露在阳光下，对蜥蜴来说是非常普遍的行为，但是夜行或相当隐秘的种类也会直接从栖息的地面上吸收热量，这种策略被称为趋热性。

交配和交配后
繁殖

一些科每个种类的蜥蜴中都有一些蜥蜴只有单性个体，在同时具有雄性和雌性的种类中，雌雄进行交配，体内受精。雄性会将它们一对半阴茎中的一个插入雌性的繁殖管道中，雄性分离的半阴茎每一部分都有一个睾丸，位于体腔中间或靠近中部的地方。蜥蜴的半阴茎与哺乳动物的阴茎在结构上是不同的，半阴茎是一个膜状的袋（通常上面有独特的刺、螺纹和皱褶），在交配过程中会从雄性泄殖孔的开口处伸出来。在雄蜥蜴与另外的雌体交配前，1 个半阴茎可以用 3～4 次。

1 枚或多枚卵在雌体输卵管中受精，胚胎在产出前，一些结构就已发育成熟。一些种类，包括杰克逊变色龙，它们的精子能在输卵管中储存很长一段时间，因此很难确定幼蜥的血缘关系。雌蜥通常情况下会把卵产在湿度相对较高的圆木或岩石下，有的会把卵置于体内直到胚胎已发育良好，完全发育成熟的幼蜥就会从厚实的膜中钻出来。这种繁殖方式在鳄蜥、蛇蜥、夜行蜥、绳蜥和石龙子这样的种群中很普遍，但其他一些种群则很少采用这种繁殖方式。

巴西石龙子幼体在输卵管中生长发育，并通过一个胎盘与母体相连。蜥蜴的胎盘与哺乳动物的很相似，主要提供营养物质并排出废物。与大多数爬行动物不一样，幼体几乎不从卵黄中获取任何营养物质。

一些种类的蜥蜴产下的卵或幼体的数量是固定的，如盲蜥（1枚卵）和壁虎（1~2枚卵或幼体），但是有些种类的蜥蜴产下的卵或幼体的数量大不相同。巨蜥每窝产下的卵是目前所知数量最多的——一些种类能达到每窝50枚。总的来说，体形越大的蜥蜴每窝产卵的数量越多。

除了会寻找并挖掘一个适合孵卵的场所外，大多数种类的雌蜥蜴几乎都不会照顾产下的卵。但是，也有几种蜥蜴雌体会伏在卵上或守卫它产下的卵。一些雌体会清洁并翻动卵。在很少的一些种类中，包括大平原石龙子、沙漠夜蜥以及一些鳄蜥，雌体会照看从胎膜或卵中钻出来的幼体，并使它们不受到捕食者的袭击。一些种类的蜥蜴每年有一段受严格时间限制的繁殖期，而有一些种类则可以在整个繁殖季节中进行交配。温带地区的大部分种类是周期性繁殖，而热带地区的许多种类则可持续进行繁殖。环境状况如温度、降雨和湿度、食物供应以及日照时间都是影响所有种类蜥蜴繁殖的重要因素。

处于危险中的种群
保护和环境

蜥蜴是很多传说和寓言中的主角。许多无害的种类，特别是壁虎和石龙子，也受到始终顽固认为这些种类有毒的人们的排斥。虽然毒蜥确属有毒种类，但人们认为它们有一条有毒的尾巴、会喷射毒液的观点却是错误的。有一种古老的迷信认为：壁虎会咬毫无防备的人的影子，而这个人就注定要死亡。在北美洲的萨利希土著部落中，蜥蜴是他们制作春药的一个秘方。在一些亚洲国家的风俗中，人们相信，如果一只壁虎在一对新人的房间发出叫声的话，那么这对新人就将会过上长久富裕的生活。

人类为了满足食物和社会需要，大量残忍地捕杀蜥蜴。在西半球整个热带地区中，人类捕杀普通绿鬣蜥以获取它们的肉和卵，许多濒危的西印度岩石鬣蜥也遭受到相同命运。人们每年会捕捉数百万只南美泰加蜥与尼罗河和亚洲巨蜥，以制成皮革。在印度，活的巨蜥被用到丰收仪式或者节日活动中，毋庸置疑，这些仪式肯定会使巨蜥受到伤害。

宠物贸易虽然对大多数蜥蜴种群数量下降的影响很小，但也有某些种类由于这个产业导致了数量上的急剧衰减。收集者对一些稀有或罕见的种类，如所罗门岛猴尾蜥以及马达加斯加叶尾守宫趋之若鹜。

对蜥蜴种群最大的威胁是人们对它们定居地（特别是在热带和亚热带地形复杂和不为人知的地区）的改变或破坏。以美国佛罗里达州南部地区为例，由于人类活动，造成了那里的蜥蜴生态系统临近崩溃。虽然有人认为是引入到这个地区的外来种类的蜥蜴造成了一些本地蜥蜴群族数量下降，但是并没有强有力的证据可证实这种说法的正确性——外来种类往往栖息在人为建造的环境中，而这种新的小环境是土生种类很难适应的。

毫无疑问，在任何蜥蜴栖息地中引进的非爬行动物都会对许多种蜥蜴造成伤害。例如西印度群岛上的岩石鬣蜥的生存就受到猫鼬、野狗、猫、山羊和家养牲畜的威胁。在加那利群岛上，濒危的哥莫兰巨蜥几乎被引入的捕食动物捕食殆尽，现在所有发现的个体都被圈养，以确保它们可以存活下去。人们从马达加斯加和中美洲分别引入壁虎和土龙新种类到森林仅存小块地区之后，证实了这样一个饱受争议的事实，即对栖息地的大规模破坏是造成一些种类的蜥蜴甚至在还未被知道的情况下就灭绝的最主要原因。

可丢弃的尾巴

当遇到蛇或其他捕食者时，蜥蜴有时会自动整条脱落或者分段脱落下尾巴。在脱落尾巴前，一些蜥蜴如德州横间壁虎会左右摆动竖直的尾巴，这种行为是为了将捕食者的攻击目标从更脆弱的头部和躯干处转移到尾巴上。脱落的尾巴会痉挛似的扭动数分钟，分散捕食者的注意力，从而增加这只没有尾巴的蜥蜴安全逃生的机会。大多数种类的蜥蜴都具有自动脱落尾巴的能力（除了凿齿蜥蜴、变色龙、巨蜥、毒蜥、鳄蜥和婆罗洲无耳蜥蜴等）。

具有这种技艺的种类（下图一只蓝尾石龙子）拥有一条"易断"的尾巴，尾巴的一截或几截椎骨上具有断裂面。一侧结缔组织穿过每一截这样的椎骨形成一个脱落点，位于此处的肌肉和血管也经过改良，以适应尾巴在此处能轻易脱落的特点。蜥蜴尾巴脱落后会慢慢长出一条新尾巴，但是跟以前的尾巴有所不同，新尾巴的椎骨上不再有断裂面。除了不能自动断尾之外，在跑、游泳、平衡、攀爬、伪装、求偶、交配和储存脂肪等生理结构功能上跟以前的尾巴没什么不同。如果尾巴没有在拥有断裂面的脱落点断裂，再生的可能性将非常小。

虽然脱落尾巴可以帮助逃生，但自断还是要付出代价的，比如，当食物短缺时，特别是在冬季或干旱时期，储存在尾巴中的脂肪就可以分解，用于维持生长和生存所需。壁虎的一个种类，如澳大利亚瘤尾壁虎，在失去尾巴后就不能存活太久。此外，雌性蜥蜴尾巴中存储的脂肪在生成卵黄时具有重要作用，没有尾巴的个体产下

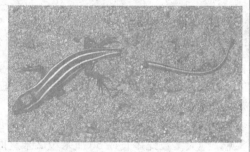

的卵不仅数量少而且含有的能量也少，因而孵化出的后代存活的概率也小。

尾巴的再生可能会将用于繁殖甚至产出较大的卵所需的能量消耗殆尽。德州横间壁虎补充的能量就会优先供应尾巴使其再生。这种情况同样也发生在一些寿命较短的种类中，特别是繁殖力较低的种类更是如此。

一些壁虎和石龙子种类中，作为对断尾的补充手段，还会出现一种被称作局部外皮脱落的现象，这种现象靠蜥蜴身体上特定脆弱部位的皮肤完成：当被捕食者捕获时，这些蜥蜴可以通过扯掉这部分皮肤来逃生。蜥蜴脱落皮肤所付出的生理上和能力上的代价是很大的，但是一些壁虎在背部皮肤脱落 40% 的情况下也能存活下去。

🐍 蛇

到目前为止，已有3000种蛇被人类识别，而且数量一直在增加。在许多方面，所有的蛇都是相似的：有长长的大致圆柱形的身体；身体的一端是头，一端是尾巴。蛇没有四肢，没有其他突出的身体部位，也没有外耳开口或眼睑。尽管具有这些明显的局限性，它们还是以自己的方式使它们的家族发展壮大，并且种类繁多。为了达到这种兴旺局面，它们发展出独特的移动方式和感知能力。在一些情况下，它们的感觉很独特，有的则比其他动物更敏感。

蛇与蜥蜴有诸多相似之处，因此蛇与蜥蜴被归入了有鳞目。从一般的分类学上讲，也很难把它们分开。蛇与蜥蜴最明显的区别在于蛇没有肢部。无腿的种类在蜥蜴的几科中也独立进化了出来，如玻璃蜥蜴（蛇蜥科）和石龙子（石龙子科），但这通常是为了适应其穴居或半穴居生活方式。事实上，蛇并非起源于这些科，它们应该源自某个蜥蜴家族已灭绝的分支，但它们与某些较高级的蜥蜴科关系非常密切，尤其是巨蜥。

蛇栖息在除南极以外的所有大陆，像大多数爬行动物一样，它们在温暖的地方数量众多，尤其是热带，但是在小岛上却不像蜥蜴那么强大。各科蛇的分布状况（有的广泛，有的很有限）是由蛇出现期间最初大陆漂移和重组造成的，所以一些古老的科分布广泛，特别是在南半球，而那些后来新出现的科则很少有机会越过它们所在的大陆海岸线而到达其他地方。有些种类以前广泛分布，但是由于局部灭绝以及山脉和大河的阻隔而被分割。

没有肢部的生活
形态和功能

在蛇亚目中，蛇的大小、形状、颜色、斑纹、质地，甚至生活方式都各不相同。同一科蛇特征是相似的，例如，粗壮的蝰蛇和硕长的蟒蛇尽管不同，但有时却会被混淆。

蛇的大小从细线般长的10厘米到巨蟒的10米。但非常大和非常小的蛇都不多见，绝大多数蛇体长在30厘米至2米之间。

不同蛇的体形有可能又长又细或又短又粗，这主要取决于它们的饮食习惯：潜伏在隐蔽处等待捕食的蛇更倾向于有比较粗壮的身体。原因有二，一是它们巨大的身体帮助它们在地面上形成一个稳定的锚点，然后抓住机会捕食猎物。第二，它们巨大的身体让它们可以不需像其他流线型体形的蛇那样追逐猎物，却可以捕食大型猎物。而且巨大的身体可以让它们捕捉其他蛇类不敢猎食的动物。

另外，许多埋伏捕食蛇是有毒的，这些蛇有巨大的三角形状的头部来容纳它们含有毒液的腺体。这些腺体位于它们眼睛的后部，最好的例子是加蓬蝰蛇和澳大利亚死亡蝰蛇，但它们都属于眼镜蛇科而不是蝰蛇科。无毒的埋伏捕食者有着与身体不相称的小头，这也许可以让它们出击更为迅速，如短尾蟒或血蟒、青蟒。这些蛇的眼睛都很小，因为视觉只是辅助嗅觉，嗅觉在某些时候更能探测热源和定位猎物。

那些积极的猎捕蛇类通常会将它们的头挤进缝隙或岩缝中，以及钻进密密的植物丛中惊吓猎物，然后追捕。这些蛇身体细长，头很窄，尾巴长，眼睛较大——它们靠视觉捕猎。这类蛇包括束带蛇、鞭蛇、非洲沙地蛇等。

蛇的体形也是各不相同的，挖掘类蛇的身体几乎是完美的圆柱形，或许其他各种蛇的体形都源于此。地面爬行的蛇类，例如大蝰蛇，通常身体顶部到底部是扁平的，以提供与地面足够的接触面积，宛如高性能轿车的轮胎。而攀缘类蛇通常是侧扁平的，以使它们在跨越开放空间时，能使身体像横梁一样保持硬直。

不论大小和分布状况如何，所有蛇的骨架都是高度变化的，有大量的脊椎骨——有的达 500 块之多。这些骨疏松地连接着，彼此能转动，能使蛇在各个方向上弯曲或蜷卷。它们也会避免扭动过于频繁而给脊髓造成损伤。它们身体和颈部的每一块脊椎骨都有一对肋骨连接着，这在它们的运动中很重要。尽管它们没有可见的四肢，但有一些种类仍保留了后肢带，甚至有的还有小的残存肢部，这些就是原始种类的蛇的"刺"或爪子，例如巨蟒——在雄性中体现得

知识档案

蛇

目 有鳞目

18 科，438 属，2700 多种。

分布 分布在除南极和北极、冰岛、爱尔兰、新西兰，以及一些小海岛以外的世界上的各个地区。在大西洋中没有海蛇，因为它们不能穿越寒冷的洋流。

习性 大多数陆栖，但也有许多是穴居、水栖、海栖或树栖。

大小 长 15 厘米至 11.4 米（从口鼻部到尾尖），但大多数是 25 厘米至 1.5 米。

颜色 大多数是棕色、灰色或黑色，有一些是红色、黄色或者绿色且带有点状、块状、环状、条状等各种斑纹。

繁殖状况 雄性将半阴茎插入雌性体内使其受精（一次插入 1 个）。其大多数产卵，但也有直接生育小蛇的，有的雌蛇有真正的胎盘。一些蛇会保护卵，少数几种会对幼蛇进行亲代照料。

寿命 即使是小型蛇也可活 12 年，大型蛇可以活 40 年或许更长。

保护状况 13 个种类濒临灭绝，14 种濒危，28 种易危。另外，3 个种类包括圆岛掘穴蟒，现在被认为已灭绝了。

更明显。绝大多数蛇的颅骨很柔韧，大多数骨在大小和数量上都呈减少的趋势，相互之间只是由关节松散地连接着，这就使蛇的嘴能张得很大，以吞下直径是其头部几倍大小的猎物。盲蛇的颅骨较硬实，它以小的身体柔软的无脊椎动物为食。

蛇的牙齿非常尖利，并向内弯曲。这些牙齿已经进化为用于抓紧和咬住猎物，而不是咀嚼。尽管一些最原始种类只有稀少的牙齿，但大多数种类的蛇都有大量的沿上下颚缘排列的牙齿，并且还有两排额处的牙齿（颚骨牙和翼状牙）长在嘴

翡翠蟒在成年时是亮绿色，但新出生的幼蛇是黄色或红色的。树栖蟒蛇都用它们长长的可以缠卷的尾巴绕着树枝，待在树上。

的内上壁。一些科的成员部分牙齿变为注射毒液之用，有的则变化为处理特定食物的其他形式。

蛇身体变长是由于它们的一些内部器官变长，以提供相应的空间。因此，有的器官会相应地缩小或重置。大多数蛇（不包括蟒蛇和其他一些原始蛇类）只有单个的功能肺，也就是右肺，它们的左肺已经退化或完全消失了。右肺为了弥补左肺的退化或缺失，所以明显地增大，而且进化出一个额外的结构，即气管肺，气管肺从气管演化而来，同样辅助呼吸。蛇类的胃大且强健，长且肥厚的肠较多，且蛇类的肠与其他动物体内呈盘绕状的形式完全不同。根据被测试的雄蛇来看，蛇的肾脏较长且交错生长。一些体形非常细小的种类的雌蛇，其中一个输卵管已经退化了。

鳞片外衣
皮肤

蛇的皮肤被鳞片所覆盖。每一块鳞片都是皮肤的一个粗厚的组成部分，鳞片之间的空隙有一片柔韧的皮肤将它们隔开，使蛇的身体变得非常灵活。背部鳞片是最显眼的部分，这些鳞片呈圆形或凸出的尖形，边缘相互重叠，如同屋顶的瓦片。鳞片可能很光滑，也可能呈粗糙的脊状。一些种类的鳞片呈颗粒状或水珠状，鳞片不相互重叠。背部鳞片的数量、形状、排列和颜色对辨识不同种类的蛇非常有帮助。大多数种类的蛇腹面鳞片较宽，呈单行排列。尾下部的鳞片也呈单行排列或者成对排列。

完全水栖的种类中，腹面和尾下部位所覆盖的鳞片逐步演化为狭窄形状，并最终成为一条脊状或骨棱状的鳞片带，覆盖在身体整个下方。最原始的蛇类没有区分开的腹面鳞片。

覆盖在头部的鳞片有的较小且呈颗粒状，但是大多数情况下较大且呈盘状。蟒蛇、巨蟒和蛭蛇的头部鳞片较小——尽管也存在这些科的一些种类头部鳞片较大的情况。而其他种类的蛇的头部鳞片大小则较为适中。相反，眼镜蛇科和游蛇科中的成员则具有较大的头部鳞片，但也有例外。由于蛇没有眼睑，它们的眼睛被一块大的圆形鳞片所保护，这块鳞片被称为透明膜，这种鳞片也周期性地随身体其余部位的皮肤一起脱落。当蛇穿行于地表时，鳞片能够防止身体受到磨损并能限制水分散失。此外，皮肤中的色素细胞使各种类的蛇都有其独特的颜色和斑点。

鳞片的表面以及鳞片之间的皮肤上有一层角蛋白，这层结构为蛇提供了额外的保护，但其缺乏足够的柔韧性来生长。这层结构在蛇日常的爬行翻滚中也会被刮掉和损毁，所以，蛇必须经常蜕掉外层皮。幼蛇生长得更快，蜕皮也比成年的蛇频繁。此外，蜕皮的频率还取决于蛇的饮食和运动状况。在冬眠之后，以及产卵或生下幼蛇前，蛇都会立即蜕皮。新蜕掉的皮又湿又黏，这是由于蛇在蜕皮时，在新皮和旧皮之间有分泌的油。几个小时后，掉的皮就变得又干又脆。响尾蛇响尾环节由变大的尾端鳞片变干的表皮层组成，在身体其余部分皮肤脱落后仍保留着，并松散地连接在一起。

品尝空气
感觉和感觉器官

蛇类的进化史包括一段长时间的穴居时期，这也是它们拥有独一无二的感觉方式的来由。例如，当它们在地下生活时，视觉就变得可有可无了，所以眼睛也就多余了——仍然居住在地面下的比较原始的蛇，它们的眼睛小，且被厚厚的鳞片所覆盖，几乎不起什么作用。而高级一些的蛇，要到地面上去活动，就需要重新利用它们的眼睛或设计出合适的眼睛替代器官，这就使得它们的眼睛和其他的动物不一样。比如，蛇眼睛的聚焦不是通过改变晶状体的形状，而是通过晶状体往前或往后移动来实现的。这看起来是其本身的一个缺陷，因此大部分蛇的视力都很差，尤其它们对静止的物体不敏感。

蛇眼睛的大小因各个种类的生活习性而各异，它们的瞳孔也各不相同，体形较小且较隐秘的蛇类眼睛较小，瞳孔较圆；而白天捕食蛇的瞳孔也较圆，但它们的眼睛更大。这些种类的蛇时常会停下，抬起头部以获得更佳的视野，这说明了视觉对它们的重要性。夜间活动的蛇类的瞳孔一般呈竖线状，昼间活动时能收缩为一条狭窄的缝，以保护它们敏感的视网膜。约有 10 种蛇（ 2 种在非洲，其余 8 种在东南亚)的瞳孔呈水平状，这些种类的蛇同时拥有长而窄的口鼻部，这种瞳孔使它们的每只眼睛都能够凝视前方，并能提供"双筒望远镜"视角，使它们能够判断距离。

蛇没有外耳开口，这也源于它们祖先的穴居习惯。它们只具有内部的听力结构，但似乎蛇还能借助地面震动听到声音。它们也能在某种程度上听到空气中传来的声音。

对大多数蛇来说，嗅觉在捕食、躲避天敌和寻找配偶方面最为重要。对于我们来说，用气味作为标记是不可想象的，而有些蛇正是这样做的，并且有的气味可以保持数天之久。这种敏感度是借助一种特定的感觉器官——犁鼻器——协同舌头一起探测空气中的气味的。当蛇捕食时或它们发觉周围环境有任何改变时，会不断伸出叉状的舌头。气味颗粒会粘在叉状舌头的尖端，并被带入口中。在蛇的口腔上壁有一对小孔，舌头的两个尖端通过它们插入犁鼻器，这些微小的气味分子在那里被分析，分析结果则传入大脑的嗅觉部分。

包括蝮蛇和大多数蟒蛇在内的一些蛇，具有可以察觉温度细微变化的器官，能感觉到温血动物发出的热量，甚至一些晒太阳的爬行动物升高的温度。这些器官由成列的包含许多温度感受器的细胞组成，每个细胞都和大脑相连。蟒的热感受器呈浅坑状沿嘴唇成行排布。蟒的位于相邻鳞片之间，而巨蟒的在鳞片之内，数量因种类各异。

蝮蛇的感知系统更加发达，有径直朝前的单个深坑，位于头部两侧，正好处在眼睛和鼻孔连线（想象的）的下方。每个坑都被一层薄膜分为两个腔，内腔通过一个小孔连接外部世界，开口正好在眼睛的前面，用来平衡薄膜两侧的压力以及测量环境温度。借助这种坑，蝮蛇不仅可以感知细微的温度升高，还能通过比较两侧凹坑接收到的信息精确地定位物体。

蛇的爬行机制
运动

对于那些失去四肢的动物来说，进化出一种新的移动方式是必不可少的。蛇就拥有多种移动方式，有些是大多数蛇共有的方式，而有些则是根据特殊的栖息地进化而来的特殊移动方式。

直线运动是通过腹部鳞片的运动来实现的，每个鳞片都通过倾斜排列的肌肉和一对肋骨相连。当这些肌肉收缩和放松时，鳞片的边缘会钩住地面上细小的不平整部分，使蛇的身体得到拉伸。在任意给定的时间内，几组鳞片将被拉动，另外几组会向前移动，因此，这种运动就是波浪式的。看起来这种移动像是在地面上毫不费力地滑行。直线移动往往是相当缓慢的，采取这种方式的蛇一般体形较大，比如蟒蛇、巨蟒、蝰蛇或者那些偷偷靠近猎物的蛇。

有时蜿蜒移动被称为侧面移动，大多数蛇在快速移动时都采用这种方式。蛇的身躯在它的头后部呈现一系列缓和的曲线，同时其身躯的两侧将一些或大或小的不规则物体推开，以便它能迅速地向前移动。同时，其腹部的鳞片以前面描述的直线移动的方式运动，并增加推力。相似的移动方法运用于游泳时，其身躯的两侧可将水推开。大量的半水栖蛇都有粗糙的表面突起的鳞片，可以更好地推动其前行。而那些更适应水栖的蛇，比如海蛇，它们的躯干和尾巴两侧变扁。

大多数攀爬种类采用典型的手风琴式运动，包括用身体的后部和尾巴抓住固定点，头部和身体前部向前伸。一旦蛇得到一个新的抓点，身体后部就会停住，再重新开始上述过程。有些食鼠蛇在体侧和身体下部交汇处有脊突，这使它们能抓得更紧——特别是在树皮上时。

栖息在松散的沙地上的蛇需要应付不稳定的表面，它们通过侧向前行来面对这种挑战。使用这种方法移动时，蛇的头部和颈部抬离地面并甩向侧面，然而身体其余部位则锚住不动。一旦头部和颈部落地，身体其余部位和尾巴则相应移动。在其尾巴接触地面的一刹那，其头部和颈部又一次地甩向侧面，从而在沙地上形成了一个连续的环环相扣的移动路线，并且移动角度与水平方向约呈45°角。所有侧行式前进的蛇都是蝰蛇，它们分布广泛，非洲、亚洲中部、北美和南美都有它们的踪迹。

掘洞蛇通过各种方式穿过地下土层。那些栖息在松散的土壤或沙地里的蛇经常像游泳一样在土壤或沙地里穿梭。在它们穿过之后，地基就会倒塌。而那些栖息在更为坚硬的土壤中的蛇则会自己挖出一系列复杂的隧道。栖居在隧道中的蛇通常都有坚固的颅骨和一个扁平的尖头，以及口鼻周围的突起。它们的颈部与躯干并没有明显的界限，它们利用肌肉收缩使其头部穿过土壤，有时也会利用左右移动来压实土壤。那些只寻找掩埋在地下的食物的蛇一般长着上翻的口鼻部，如美洲猪鼻蛇和一些非洲夜蝰蛇。

　　与普遍的观念相反，蛇的行动速度并不是很快。一条体型中等大小的蛇也只能以每小时 4 ～ 5 千米的速度行进，相当于人类一般的步行速度。而那些移动迅速的种类，如非洲树眼镜蛇，速度也只能达到大约每小时 11 千米。即使是在这样的速度下，蛇也会很快就耗尽了力气，因此只能快速地爬行一小段距离。

完整地吞咽猎物
进食

　　所有的蛇均以捕食其他动物为生。蛇几乎捕食所有种类的猎物——从小的无脊椎动物到大型哺乳动物。它们的主要缺陷在于不能分解猎物（因为它们没有四肢），所以它们必须将食物整个吞食。尽管它们有着高度柔韧的颅骨和富有弹性的皮肤，使得可以吞食比它们自身大得多的食物，但仍有一定的限度。因此蛇的

蛇是如何吞食猎物的？

　　尽管一些蛇是穴居，专门吃一些昆虫和蠕虫，但是大部分蛇会吃比它们自身大得多的动物。事实上，蛇类生物学中区别于其他物种的最重要的特征之一就是它们可以捕食大型的动物。这种特有的能力加上它们缓慢的新陈代谢，让蛇拥有了不需要经常进食的优势。很多蛇 1 周进食少于 1 次，还有一些 1 年只进食 8 ～ 10 次。在某些情况下，大的蟒蛇和巨蟒可以 12 个月或者更长时间内不进食。

　　蛇的牙较锋利，是内弯的锥形，从而可以咬住猎物并将其拖进食管。除了最原始的 3 种蛇，所有蛇的颚骨上都长着这种牙齿。此外，蛇的颚骨与方骨（颅骨后可以活动的骨头）有关节连接，因此每一块骨头可以各自上下、前后、左右移动。下颚的两半没有在前部融合，而是仅靠韧带和肌肉连接。因此，每一半下颚骨以及上颚 6 块牙骨的每一块和腭，都可以独立活动。

　　毒蛇或蟒杀死猎物之后，常常抓紧猎物将其倒过来，将头首先吞入食管。这时，颚部的牙骨会有序地运作，将猎物送进食管。此时在被吞到蛇脖子里的猎物后面形成一个大的弧形，从而将猎物推进胃里。

　　蛇身的皮肤非常柔韧，可以在吞食大型动物时不被撕裂。蛇已经丧失了在其他脊椎动物中与前肢相关联的胸带，这样就不会阻碍食物通过食管。在多数动物体内都有的连接肋骨前端的胸骨在蛇身上也已消失。所以，在柔韧的皮肤和伸展开的肋骨的帮助下不会有任何阻碍，食物因此能够顺利地从蛇的口中滑入胃里。

特化的形态适应性使得优秀的食卵者——非洲食卵蛇能够吞下相当于其头部直径 3 ～ 4 倍大小的鸟蛋。

猎食主要取决于猎物的大小和吞食难度。

一些蛇是杂食性动物，或多或少会吃所有可以制服的猎物，而其他一些蛇的捕食范围有着高度的专一性，局限于单一类型的猎物。大部分蛇吃无脊椎动物、蛙、蜥蜴、哺乳动物等。专一猎食种类的蛇包括鹰鼻蛇（专门猎食蜘蛛）、蜈蚣蛇（专门猎食蜈蚣）、美洲致渴蛇和亚洲的钝头蛇（分别专门猎食蛞蝓和蜗牛），以及专门吃鸟蛋的食卵蛇，还有许多其他种类。一些种类的蛇随着它们的成长，食物也发生了变化——从小的种类变成大的种类，例如从吃蜥蜴转向吃哺乳动物。

蛇有很多种猎取食物的方式，某些种类的蛇直接栖息在猎物中间，例如原始的线蛇就住在白蚁巢中。有些主动猎取食物的蛇类常常会采用一些策略来捕获猎物。相对专一捕食的种类更有优势，例如在夜间活动的蛇可能捕食到白天活动的蜥蜴——这些蜥蜴晚上大多在树枝上睡觉。其他一些种类的蛇可以更准确地锁定猎物，例如美洲中部和南部的猫眼蛇会寻找挂在小池塘上方树叶上的青蛙卵，非洲的食卵蛇则能找出小鸟的巢。

蛇制服和吞食猎物的方式与猎物类型紧密相关。以无脊椎动物和一些小动物为食物的大部分小蛇只是简单地抓住猎物吞食。食蜗牛蛇拥有变化了的下颚，可以直接插进蜗牛的壳并挑出软体动物的肉质部分。食卵蛇拥有改变了的脊椎骨，能够锯碎蛋壳，使内部物质流入食管的同时，让锯碎的蛋壳排出。吃蛙的蛇在吃猎物时不需要太高超的技巧，它们直接生吞。

吃动物的蛇，无论是吃蜥蜴、其他的蛇、鸟，还是哺乳动物，都希望可以有更先进的方法攻击和制服猎物。蛇主要运用收缩身体和注射毒液的方法来对付猎物可能对它们带来的危险。所有的蟒和巨蟒都采用收缩身体的方法制服猎物，如闪鳞蛇、侏儒蟒和几种游蛇。这类蛇采用缠绕住猎物并使对方窒息的方法杀死猎物，同时中断其血液循环，有时这样会加速对方死亡。一旦这种蛇确定猎物死亡，它就会稍稍放松缠绕，寻找猎物的头，将其从缠绕圈中拖出，从头部开始吞食。

毒蛇可以咬住猎物直至其死去，有时也会咬到猎物后将其释放，稍后又去寻找其尸体，这样就避免了自己被反噬乃至受伤。蛇会用舌头和犁鼻器去寻找猎物。

伪装和警告
防御

蛇是捕食者，但同时它们也是捕食对象。尽管那些体形较小或中等尺寸的蛇最易受到侵袭，但巨蟒也不会高枕无忧。食蛇动物可能是杂食动物，比如浣熊或乌鸦；也可能是肉食性动物，比如猫鼬或蛇鹫。相当多的时候，其他种类的蛇也是它们最主要的掠食者。

对蛇来说，最有效的防御手段就是防止被发现。蛇是伪装高手，因为它们能随时改变其外形，或蜷曲，或伸展，或处于二者之间的任一形态。其他任何脊椎动物都没有同样的能力以阻止掠食者建立起固定的猎物的印象。此外，多数蛇的

因为一些毒蛇身上的图案能够吓走掠食者，所以栖居在同一地区的无毒蛇会通过模仿来达到同样的效果。例如，在北美洲和中美洲，大量牛奶蛇（左图）种类和亚种就模仿有毒的珊瑚蛇（右图）的粗的红色、黄色和黑色条纹。几种其他的无毒蛇也进化出了同样的功能。

颜色和它们所栖居的底色是一样的，同种蛇的颜色还会随着各栖息地底色的不同而改变。蛇身上的花纹有条状、带状、点状或者不规则的斑点和暗纹。于是，当蛇栖息在自然环境中时，其身上的花纹就可以帮助其隐去自身的轮廓——虽然我们在动物园看到的它们是那么的惹眼和炫目。

眼镜蛇科的成员通常身体颜色很亮，周身排列着红、黑、白和黄色的环，这些都是阻止捕食者的警戒色。一旦受到袭击，这些蛇就会四处拍击并急速地抽动身体，同时不断地变换身体的颜色，从而既让捕食者受到恐吓也造成其视觉上的错乱。这种带有警戒色的蛇类一般产于北美洲、中美洲、南美洲、南非、东南亚和澳大利亚等地，多数被称为珊瑚蛇。

无毒蛇会模仿上述种类。所谓的"伪"珊瑚蛇主要存在于美洲的王蛇属牛奶蛇和一些中南美游蛇中。在其他地区并没有发现模拟珊瑚蛇的蛇。其他一些无毒蛇类则模仿蝰蛇，它们通常体形粗短、头部宽大。

一旦被发现，蛇就会试图迅速逃脱——滑到缝隙中或浓密的植物丛中。但是在紧急情况下，有的蛇也会反击，以把敌人赶跑。这些蛇会鼓胀着身体并发出"嘶嘶"声，有时还会不断地发起攻击；眼镜蛇会将它们躯干的前1/3部分抬离地面，并通过向前旋转其颈部变长的肋骨，形成一个展开的盖状。

响尾蛇通过抬起并迅速地摆动其尾巴使得其尾部的响尾环节互相碰撞在一起，发出很响的嗡嗡声。而那些北非和中东的沙漠蝰蛇则通过其他方式来发出声音：它们侧腹上有变化了的鳞片，鳞片上倾斜排列着锯齿状的脊突，一旦受到袭击，它们就会形成一个独特的马蹄铁形的圈，通过将身体一段与相邻一段在相反方向上的移动，鳞片会制造出大的刮擦声。普通食卵蛇也有相似的鳞片和行为，它们会使头变得扁平，摩擦自身的鳞片，佯装攻击。非洲和亚洲的黑颈眼镜蛇通过它们尖牙前部的一个小孔喷射毒液。这些眼镜蛇抬高它们的头部，将毒液高速精确地射出，如果这种毒液射入人的眼睛，就会引起人的剧烈疼痛和暂时性失明。

还有一些蛇通过将身体盘绕成一个紧凑的球，并将头部放在中心的方式来进行防卫——球蟒就是因为这种防卫方式而得名的。还有一小部分蛇会装死，它们翻转身体躺在地上，张开口并伸出舌头，同时，泄殖孔还会释放出难闻的分泌物，可能是在暗示掠食者自己已经腐烂了。

蚺、蟒和它们的亲戚
蚺科、蟒科、林蚺科、雷蛇科

过去，蚺科、蟒科和另外两个更小的群组——林蚺和马斯卡林蟒，通常被认为是同一科的，现在它们被分为4科：蚺科、蟒科、林蚺科和雷蛇科。它们有一些共同的特征：都有骨盆带和退化的后肢；大部分有功能性左肺（较高等蛇类是没有的）；许多在颚部有感温孔。它们都是强壮的蟒，虽然有一部分是半穴居，但大部分是陆栖，还有少数几种树栖。它们包含了世界上最大的6种蛇。

前两科的蛇是至今最为人熟知的。蚺科的8属、28种生活在南美、北美洲、非洲、马达加斯加、欧洲和太平洋地区。尽管一些像森蚺这样的蚺很大，但小到中型的蚺也不少，大部分种类长度都不到2米。这科的蛇可分为差异很大的两个亚科。蚺蛇科中"真正"的蚺包括最大的种类如森蚺和普通蟒，森蚺半水栖，生活在植物茂密的沼泽地和被水淹没的森林，而普通蟒是陆栖或者树栖者。树蚺身体细长，尾部长且能缠卷。它们的身体侧面呈挤压状，像铁桥一样，这样它们就能从一个树枝跨到另一个树枝上去。它们喜欢在水平的大树枝上盘绕起来休息，捕猎时倒挂着头，颈部呈S形，以便迅速出击。它们的牙齿很长且内弯，以便咬住猎物。它们以栖息在巢中的鸟为主要食物。

其他一些蚺蛇包括普通蚺和森蚺也会爬树，但不如树蚺那样适应。有9种蚺蛇属于彩虹蚺，生活在西印度群岛上，由于栖息地遭破坏以及天敌的引入，有的种类数量已十分稀少。它们的形状和大小各有不同——从体长可达3米的古巴蚺到分布在海地的细长的藤蚺。所有"真正"的蚺都通过分娩产下幼蛇。体形较大的种类中，一些能产下超过50条幼崽。它们主要捕食哺乳动物和鸟，用收紧身体的方法让它们窒息而死。有的专门捕食栖息在洞穴中的蝙蝠，有的也吃蜥蜴。还有很多种类随着生长会从吃蛙和蜥蜴转为吃哺乳动物。绿森蚺还会吃凯门鳄和乌龟。许多蚺嘴部鳞片处有感温孔，但有许多水蚺、太平洋蚺没有这种孔。感温孔在树蚺身上很明显。

沙蚺大部分是掘穴种类，许多生活在包括沙漠在内的干旱地区，但橡皮蚺这种最小的种类却是个例外，它生活在西北太平洋沿岸凉爽的山区森林里。西非的地蚺也属于森林种类，特别的是，它能产出数量不多但体积巨大的卵。最近有研究表明，阿拉伯沙蚺也产卵，而沙蚺通过分娩产下的幼蛇通常在3～10条之间。

蟒蛇（蟒科）只被发现于旧大陆，其中非洲有3种、亚洲有5种，其余17种分布在新几内亚和澳大利亚。最大的种类非网纹蟒莫属，其长度能达到10米以上。其次是非洲和印度的紫蟒和昂佩利蟒，这些种类能长到5米——尽管这样的蟒很少。最小的种类是蚁冢蟒和侏儒蟒，一般不超过30厘米长。

正如其名字，马达加斯加树蟒是一种栖息在树上的蛇。它较细的身体在树端穿梭，捕食狐猴。

绿树蟒表面上与翡翠树蚺相似，

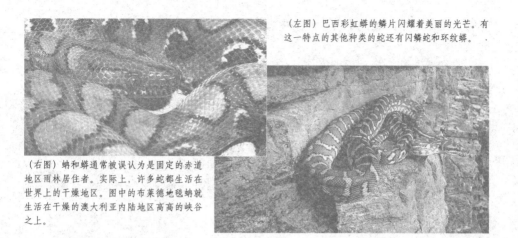

（左图）巴西彩虹蟒的鳞片闪耀着美丽的光芒。有这一特点的其他种类的蛇还有闪鳞蛇和环纹蟒。

（右图）蚺和蟒通常被误认为是固定的赤道地区雨林居住者。实际上，许多蛇都生活在世界上的干燥地区。图中的布莱德地毯蟒就生活在干燥的澳大利亚内陆地区高高的峡谷之上。

都是树栖种类，但大多数蟒栖息地更广：有的只生活在森林地带；有的在草地、树林稀少的空旷乡村和湿地里生活；有些澳大利亚种类还生活在沙漠里。正如其名字，蚁冢蟒有时在蚁穴和白蚁穴里出现，可能是为了寻找壁虎。然而，蟒主要捕食小型哺乳动物和鸟，幼蛇也吃蜥蜴。像蚺一样，蟒都是强壮有力的大蛇。大多数蟒在嘴部分布有感温孔，但盾蟒属的两种澳大利亚蟒没有这些孔。

蟒都是卵生，所有被研究过种类的雌性在整个孵化期间都会盘绕着卵。至少有一种如印度蟒，如果有必要的话，会通过一系列有节奏的抽动来提高卵的温度。每窝卵的大小大致与成年蟒体形大小成正比：网纹蟒能产多达 100 枚卵，而蚁冢蟒只能产 2 ~ 3 枚。

和蚺、蟒有很近的亲缘关系的马斯卡林蟒属于雷蛇科。该科有两种分布在毛里求斯北部的圆岛，但其中的一种——圆岛掘穴蟒，自 1975 年以来就一直没有出现过，可能已经灭绝；另一种——圆岛蚺也很稀少，为卵生种类。

林蚺科包括 21 个种类，分成 2 个亚科，这些种类之间的差异很小。虽然有个别种类的蛇能长到 1 米，但它们大多数是小型蛇。大多数种类都属于林蚺属，主要生活在加勒比地区，古巴尤多；有 3 个种类生活在南美洲。它们居住在森林地面和田地里，主要在夜间活动。其他成员包括 2 种睫毛蟒和 2 种香蕉蚺，后者之所以有这样的名字，是因为它们偶尔会出现在装满香蕉的货物箱里。其余的种类十分稀少，生活在墨西哥中部的云林里。林蚺是用强健有力的身躯将猎物挤压致死的大蟒蛇，它们捕食包括无脊椎动物在内的大部分种类的猎物。除了硬鳞蚺为卵生种类外，其他的蛇都是直接分娩很小的幼蛇。

瘰鳞蛇
瘰鳞蛇科

瘰鳞蛇只有 3 种，它们是所有的蛇中特点最为鲜明的，它们是完全的水栖动物，在淡水湖、淡水河、河口和沿海水域都能发现它们的踪迹。它们拥有适应这种生活的一些生理和行为特征。它们的长度根据种类和性别的不同从 1 米到 3 米不等，雄蛇明显比雌蛇小。它们的皮肤松弛而宽大，尤其是刚把它们从水中捞起时更是如此。

它们身上覆盖着无数小疣子一样互不重叠的鳞片，鳞片上有细小的鬃毛，摸上去十分粗糙。它们的头部也覆盖着颗粒状鳞片，小眼睛如同珠子一般。

小瘰鳞蛇有较暗的黑白斑纹，另两种瘰蛇都是一致的灰色或灰褐色。爪哇瘰鳞蛇有时也被称作"象鼻"蛇。最小的种类捕食海洋里的甲壳类动物，不过它们也吃包括鳗鱼在内的各种鱼。

有鬃毛的鳞片使它们盘卷时能抓住纤细的猎物。它们都分娩产下幼蛇——对完全水栖生活的适应。但它们繁殖率相当低，每隔 8～10 年才繁殖 1 次。

钻孔蛇及其亲戚
穴蝰科

现归属于穴蝰科的约 60 个种类的蛇的划分，许多年来一直让分类者们难以处理。它们中的一部分或全部在不同时期曾分别被划入游蛇科、眼镜蛇科和蝰科，现在它们暂被划到独立的一科。因为各种类和属多次被联系起来又被分开，所以它们的常用名数量激增也就不足为奇了。许多像"鼹鼠毒蛇"和"挖洞角蝰"这样的名字，从分类学角度来讲都是错误的，却已被广泛接受。

穴蝰，正如最近才被了解一样，包括有着不同毒牙排列的蛇，有长的铰合前毒牙的毒蛇，也有短而固定前毒牙的毒蛇或者有凹槽的后毒牙的毒蛇，而有的种类根本就没有输送毒液的毒牙。这些分化的系统很可能是不同种类为适应吃不同食物而进化来的。

除了有一个种类栖息在中东外，其余的都栖息在非洲。它们居住在地下、岩石下、松软的土壤中、烂叶堆中、沙地里以及其他动物或自己挖掘的洞穴里。和掘穴习惯相称的是，它们有光滑发亮的鳞片和长而呈圆柱体的身体。它们捕食包括蚯蚓、蜈蚣、其他掘洞爬行动物和小型哺乳动物在内的多种猎物。钻孔蛇有着非常有趣的捕食习惯。这种蛇的上颌有 2 颗中空的能输送毒液的长毒牙。它们能把毒牙旋转到嘴的一边。在它们进行攻击时，会将一颗毒牙刺进猎物体内。在洞穴内它们可以成功地实施攻击。目前所知的所有穴蝰科的蛇都是卵生，只有很少的例外，但仍有几种的繁殖方式还不为人知。

游蛇
游蛇科

游蛇科包括 1 600 个种类，占所有蛇类的 60%，是一个庞大而复杂的科，试图用整体性术语来描述这样一个庞大的家族是行不通的。人们也一直致力于将这一蛇科分解成更小、更明确的单元。一部分种类彼此之间有明显相似性，也有一些有明显不同的亚科被识别出来，然而其余蛇类的关系还不甚明了。现在，这一蛇科分成了许多亚科，有的（也许是全部）会最终成为一个单独而完整的科；还有些亚科甚至会变为不止一个完整的科，而要给这些亚科确定常用名则是相当困难的。

游蛇亚科中的"典型"无毒蛇包括超过 650 个分布在世界各地的种类，它们之中有许多成员是人们较为熟悉的产自北美、北欧的种类，如帝王蛇、牛奶蛇、锦蛇、鞭蛇以及游蛇。它们的长度从不足 20 厘米至 3 米不等，其中包括细长的"游蛇"，主要捕捉蜥蜴和其他蛇类，体形较大的会悄悄接近鸟

一对亚洲绿藤蛇正在交配。它们有着伪装很好的、只比铅笔粗点的身体，有着敏锐的眼睛。这些敏捷的无毒蛇正伪装成藤蔓，在树枝间静静地等着石龙子和鸟的出现。

和哺乳动物，用肌肉强健的身体将其缠绕挤压致死。有一些种类只吃固定的食物，这些蛇包括非洲食卵蛇、主食为蜘蛛的钩鼻蛇以及中美洲专吃千足虫的蚓蛇。

它们的居住地各不相同：从沙漠到湿地，几乎任何地方都能找到它们的踪影。少数种类生活在河口和红树林，但没有生活在海洋里的种类。它们可能住在洞穴里、沙地、地下或者树上。不过，它们在繁殖方面具有一致性：这一亚科大部分种类为卵生，产卵数从 1 到 40 枚不等，或者可能更多。

最近被归入游蛇科的两组蛇有时被看作是独立的两个亚科：超过 50 种的芦苇蛇是一种有光滑鳞片的亚洲品种，它们体形小、掘穴，主要以蚯蚓为食；沙蛇（花条蛇）产自非洲和欧洲，身体如一根细鞭，移动迅速，白天活动，有后毒牙，这组蛇包括 35 个种类。水游蛇分布在南亚、东南亚和大洋洲，包括 35 ~ 40 个种类。它们都非常适应水栖生活方式，因为它们有可以闭合的月牙形鼻孔和在头顶向上的眼睛。大多数种类属于水蛇，这是一种有发亮鳞片的小型蛇，生活在植物茂密的淡水湖、沼泽地和被淹没的田地里。触须蛇的口鼻部有一些肉质的独特触须，这些触须也许在昏暗的水中具有导航作用——其确切功能还不清楚。它的鳞片上有明显的突起，身体上下面扁平，横截面几乎是矩形。

所有的水游蛇嘴后部都有大的毒牙，用于捕捉主要包括鱼和青蛙在内的各种猎物，大部分可能是等待猎物自己上门，而来自于澳大利亚的白腹红树蛇吃自己晚上在露天泥地里抓到的螃蟹——它将大螃蟹紧紧压住，然后扯下它们的腿。这种不将猎物囫囵吞下的进食方式在所有的蛇中可能是非常独特的。所有的水游蛇都通过分娩来生育幼蛇。

亚洲吃蜗牛和蛞蝓的蛇形成了一个较明确的群组的科，被归入钝头蛇亚科，共有 19 种，其中有 15 种是钝头蛇属成员。它们十分细长，有宽的头部和较大的眼睛；山区食蛞蝓的蛇有深红色的眼睛。有几种蛇生活在树林和灌木丛中，都是夜间活动，通过追踪黏液捕食树蜗牛。它们有变化了的颅骨，下颚有锋利的长牙，能将蜗牛柔软的身体从壳里钩出。钝头树蛇也吃蜥蜴。它们均为卵生。

一些蛇采用装死的方法避开天敌的注意。它们无力地躺在地上，嘴大张着，舌头伸出（如图中的草蛇）。"装死"可能会使其天敌停止攻击。

屋蛇亚科包括来自非洲南半部和马达加斯加岛的 45 个种类。其中最为人类熟悉的可能是屋蛇属成员，这个属有包括塞舌尔岛上的一种在内的 13 个种类。这种分布广泛的褐色屋蛇主要捕食小型啮齿类动物，其他有的种类还专吃蜥蜴。非洲水蛇细长而又光滑，主要捕食鱼类。三角形的瘰鳞蛇（不属瘰鳞蛇科）专吃其他蛇。除了一两个种类之外，屋蛇亚科成员基本上都是卵生。

游蛇是一个约有 200 多种的庞大科系，它们分布在北美洲、欧洲、非洲和亚洲。其属于半水栖动物，以鱼类和两栖动物为食。女王蛇捕食新鲜带壳的淡水龙虾。游蛇是一种非常活跃、行动迅速的蛇，常在白天靠视觉捕猎。这种蛇并不生活在开放的水域，比如水游蛇更喜欢潮湿的栖息地，而且它们有一些是在夜间活动的。游蛇的繁殖方式是不同的：北美洲种类全部是分娩生产小蛇，而旧大陆的种类除了很少几种外，都是卵生，这其中包括一些很有名的种类，比如束带蛇、美洲水蛇、欧洲和亚洲水蛇等。有些系统学家认为新旧大陆的种类应归到不同的亚科中。

异齿蛇亚科集合了各种生活在北美洲和南美洲的蛇类，这些蛇栖息范围很广并且捕食的猎物种类丰富多样。有些种类是捕猎专家，比如猪鼻蛇主要捕食蟾蜍，而拟蚺蛇却以其他种类蛇为食。有些蛇是伪珊瑚蛇，并且有的具有能注射毒液的后毒牙，然而这些蛇对人类都不会构成危险。它们为卵生。

许多曾被归入异齿蛇亚科的中美洲种类组成了食蜗蛇亚科，正如该科名称一样，这些蛇主要以腹足动物为食。这些蛇被分为 3 属，它们身体细长，栖息于树上，并且头部宽。钝头藤蛇有着相似的身体构造，但它们以蜥蜴为食——在蜥蜴睡觉时，从细枝间将其扯下。亚科中的其他种类没有前面提到过的那些蛇特别，其中包括生活在北美洲的夜蛇和枯叶蛇。就像异齿蛇科成员一样，有些蛇会模拟珊瑚蛇，而且它们可能有能输送毒液的后毒牙。它们大部分为卵生。

最后一个亚科蛇类是闪皮蛇亚科，它们只分布在亚洲东南部，且罕为人知。其共 6 属、15 种，而且大多数都又细又小。这些蛇生活在森林中的落叶堆中或低矮的灌木丛里，均为卵生种类。

眼镜蛇和它们的亲戚

眼镜蛇科

眼镜蛇科包括许多广为人知的毒蛇，这些蛇嘴的前部都有短而固定的中空毒牙，共有 62 属、270 多种。这些蛇遍布世界各地，还包括许多温暖的海域。珊瑚蛇是南、北美洲的代表种类，一共有约 60 种。这类蛇颜色鲜艳，身上环绕着红色、黑色、白色或黄色的带状条纹。尽管它们大多数生活在雨林中，但有的还会出现在墨西哥北部和美国西南部的干旱地带。它们多数以其他爬行动物为食，其中包括蛇和在地道里生活的蚓蜥。这些蛇的毒液威力很大而且会很快发作，所有种类对人类来说都是很危险的。

非洲的眼镜蛇包括树眼镜蛇——一种长而细的蛇，它们中有3种都生活在树上。而第4种——黑色树眼镜蛇主要生活在陆地上。这类蛇都是在白天捕食，行动迅速，并且有一双大眼睛和光滑的鳞片。黑色树眼镜蛇身长可以超过3米，外表恐怖。当被惊扰时，它们的脖子会微微变扁，这种特性和眼镜蛇很相似。眼镜蛇有25种，它们生活在非洲和亚洲的南部和东南部。尽管亚洲的眼镜王蛇是眼镜蛇中最大的（可以长到5米），但非洲的眼镜蛇平均来说还是最大的。非洲眼镜蛇的风帽很显眼。有几种如喷毒眼镜蛇，它们可以从毒牙上前面的小孔里喷出毒液。南非的唾蛇也很特别，它们通常分娩生产小蛇，也喷毒，受到惊吓时，还会以假死逃生。另一些亚洲的眼镜蛇包括环蛇，这种蛇身体细长，在夜间捕食其他蛇类，许多身体呈三角形，颜色鲜艳，和一些小的眼镜蛇群组共同归入单独的长腺蛇亚科中。长腺蛇的两种颜色都很鲜艳，受到惊扰时，它们会把尾巴抬起来，露出身下醒目的鲜红色。它们的毒腺很大，占其身体长度的1/3，尽管它们不招惹人，但只要被它们咬到，其毒性足以致人于死地。珊瑚蛇一般以其他蛇为食。

除了北部少数几种无毒蛇外，澳大利亚和新几内亚的眼镜蛇是这一地区唯一的高等蛇类。它们已搬进其他一些种类占据的小生境中，因此，有些眼镜蛇的外貌和行为习惯很像鞭蛇、树眼镜蛇、珊瑚蛇，甚至有的还像蝰蛇。澳大利亚的眼镜蛇的食物很杂，从无脊椎动物到小型哺乳动物，都在其捕食范围之内。内陆太攀蛇通常被认定为是世界上最毒的蛇，是确定的哺乳动物捕食者，但大多数种类还是捕食像石龙子一类在这一地区数量丰富的小蜥蜴。澳大利亚的眼镜蛇分为卵生和胎生种类。

与澳大利亚眼镜蛇是近亲的海蛇和扁尾海蛇有时被归在一个单独的科里——因为与其进化起源有关的一些信息还未被人类所知晓。这些蛇总共有55种，习惯生活在海里，但扁尾海蛇必须得上岸产卵，当它们在陆地上时，它们还可能会晒太阳、喝淡水。海蛇一般生活在沿海的礁石附近，但其中有一种是生活在潟湖里的。

这些蛇的身体都呈圆柱形，这可能有助于它们在有必要时在地上爬行。它们的身体是由鲜明的黑白两种颜色组成，其尾巴呈扁平状，这有利于它们的游动。

其他海蛇更喜欢海里的生活，它们从来不主动上岸。有些海蛇身体扁平，但所有海蛇都有像桨一样的尾巴，而且鼻孔呈瓣膜状并且能够关闭。这些蛇都是分娩生产小蛇。有些种类的蛇生活在珊瑚礁中，通过把头钻进裂缝里寻找猎

太攀蛇是大洋洲的眼镜蛇，它主要捕食啮齿动物。由于它经常生活在农场附近和甘蔗地里，所以对人类威胁很大。在巴布亚新几内亚，80％的蛇咬事件都是由这种蛇制造的。

物。虽然大多数这些蛇以鳗为主食，但有的也吃生活在裂缝里的鱼，尤其是虾虎鱼。白腹海蛇和龟头海蛇只吃鱼卵，并且它们的毒性没有其他种类的强。少数几种生活在河口的红树林间和泥滩上。而黄腹海蛇是栖居于海洋上层的，它们经常成群地漂浮在洋流上层，以鱼为食。当黄腹海蛇像一片破船板一般漂在海面时，鱼就会被这显而易见的目标吸引过来，这种蛇颜色很艳丽，是许多鱼类的天敌。

蝰蛇和蝮蛇
蝰蛇科

　　蝰蛇科的成员都是毒蛇，都有相对较长的身体、中空的毒牙，当不用毒牙时，毒牙就会折起来贴住嘴的内上壁。这一科包括蝰蛇、夜蝰蛇、灌木丛蝰蛇、响尾蛇、蝮蛇，以及一些独特的，俗称百步蛇、菱斑响尾蛇、巨蝮、洞蛇等种类的蛇。作为一个群体，这一科是最成功的之一——尽管它们大多数都只能生活在陆地上和树上。蝮蛇种类比其他种类生活得更靠北部（极北蝮）和南部（巴塔哥尼亚矛头蝮），还有的生活在更高海拔的地区——喜马拉雅蝮蛇，出现在海拔4900米的高度上，还有其他几种蛇也生活在差不多这一海拔上。然而，这些蛇并没有分布在马达加斯加和大洋洲。

　　这一科中最特别的成员为白头蝰，这种稀有的蛇类生活在中国南部的偏远地区，以及缅甸和越南，栖息在凉爽的云林中。这类蛇身体细长，上面有光滑的鳞片，头是黄色的，上面的鳞片很大，身体的颜色为深褐色，并有橙色夹杂其间。很少人看到过这类蛇，而且它与其他种类蝰蛇的关系也不十分明确，因此人们将其归在单独的白头蝰亚科里。

　　夜蝮蛇种有6种生活在非洲，它们身上同样也有光滑的鳞片，头上也有很大的鳞片。这些蛇专吃蟾蜍，对人类不会构成威胁。

　　"典型"的蝰蛇，或称旧大陆蝰蛇，属于蝰蛇亚科，这类蛇又粗又短，头呈铲形或三角形。它们的鳞片上有显著的突起，很粗糙，其头部有很多小鳞片。它们生活在各种各样的地方，包括岩石山上和山坡上、草场、灌木丛中、沙漠里。沙漠中的种类，如纳米比亚侧行蝰一般会侧着身子前行，与美洲的菱斑响尾蛇相似。中非的灌木丛蝰蛇是树栖的。许多蝰蛇都会伪装，单一种类身体的颜色会根据地点的变换而变化。非洲咝蝰蛇有一种特别复杂的斑点，加蓬蝰蛇通常被单独列出来作为混合色蛇类。这种蛇的近亲——鼓蝮蝰的毒牙很大，是最有威胁性和醒目的非洲蛇类之一。

　　很多种类都有角，或在头上不同部位有隆起，这些角或隆起有时就是单个的角状鳞片，位于眼睛上面一点（比如沙漠角蝰）；或者鼻子上的一堆鳞片（比如犀蝰和鼻角蝰）。灌木丛蝰蛇的鳞片上有明显的突起，尤其是树蝰类的灌木蝰蛇最为突出，它的鳞片成了一个锥形的点。有脊突的鳞片还成为了锯鳞蝰防御策略的中心手段之一。通过将身体相邻两段向相反方向扭动，鳞片的相互刮擦会发出刺耳的声音。这种蛇很小而且很常见，总是处于一种戒备状态，而这一特性可能就使它们成了世界上最危险的蛇。旧大陆的蝰蛇的食物范围很广，主要捕食小型哺乳动物、雏鸟、蜥蜴。少数几种草原蝰蛇以蚂蚱一类的昆虫为食，大多数这一亚科蛇类都是胎生，显然是为了适应寒冷的气候，但温暖地区的一些种类是卵生。

蝮蛇被归入蝮蛇亚科，因其面部有感温孔，所以很明显与其他蝰蛇不同。这种蛇在亚洲和南北美洲大约有 110 种。与旧大陆的蝰蛇一样，它们的头上也覆盖着小鳞片，但也有一些例外，如铜斑蛇。这类蛇的栖息地包括从沼泽到沙漠的许多地方，但没有水栖和穴居种类（可能在这一环境中，它们的感温孔更容易成为障碍而非帮助）。这类蛇有很多是树栖种类，如亚洲的烙铁头属和中、南美洲的具窍蝮蛇属成员。生活在中南美洲雨林和种植园里的巨蝮蛇是世界上最大的蝰蛇，它们可以长到 3 米多长，但是它们身体很纤细，甚至一条大的成蛇的体重也不及一条未完全发育的加蓬蝰蛇。

响尾蛇有 30 多种，属于最易分辨的蛇类之一，但有 2～3 种生活在墨西哥海岸附近小岛上的在进化过程中已失去了响尾。

响尾由脱落的末端鳞片的外层形成，响尾蛇在蜕皮时，其尾部环节的皮并不随之一起脱落，因此就形成了响尾的形状。它们迅速摆动尾巴使尾端环节碰撞，从而发出嗡嗡声或嘀嘀声。所有的响尾蛇都生活在美洲，它们要么栖息在干旱地带，要么栖息在多岩石的山坡上或是开阔的草地，包括山区的草地里。有一种生活在南美洲的种类更喜欢开阔的林间空地。尽管人们认为有些种类的蛇会偷袭栖息在灌木丛的鸟，但这些蛇却不是树栖。

蝮蛇主要捕食恒温动物，比如哺乳动物和鸟。当它们捕猎时，尤其是在夜间捕猎时，它们的感温孔将发挥极大的作用。大响尾蛇可以很容易地吃下野兔和陆地松鼠大小的动物，而小一点的蛇或体积稍大一点的小蛇一般吃蜥蜴。水栖蝮蛇的猎食对象可能是所有蛇中最广泛的，包括昆虫、鱼、蛙、龟、幼鳄鱼和鸟蛋。

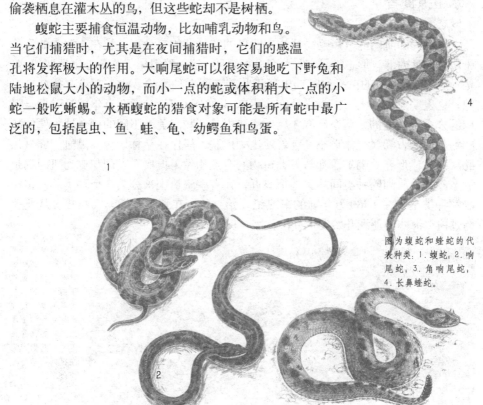

图为蝮蛇和蝰蛇的代表种类：1.蝮蛇，2.响尾蛇，3.角响尾蛇，4.长鼻蝰蛇。

鳄 鱼

作为现存最大的爬行动物，也许在公众的心目中对鳄鱼唯一的印象就是：凶残的食肉动物。然而，对这些独特的爬行动物更进一步地观察却发现，它们表现出与鸟和哺乳动物同样的微妙而复杂的行为。它们的声音让早期的旅行者害怕，而如今仍激发着科学家们的兴趣。鳄鱼父母们会忠实地守卫着产下的卵并精心看护新孵化的幼鳄。鳄鱼的这种显著的社会性使其与龟、蜥蜴、蛇明显地区分开来。而且据此我们可以大致猜测出恐龙的行为习惯。

当代的短吻鳄、凯门鳄、大鳄以及食鱼鳄统称鳄鱼，它们与远古时代的初龙颇有渊源，与恐龙和鸟类是远亲。现代的 23 个种类都有着相同的基本身体构造：长的口鼻部，覆盖着防护性皮肤的流线型的身体，以及肌肉结实、具有推进力的尾巴。其经过了 2.4 亿年的进化。鳄鱼见证了恐龙的繁盛和灭亡，其进化的惊人成功直接得益于鳄鱼长期以来所处的主要的生态地位——水域的霸主。现存的鳄鱼都有共同的生活方式、独一无二的身体结构以及生理特征。

水中掠食者
形态和功能

短吻鳄和凯门鳄（短吻鳄属）有明显的宽且钝的口鼻部，长在下颚中的齿位于闭合的嘴内部。形态学研究和分子分析表明，这一群组属于单源进化类型，1.44亿～6500万年前的白垩纪时期出现于北美。所有种类的舌头上都没有盐分排泄腺，这表明它们不大可能越洋分布。古新世（6500 万～5500 万年前）时期，凯门鳄分布至南美洲，至今已有 3 属生活在中美洲和南美洲不同的栖息地。侏儒凯门鳄（盾吻古鳄属）体形小，有着硬化的皮肤，居住在丛林地区。黑凯门鳄（黑鳄属）从体形和外表上看都与美洲短吻鳄有点相像，但实际上却与宽吻凯门鳄是近亲。其他凯门鳄种类间的关系都很近，在有些资料上被分为 3 个种类。两个短吻鳄种类至少在 1400 万年前的第三纪开始分化，在那个时期，气候状况从北美跨过白令海峡向亚洲开始发生分化。

侏儒鳄身长只有1.5 米，有着独特的好像被截短了的口鼻部。其主要栖息于西非雨林深处的小溪里。与其他鳄鱼不同，它们专门在夜间到陆地上捕食。

鳄鱼

目 鳄目

3科、8属、23种。

分布 全球热带和亚热带地区，一些种类（短吻鳄）也分布至温带地区。

短吻鳄

4属，8种。包括美洲短吻鳄、中国短吻鳄、普通凯门鳄、南美宽吻鳄、宽吻凯门鳄、侏儒凯门鳄、锥吻凯门鳄、黑凯门鳄。分布于美国东南部、中国东部、中美洲和南美洲。

大小 1.5～4米（口鼻部至尾尖），最长可长达5米。

体征 颚部闭合时，下颚中的第4颗牙看不见。口鼻部短而宽。

保护状况 中国短吻鳄濒临灭绝。

大鳄

3属，14种。包括美洲鳄、尖吻鳄、奥里诺科鳄、莫雷利特鳄、尼罗河鳄、新几内亚鳄、泽鳄、咸水鳄、古巴鳄、湾鳄、侏儒鳄、假食鱼鳄等。分布于非洲、马达加斯加、亚洲、澳大利亚、加勒比地区、美国佛罗里达。

大小 1.5～6.5米。

体征 当颚部闭合时，可以明显看到其下颚中的第4颗牙。口鼻部分短而宽、长而窄，各不相同。

保护状况 菲律宾鳄、奥里诺科鳄及湾鳄濒临灭绝；古巴鳄和假食鱼鳄濒危；美洲鳄、侏儒鳄及泽鳄易危。

食鱼鳄

只有1种：恒河食鱼鳄。分布于印度、尼泊尔、巴基斯坦、孟加拉。

大小 雄性通常5米，最长可达6.5米；雌性3～4米。

体征 口鼻部很长，雄性的口鼻部顶端瓶状。

保护状况 濒危。

　　大鳄和假食鱼鳄（鳄鱼属）的特点是有细长到宽的口鼻部。当嘴闭合时，沿着下颚生长着的牙齿暴露在外。现存的鳄的舌头上有盐分排泄腺，这表明它们有越洋分布的能力。假食鱼鳄与其他鳄鱼的分化就可能从古新世就开始了，化石证据表明侏儒鳄（侏鳄属）从中新世开始从其他鳄鱼中分化出来。最近的形态学和分子研究表明，鳄属的12个种类关系很近，并都大致起源于上新世及更新世（500万～10万年前）时期的非洲，非洲尖吻鳄是这里面最独特和最古老的种类。泽鳄与其他印度太平洋种类是亲缘种类。尼罗河鳄鱼是近代才迁徙到非洲的，与新大陆的种类有关联。

　　食鱼鳄（有时被称为长吻鳄）是有着细长口鼻部的特殊种类。它源于白垩纪（1.44亿～6500万年前），是单一进化分支上的单一成员。其最古老的化石发现于北美和欧洲，更近的则发现于非洲、南美和亚洲。它们舌头上的盐分排泄腺发育不完整，但被认为更接近大鳄而不是短吻鳄——舌头上没有类似的腺体。

　　对于所有的鳄鱼而言，在水下的藏匿能力是至关重要的，因为这些岸边的机会主义掠食者常常需要在水域边缘埋伏捕捉猎物。它们策略性地只把耳朵、口鼻尖部尽量少地暴露在外。一个骨质的次级颚使它能够闭着嘴呼吸，有一块颚翼可以避免水进入喉咙。强硬的颅骨与强健有力的颚部肌肉配合，在嘴巴咬合时，能在圆锥形的牙齿上产生9800牛顿的力，从而使鳄鱼能够把乌龟壳咬得粉碎，并能够咬穿及叼住更大的猎物。

由于鳄鱼能够沉入水下并保持数十分钟甚至几个小时，因此它们的猎物常常都是被溺死的。一只沉于水下的鳄鱼能够大大减少血液向肺部的流动，而是利用位于分隔的四个心室之间的一条旁路（潘尼兹孔）。这又是这一群组的特征之一。鳄鱼还拥有一项与其他爬行动物相同的特征，即可以依靠无氧代谢间歇性地呼吸，这使它们在进行各种活动时能改变自身的心率和血液流动状态。通过一块与肝脏和其他内脏相连的肌肉在呼气和吸气时像一个活塞一样作用，使鳄鱼的呼吸作用得以顺利进行。通过一次突然地呼气或一次尾部和后肢的有力拍击，鳄鱼就能潜入水中，向下并向后运动。

鳄鱼强有力的尾部占了身体总长的一半，在水中游动时，以身体为轴，左右波状摆动。它们的肢部在游弋或猛扑时都收紧于体侧，但在"制动"或变换方向时会伸展开。有些鳄鱼可以用"尾部行走"，几乎全身都跃出水面扑向猎物。另外一些例如澳大利亚淡水鳄，可以经常性地在起伏不平的陆地上"疾驰"。年幼的和成年的鳄鱼都可以攀越好几米高的障碍。在陆地上的行进包括一种"高足漫步"的形式，在这种情况下，它们几乎把四肢撑得与身体垂直，以一种更像是哺乳动物的步态前进。这得益于它们有一套拥有球状脊椎骨白窝的轴向支撑系统，从而提高了其在水中和陆地上的运动能力。

当不同的鳄鱼在一起时，人们更倾向于从形态学角度来区分它们。比如，3种生活在非洲西部的鳄鱼长相迥异，主要在于它们的口鼻部差别显著，分别是：有典型的扁平且满是牙齿的口鼻部的鳄鱼（尼罗河鳄）、有钝的口鼻部和粗短的后牙的鳄鱼（侏儒鳄）、有细长的口鼻部和一个管状喙突的鳄鱼（尖吻鳄）。而反映动物种群区系的化石也相应地体现了这样的关系，同时也揭示出相应的口鼻部形状在不同的进化枝中也演化了多次。因此，虽然假食鱼鳄和印度食鱼鳄表面上相似，且都是捕鱼高手，但是它们并非亲缘种类，而且有着各自不同的地理分布。

行为精巧的掠食者
食物和饮食

鳄鱼并非挑剔的食客，它们吃的食物很杂，除了植物，只要有蛋白质含量的食物都行。它们的进食包含老练而精妙的行为，比如，凯门鳄是用尾部和身体把鱼群围困在浅水域，而尼罗河鳄却喜欢群体合作捕食。鳄鱼会经常出现在鸟巢、蝙蝠栖息处和有大量鱼群进出的裂缝处捕食。鳄鱼喜欢的食物比较固定，但常常又被迫改变食谱。

鳄鱼常常把整个或大块的猎物一口吞下，使其在一个像袋子一样、肌肉厚实的胃里消化。胃里有一个个纵向生长的石状隆起，专门用于消化它们吞入的坚硬、不易消化的食物。这些"胃石"在促进食物分解的同时，也有"压仓"的作用。胃酵素的作用力非常强，其pH值是所有已知的脊椎动物中最低的。食物在温暖状况下消化得相当迅速。最后排出的粪便通常为白垩质，杂有一些未消化的骨头或羽毛。

自动调温器
热量调节

同其他的爬行动物一样，鳄鱼也是依靠外部热源来调节体温的变温动物。每一次活动都来自无氧代谢所提供的动力，然后需要很长一段时间来恢复。鳄鱼的反应敏捷有力，但容易疲劳。鳄鱼的行为都倾向于是偶发性的，一次行动可能包含了几次从几分钟到几小时不等的停滞状态。鳄鱼的新陈代谢率很低，这样反过来又可以减少食物的需求量。如果体温一直保持较低的话，一个大型个体可以连续几个月不进食。

在春季，美洲短吻鳄每天清晨会爬到陆地上晒太阳，以吸收热量，而傍晚的时候则又退回水中，原来暴露在外的部分刚好没入水面以下。在陆地上时，它们的体温会升至 31 ～ 33℃，并保持到整个午后。傍晚到午夜，这些鳄鱼会一直待在水中。整个夜晚，它们的体温会缓慢下降，直至第二天清晨再次来到陆地沐浴阳光前几乎与水温持平。然而咸水鳄和凯门鳄由于生活在温暖的热带地区，其体温调节模式与普通模式恰好相反：它们白天大部分时间没入水中，而在夜晚来到温度相对较低的岸上。

温度选择（无论是寻找热还是躲避热）对所有的鳄鱼种类来说都是非常重要的日常活动。因为不论白天还是晚上，每只鳄鱼绝大部分时间都待在水里，水温的变化和季节的变换都会很大地影响热行为和鳄鱼的体温。美洲短吻鳄和其他一些种类的鳄鱼即使在有机会使自己体温变高的情况下，也会选择较低温度。例如，佛罗里达南部的短吻鳄在夏季最炎热的几个月里会在夜晚爬上岸来，把体温调节到比水温还低。而咸水鳄、新几内亚鳄、委内瑞拉凯门鳄、食鱼鳄、泽鳄以及南印度的咸水鳄也都会在夜晚爬上陆地，在清晨之前把体温调节至水温以下。

鳄鱼的热生物学与其他爬行动物的大相径庭。由于鳄鱼比其他爬行动物的体积更大，所以其体温升高或降低的过程就不单单是几分钟的问题，而是几小时甚

南美宽吻鳄在巴西南部的潘塔纳尔河堤上享受日光浴。这种鳄在玻利维亚、巴拉圭和阿根廷东北部都有分布。尽管当地人大量捕杀它们以获得珍贵的鳄鱼皮，但它们在当地依然数量众多。

至几天。它们两栖生活的习性和巨大的体形使它们有效地利用水作为热源和散热源。一只浮于水面的短吻鳄就像是一个热量分流器——在吸收直射的太阳光的热量的同时，又将热量散发至水中。最终，它们的热反应会因气候、社会性相互作用、年龄、体形大小、繁殖状态、消化状况、传染病等多种因素的改变而变得复杂起来。一只饱餐一顿的鳄鱼会花更多的时间晒太阳，这样，随着体温的升高，它们的消化会更快。感染了病原体的动物会选择升高体温，以增强对疾病的抵抗力。由于体温直接控制新陈代谢率和能量的利用，因此，诸如生长、繁殖等重要过程最终也由体温调节来决定。

支配者雄性与繁殖群落
社会行为

幼鳄和成年鳄不像新孵化出的鳄鱼那样喜欢群居，但它们也会结成松散的社会群体，包括美洲短吻鳄和尼罗河鳄的几种鳄鱼常常会在一天中的某个时刻集结成群享受日光浴。而在较干燥的栖息地，个体则会集结成群或根据体形或年龄分组集结在永久性水域附近。在委内瑞拉大草原，凯门鳄集中在少数几个永久存在的池塘附近。澳大利亚淡水鳄则聚集在一些孤立的死水潭中。

在野生种群中，占统治地位的雄性会把其他成年雄性排斥在自己精心划下的领地之外。防御性措施涵盖了诸多方面甚至多种设施，且因种类的不同而各异，其常常包括接近配偶的通道、筑巢处、食物供应地、日光浴的场所、越冬栖息处等，或者兼而有之。在繁殖季节，领地保卫战会很激烈，并经常持续一整年。为了竞争统治地位，占有领地的鳄鱼会产生争斗，它们会用头相互顶撞，比如用颚部角力、头部相互撞击，或抬起膨胀的身躯摆出威胁的姿势。

在澳大利亚北部海潮中生活的咸水鳄有全年的孵化领地。一只雄性鳄鱼的领地常常包括有几只雌性鳄鱼的巢居地。繁殖期间的鳄鱼不会形成群落，成年鳄鱼在一年中的任何时间都很少一起出现。生长在鲁道夫湖畔的尼罗河鳄会形成季节性的大型繁殖群落（有时高达 200 只以上），并由差不多 15 只雄鳄统领。在孵化期间，雄鳄和雌鳄生活在一起，而过后它们又在沿湖区分散生活。美国路易斯安那沿岸的短吻鳄一年中的大部分时间都独自生活，但在每年春季，10 只左右的鳄鱼会集结成小群落繁殖后代，之后，雌鳄会在靠近巢穴的地方和幼鳄待在一起。

支配现象在季节性繁殖期间最为明显。当鳄鱼密度较低时，占主导地位的鳄鱼会维持面积和地点不同的分割的领地。雌性和半成年雄性可以在雄性的领地中生活，而其他成年雄性则被拒之门外。鳄鱼密度较高时，要维持领地就变得困难了。在这种状况下，鳄鱼群中特有的等级制度便形成了。

从交流中获取信息
交流

鳄鱼靠声音、姿势、运动、气味以及触碰传递社会性讯息。这种交流在鳄鱼孵化时就开始了，并贯穿于整个成年时期。刚孵化出的雏鳄会自然地发出叫声，或者当它们受到侵扰时也会发出声音，如果是后一种情况，成年鳄鱼便会威胁或攻击来犯者。小鳄鱼也会发出声音集结成群。尤其是在被围困时，幼鳄和成年鳄会从喉咙发出类似于"哇哇"的叫声。短吻鳄尤以它的叫声引人注目——繁殖期的雌雄短吻鳄低沉地吼叫并且一唱一和。当其他成年鳄靠近时，有些鳄鱼就会发出嘶哑重复的吼叫。比起生活在沼泽、湿地中的鳄鱼，在开阔水域、湖中和沿河一带的鳄鱼种群却并不常发出叫声。

水中的交流很适合鳄鱼两栖生活的方式，它们更多的是用头或颚在水面上拍打发出声响。不同的种类拍击水面所传递的信息不同，但在所有被研究的鳄鱼种类中，这种行为几乎都存在。食鱼鳄在水下用上下颚拍水发出的含混的"砰砰"声类似于其他鳄鱼拍击水面，表明有新的鳄鱼来到。有些声音信息是次声振动，

鳄鱼中的亲代照料

在爬行动物中，除了鳄鱼外，亲代照料是非常少见的。母性行为包括对卵的照料和保护，控制卵的孵化，用嘴衔着卵或雏鳄走动和对幼鳄的照看。雄性可能也会参与到以上行为中，但它主要是对新孵化的幼鳄的召唤做出反应并保护它们。

鳄鱼对巢穴积极地防御表明它们已产下了卵，入侵者将面对防御者的近距离接触、用嘴顶和警告性的咬，甚至会真正被攻击。咸水鳄是顽强的护巢者，如果是侵略性不强的种类，在孵化期间其对巢穴的防御就会减弱。

当卵孵化时，雌鳄便会用前后腿将雏鳄从巢中挖出来——雏鳄发出的声音是一个重要提示。当雌鳄往巢穴里挖的时候，头部和下颚放在地表，口鼻部伸进去，找到卵和新孵化出的幼鳄时，便将其放入自己的颚中，再含在嘴里（如左下图）。雌鳄还会在嘴里来回滚动正在孵化中的卵，轻轻地在舌头和上腭间挤压卵壳。这种做法有利于孵化，可帮助雏鳄从壳中出来。往巢穴里挖和用嘴轻衔雏鳄或孵化中的卵似乎是这组动物中的普遍现象。

雏鳄通过频繁的叫声维持着一个紧密的群体，并且鳄鱼群也逐渐形成了照顾幼鳄的体系。年轻的鳄鱼都分散觅食，只是在不活跃时才重新聚集在一起。父母们离这些雏鳄的群体较近，以便保护它们。雏鳄的叫声吸引着成年的、半成年的，甚至幼年的鳄鱼，但它们也许也会被保护雏鳄的父母挡着不能接近。照料中的成年鳄甚至可能给幼鳄喂食，但至今没有这一现象的记录。

幼鳄会和成年鳄鱼待在一个松散的群体中，时间长短不一。在美洲短吻鳄中，雌鳄会和幼鳄在一个群体里待上1～2年，但在尼罗河鳄和咸水鳄中，幼鳄在几个月内便四处分散了。幼鳄群体的聚集力大概取决于雌性鳄或是各栖息地季节性的变化。雄性鳄鱼可能在离巢穴很近的一些区域与幼鳄群体保持着联系。但在短吻鳄中，在雌性筑巢、孵化期或孵化后期，雄性短吻鳄并不常待在雌性身边。

一只发育成熟的尼罗河鳄正展示它的防御"武器"。作为最大的鳄鱼种类之一，尼罗河鳄可以长到超过6米长、1吨重。即使如此，它的蛋和幼仔也同样会成为捕食者尤其是巨蜥和狒狒的囊中物。

人类几乎感觉不到。在不同的社会性信息传递过程中，鳄鱼的吼叫声是极低频率信号的集合，这种声音犹如远处的雷鸣。在小范围的求偶过程中，短吻鳄通过鼻孔排出空气，发出轻微的喘气声。许多种类在水下呼气时都会产生气泡，有的是一长串的均匀气泡，有的则是几个大气泡。雄性食鱼鳄口鼻部的隆起是一个回旋的腔，与鼻腔相连，在它呼吸时，空气在扩大的鼻腔内回荡，把嘶嘶的呼气声变成了嗡嗡声。

暴露在水面上的头部、背部和尾巴传递着重要的信息，它表明个体的社会地位和意图。居主导地位的鳄鱼在水面肆意地游行，显示其巨大的体形。居次要地位的鳄鱼则将口鼻部伸出水面，与水面呈锐角，在退回水下之前，颚部张开，头部静止不动。在鳄鱼进行其他活动之前，它们通常会使尾巴不停地摆动，做出击打水面和其他类似动作。

分泌腺在鳄鱼的下巴下方和泄殖腔中，其含油质的分泌物作为防御性混合物可以在击退潜在敌人方面发挥作用，或者可作为化学信息用于个体之间的交流。生活在一起的成年鳄看上去似乎彼此认识——吼叫、甩头这些行为，个体的表现方式都是独特易识别的。即使是雏鳄也能辨认出不同的个体，或者至少能从其他的雏鳄中分辨出自己的同胞。

洞穴繁殖与小丘繁殖
繁殖

成年鳄的寿命较长，一般的成年鳄可活20～40年，甚至更久。它们的繁殖期有几十年之久。相对于小型种类（1～3米，成熟期5～10岁），体形较大的种类（3～6米）成熟期越晚（10～15岁）。人工饲养的雌鳄鱼有的在40岁时还成功地繁殖了后代。在所有（除体形最小的种类之外）鳄鱼中，雄性的体积约是雌性的两倍。鳄鱼的交配体系是一夫多妻的，通常一只雄性鳄鱼可对多只雌鳄受精，雄雌的比例有所不同，如尼罗河鳄为1：20，在一些有领地的种类中，如咸水鳄为1：（1～3）。一只人工饲养的泽鳄曾在一个季节中产下了300多只雏鳄。野生的美洲短吻鳄有多个父亲，一窝中可能有3个父亲。但储存精子的现象似乎不存在。

大的雄性鳄鱼通过巡察领地的方式确立对繁殖群落的支配地位。求偶时要么是雄性向雌性主动求爱，要么是雌性主动靠近——通常在雄性进行了一段炫耀性的表演之后。在求偶期中，各种类的雌雄两性都会有各种各样独特的行为，包括口鼻部的碰触、口鼻部抬起、头部摩擦和身体的翻骑、雄性炫耀的表演、发声与呼气、用鼻子和喉咙吐泡、周期性地没入水中又钻出来。交配发生在雄性爬上雌性背部之时，雄性把尾巴和肛门置于雌性尾巴之下，将靠前的弧形阴茎插进雌性的泄殖腔。交配过程可以持续 10 ～ 15 分钟，并且在几天中会重复发生。从对美洲短吻鳄和尼罗河鳄的研究中可知，在交配后的 1 个月内，雌鳄会建好产卵的巢穴。

一只雌鳄大约产下 10 ～ 50 个硬壳卵，并孵化 2 ～ 3 个月。在季节性的环境中，短吻鳄和澳洲淡水鳄在 2 周或 3 周内完成筑巢。在稳定的气候条件下，咸水鳄的筑巢时间则会超过三四个月。大多数雌鳄每个季节都会筑巢，但也有些短吻鳄每 2 年或 3 年才会筑巢。相反，人工饲养的泽鳄每季产两窝卵。

一只雌鳄通过将植物枝叶堆成一个小丘或挖一个洞作为巢。挖洞的鳄鱼运用前后肢的协调运动，在筑巢地铲土或挖土形成洞穴。

堆丘筑巢的鳄鱼也利用前后肢收集材料，堆成紧凑的一堆，通过四肢的踩踏，它们把巢穴建造的紧凑有型。一旦筑好巢，它们在夜间 1 小时内将卵产在其中，之后，巢将被重塑形状或覆盖起来。

巢穴的形式由不同的鳄鱼种类决定，但反映出了它们不同的栖息地，甚至栖息地内部的差异。筑洞穴巢的种类通常有领地，而堆丘筑巢的通常将巢紧挨着建在一起。巢穴通常选在靠近地洞，可以为照料中的雌鳄提供隐蔽和水域退路的地方。在孵化期间，雌鳄回巢的次数很频繁，它要保护巢穴免受外敌的侵袭。

3 个鳄鱼科的代表种类
1. 侏儒凯门鳄，短吻鳄科，2. 侏儒鳄，鳄科，3. 雌性假食鱼鳄，鳄科，4a. 雌性食鱼鳄（在捕鱼），尖吻鳄科，4b. 雄食鱼鳄口鼻部尖处有一个凸起，5. 中国短吻鳄，短吻鳄科，6. 美洲鳄，鳄科，7. 雌性美洲短吻鳄，短吻鳄科，8. 黑凯门鳄，短吻鳄科，9. 泽鳄，鳄科，10. 尖吻鳄，鳄科。

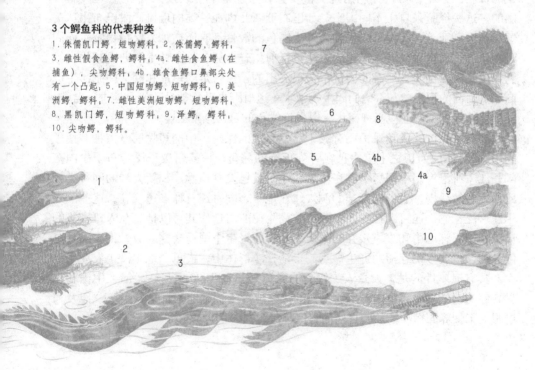

澳大利亚的成功事例

保护措施

　　1971 年，澳大利亚北部野生咸水鳄的数量下降到历史平均数量的 5%，成年鳄的数量更是稀少。到 2001 年，野生种群数量已经恢复到了过去的水平——大约 7.5 万只，并且遍布于之前的栖息地。这种显著的种群数量恢复现象被人们所监测，周期性的调查结果显示了鳄鱼在濒临灭绝的情况下惊人的生存和发展能力。

　　恢复过程经历了几个阶段。在实施保护的最初年份，只有仅存的一些成年鳄筑巢，虽然卵的死亡率很高，但雏鳄和幼鳄的存活率也很高，而主要是幼鳄保持了种群的延续。随着鳄鱼数量的持续增加，雏鳄和幼鳄的存活率下降了——同类相食在这一高密度群体中产生的后果。

　　在恢复工作的头 10 年，严格的保护措施被强行执行，然而，随着威胁到家畜和人类的大型鳄鱼数量的不断增加，最终对鳄鱼的保护放松了许多。鳄鱼袭击人和家畜的事件引出了一场公共教育和剿灭问题鳄鱼的计划。除此之外，人们建起了鳄鱼农场生产和加工鳄鱼皮和鳄鱼肉，以满足广大游客的需求。到 20 世纪 80 年代中期，农场开始加工收集到的野生鳄鱼卵；到 90 年代中期，又开始捕捉野生鳄鱼。尽管鳄鱼加工产业不断发展，在过去 10 年中，野生鳄鱼的数量仍保持稳定，甚至还有所增长。

　　鳄鱼种群的保护极大地依赖于管理的实践活动，使人与鳄鱼能共同生存。成功的方案集中于一点：如何维持鳄鱼及其栖息地处在干扰相对较少的状态。在近来的保护工作中，可持续利用是关键要素，这也是基于以往 20 年的管理经验得出的。这些经验来自于不同国家，如巴布亚新几内亚、委内瑞拉、津巴布韦、美国和澳大利亚等，其中可以看到，野生鳄鱼的数量都有所增加或保持稳定，而同时鳄鱼经济又得到发展。运用的方法包括射猎野生鳄、收集野生鳄卵或孵化出雏鳄，以及人工饲养。所有的尝试中，很突出的一点就是鳄鱼皮和鳄鱼肉制品生产商和贸易商的积极参与。他们同生物学家一道对野生动物数量和栖息地进行监测，并倡议鳄鱼加工产业应当规范化，以保证鳄鱼的可持续发展。

　　最后，鳄鱼的成功保护还有赖于对栖息地的保护。中国短吻鳄（俗称"扬子鳄"）有可能成为历史上第一种在野外灭绝的鳄鱼，该鳄鱼曾广泛分布于中国东部长江下游沿岸。中国短吻鳄在体形较小时就已发育成熟，和新大陆的同种类相比，生长较缓慢。它们把复杂的洞穴建在地下，同时还有许多透气孔。这些洞穴用途广泛，它们还可以在里面冬眠。它们隐秘的习性使其可以栖息在人口密集的诸如稻田、林场中和小块残存的湿地里。现今野生中国短吻鳄的数量很少而且分散稀疏，但大多仍存活的野生短吻鳄生活在小群体中，或单个地出没于农业用地中。具有讽刺性的是，大量人工饲养的鳄鱼（共有 7000 多只）生活在中国和世界各地的动物园中。中国野生短吻鳄的未来取决于栖息地的重建与恢复，以及通过将人工饲养的短吻鳄放归自然而得以延续。

昆虫及水生
无脊椎动物

蟑 螂

就像这世界上什么地方都少不了蟑螂一样，蟑螂也什么都吃。这种生物适应性很强，因此到处都能发现它们，具体表现为：从海平面到海拔近 2000 米，从沙漠到苔原、草原、沼泽、森林、树木的里外上下、土壤里和洞穴中。有些东南亚的品种还是半水栖的。

蟑螂有很多种，同时也是昆虫家族中最古老的生物之一。化石研究显示它们的历史最早可追溯到 3.54 亿～ 2.95 亿年前的石炭纪时代。不同的蟑螂为了要适应各自的栖息地，体形也各自不同：爱挖洞的蟑螂会变得矮壮结实，翅膀消失，并长出强壮有力的铲状附肢；住在树上的蟑螂则比较苗条，翅膀发达，细长的附肢令它们跑得飞快；住在树皮里的蟑螂，身体是扁扁的。

吃住在任何地方
饮食和消化

很多蟑螂都是真正的杂食动物，用它们那并不十分特殊的咀嚼式口器吃任何活的或死的植物和动物。比较专业的食客包括来自中国和北美吃木头的隐尾蜚蠊。尽管很多种昆虫都吃木头，但多数吃下去以后不能消化木头里的纤维素。隐尾蜚蠊通过在肠道液囊内保留一定数量的原生动物解决了这个问题。这种极微小的生物体帮助蟑螂消化木质纤维素，并在蟑螂的肠道内留下可供其吸收的养分。作为回报，蟑螂为这些原生动物提供食物和安全的生存环境。

隐尾蜚蠊的若虫时期肠道内并没有原生动

蟑螂家族的典型代表

1.美国蟑螂。2.德国蟑螂。3.东方蟑螂。以上三种均为家居害虫。4.马达加斯加发声大蠊与众不同，正如其名字所示，这种有坚硬外壳的蟑螂不仅彼此间用声音联系，也把声音作为性兴奋剂使用：雄性不叫就不交尾。

物，而是靠吃成虫的排泄物来获得它们，因此幼虫需要跟成虫生活在一起。这也暗示了为什么类似的需要能导致白蚁成为社会性的昆虫。当然，尽管隐尾蜚蠊和其他种类的蟑螂都是群居性的，但没有一种能像白蚁那样把照顾幼虫发展成群体性行为，也不能像白蚁那样在群体内划分不同种类的劳动力。

用声音和气味求爱
繁殖

蟑螂的求爱行为可谓花样繁多：有的只是简单地碰碰触角；有的会跳复杂的舞蹈；有的是释放信息素；有的雄性则会上下拍打着翅膀转来转去以吸引雌性交尾。而另有一些蟑螂的腹部上表面生有特殊的腺体，会分泌引诱剂，如果雌性受到引诱，会爬上雄性的背部，雄性蟑螂会立即抓住机会与之交尾。这种蟑螂的求爱行为从雌性摆出一种"召唤"的姿势开始，此时它的腹部尖端会下垂，以便释放出一种性信息素。雄性回应时，会靠近雌性并摩擦它的触角，然后转过背，把翅膀张开形成60°角，露出自己释放信息素的腺体，即"兴奋性突触"。随后雌性会爬上它的背吃它腺体的分泌物，同时与雄性蟑螂形成交尾的姿势。

另有许多种类的蟑螂具有利用声音信号的本领：欧蠊亚科蟑螂全都会发出声音；有些蟑螂，翅基部和前胸背板基部的下面有一排能发出鸣叫音的突起，当前胸背板活动的时候就会发出吱吱叫的声音；如马达加斯加蟑螂的雄性通过让空气排出气门，会发出很响的嘶嘶声。它们在保卫地盘、交配和防御的时候都会发出这种声音。

蟑螂在繁殖方面的表现正如它们在其他生理方面一样多种多样。蜚蠊目群体根据翅脉、腹部尖端的形状、内生殖器、产卵的习性和前肠结构等方面的不同分为6个科。

蟑螂有4种繁殖类型，大多数属于卵生，产卵的时候腺体分泌物硬化形成坚韧结实的保护膜，即卵鞘。卵鞘被粘在基部，被死亡的细胞组织掩蔽起来。姬蜚蠊科的很多雌性蟑螂会把卵鞘绕在腹部末端，使卵鞘可以从雌性体内获取水分。相反，有些姬蜚蠊科和匐蜚蠊科的蟑螂则有伪胎盘，雌性把卵鞘挤到伪胎盘上，然后整个被旋转90°并拽进一个专门的育卵室中，直到幼虫被孵化出来。澳大利亚地区性匐蜚蠊科的蟑螂，都有不同形状的伪胎盘，产的卵没有卵鞘，直接从输卵管进入育卵室中。太平洋折翅蠊和同属的其他成员则几乎是胎生的，卵直接进入育卵室，通过吸收雌性体内一种乳状营养物质生长。该种类最终成熟的若虫数量较少，但体形却相对大得多，使它们在种群中处于相对优势的地位。

非同一般的照顾
双亲的照顾

世界上最大的一种蟑螂是匍蜚蠊科的犀牛蟑螂，体长达 70 毫米，体重则足有 20 克。这种蟑螂仅见于澳大利亚昆士兰北部，住在自己挖的洞穴里，而这个洞穴很大，长可达 6 米，深可达 1 米。这种蟑螂的成虫没有翅膀，以家庭为单位群居，甚至还会照料自己的后代。若虫的体色比成虫浅，身体也相对柔软，很容易成为敌人捕食的目标，因此若虫会一直待在巢穴中直到成熟，而这个时间可能足有 9 个月之久。作为父母亲的成虫，会夜晚出去寻找食物，然后拖回一堆草和树叶供若虫食用。

关于蟑螂父母对其后代的照料，有一些很有趣的例子：南美匍蜚蠊科的一种蟑螂，雌性有一个凹陷的腹部和一对凸起的翅膀，形成了一个可供若虫躲藏的天然庇护所；马来西亚匍蜚蠊科的一种，全身泛着金属绿的光泽，雌性成虫看起来很像球潮虫，受到威胁时也能把身体卷成一个球。更让人惊讶的是它们的母性：它们的身体下面有一些小凹点，一龄若虫的口器正好能伸进去。甚至在它把身体卷成球时，若虫也能以这种方式得到母亲的保护。人们猜测是不是母亲能通过那些小凹点喂养若虫，如果是真的，这会是昆虫世界中第一个有记录的"哺乳"实例。

老练的生存者
抗敌防御行为

很多其他种类的昆虫会寄生在蟑螂的卵中，最常见的是黄蜂（如瘦蜂科的某些种类）。只要蟑螂的卵鞘暴露在外就会有这种风险。此外，蟑螂还是螨虫、蠕虫，甚至阿米巴虫的寄主。而不论是蟑螂幼虫还是成虫，都是很多其他昆虫和节肢动物，还有青蛙、蟾蜍、蜥蜴、蛇、鸟类和食虫哺乳动物眼中的美食。许多蟑螂都身怀数种不同的抗敌绝技，例如，地鳖科的一些蟑螂，成虫和幼虫遇袭时都会一动不动地装死。成虫的这种伪装更先进一点，一旦感觉到危险，腹部侧边外翻的小液囊会释放一种有腐臭味的化学物。黑色的欧蠊亚科蟑螂遇袭时则会发出吱吱或嘶嘶般的叫声。

许多种类的蟑螂都会使用生化武器进行防御，如澳大利亚布蠊属蟑螂会向敌人展示其鲜艳的警戒色。蟑螂们使用的化学武器都是脂类的化合物，是从蟑螂的腹部腺体排出来的。某种见于佛罗里达和热带美洲的树林蟑螂，会释放一种酸性乳状液体，有时候这种化学物是慢慢地流出来的，有时候则是被猛地向后喷射出的，最远达 20 厘米。

非同凡响的是，菲律宾姬蜚蠊科的一种亮丽色彩的蟑螂，会伪装成瓢虫以骗过那些认为瓢虫很难吃的敌人。还有一些其他的颜色鲜艳的蟑螂，也同时具有能散发难闻的化学物质的御敌本领。

白 蚁

白蚁属于群居昆虫。蚁群有大有小，小的蚁群仅有数百个成员；而大的蚁群，白蚁数量多达 700 多万只。它们共同进食、劳作、互相照顾，还要协助父母养育兄弟姐妹——这正是社会性动物的真实写照。

每一个白蚁社区都划分为几个不同的阶层：有翅膀、有眼睛的繁殖阶层（蚁后、蚁王、年轻的预备繁殖阶层，末者中的大多数常常还来不及司其职就死掉了）；无翅、无眼的工蚁和兵蚁负责喂食、维持蚁群运转和防御的工作。蚂蚁也具有这种社会化的习性。但每一个白蚁阶层都有两性之分，而蚂蚁、黄蜂和蜜蜂的"工人阶层"中差不多完全是雌性一统天下。

社区的建立

繁殖和筑巢

一个白蚁群的形成，始于一只会飞的、性成熟的雄性白蚁被雌性白蚁腹部下面腺体的分泌物散发出来的味道所吸引。没能交尾的白蚁会把自己的翅膀弄掉——来自母巢的短暂离散功能就到此为止了。然后雄性紧跟着雌性，两只白蚁一前一后地离开母巢去寻找一个更好的地点筑巢并抚养后代。

第一只幼虫的命运通常注定是在生命的某个阶段成为工蚁。在 6 个"低等白蚁"科里，没有发育成熟的若蚁也能表现得像只工蚁一样为社区的建设献身。

一旦有数只工蚁长大，能筑巢、照料若蚁和收集食物，司防御之职的兵蚁也就培育出来了。兵蚁们装备精良，发达的颚既能咀嚼也能撕咬，坚硬的头部还生有腺体，能在抗敌时向敌人喷出防御性分泌液。然而兵蚁们全得依赖工蚁喂食——工蚁们把自己咀嚼过的食物混合上唾液，形成糊状，吐出来给其他兵蚁享用，或将吃进去的食物很快从肛门屙出来，供其他白蚁舔食。而最开始那两只飞白蚁，身边围绕着自己的部下，成了社区中真正的"国王"和"王后"。

大多数种类的白蚁，兵蚁和工蚁都没有视觉，直接依靠头部表皮感光。在一个成熟的蚁群中，有能繁殖后代的发

知识档案

白 蚁

纲 昆虫纲

亚纲 有翅亚纲

目 等翅目

下分 7 科，共约 2300 种。

分布 赤道南北 45°~ 50° 内均有分布，但主要集中在热带（如北美仅有 41 种）。

体形 多数体型纤细。体长 2 ~ 22 毫米，有些蚁后的体长能达到 14 厘米。

特征 高度社会化，形成大型、永久性的白蚁群，群内有"阶层"的划分，不同"阶层"的白蚁有不同的形态；繁殖蚁体色较暗，有一对形态相同的翅膀，群体飞行后自行脱落；头部有咬合式口器，与身体其他部位成直角。

生命周期 若虫和成虫形态相似，无蛹期。

保护级别 属于生存无威胁物种。

从白蚁巢出来的切叶蚁飞行能力差，给了从天上的老鹰到地面的甲壳虫等诸多天敌以大量的捕食机会。切叶蚁在交配前，将蜕掉翅膀。

育完全的成年白蚁。与它们的兄弟姐妹不同的是，这种白蚁有翅膀和眼睛。这一时期，蚁后每天能产卵不下3万个，身体膨胀为一个长14厘米，直径3.5厘米的产卵机器。国王相比它体形巨大、白白胖胖且颤巍巍的配偶，简直是侏儒。

时机合适的时候——通常是暴雨过后，工蚁们开始在巢中掘洞或者像有的白蚁那样造一些专门的空心塔，把年轻的繁殖蚁从巢中放出去，让它们自己飞向外面的天地自立门户。被放出来的这些白蚁，实际上还很弱小，飞行能力也不强，很容易就成为它们的天敌如蚂蚁、蜘蛛、壁虎、蜥蜴，以及鼩鼱等哺乳动物，还有很多鸟类比如鹧鸪、猎鹰等的口中食，甚至还包括人类。但总有少数能幸存下来组建起一个成熟的团体。

特殊的食物消化方法

食物和进食

在昆虫中，只有等翅目的成员能消化纤维素（所有植物的主要化学成分）。这种消化能力来源于白蚁和原生动物、细菌、真菌的共生习性，后三者为它们提供了消化植物所必需的消化酶。

肠道中有原生动物的白蚁全都属于"低等白蚁"，这其中的大多数都以腐木为食。然而，其中还是有很多成分连白蚁也消化不了，大量的这种粪便被用做筑巢的建筑材料，或者直接就排泄在白蚁住的一堆堆木头或泥土上。

"高等白蚁"是白蚁的第七个科，其肠道中不含共生的原生动物，却有更高效的细菌和真菌。这些共生物部分地解释了这一科白蚁进化上的成功——种类繁多，食性也非常多样。四个高等白蚁亚科成员中，有三个亚科的白蚁在其后肠中含有大量的细菌，能帮助植物性食物在其肠道内发酵。

多数白蚁钟情于吃已死的植物，因为真菌已经在进行分解工作，细胞分解后就能释放出养分。在非洲和亚洲的稀树大草原地区，长长的干燥季节大大降低了真菌的分解速度，使白蚁钟情的食物减少，但大白蚁亚科（包括土白蚁属和大白蚁属）的成员却能以一种独特的方

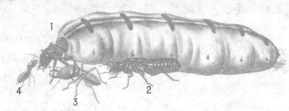

蚁后（图1）将成千上万的卵保存在它的腹部，它的体形是在旁边忠实照料它的蚁王（图2）的很多倍。大型工蚁（图3）外出觅食；小工蚁（图4）则在巢穴内工作。

式克服食物短缺的问题：它们发明了一套在蚁巢内部用粪便培养鸡枞菌属真菌的方法，真菌将粪便分解后，就可以供白蚁食用。这些培养真菌的白蚁有着非同一般的生态意义——旧大陆大多数季节性干旱地区生物的生态分解工作主要就是靠这些白蚁来完成的。

御敌于家园外
防御策略

有些哺乳动物专门以白蚁为食，包括非洲的土豚和土狼、非洲和亚洲的穿山甲、南美的食蚁兽。然而白蚁最大的敌人是蚂蚁。有许多种蚂蚁专门袭击白蚁的粮草征收队。白蚁的粮草征收地点很不固定，离巢越远就越容易遭到敌人袭击。有些白蚁，如木白蚁科下的木白蚁属和新白蚁属的成员，从不离开它们巢穴的分支地点。其他如培养真菌的白蚁，则是从巢穴的临时网状隧道中行进约50米远寻找新的食物来源。它们有一系列的防御手段：造加强巢；在地下寻找食物时，会用泥为食物做一层保护层，或者由兵蚁打掩护。

在食土的高级白蚁中，顶白蚁亚科的某些属都没有兵蚁，取而代之的是由工蚁司兵蚁之职，如有蚂蚁来打劫，工蚁们会把肠道中的黏糊糊的东西喷向敌人，这样做的结果是自己也活不了。多数种类的白蚁社区中都有专门的兵蚁，它们被发达的颚部武装着。但对于最高级白蚁的兵蚁来说，武装的颚部几乎成了多余。象白蚁亚科的白蚁，长长的头部长有额腺，能制造黏糊糊、有刺激性的化学物，对于这种颚部几乎完全退化的兵蚁来说，用这种策略引开蚂蚁的注意非常有效。许多鼻形蚁属的白蚁都在露天呈纵队觅食，由两侧的兵蚁担任安全保卫工作。

好胃口的循环专家
经济学和生态学影响

除了它们的定期集会之外，白蚁是一种隐居性昆虫——尽管许多收获蚁在大白天也会派出觅食的纵队。但由于它们到处破坏东西，以至热带和亚热带地区的人们对它们再熟悉不过了。白蚁以死亡的植物材料为食，还常常用之筑巢。人类的农作物、人造林、工厂和民居已取代了自然植被，而所有的这些都可以成为白蚁的食物，它们会毁坏木头、作为木料来源的树、建筑木材、家具、书籍、包装箱、甚至枪械和板球棒，其他还包

纳米比亚草白蚁属的收获蚁收集植物原料高效得就像它们在和牛或者羊这样的家畜进行重大比赛一样。

自然界最优秀的建筑师

　　大多数种类的白蚁都会把它们的巢穴建在隐蔽的地下或死木头下面，但有一些高级白蚁会建造奇特的蚁塔和树巢，形成热带地区景观的重要组成部分。在非洲的稀树大草原，高温和低降雨量不利于生物的生存。正午的太阳下，暴露的白蚁只能存活几分钟。为了保护蚁群，培养真菌的非洲白蚁会建造一个塔形的蚁山，可高达 7.5 米，露出地面的部分全是中空的，以便让空气在内部流通，使地下部分保持恒温，不致出现昼夜温差过大的情况。在蚁塔中，用来培养真菌的地方占了很大一部分，也会给蚁巢内部带来大量热量。

　　位于澳大利亚北部干燥地区的达尔文市，著名的罗盘白蚁建造的楔形巢穴，高达 3.5 米。其宽大平坦的两面分别对着东面和西面，平坦的面可以吸收早晚太阳的温热，而东西朝向则使它不会吸进中午太阳的毒热。也是在澳大利亚，长鼻白蚁建造了许多高达 6 米的蚁塔，成为当地的独特景观，其中有些已有超过 60 年的历史。这种了不起的、具有多样性的长鼻白蚁在南美也有发现。在该地区，与爱在地面筑塔的长鼻白蚁相映成趣的一种食草白蚁，它的巢全在地下，深可达 3.4 米。

　　在雨林区，温度变化带来的问题不及突如其来的豪雨。非洲雨林区，食土的方白蚁属白蚁会建造有帽状或树冠状屋顶、能遮雨的蘑菇形巢穴。就在这同一片雨林，原方蚕属白蚁则把它们的巢穴粘在树上，再在巢穴顶部造一个用近 40 层泥巴糊成的人字形防雨屋顶。在南美，某些种类的长鼻白蚁建造的蚁巢几乎跟这种一模一样。

括皮革、衣物、橡胶电缆，此外还有农作物，比如果树、甘蔗、土豆和山药等，但简单的驱逐根本解决不了问题。

　　白蚁造成的破坏可以说非常严重。20 世纪 50 年代，印度旁遮普省的一些村庄被整个遗弃，原因就是白蚁的破坏行为。哥伦比亚的一些地方也有过同样的遭遇"。

　　然而，人类对付死亡植被的能力有限，这也使得白蚁的存在具有至为重要的生态意义。因为对任何生态系统来说，其核心要素就是要使植被分解后回到土壤中，成为新生植物的养分。这项工作主要由细菌和真菌来完成，但是在热带稀树大草原和森林中，白蚁也发挥了重要的作用。在热带地区，白蚁能消耗掉近 1/3 的死亡植被，包括木头、树叶和草。每平方米的地表上白蚁的数量能达到 2000 ~ 4000 只，有的地方则能多达每平方米 1 万只，远在其他土壤中的动物之上。单位面积内，它们的生物量通常在每平方米 1 ~ 5 克的范围内，偶尔高达每平方米 22 克，是密度最大的脊椎动物群——坦桑尼亚平原上的羚羊迁徙群和其他哺乳动物的 2 倍。

蠼螋

有一种说法是，蠼螋会钻进睡眠中的人类的耳朵里，然后完全不被察觉地往人的脑子里钻孔。其实有些蠼螋的确能咬人，但对人类造成的伤害几乎微不足道。

蠼螋有时候也被称为钳虫，又因其前翅革质而得名革翅昆虫。蠼螋最早出现于侏罗纪时代（2.05亿~1.44亿年前），据猜测与蝨蠊目的关系很近。

有钳子的小偷
形态和功能

蠼螋很容易辨认，它们的腹部有由尾须特化而来的钳状或镊状的尾铗。除蝠螋亚目和鼠螋亚目成员的尾铗已缺失之外，1900多种蠼螋中的大多数都有尾铗。两性的尾铗在形状和大小上有所不同。尾铗是一种多功能的器官，求偶和防御时均可用，有时也用于清洁和折叠后翅。

蠼螋的扁平的背腹区分明显，体形狭长，体长一般4~50毫米，仅有一种蠼螋的体长可达到80毫米。口器为前口式，换句话说，它们有向前突出的下颌；触角细长，呈念珠状；感官系统中，触觉和嗅觉起重要作用，为了感知外部环境，它们的触角总是在不停地动；蠼螋的复眼很大，但缺少单眼；前翅短小，通常都够不着腹部第三节；扇形的后翅在静止时通常折叠于前翅之下；有些种类的蠼螋完全没有翅膀。由于体节具有可伸缩的特性，蠼螋的腹部可以自由弯曲。尾须成钳状，不分节。蠼螋的体色呈褐色、黑色、棕黑色或橘褐色，也有乳白色的。

革翅目昆虫分布很广，从山顶的雪线到海岸线，到处都能发现它们的踪迹。欧洲的小蠼螋最喜欢的住处是粪堆和垃圾堆。有少数则是蝙蝠和老鼠的皮外寄生虫。

蠼螋属杂食性动物，既吃植物，也吃动物遗体的残余物。有的蠼螋吃小型无脊椎动物，如蚜虫，有的专吃某一种，还有的吃农作物害虫，如苹果蠹蛾的毛虫。但许多种蠼螋本身也是农作物和园林的害虫，如欧洲蠼螋和澳大利亚蠼螋。

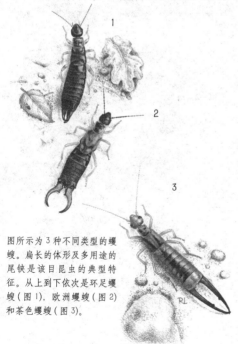

图所示为3种不同类型的蠼螋。扁长的体形及多用途的尾铗是该目昆虫的典型特征。从上到下依次是环足蠼螋（图1），欧洲蠼螋（图2）和茶色蠼螋（图3）。

可惜的是，关于大多数蠼螋的生物学和生态学知识，人们仍然了解得非常有限。

细心的母亲
繁殖

许多种类的雄性蠼螋在求偶时会使用尾铗，而且雌性在选择交尾对象时，会选择尾铗最大的那个。它们交尾的时候，是尾巴对尾巴地进行的。一旦交尾完毕，雄性便会离去，不会有任何照顾后代的行为。

然而，大多数种类雌性蠼螋的母性非常强。它们在一个巢穴中一次产下30～50粒卵。这个巢穴通常在石头或木头下，或在某个地下通道的尽头处。母亲会守在巢穴中保护卵的安全。为了使卵保持清洁，避免感染真菌，它们还会有规律地隔一段时间就把卵上下舔一遍。一旦卵孵化，母亲会继续坚持照顾若虫。有些种类的雌性还会为幼虫觅来合适的食物，甚至把自己吃下去的食物反刍出来喂哺若虫。但一旦若虫经过数个龄期后（成长阶段），母亲的母性本能就突然消失了，会吃掉那些还没来得及离开巢穴的不幸的若虫。若虫在发育成熟前要经过5个龄期，这个过程可能得花上1年的时间。在热带地区，这个时间可能会缩短至6周。

有些蠼螋，诸如蠼螋科的一种，能分泌出防御性的化学物。一旦受到攻击，它在使用自己的尾铗的时候会同时从腹部第四节的一对腺体喷出有毒的苯醌混合物。

世界上最大的蠼螋是南太平洋圣海伦岛上的一种蠼螋。但自1965年以后就再也没见到过它们的踪影了。很多探险队都找过它们，最后都无功而返，当地仅存一些它们的遗骸，人们猜测这种蠼螋已经绝迹了。

雌性成虫在卵孵化前一直和幼虫在一起，舔掉可能引起感染的真菌并防止天敌侵害，然后再和幼虫待一段时间，用带回巢穴的食物或反刍自己的食物喂养它们。

# 蟋蟀和蚱蜢

直翅目这个大型目中的蟋蟀和蚱蜢因跳跃（逃跑）和吟唱（求偶）而闻名。强有力的后肢、特殊的发声才能和能接收声音的耳朵都是这个大型昆虫目独有的特征。

直翅昆虫的生活方式非常多样——从无拘无束地展示自己的伪装本领或警戒色（大多数二者兼有），到近乎没有视觉，却能用铲状附肢掘洞而居（如蝼蛄）。即使是同一种类，也有部分群居、部分独居的现象。

直翅膀的跳跃者
形态和功能

第一个直翅目昆虫的化石形成于上石炭纪。此后，第一个长角亚目昆虫出现于二叠纪时代（2.95 亿~ 2.48 亿年前），第一个短角亚目昆虫出现于三叠纪时代（2.48 亿~ 2.05 亿年前）。直翅目其实属于直翅总目，后者还包括蟑螂、螳螂和蟋蟀。而且据猜测，直翅总目与竹节虫目之间有非常近的亲缘关系。

宽泛一点讲，直翅目包含两种生态类型：一种是适应露天活动的；另一种是住在隐蔽处，且常常栖息在地下的。露天栖息的昆虫通常有被其他动物吃掉的危险，它们的敌人既包括无脊椎动物如蜘蛛或其他昆虫，也有脊椎动物如蜥蜴、青蛙、鸟类。但这种来去自由的直翅昆虫早已进化出一套本领，将风险降至最低。它们常用的策略是将自己混入周围的环境中。这一目的许多成员都具有令人瞠目的伪装本领，能随意地把自己伪装成活的、死的，甚至有病害的树叶、树皮，或烧伤的树干、地衣、石头、沙子等。而其他一些种类，因为常把植物的毒素混入自己体内，于是在敌人看来，它们都是些味道极差的虫子。这样的昆虫通常体色鲜艳，它们的敌人会把这种醒目的警示性色彩（警戒色）与味道难吃联系在一起。此外，有些直翅目昆虫还有伪装的本领——通过伪装成其他不好吃的昆虫或危险的昆虫来降低被

知识档案

蟋蟀和蚱蜢

纲	昆虫纲
亚纲	有翅亚纲
目	直翅目

分为长角亚目和短角亚目，共 39 科 2.2 万余种。

分布 除南、北极地外，全球均有分布。

体形 中型到大型，体长 10 ~ 150 毫米。

特征 粗壮或细长的昆虫；有颚口器；触须丝状，有短有长；背板盾状或鞍状；前翅（如有）坚硬，以保护扇状折叠的后翅（如有）；后腿通常特化，善于跳跃；跗节有 3 ~ 4 节；尾须短小无分节；通常有听觉器官及发声器官（一般限于雄性）。

生命周期 不完全变态发育；大型若虫大致类似无翅成虫。

保护级别 8 种属于濒临灭绝，另有 8 种属于濒危物种；50 种属于易危物种。另外，2 个美国品种已经绝灭，另有 1 种已在野外灭绝。

许多蟋蟀没有翅膀，不能飞行。图中的雄性蟋蟀抬起它的前翅，吸引雌蟋蟀爬上来吃它背部腺体的分泌物。

捕食的危险。某些有长角的蚱蜢或灌木蟋蟀在幼虫（若虫）期就会模仿其他昆虫，甚至是蜘蛛，此后就成长为具有暗淡保护色的成虫。

住在地面上的蟋蟀和蚱蜢中，多数都有敏锐的视觉和听觉，非常机警。一旦受惊，会运用它们发达的后肢飞快地蹦跳着逃走。许多种类的成虫还会飞。逃跑的时候，它们把平时隐藏起来的鲜艳体色显露出来，闪现的颜色会让敌人受惊，或受到误导。

某种蚱蜢把这种行为加以变化，变成色彩的乾坤大挪移。比如，澳大利亚黄翅蚱蜢受到惊扰的时候，会跳到空中，进行一次短暂的飞行，色彩鲜艳的后翅仅在飞行时才看得到，同时它的翅膀还会制造出一种嘀嗒的声音。在飞行的时候，它会突然收起翅膀落到地上。突然间失去目标和声音来源的敌人，会继续跟着鲜艳色彩的光点轨迹跟踪下去。而此时，伪装好的蚱蜢就静静地停留在那个光点几米之后。

如果敌人千方百计要抓住它，直翅昆虫会用自己发达且多刺的后肢向敌人猛踢，同时把前肠中的东西反刍回来吐向敌人。很多味道难吃的种类，在体表长有开口的腺体会释放出防御性的分泌物。锥头蝗科中的许多种，如澳大利亚的一种，其血淋巴中含有从植物身上得来的毒素，它们会用这些毒素来对付昼行性的脊椎动物。有这些毒素的蝗虫，通常体被鲜艳的警戒色。如果被敌人抓住了后肢，蝗虫会通过收缩基部特殊的肌肉把这截肢体断掉——立刻，一片小横膈膜会护住伤口，以防伤口感染或大出血。

直翅目昆虫一生的大部分时间都会以下面三种中的某一种方式隐居起来：主要是掘土而居，或住在腐木和树皮里，以及石头下面。过这种生活的蟋蟀和蚱蜢偶尔会在夜晚出来活动。它们之中有些有发达的开掘肢，这样的附肢通常很短，第一对跗节为铲形，翅膀常常退化，身体如圆柱形，且体表光滑。

住在洞穴中的通常体色暗淡，身体纤巧。它们的视力很差，但长长的附肢和触角使它们具有非常灵敏的触觉、嗅觉和热感应系统。驼螽科中的大部分昆虫都是穴居者，有些的眼睛已经完全退化，一生都生活在黑暗之中。有些则仅用两年时间就走完生命的全过程。北美的一种穴居蟋蟀以单性生殖而闻名，雄性成了多余的。就像某些从人类的穴居时代起就与人类共享居处的蟑螂一样，某些穴居蟋蟀也跟随我们进到家庭中来。

少数直翅目昆虫一生都生活在地下，从来不出来。这里面包括酷劳伦怪螽（丑螽科）和数沙螽科的耶路撒冷蟋蟀。住在地下的昆虫中，有些身体柔软，没有视觉，体色暗淡，有发达的开掘肢。在巴布亚新几内亚到澳大利亚这一地区发现过这种古怪的沙蝗（短足蝼总科），还包括南美巴塔哥尼亚的一种。这些无翅家族的成员看起来更像是甲虫的幼虫而不是直翅目昆虫。像这样的昆虫已知有18种，都习惯在沙质土壤中掘洞而居。

大多数的直翅目昆虫不与其他动物共生，但有一种奇异的喜蚁蟋蟀（乙蟋科）是个例外，这种小型的无翅昆虫身体扁平，住在蚂蚁的巢穴中，以巢穴主人的分泌物为食，其习性与蚂蚁很相似。而印度的一种蟋蟀则喜欢住在白蚁的蚁山中。

丑螽科的成员中，包括新西兰沙螽、澳大利亚和南非的国王蟋蟀，是直翅目中的大家伙。长牙沙螽的长牙，都从上颚基部向前伸得长长的，只是长短不太一样。这其中有的长牙上还长有能发声的小突起，当它们进行钳形运动的时候就能发出声音。但新西兰有近16种沙螽因为受到老鼠等天敌的捕食，数量已越来越少。目前，关于对它们进行保护的研究中，包含了养殖计划和种群迁移研究，这一切都是为了使它们免遭灭绝的厄运。

咀嚼式口器
食性

大多数蚱蜢都以植物的叶子为食，有些还只吃某几种植物，当然多数都没有这么挑剔。蟋蟀和树螽一般为杂食性，既吃植物（不管是活的还是死的），也吃动物的残余物。土居的种类吃植物的根，或吃藻类和其他微生物。有的种类吃的时候总是把食物和泥土一起咽下去。有的种类则是肉食昆虫，会像螳螂一样用抓取前肢捕食其他昆虫。

所有的直翅目昆虫都有咀嚼式口器，根据食性的不同有所变化。例如，不同

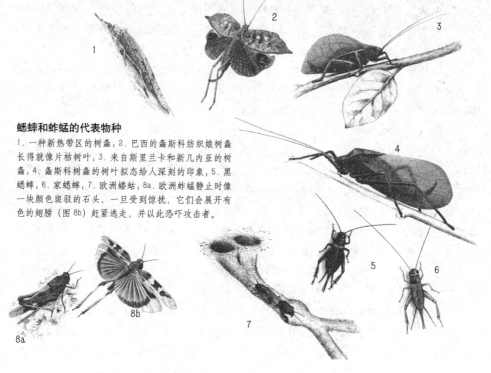

蟋蟀和蚱蜢的代表物种

1.一种新热带区的树螽；2.巴西的螽斯科纺织娘树螽长得就像片枯树叶；3.来自斯里兰卡和新几内亚的树螽；4.螽斯科树螽的树叶拟态给人深刻的印象；5.黑蟋蟀；6.家蟋蟀；7.欧洲蝼蛄；8a.欧洲蚱蜢静止时像一块颜色斑驳的石头，一旦受到惊扰，它们会展开有色的翅膀（图8b）赶紧逃走，并以此恐吓攻击者。

的短角蚱蜢，因为所吃的食物硬度不一样，所以上颚的结构也不一样。澳大利亚地区性的螽斯亚科的一些螽斯非常与众不同——它们只以花朵为食。有的无翅的螽斯，外形很像竹节虫，吃的花有很多种，常给这些植物带来严重的破坏。有的螽斯则只吃花蜜和花粉。

螽斯科的树螽，比如这只秘鲁树螽，"耳朵"由一个前胫节基部的斜长形沟槽组成，这个沟槽上覆盖着能够与声波产生共振的薄膜。

用声音求偶

"唧唧"的叫声

　　能发出声音（"唧唧"声）是直翅目昆虫的显著特征。它们可能在保卫地盘和对付敌人的时候会用到声音，但对人类的耳朵来说，最常听到的是它们交配时发出的声音。鸣叫声通常来自雄性，是求偶的重要手段，而且不同种类的直翅目昆虫有自己专用的叫声，以确保只有同种类的雌性才听得懂。此外，鸣叫也是使雄性彼此之间保持距离的重要信号。很多直翅目昆虫在求偶的时候还会来一段舞蹈——附肢和身体以一种复杂的方式运动。

　　用来唱响求爱颂歌的基本机制有两种，一种是摩擦前翅基部专门的翅脉，这种错齿发声技术主要见于长角亚目（蟋蟀、树螽、长角蚱蜢）的昆虫中。另一种主要见于短角亚目（短角蚱蜢和蝗虫），称为"洗衣板"的技术，其声音来自前翅的一个或多个发声翅脉与后翅内侧的脊部或一排突起之间的摩擦。除了这两种以外，也有很多其他的发声机制，但前面两种是这一目的昆虫用得最多的。有些种类，雄性和雌性都会唱求爱颂歌，有些则只有雄性会唱。

　　橡树丛蟋蟀发声的方式很独特，它会抬起一只后腿，跗节像敲鼓一样敲打物体，发出"咕噜咕噜"的声音。还有很多种类则上下吧嗒它们的颚骨，发出像磨牙一样的声音——受到惊扰的蚱蜢常这么做。

　　直翅目昆虫的耳朵长在腹部或前肢上，包括一层薄膜和与之在内部连接的专门的接收器。声音会引起薄膜振动，随之刺激接收器的神经细胞。有些种类雌雄两性的耳朵外形不同。许多灌木蟋蟀利用听觉来躲避蝙蝠等天敌，比如薄翅树螽能够探测到近 30 米外的蝙蝠，在蝙蝠们确定这些昆虫的方位前，它们早已经逃走了。

　　直翅目昆虫发出的声音有时出人意料地响亮。锥头树螽因为它发声器官的结构，是已知发出的声音最响亮的昆虫中的一种。而包括蝼蛄在内的很多科的成员还会专门制造声音放大器。比如，雄性蝼蛄洞穴的形状会把它的歌声放大，以至于在寂静的夜晚，2 000 米外都能听到它的声音。最近，人们还利用电脑几乎完全模仿蝼蛄洞穴的构造，研制出了目前最精密和先进的扬声器。

　　然而，并不是所有蟋蟀发出的声音人类都能听到。许多种类发出的声音属于超声波，而人类的听觉感受范围在 20 千赫内，因此无法听到任何超出这个范围的声音。澳大利亚的树螽中，有两种以近 1 毫秒的超声波频率发出短的、音调单纯的声音脉冲。这两种树蟋的发声频率不同，目的是使雌性能够准确辨认对方。

因此，昆虫学者经常利用改良的"蝙蝠探测器"发出的超声波声音去捕捉直翅昆虫。

直翅目昆虫的发声机制常常会受到环境温度的影响。有些种类的雄性会等到温度最佳的时候才唱歌，只要达到这个温度，它们就唱，非常精确。比如雪白树蟋，把它 15 秒内叫声的次数加上 40，就是当前的华氏温度值。

北美灌木鼠尾草蟋蟀，雄性在夜里从巢穴出来，爬到灌木鼠尾草的顶部开始歌唱。研究显示，没有交尾过的雄性比那些交尾过的唱得好听，后者的退步部分原因来自于交尾在雌性身上消耗了很多精力，另外也由于进食的时间减少而引起体能消耗。

在交尾过程中，雌性会爬到雄性背上，开始吃它肥厚的后翅，交尾完毕后还会吃精囊。据猜测，雌性是以这种同类相残的方式为产卵储备更多的蛋白质。

把卵藏起来
繁殖和生命周期

大部分的直翅目昆虫都会把卵产在土壤里或植物组织中；有些掘洞而居的品种，会把卵产在挖好的育卵室中。长角亚目的雌性成员有发达的剑形或圆柱形产卵器。产卵器有的短而宽，像半月形刀；有的则瘦瘦长长，常常比整个躯干部分还长。产卵的时候，它们的产卵器能插进植物组织或树皮裂缝里面——不同的种类选择的产卵地点不同。而它们选择的地点通常都很适合产卵器的形状。有瘦长产卵器的雌性，卵会被产在土壤里；而产卵器很短，像半月形刀的，则会把卵产在植物组织或缝隙中——母亲先咬出一个洞，然后锯齿状的产卵器顶部会帮助将其"锯"进植物组织中。大多数长角亚目的雌性在产卵的时候会唱歌，常常，那些合适的缝隙和洞穴会被它们产的卵塞得满满的。

然而，短角亚目的雌性产卵是分批次的，一次产 10 ~ 200 粒，被保护性的泡沫包裹着，像个"豆荚"。雌性用尖端分叉的短产卵器向下挖洞，体节间特殊的肌肉能使它的身体延长到产卵前正常体长的 2 倍多。它们的卵荚通常被产在土壤中。在温带地区，有些种类会把卵产在草丛里，而热带地区的某些种类，则有可能把卵产在腐木中。欧洲剑角蝗科的成员住在潮湿的草地中，雌性把卵产在植物的茎部或死木头中，但从来不把卵产在地表——为了避免卵在冬季被洪水淹死。但与此同时，还有无数的昆虫会把卵荚当作食物。在非洲，芫菁科的油芫菁、蜂虻科的蜂虻和缘腹细蜂科的寄生蜂都把腺蝗类蝗虫的卵荚当作食物。正是它们抑制了害虫蚱蜢的数量。

直翅目的幼虫（若虫）孵化后，其外形和习性与成虫很相似，少数种类在体色或图案上与成虫不太一样。经过 3 ~ 5 次蜕皮后，它们就发育为成虫。

总的来说，直翅目昆虫并非很明显的群居性昆虫，其危害作用也同样不十分明显。但剑角蝗科的某些种类具有 2 种不同的属性，它们有时独来独往，有时又大量聚集在一起。出现后一种情况时，云集的数量能达到数百万只，会毁掉大片大片的农作物。人们也把这种害虫称为蝗虫。

甲虫

甲虫是地球上发展最鼎盛的物种，其种类之繁多，占了地球上所有已知物种种类的 1/3，大概是所有昆虫种类的 2/5。它们可以在极端的环境下生存，其外形和颜色变化多样，体形小的不足 0.25 毫米长，大的却有约 20 厘米长。

甲虫的栖息地多种多样，从湖泊到河流再到干旱的沙漠，它们既能在温和的环境中繁衍，也能在严酷的条件下生存。正因为这一种群如此之丰富，以至于有人询问著名的生物学家霍尔丹先生通过对生物的研究、对造物者创造的这个大自然有何感受的时候，他回答说："对甲虫过度溺爱！"

30 万种
形态和功能

甲虫的身体构造多种多样。体长 0.25 毫米至 20 厘米；有的多毛，有的光滑；有的体形小巧而灵活，有的则是长角的披甲巨人。所有的甲虫都有一对坚韧、僵直的角质化前翅，即鞘翅。鞘翅在体背中央相遇成一直线，包裹着膜质的后翅。正是这一特征将甲虫与臭虫区分开来，后者的鞘翅像纸一样柔软。甲虫在飞行时会把鞘翅展开，静止时则优美地合拢。有些甲虫不会飞，像油芫菁，鞘翅愈合在一起了；有些则是因为没有成熟的翅膀和飞行肌。其他，像瓢虫，或更确切地说瓢甲虫，正因为是完完全全的鞘翅类昆虫，而不是半翅类昆虫，所以是非常专业的飞行家，能迁徙很远去寻找越冬的地点。

具有分节的附肢是昆虫的典型特征，不同的附肢衍生出不同的生活方式：以速度见长的甲虫，附肢是细长的（如虎甲虫和地甲虫）；善于挖洞的甲虫，附肢较宽且有齿（如粪甲虫、金龟子）；善于游泳的，附肢弯曲如浆（如水甲虫）；善跳跃的，如跳甲，发达的后腿节里有大块的肌肉。

甲虫的口器有 5 个组成部分：上颚、下颚片、触须和上下唇瓣。上颚是用来切割、刺、碾磨的器官，其他几部分主要用来品尝并把食物准备好推挤进嘴里。虎甲虫又大又尖的颚骨是其高度肉食性的一种进化表现；象鼻虫（象鼻甲虫）在其长的口鼻部或喙部尖端有小而坚硬的上颚，用来咬碎植物组织。有些专吃花粉的种类，其下颚片部分向前延伸，形成管状的口器。

甲虫的感官系统集中在头部，但微小的振

甲虫有别于其他昆虫的特征是一对闪亮的前翅，或称为鞘翅，在背部的中线汇合。正如图中这只来自乌干达的雄性海王星甲虫，其武装的前翅用来保护膜质的后翅。

动感应纤毛遍布全身。有些种类能通过腿上的感应结构感知特殊频率的声音。大多数种类的甲虫（除了少数穴居甲虫和大多数的幼虫）都有能分辨色彩的复眼。那些靠视觉捕食（比如地甲虫）或交尾（比如萤火虫）的甲虫都生有大而发达的眼睛。有些地甲虫能看到15厘米开外的猎物。在池塘的水面上游泳的陀螺甲虫，眼睛是分开的，一半用来观察水下情况，一半用来观察空中情况。

甲虫们多种多样的触角上长有能感知湿度、振动和空气中的味道的感受器。有的种类幼虫时的触角结构较简单，成年后，触角会突然变得弯折起来（比如象鼻虫科的象鼻虫）；有的触角如丝状（如天牛科的长角天牛）；有的触角为齿状（如赤翅虫科的赤翅虫）；

有的是圆盘状或薄片形(如金龟子科的金龟子)。甲虫用触角寻找食物和交尾对象，雄性的触角通常比雌性的要复杂，因为它们肩负着寻找异性的任务，这种寻觅还常常是远距离的。

有些甲虫（通常是雄性）头上还长有突出的如鹿角般的角，是从上颚延伸出来的一块。长角天牛则有能发出声音的特殊结构，它们腹部下面有一排坚硬的脊突，用硬棱状或拨子状的东西去摩擦这排脊突，就能发出"嚓嚓"的声音。

甲虫有令人印象深刻的保护性"武装"，以应对各种捕食者。坚硬闪亮的鞘翅成为抗敌的第一道防线——当受到惊扰时，许多如穹顶形的叶甲虫和瓢虫会把附肢和触角收进盾甲般的鞘翅下面，同时紧紧扣住地面，一直到它认为安全的时候才会重新把附肢和触角放出来。因此，即使是肉食性的虎甲虫，其锋利的上下颚也很难紧紧地抓牢甲虫光滑的表面。许多甲虫，尤其是幼虫，体表生有很多刺和毛，使它们不易受到攻击。皮金龟幼虫的纤毛能刺透敌人的表皮，引起刺激性的疼痛。

有些瓢虫的幼虫，身上长的刺是中空的，断裂后会流出黏性的黄色血（血淋巴），里面含有味道极不好的化学物。成虫的"膝关节"处也能产生这种物质。这种现象叫反射性出血。比如，当一只蚂蚁用它的颚咬住瓢虫的附肢时，瓢虫的血淋巴会把它的触角和口器都粘在一起，于是遇到麻烦的蚂蚁会迅速跑开。

在甲虫中，这种排斥性的化学物得到广泛地使用，而且非常有效。例如，有些不会飞的地甲虫会喷出甲酸，这种物质会烧伤敌人皮肤，并引起严重的眼部损伤。

受到压挤的隐翅虫喷出的毒液如果不小心被人抹到眼角膜上，会导致疼痛难忍的"内罗毕眼病"。叶甲虫属的一些幼虫，其毒性非常强，喀拉哈里沙漠的土著人就利用它们的毒液涂抹捕猎用的箭头。

芜菁或斑蝥的体液和鞘翅中含有的芜菁素是一种疱疹介质，如果人体吸收了一定的剂量就会丧命。仅0.1克的芜菁素就会引起皮肤疱疹。奇怪的是，有人把脱水后的芜菁粉末当作刺激性欲的药物出售，法国作家萨德侯爵就曾尝试过，罗马诗人卢克莱修据说就是死于过量服用这种制剂。在19世纪，一种令人费解的阴茎异常勃起症使大量在北非服役的法国士兵住进医院，谜底近期才被揭开，原来这些士兵都曾食用过当地一种青蛙的腿，而这种青蛙就是以芜菁为食的。

叶甲虫的幼虫有叉状的尾部，使其能把蜕掉的表皮和粪便挂在上面，作为防御伞。当蚂蚁袭击它的时候，它会不停地摇晃自己的尾部，把粪便什么的抹得蚂蚁一身。这样一来蚂蚁只好赶紧撤退，并把自己彻底清洗一遍。同样地，榛树罐甲虫为了保卫自己的子女，会用自己的粪便做一个"罐"，然后把卵产在里面。当卵孵化后，幼虫会继续留在罐里，用自己的粪便再加做一层。活动的时候，幼虫的头和附肢从同一端伸出，把罐拖在身后。幼虫身体和周围的环境融为一体，看起来像一小堆兔子粪。

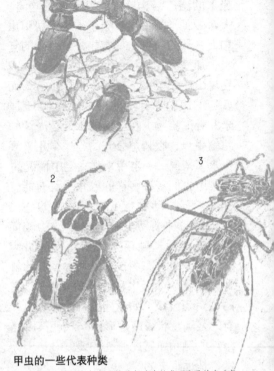

甲虫的一些代表种类

1.两只雄性锹甲在争夺雌性的打斗中绞住了自己的角（实际上是变大的上颚）。2.歌利亚甲虫是体形最大的甲虫种类。3.一只雄性斑花甲虫正用它特殊的前肢守护一只正在产卵的雌性。4.一只角花金龟正用自己的角从树干上取树液。5.雄性巨大犀金龟或独角仙足有16厘米长，是另一种世界上最大的昆虫种类。图中这两只正试图用头部和胸部延伸出来的多刺又多毛的角柄抓住对手并将其摔倒。6.飞行中的七星瓢虫是人们熟悉的瓢虫。7.蜣螂和地下巢穴中的幼虫。8.雄性绿色斑蝥和它洞穴中的肉食性幼虫（8a），一只无翅的寄生蜂将卵寄生在这只幼虫身上。

味道不好的甲虫，通常体色鲜艳，如红黑色、黄色或白色。肉食性的脊椎动物会从自己不愉快的进食经历中逐渐领悟这一点。缺乏经验的食虫动物会尝试任何一种看起来可以吃的东西，但它们也能很快认识到这种联系。而有限的几种颜色也意味着敌人能很快弄清颜色和味道之间的联系——如果大家的颜色都不一样的话，敌人会逐个去尝试，个体被捕食的风险就大大增加了。

声音也同样被用于自身的防御。如果捕食者抓到这样一只以前没见到过的甲虫，突如其来的尖叫声会使不加防备的敌人吓得立刻丢掉猎物。如果这只甲虫本身的味道也不好，效果会进一步强化。许多的甲虫一旦被捕，会发出抗议的声音，同时还会从腹部末端邻近肛门（臀板）处的腺体中喷出丁酸。叩头虫受到惊扰时，会通过胸腹之间的某种弹射机制发出声音——胸部的一个小突起被压进腹部的凹槽中，可以通过肌肉的张力释放，随着听得见的"嘀嗒"一响，这股力能把它弹很远。

化学战争

　　放屁虫如气步甲属的甲虫，威吓潜在的敌人的时候，会喷出滚烫的醌——一种有毒的化学物，表皮沾到后会起疱，来吓跑蚂蚁和蟾蜍。但甲虫本身不会受害，因为身体里面的醌只是暂时存在的。醌的前体——对苯二酚和过氧化氢，由甲虫体内专门的腺体制造出来，储存在外骨骼衬里的腹部小腔中。需要的时候，这两种化学物会注入二级"燃烧"腔，与过氧化酶反应，然后产生醌、水、氧气和相当的热量。由于氧气产生的推力，醌能被"噗"的一声从腹部末端的一个小嘴喷射出去。滚烫的热度作为一种附加的威慑手段使多数的液态醌转化成刺激性的气体，并形成一小块云状烟雾。

　　通过旋转可动的腹部末端，甲虫能向任何方向瞄准，也能向前伸和向后缩，非常精确。它能一点一点地喷射，一直持续到毒液库存货被耗尽。

　　很多躲在暗处的甲虫也会喷射醌，如有些不像放屁虫那么灵活的拟步甲种类甲虫会低下头，抬起腹部朝脊椎动物的面部喷射毒液。由于这类甲虫其余部位并不那么难吃，某种老鼠掌握了躲避甲虫这一招的防御机制，它把甲虫抓住后，会飞速把甲虫的腹部插进沙子里面，这样，醌就不起作用了，然后老鼠就把它从头往下地吃掉。

把自己藏起来大概是对付脊椎动物的最常用的方法，采用这个方法很重要的一点是使自己静止不动。因为它们一动，就有可能暴露自己。那些住在石头或树皮下面，以及土壤里的甲虫通常体表为不显眼的黑色或棕色，敌人很难发现它们。而栖息得比较暴露的甲虫，则会尽力使自己融进环境中（隐态）。拟步甲属的甲虫，把头部隐藏起来后，加上展开的胸部和鞘翅，就变得很像有翅种子，而不太像甲虫了。有些象鼻虫则更进一步，为了使自己更加隐蔽，会在鞘翅上培养真菌和藻类。

拟态——把自己伪装成有毒的或看起来比较恶心的动物——也是一种保护自己的方法。很多住在蚁冢里的甲虫，会把自己打扮得非常像蚁巢的主人，那些不想自己被蚂蚁痛咬一口的捕食者就被它们给蒙混过去了。一种热带的天牛，腹部末端长有两个逼真的眼点，当它首尾颠倒的时候，乍一看很像一种有毒的青蛙。

贪婪的食客
食性

甲虫的食性多样，有的食肉，有的食粪便，或营寄生，但还没有发现在人体寄生的甲虫。大部分甲虫以植物为食，有的为单食性，一生只吃某一种食物，但多数为多食性，对食物不是很挑剔。

事实上，如果想在某处找出一棵从没有受到过至少一种甲虫侵袭的植物是不太可能的，但基本上很少有植物会因为甲虫的啃吃而致死。相当数量的幼虫（如叩甲科和象甲科的幼虫）以植物的地下根为食。线虫，即叩头虫的幼虫吃草根，会抑制草的数量，但被大天蚕的巨型幼虫啃吃的棕榈树则有可能一命呜呼。

甲虫会以多种不同的方式吃树叶，有些从叶片的外部开始吃，有的比如潜叶虫则从内部开始吃。后一种方法给予了成长中的幼虫极大的保护——尽管蓝冠山雀是吃树叶的能手——它们用自己的喙啃食树叶的方法，就好像拉扯罐头上的拉环一样。住在地表的甲虫，比如柳叶甲虫只专注于吃叶片的外层部分。而其他一些种类，则是从叶片的边缘开始一点一点地啃咬。

那些吃植物茎秆的甲虫会给植物带去比较严重的危害，它们会一直吃到植物传送食物和水分的脉管中去。被澳大利亚土著居民当作食物的木蠹蛾幼虫，也就

甲虫的一组代表性物种

1.蓝地甲虫捕食蛞蝓、蠕虫，以及橡树林和山毛榉林中的其他昆虫。2.大黄粉虫的幼虫靠储存的谷物生存。3.龙虱能从鞘翅下面携带的气泡中吸取氧气。4.蜣螂将粪便滚成一个球后用来产卵。5.埋葬甲虫会把小型昆虫的尸体埋葬起来，然后在尸体上产卵。6.叩头虫的身体底部有个"突—槽"机制，利用这种机制，它们能跳得很远，以躲开敌人。7.遁甲虫住在腐烂的橡树和酸橙树里。8.芫菁甲虫会产生一种油状液体，人的皮肤接触后会起水疱。9.坚果象甲虫会把自己的喙埋进一个坚果中。

是天牛的幼虫，专吃木本植物的茎。小蠹基本上只吃树皮部分，筒蠹幼虫则会往木头深处钻，隧道般的树洞是它们的家。植物大部分是由纤维素构成，要想将其分解为糖分，必须要有纤维素酶。但极少有甲虫能自己合成纤维素酶，因此依靠树木过活的大部分蛀木虫，比如锹甲科、蜣螂科和窃蠹科的成员，不得不与能制造纤维素酶的细菌和真菌形成共生关系。这些共生体住在甲虫肠道中特殊的袋形构造中，还能给宿主提供生存所必需的 B 族维生素。

由于花卉含有丰富的营养成分，很多甲虫也就以之为食。许多种类的成虫，比如天牛，专吃花粉和花蜜，而它们的幼虫却吃那些更粗糙的部分。玫瑰金龟子则直接吃玫瑰花的花瓣。

有些甲虫专门吃真菌，比如已死的或快要死的树木，在其生有檐状菌的部位，通常就能找到圆蕈甲。有的几乎只吃那些广受欢迎的黑块菌。

大部分肉食性的甲虫会攻击其他昆虫，它们行动敏捷，具有敏锐的视觉。成年的虎甲虫（虎甲科）奔跑的速度能达到 60 厘米／秒。它们的幼虫则会把头揳入隧

道在地面的开口处，静静地埋伏着守候猎物。尽管它只有单眼，但它很清楚什么时候有合适的猎物进入它的捕猎范围。一旦这种情况发生，它会冲出去抓住虫子，把猎物拖进洞中吞吃掉。大型的水生甲虫由于需要更充足的食物，甚至会捕食小型的鱼类和蝌蚪。

许多步甲科的地甲虫吃蛞蝓或蜗牛，它们有狭长的头部，即便蜗牛缩进壳里，也不妨碍这种甲虫把头伸进去。为了预先分解蜗牛的身体组织，它会把酶分泌物涂抹在蜗牛的身体上，然后蜗牛就变成了液体被它吸食掉。

死去的动植物具有丰富多样的营养成分，极少有死去的动植物组织会不对甲虫构成吸引力的。死去的树木会吸引很多种蛀木虫和小蠹。新鲜的尸体则会吸引各种甲虫，每一种都有它们最中意的饮食部位：埋葬甲专吃肌肉组织，而皮甲虫则吃羽毛那样的干燥部分，于是到最后，除了几根骨头，别的都被吃得一干二净了。甚至昆虫的残渣也很受欢迎。有些甲虫喜欢对蜘蛛网来个突然袭击，把网上的残羹冷炙一扫而光；有的如丝菌甲则专吃毛虫蜕掉的那层皮。

自相残杀也是甲虫们的生存策略之一，一母同胞的兄弟姐妹也会把彼此当作食物来源。这种行为减少了同类间的竞争对手，使得幸存者的生存机会增多。在瓢虫中这种情况很普遍，不管是成虫还是幼虫，都可能把同类的卵和新孵化的幼虫当作食物。

求偶的信号
社会习性

像其他动物一样，甲虫们为了成功地繁衍后代，必须确保交尾的对象与自己属于同一种类，因此它们会在交尾或求偶前发出确保接收得到的特殊信号。这种信号可能包括视觉影像、声音、气味，或三者相结合。有的甲虫无法去找寻异性，只能通过气味把雄性吸引过来——雌性爬到矮小的植物上，然后释放出恶臭味。尖叫甲虫通过用鞘翅的底面摩擦腹部的尖端，能发出音调极高的"吱吱"声，据说也是一种求偶方式。报死窃蠹也是通过声音传递信号，幼虫会在老木头的深处度过多年的发育期，成虫在春季发出求偶的声音：它用两前肢撑在木头隧道的两边，然后用头顶快速地敲击隧道底部。这种甲虫的雌雄两性都是通过敲打的方式来达到求偶和交配的目的。在寂静的夜晚，这种敲打的声音会很清晰，有些病床上的病人听到这种声音，会将其当成死神来临的警示。

萤火虫则是用它们的大眼睛捕捉视觉信号。它们的腹部末端含有发光化学物，发出的光在夜晚清晰可见。而且这种光能像灯一样开和关，制造出有规律的同步闪光，而且不同的种类有不同的闪光模式。当雄性萤火虫发出光信号时，模样像幼虫的无翅雌性萤火虫如果看见了同类的闪光模式（闪光的时间长度和亮度非常重要），就会发出回应的信号，然后雄性会以惊人的准确度降落到雌性身边。肉食性的一些萤火虫会模拟另一种雌性的信号，属于后者的雄性萤火虫如果受到引诱的话，会给自己带来致命的后果。

雌性双星瓢虫能百般变换自己的体色，似乎是用色彩寻找交尾的对象。在一大片红色的双星瓢虫群中，黑色的雌性显然能吸引更多的注意力；相反，在黑色的群体中，当然是稀有的红色雌性受益。推测起来，这种行为大概是为了在群体中提高遗传的可变性。

很多甲虫会制造独有的化学信号或信息素。雌性金龟子和叩头虫释放出来的信息素能吸引极大面积内的异性。这些雄性的触角很宽，有的像梳子或叶子，较大的表面积更适于接收雌性的信号。皮蠹和树皮甲虫释放聚合的信息素，能吸引雌雄同类的两性去合适的地点挖洞和产卵，这种行为会增加成功交尾的概率。一旦雌性树皮甲虫交尾后并开始挖洞，它们会释放出一种威慑的信号来阻止后到的异性。而与之交尾的雄性通常也会留下来帮助配偶挖洞和守护卵。

许多种类的雄性甲虫为了能占有一名异性，彼此之间会竞争。这常常包括力量的角逐，结果是只有最健康的雄性甲虫才能传宗接代。雄性锹甲会把对手夹在两角之间，然后把它摔到地上。雄性角甲为了取代别的同性的位置，会或推或挤地将自己的角插到对手的身体下把对方弄走。

一旦两性间建立了联系，在雄性被接受前，通常会有一场求爱的仪式，比如雄性用附肢或触角轻轻拍打雌性。为使雌性接受自己，雄性芫菁必须来一场复杂的打击乐表演。拟花萤科的雄性甲虫会制造某种能吸引雌性前来品尝的化学物。相似地，有些雄性甲虫会通过轻咬雌性鞘翅的方式去"品味"它。

双方确认身份后，而雌性也接受的话，二者就会交尾。雄性甲虫（体形通常比对方小）会爬到雌性背上，用自己的脚抓住它的鞘翅和胸部——大概是因为这个原因，雄性的脚比较长。有些雄性还会用上自己特化的触角。然后它把交尾的器官（阴茎）插入对方的阴道中，注入精囊或精液，如果是精液，则会被储存在一个专门的囊中（受精囊），直到雌性准备好产卵才发挥作用。这以后，雌性会暂时或永久性地变得不再具有性吸引力。有些种类的雌性会多次交尾，大概是因为具有某些控制精液对卵受精的方法。

很多金龟子和黑蜣科的种类具有单配的习性，即一夫一妻制地繁衍下一代。这些种类的后代，两性的外形很相似。但更多的甲虫则是实行一夫多妻制，父亲根本不会去照顾自己的后代。具有这种习性的甲虫，其后代很大比例上呈现性别二态性，两性的体形、形态、颜色都不一样。

从卵到成虫，甲虫会经历完全变形，中间会有一个休眠的蛹期，换句话说，它们都属于全变态发育。翅膀在体内发育，直到成年的时候才会出现在体外。因为食性的改变，幼虫和成虫的口器差别很大。幼虫发育为成虫所需要的时间，取决于它最终的体形大小、环境温度和食物的营养价值。大型蛀木虫由于其赖以为生的食物缺少蛋白质，发育的时间相当长，某些种类居然需要花上 45 年的时间。

大部分甲虫中，如图中这种来自欧洲的橘子瓢虫，两性的外形很相似。雄性瓢虫有时会将其他种类甚至其他科的雌性认为是同种的，还试图和它们交尾。

甲虫通常都把卵产在土壤里（隐翅虫科的隐翅虫），有的则产在植物组织内（象甲科的象鼻虫）。总之，它们会尽量把卵产在潮湿且不易被敌人发现的地方。有些甲虫比如金龟子产单粒的卵；有些比如芫菁则会成批地产下数千粒卵。许多甲虫都会对自己的卵多加保护。大银龙虱会把卵产在丝茧内，并把茧结在水面漂浮的树叶上。有的水甲虫会用腹部下面的几束丝把卵缚住随身携带。

卷叶山毛榉甲虫会用一种很复杂的方法切割叶片边缘，然后把叶片卷成内外两层"漏斗"固定在某处，卵就产在内层漏斗里面，外层漏斗则起保护作用。因此幼虫可以在叶子里面藏着进食。象鼻虫和种子象（豆象科）常常会用植物的软组织制作育卵室（虫瘿），幼虫就在育卵室里面发育。有的在花的种荚上做育卵室，而有的则在菟丝子的茎秆上做育卵室。

母亲们并不总是在后面保护它们的卵，而是通常会把它们和食物放在一起。榛子象鼻虫会用它长长的象鼻状喙在生长中的果实上钻一个眼，然后把卵小心翼翼地产在这个小眼中。大型的蜣螂则是在作为食物的粪便上打一个垂直的轴形眼，然后在眼的顶端放一粒卵。

大部分种类的甲虫，父亲都不会协助母亲抚育后代，只有少数例外，有的金龟子，母亲会用自己强有力的多刺附肢挖一个育卵室，而父亲则忙活着做一个粪球，让母亲把卵产在粪球上。而粪便就是发育中的幼虫唯一的食物来源。父亲通过自己的协助确保了后代的生存。

孵化中的幼虫用自己的上颚和身体上的刺，或"破卵器"刺破卵壳出来。它们边进食边成长，经过数次以蜕皮或换皮为结果的龄期。幼虫的外形与成虫不同，但雌性萤火虫是例外，它们即使在成虫期也保留了幼虫的外形。而其他种类的甲虫，幼虫既有可能像无附肢的成虫（如家具甲虫），也有可能像锯蜂的幼虫（叶甲和跳甲），还有可能有长长的身体和附肢（隐翅虫），或者像金龟子那样，身体是"C"形的。大部分水栖甲虫的幼虫依靠空气生存，会时不时地露出水面通过气门补充氧气。但尖叫甲虫利用鳃直接在水中呼吸。有些种类的幼虫，尤其是粪金龟类，利用发声结构发出温和的"唧唧"声来互相交流。

有少数种类的甲虫，父母双方会一起照顾幼虫直到它们部分或完全发育成熟。如有的埋葬甲，交尾后双方一开始会相互合作照顾后代，但后续的哺育任务则由母亲单独完成：首先，它们会寻找某只小型哺乳动物的尸体，比如老鼠；其次，约定交尾的双方一起不停地挖尸体下面的土，使之自然下沉，最终被埋进地下，在尸体向下沉的过程中，两只埋葬甲会剥去它的皮；最后，埋葬甲交尾后，父亲会离去，母亲则把卵分别产在尸体旁的一个个小洞中。孵化后，幼虫会自己设法来到尸体旁边，母亲会等在那里，把已经预先消化过的食物反刍出来喂给子女。这样的情形会一直持续到儿女们能独立进食为止，然后母亲就会离去。

许多甲虫都有常常显得很古怪而又非常独特的生命历程，尤其是那些营寄生生活的甲虫。例如，火腿皮蠹一般寄生在死尸上，却偶尔会跑到新孵化的小鸡身上，钻进小家伙的肉里面。

人们发现，在8科的甲虫中，有部分寄生虫很专一（专性的），而有部分却很随

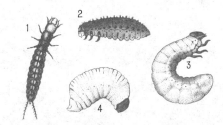

4种甲虫幼虫：1.步甲虫幼虫（活跃、食肉）；2.叶甲虫幼虫；3.金龟子幼虫（住在土壤和腐木中）；4.象鼻虫幼虫（住在植物里）。

有少数甲虫属于胎生，直接产下活体幼虫。这只来自巴西的叶甲虫产下了一批小幼虫，而不是产下卵。

意（兼性的），后一种主要攻击其他昆虫的卵或蛹。如有些芫菁的幼虫会钻进土里吃蚱蜢的卵；而有些隐翅虫的一龄幼虫则会非常积极地四处寻找蝇类的蛹——它们会被这种蛹所散发出来的化学气味所吸引。一旦被它们找到这种蛹，它们会钻进蝇的身体中，度过没有眼睛和附肢的第二龄期，这期间，它们靠吃宿主的身体组织过活。到了第三龄期，这种隐翅虫会长出发育完全的附肢和眼睛，然后钻进土里化蛹。

有些种类的粪金龟是哺育型的寄生虫，它们并不自己收集食物（粪便），而是把卵产在大型粪金龟的巢穴中。一种小型树皮甲虫属的成员无法自己去刺穿树皮，只能钻进那些已经存在的小眼中，在其他树皮甲虫已挖好的隧道中开凿自己的窝。

有些种类的成年金龟子过着一种半寄生的生活，即把自己粘在哺乳动物肛门附近的毛皮上，这也是雌性为使自己的后代有现成的食物可吃的一种策略。有一种甲虫住在袋鼠的肠道内，靠吃袋鼠的粪便生活。还有的住在蜗牛的壳中，也是靠粪便为生。

此外，有1000多种甲虫喜欢与蚂蚁毗邻而居，这其中有的吃蚂蚁，有的寄生在蚂蚁身上，有的则采取与蚂蚁共生的生活方式——这种甲虫从蚂蚁巢穴中获得食物，对蚂蚁没什么坏处，却也没什么益处。有些很受蚂蚁欢迎，有些却不得不模拟主人的化学气味和习性以免受到攻击。有大量的隐翅虫，其幼虫和成虫都会与蚂蚁共享其巢穴，这里面，有很多都会分泌一种对蚂蚁很具吸引力的分泌物，能吸引蚂蚁过来舔它们的分泌腺体。

有一种隐翅虫的幼虫非常受一种蚂蚁的欢迎，它们会被蚂蚁收养，安置在蚁巢的育卵室中。这大概是因为这种隐翅虫的幼虫能释放一种信息素，这种信息素会激活蚂蚁的哺育习性。此外，这种幼虫还会模拟年幼蚂蚁的乞食行为，即跳动着轻拍蚂蚁"护士"的口器，作为回应，"护士"会反刍一滴已消化过的食物流质喂给幼虫。而这种幼虫也可能被周围的其他蚂蚁或其他甲虫幼虫吃掉。在秋天，还没有性成熟的成年隐翅虫，最后一次向它的宿主要求食物后，就会跑去另一种属于不同属（赤蚁属）的蚂蚁的巢穴中，这种蚂蚁能在冬天为它们哺育后代。为了预防任何可能的攻击行为，隐翅虫会把腹部末端的分泌物提供给这种蚂蚁，这种由它们鞘翅后面含有化学物的腺体分泌的物质会使蚂蚁自动把幼虫带进育卵室喂养，这些幼虫们就可以在育卵室中完成发育过程。在春天，长大的成虫又会在这种蚂蚁巢穴的附近交尾并产卵。

跳蚤

跳蚤是一种与众不同的吸血昆虫，它们非常热衷于在热血动物体外的寄生生活。跳蚤的身体侧面扁平，呈流线型，加上龙骨状的头部，使得它们能快速地在宿主的毛皮或羽毛中前行。为了适应寄生生活，它们会用牙齿、爪或喙与宿主对抗，其无比坚硬的身体使得它们不会轻易死于碾压。

与跳蚤亲缘关系最近的是蝎蛉，二者有非常相似的骨骼和肌肉结构，甚至染色体也很相似。也许在约 2.6 亿年前，长翅目昆虫的祖先衍生出了跳蚤、蝴蝶、蛾和苍蝇等后代，以及已知的蝎蛉动物群或吸吻类动物，而后新进化的哺乳动物也成了跳蚤的宿主。

执着的吸血者
形态和功能

除了全身长有密密麻麻的顺向刚毛，大部分跳蚤还有两套形成"梳子"（栉鳃）的刺：头部有一个颊梳，第一胸节上有一个前胸梳。梳子和刚毛对纤巧的关节和眼睛形成保护，并协助跳蚤固定在宿主的皮毛上。住在满身都是刺的宿主身上的刺猬跳蚤和豪猪跳蚤，展示出趋同进化结果，即二者的体梳上都生有大片粗短的刺，估计是用来抓住宿主的刺的。在那些长有翅膀的宿主如鸟类和蝙蝠身上，跳蚤必须紧紧依附着它们，否则就会掉下去，因此这种跳蚤身上也有发达的、长满刺的梳子，有的还不止两套。

大多数的跳蚤都寄生在哺乳动物身上，鸟类包括大部分海鸟和小型雀鸟身上发现的只有 10% 左右。只有水生哺乳动物如鲸、海豹、麝鼠、鸭嘴兽和包括飞狐猴、灵长动物、斑马、大象、犀牛和土豚在内的某些陆生哺乳动物不会受到跳蚤的侵扰。跳蚤的全变态特性在寄生性昆虫中很稀有，并且由于成虫与幼虫的差别，它们不得不依赖那些筑集的，或住在隐蔽洞穴中的宿主——这些

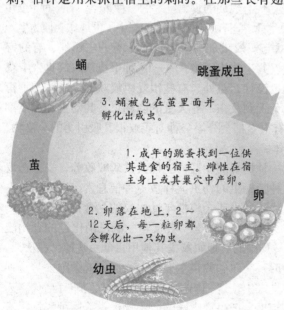

蛹

跳蚤成虫

3. 蛹被包在茧里面并孵化出成虫。

1. 成年的跳蚤找到一位供其进食的宿主。雌性在宿主身上或其巢穴中产卵。

茧

卵

2. 卵落在地上，2～12 天后，每一粒卵都会孵化出一只幼虫。

幼虫

人类只知道少数几种跳蚤的详细生命周期，但它们的生活模式很明显。雌性跳蚤产的卵会在 2 周内孵化为无附肢的幼虫。再经历 2～3 次蜕皮后，幼虫会织个茧，然后钻进去进入蛹期，并常常在数天内羽化为成虫，但这一过程也有可能被延长为 1 年或更长时间。

雌性恙螨，也叫穿皮潜蚤或沙蚤，会钻进人类和其他哺乳动物柔软的肉中，只留下腹部尾端在外面。交尾后，由于卵的发育，它们的身体会膨胀到豌豆大小，给宿主带来强烈的痛感。

栖息地使刚羽化的成虫能轻易占据一位常住宿主，或者是在一年内返回同一个巢中的鸟类。尽管没有视觉，但跳蚤成虫具备极强的跳跃能力，并能非常敏锐地感觉到附近的振动、热源和呼出的二氧化碳，因此跳蚤在寻找和占领宿主方面非常有效率，即便是在空旷的环境中也是如此。

　　由于跳蚤幼虫期比较脆弱，因此成年跳蚤的分布也相应地受到限制。在不同地区广泛分布的各种宿主身上，寄生的跳蚤种类各有不同。有些跳蚤则会在许多不同的宿主身上大批滋生。猫跳蚤就会吸附近各种宿主甚至包括蜥蜴的血，只有啮齿动物能幸免。这种选择宿主的灵活性会大大降低它们的繁殖数量，比如人类的血液中所含的营养成分实在有限，对其繁殖帮助不大。

　　跳蚤的体形与宿主的体形没有什么关联，一些体形最大的跳蚤就发现于如鼹鼠和鼩鼱等小型哺乳动物身上。

知识档案

跳 蚤

亚纲	有翅亚纲
目	蚤目

共约 1800 种，200 属，16 科，3 总科。

分布　全世界分布的体外寄生虫，多见于哺乳动物和鸟类身上。

体形　小；成虫体长为 1～9 毫米。

特征　无翅；一般为棕黑色或黑色，体侧扁平，呈流线型；有刺吸式口器，专为吸血；有的有单眼；头部两侧的小凹槽中生有短触角；体被闪亮而又坚硬的覆盖物，为黄褐色到黑色，有顺向的刚毛和"梳子"；腹部一般分为 7 节，尾部 3 节特化为独特而复杂的生殖器官；其跳跃的进化适应性包括：有力的后肢和胸膜弓；有骨骼锁定机制。

生命周期　属于完全变形（全变态发育），一生会经过卵、幼虫（3 龄）、蛹（在丝织的茧内）和成虫 4 个时期。蠕虫状的幼虫无附肢、无眼、自由来去，有发达的头部；以有机物残余物如宿主的死皮屑和宿主干燥的血液为食；头部行压磨和吮吸的肌肉会配合口器完成进食。

保护级别　为生存无威胁物种。

跳蚤是如何叮咬的

食物和进食

　　与其他许多只有雌性会吸血的蝇类不同，雌雄两性的跳蚤都以血液为食，而且它们的叮咬会使受害者的皮肤发炎。不过，跳蚤与血液接触的方式实在是非同一般。

　　在跳蚤的头部里面，有一层特殊的由节肢弹性蛋白构成的膜，同样的物质还形成了胸膜弓。挨着这层膜嵌在头部里面的是一个铁锤状的软骨条，与具有戳刺功能的螯针相连。每当饥饿的跳蚤在宿主皮肤上找到一块美味可口的区域时，螯针肌肉会把软骨条使劲压向那层膜。跳蚤准备好进食的时候，头部会向下倾，背部向上拱起。当它突然放松螯针肌肉时，节肢弹性蛋白膜会弹回来，使锤状的软骨条下陷，螯针随之刺进受害者的皮肤。跳蚤会快速地重复这一连串动作直到找到皮肤中的毛细血管，这一过程通常不会给受害者带来痛感，除非它不小心触到皮下神经末梢。

蚤科的野兔跳蚤在野兔的耳朵部位吸血。这种跳蚤是多发性黏液瘤的主要传播者。

等候宿主

发育阶段

跳蚤的整个发育周期会受到宿主睡眠和进食习惯的影响。许多跳蚤幼虫以宿主已经干燥的血液为食，即由成年跳蚤排出带有宿主的血液干燥粪便。欧洲鼠跳蚤的幼虫会通过抓住成虫尾部的一根刚毛来乞食，这一行为会刺激成虫从肛门中排出一滴血液，然后幼虫就将其喝掉。由于它们的体型是那么的小，跳蚤幼虫在气候变化期间非常脆弱，一滴水就能把它们淹死，而它们也受不了干燥的环境。这一事实可以解释为什么各项环境指标较稳定的燕子的巢穴非常受跳蚤的欢迎——有 19 种跳蚤普遍与这些鸟类的巢穴有联系。

跳蚤的基本生命周期很简单：成虫为体外寄生虫，而卵、幼虫和蛹则在宿主的栖息地或巢穴中自由生长。蛹的状态能长期维持，直到合适的宿主出现。当空的房子重新住进人的时候，新的主人会突然受到一大群成年猫跳蚤的折磨——行走在地毯上或真空吸尘器引起的震动会使可能已休眠了 1 年或更长时间的蛹即刻孵化。

有些很独特的种类，如北极野兔蚤，幼虫会挨着成虫住在宿主的皮毛中。而塔斯马尼亚的魔鬼跳蚤，雌性会把卵产在宿主的皮毛中，孵化后的幼虫会钻到宿主的皮肤里面继续生长。相反，寄生在遍布中亚的鹿、牦牛、山羊和马等动物身上的蠕形蚤的卵和幼虫，在宿主们闲逛的时候会彼此分散开来。

住在宿主（如猫或狗）身上的成年跳蚤统称为毛皮跳蚤；那些住在巢穴中的，只在短暂的进食期间跳到宿主身上的，则统称为巢穴跳蚤。毛皮跳蚤产下的卵既有光泽又很光滑，因此会从宿主的毛皮上滑进巢穴或其他的栖息地中；巢穴跳蚤所产的卵是黏糊糊的，会粘在筑巢的材料上。角叶蚤总科的成员属于巢穴跳蚤类，成虫一生中与宿主接触的时间很短，而且常常会往远处迁徙。在蚤总科里，雌性沙蚤或恙螨会把自己埋进宿主的皮肤（常在人类的脚趾间）里，并在里面产下所有的卵。

在开发新的宿主方面，跳蚤可是惊人地熟练：除去所有跳蚤的老鼠，在被投放到它们的自然栖息地之后，会在短短的 24 小时内又招来同样数量的跳蚤或者更多。而鸟跳蚤也有同样的本事。

传播鼠疫

鼠疫是由鼠疫菌引起的，是一种啮齿动物疾病，这种病会通过跳蚤，如东方鼠跳蚤，从老鼠那传染到人身上。在历史上，鼠疫，或称"黑死病"，不仅致命，还会产生灾难性的后果：在 14 世纪的意大利，由于鼠疫的肆虐，那些大城市几乎失去了一半的市民。甚至现在，鼠疫仍然伴随着人类，并周期性地在一些地区爆发。

当某只跳蚤吸食感染了鼠疫的宿主的血液，病菌会沾在通向胃的滤血腔（前胃）的刺上，在那里，病菌会分裂繁殖，直到塞满肠道。随后，当饥饿的跳蚤再次叮咬新的宿主时，被发达的食管肌肉吸进的血液无法通过病菌阻塞的肠道，只能回流进被跳蚤叮咬的伤口中，无可避免地带进了一些鼠疫的细菌，疾病就这样被传染到新的受害者身体中。

当身上有大量跳蚤的老鼠进入城镇，以垃圾为食，并在住宅的附近集结成群、繁衍生息的时候，潜在的险情就会出现。如今，人们用杀虫剂控制水库周围的病源（啮齿动物和跳蚤），而接种疫苗和现代的药物也被用于降低这种疾病的危害性。即使这样，世界卫生组织仍在持续地向人们宣传：千万要小心鼠疫这种潜伏的敌人。

用附肢"飞行"

昆虫学家米里亚姆·罗斯恰尔兹曾描述跳蚤为"用附肢飞行的昆虫"。尽管跳蚤没有翅膀（次要条件），但特殊的结构——胸膜弓仍使它们具有高度的灵活性。胸膜弓是跳蚤有翅祖先的翅铰合部特化而成的，由节肢弹性蛋白构成，可说是跳蚤那惊人的跳跃能力的发电站。

为了有效地适应极大的温差，如从寒冷的北极来到炎热的赤道，跳蚤只依靠肌肉是不行的。因为在低温地区，僵硬的肌肉运动会变得低效。为了在跳跃中达到惊人的加速度，跳蚤们运用了一种触发点击机制。

受压时，头盔形的胸膜弓会产生并储存跳跃所需的能量：非常高效的节肢弹性蛋白能在需要的时候释放 97% 的储存能量。当跳蚤把自己缩成一团准备跳跃的时候，肌肉配合后肢（转节压肌）的第二节使外表皮变形，同时"飞行"肌肉压挤胸膜弓。坚硬的外表皮上的一连串链板互锁上，把胸部三节紧紧夹在一起。抬高后肢后，跳蚤的身体重心落在各转节上，保持起飞前的平衡状态。

一旦处于平衡中的跳蚤受到刺激如目标宿主呼出一口二氧化碳的时候，肌肉放松使胸膜弓展开，突如其来的爆发力使表皮脊突下沉，并进入各转节。伴随着清晰可闻的"嘀嗒"一响，后坐力把跳蚤以 60 倍重力加速度从原地弹射出去，其速度之快，人的眼睛都无法看见，而下沉的后肢撞击物体表面的时候，能额外提供 140 倍重力加速度。饥饿的跳蚤为了找到一名宿主，会以每小时跳跃 600 下的频率连续跳 3 天。而猫跳蚤跳跃的时候，能轻易地蹦至 34 厘米高。

蝇

真正的蝇并不受大众欢迎，它们缺少蝴蝶那般美丽的外表，也不像社会性的蚂蚁和蜜蜂那样能组成错综复杂的团体。但双翅目昆虫是所有昆虫目中最让人着迷的群体之一。有许多种蝇其实是益虫，它们造访花朵，并为花儿们授粉，能除去害虫、控制野草的蔓延，或使有机营养成分能够被循环利用。那些会叮咬我们，污染我们的食物或啃吃庄稼的蝇只占少数。

在地球的温暖区域，蝇类可说是真正的苦难根源，会携带一些对人和牲畜来说极危险的疾病，并将病原体传播到卫生条件落后的地区。在这样的情况中，对蝇类的生物学研究揭示了许多关于不同类的动物之间的共同进化，以及昆虫作为一个整体存在的生态学意义。

蛆和其他

生长阶段

翅膀内生或完全变形，是蝇的典型生长模式。幼虫在形态和习性上都与成虫很不一样。蝇幼虫的胸部附肢还没长出来，取而代之的是很多司移动的次生假肢。前面已经描述过，那些已发现的蝇幼虫种类具有各种生存的本领。它们能在多种小环境中存活，而且具有极端多样的外形——远远超过任何其他的目。它们出现在池塘、湖泊、盐水、高温矿泉、油床、植物叶基部积聚的水里，以及死木头烂出的洞中，此外还有活水（包括流动缓慢或快速的河流）中，甚至在湍急的瀑布中，它们也能牢固地附着在岩石和植物上。

生活在陆地上的幼虫，栖息地包括沙漠、土壤、堆肥、水体泥泞的边缘，以及高度污染的矿泥中。它们把腐烂的植被、菌类、粪便，以及几乎所有其他动物的尸体都开拓成栖息地，还是哺乳动物、鸟类和其他昆虫巢穴的清道夫。它们以植物为食的种类习性进化过很多次，一株植物从根到种子的几乎任何一部分都可能成为它们的食物。有些肉食性的会寄生于蠕虫、蜗牛、多数大型的昆虫、其他节肢动物、两栖动物和它们的卵、爬行动物、鸟类和哺乳动物身上，或者吃它们的肉。有些幼虫会把它们自己的父母吃掉，当然，也有些幼虫由雌蝇一直照顾到发育成熟。

在长角亚目中，幼虫长有完整的头壳，而且像大部分其他昆虫那样，上颚能水平移动，花园长足虻的蛆（大蚊的幼虫）就是一个例子。在许多长角亚目的科中，幼虫水栖，如黑蝇、蚊子和许多摇蚊。这些蝇类都会经过一个"空"蛹期，即没有蛹壳。

短角亚目成员的口器能垂直运动，而且在整个发育过程中，头壳会呈现逐渐退化的趋势。短角亚目有4个次亚目，幼虫的头壳不完整，蛹期也属于"空"蛹。这些种类的蝇，幼虫的形态非常多样，有些能在极端干燥的环境中存活。部分长角亚目和短角亚目的成员，蛹的特征与众不同，即它们在蛹期时也能自由活动，而几乎所有内翅类昆虫在蛹期时都是不能活动的。蚊子的蛹能活跃地游泳——这也是它们不得不做的事情，因为它们经常住在缺乏氧气的死水中，必须到水面上来呼吸，然后下潜至安全的地方。蜂虻和盗蝇在地下数厘米深处度过蛹期，但羽化前它们会利用身体上一排可怕的刺和突起爬到接近地面的地方。

高级蝇类的幼虫就是我们常见的蛆，其外观平常，没什么特色，但实际上这里面包括很多生理适应性。与长角亚目和短角亚目成员相反，高级蝇类的蛹包在末龄幼虫的皮内，这层皮起与蛹壳相同的作用，具有优良的安全性和防水性能，能适应变幻莫测的气候条件。要刺激蛹继续发育并促使其羽化成虫可能需要精确的提示，如准确的温度、白天的时长或空气湿度。但坚硬、具有保护性

知识档案

蝇

纲	昆虫纲
亚纲	有翅亚纲
目	双翅目
已知约 12 万种，155 科，2 亚目。	

分布 全世界各种栖息地。

体形 成虫体长 0.5 毫米至 5 厘米，翅展最大可达 8 厘米。

特征 1 对膜质翅；后翅特化为棒状平衡器；第二胸节明显变大，第一和第三胸节退化；口器适合进食流质，但也能刺、吸、舔。

生命周期 属于全变态发育；幼虫和成虫期之间有蛹期。幼虫无附肢。

保护级别 IUCN 目前将 1 种列为濒临灭绝，2 种濒危，1 种易危。

的蛹壳也有其本身的缺点：为了能从蛹壳中出来，成虫不得不在头部用血液充起一个特殊的囊，这个囊与汽车的安全气囊很相似，以把蛹壳顶部挤开，方便成虫羽化而出。随后，囊就瘪了，会在成虫的触角上面留下一个凹槽。

因为蝇会经过一个多样化的生命历程，所以双翅目昆虫的卵呈现多样性也就不奇怪了。大部分雌蝇都有一个结构简单的管形产卵器，而那些在植物上产卵，或营寄生生活的雌蝇，多数长有更加坚硬的产卵器，有的为了把卵产在深处，产卵器则相对更长一些。有的卵是普普通通的椭圆形，有的则结构复杂。在潮湿的小环境中

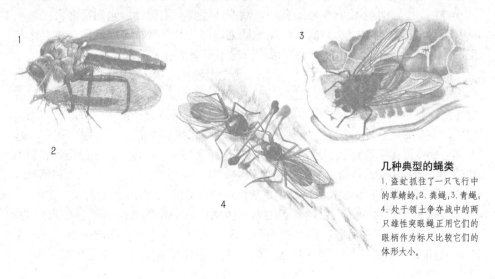

几种典型的蝇类

1. 盗虻抓住了一只飞行中的草蜻蛉；2. 粪蝇，3. 青蝇；4. 处于领土争夺战中的两只雄性突眼蝇正用它们的眼柄作为标尺比较它们的体形大小。

产卵的种类，卵的表面呈脊状或网状，功能类似腹甲，能使卵在靠近其表面的空气薄膜中吸氧。处于液体环境中的卵，表面会有供呼吸用的能穿透液体表面的角状突出。有些蚊子如库蚊的卵，生有精致的漂浮装置，能使卵粘在这种"小筏子"上。

蜂虻的幼虫住在群居蜜蜂的巢穴中，具有一些很古怪的适应：有些种类的雌蝇会把腹部的育儿袋里装满沙，用来给卵裹上一层"外套"。然后母亲把裹着沙的卵给弹出去，有的弹到环境适宜的地面上，有的则直接弹进蜜蜂的巢中。胃蝇的雌性把卵产在蚊子身下，当蚊子叮咬哺乳动物时，哺乳动物的体温会促使卵孵化，幼虫就趁机钻进宿主的皮肤里。

真蝇的幼虫在结构上的

大多数成年的食蚜蝇以花粉为食，幼虫的栖息地多种多样：
1. 有些种类住在蜜蜂和黄蜂的巢穴中充当清道夫。2. 有的是食肉动物，比如吃蚜虫。3. 有一种食蚜蝇的幼虫甚至水栖，通过一根15厘米长的管呼吸。4. 鳞茎蝇幼虫会侵袭花卉的鳞茎，而另一个种类（图5）在牛粪堆上度过幼虫时期。

多样性虽然不如成虫，但其外形的变化多样，是任何其他昆虫目都望尘莫及的。它们的栖息地也很多样，成年的雌性在产卵的时候，会设法找出任何所能想象到的小环境，这个小环境有充足的食物，潮湿，还具有隐蔽性。它们通常会把可活动及可伸缩的导卵器（产卵器）深深地插进选好的某个部位，以确保卵在孵化和生长的时候能在不会脱水和不会饥饿的情况下安全地避过捕食者或寄生虫。

高级蝇类的幼虫基本为"陆生"，但总是会出现在液体环境中，以及土壤、植物体内（以虫瘿的形式，或在叶子上开道），或其他动物身上。在这个群体中，不仅有寄生虫，还包括那些住在粪便中的、为鸟类和蜜蜂的巢穴充当清道夫的，有的还会出现在人类的栖息地。基本上所有这些蝇类在幼虫期都以蛆的形式出现，没有附肢，大部分感觉器官还没长出来。它们像蠕虫那样扭来扭去地活动，住在母亲为它们挑选的半液体环境中，通过强有力的吸吮动作贪得无厌地大吃特吃，直到大得足可以化蛹。只有少数几种，如食蚜蝇幼虫，是真正的在陆地上自由生活的种类。

某些长角亚目的蝇幼虫过真正的水栖生活。产卵中的雌性会栖息在水膜上，把产卵器伸进水下并将卵粘在水下的石头或水草上，或直接把卵产在水面上，弄得像只卵做的小筏子。这种卵孵化出的幼虫，多为淡水生物，偏爱池塘、水坑、湖泊等死水，蚊和摇蚊会在夏季的时候迅速占领这些死水区域。

  许多种类的蝇都能忍受低含氧量的水环境，或者进化出一些获取氧气的本领。有些摇蚊的幼虫，因为体内含有血红蛋白相似体，因此体色也呈红色。它们用这种相似体在水层面上收集氧气并储存起来，然后沉到深水处进食。食蚜蝇科成员的鼠尾蛆则采取一种更简单的适应方法：它们在泥浆中进食的时候，长长的尾巴能伸到水面上去呼吸。更让人惊奇的是，有些食蚜蝇和水蝇的幼虫，身体上的末一对气门（呼吸管）独立地长在尖尖的、能插进水生植物茎秆的螯针上，这样它们就能从植物中获得氧气。有少数种类的幼虫，特别是黑蝇或水牛蚊，住在湍急的溪水和河流中，能利用吸管状的软垫把自己吊在石头上，然后用专门的口刷过滤水流，获取其中的小颗粒食物。一种水蝇，其"水栖"幼虫居然住在汽油池中，虽然会把汽油咽下去，但不会受其害，平时以落入油中的其他无脊椎动物为食。

  从水栖幼虫和蛹期到陆生的飞行成虫，这样的转变并不容易，这一转变中，蝇类又完成了一些奇怪的适应。黑蝇的蛹会因充满空气而膨胀，当蛹壳裂开的时候，初长成的成虫会在一个气泡内升到水面上来，避免了被水打湿的情况。还有一些，羽化中的蝇则会因蛹壳的突然裂开而弹出水面。这样，一只新鲜、干燥和原生态的蝇就离开了它那安全的幼虫环境，开始了它短暂而冒险的、以求偶为目的的飞行生活。

猎手和吸血者
捕食

  虽然大部分的幼虫都是肉食性的，但成年的蝇中，以食肉的和吸血为生的不像以花为食的那么普遍，包括了短角亚目中某些科的成员，如著名的舞虻、长足虻和盗虻，有些与粪蝇和家蝇是亲戚的高级蝇类也是食肉动物。盗虻已被证实属于高度的机会主义者，会捕食任何合适的小型生物——对方常常也属于蝇类。

  人们已发现了很多捕食方面的专家。有些蝇捕食那些困在池塘水膜上的昆虫，一旦发现目标，会猛扑下去用身后的附足"网"住猎物；有些则专门偷窃落入蜘蛛网中的猎物。有些蠓科的小型摇蚊依靠大型昆虫为生，包括蜻蜓和甲虫——这种摇蚊把口器插入昆虫的坚硬部位之间或翅脉中吸血。更稀奇的是，芋蚊属成员的成虫和蚂蚁一起住在树干里，它们会中途落在蚂蚁前面，把蚂蚁从蚜虫那里得来的蜜露从其口中抢走。

  蝇的捕食活动与吸血习性紧密相关，并要求它们都具有相似的口器和行为。吸血的蝇通常把体形较大的动物作为食物来源，尤其是脊椎动物，每次取食一点汁液。很多科的蝇都具有这种习性，其中以摇蚊、蚊、蚋、黑蝇、马蝇、鹿虻和螫蝇等最为著名，而且其中的多数只有雌性具有叮咬的习性。摇蚊和蚊都有长长的针状口器，而马蝇和大型家蝇中，如具叮咬习性的螫蝇和采采蝇，口器较短，似刀片。这些蝇中的大部分都会把疾病带给动物甚至是人类。

  蝇幼虫的捕食活动具有非常重要的意义，许多种类的幼虫在控制庄稼害虫方面非常有用。有些蝇幼虫以甲虫幼虫为食。更重要的是，它们会攻击同翅类昆虫、跳虫、蚜虫等给农民和园艺劳动者带来困扰的害虫。扮演这种角色的是许多食蚜蝇幼虫和瘿蚊幼虫。在菜园中，定期出现的食蚜蝇幼虫可说是蚜虫的灾难：这些灵活、身体扁平、体色暗淡的生物在蚜虫群里穿行时，每小时能消灭掉80只蚜虫。有些食蚜蝇专门吃根蚜或针叶树上的羊毛蚜。部分蝇类的大家族中，如舞虻科和长足虻科，其数量在温带地区非常丰富，幼虫基本上全是肉食性的，据说它们能极有效地控制害虫的数量，但人们还没有证实这种说法，因为这些幼虫几乎都住在土壤或垃圾中，很难发现它们并进行研究。

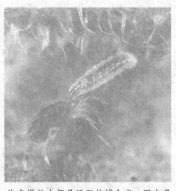

许多蝇幼虫都是活跃的捕食者。图中是正在吃一种螨的幼虫（下部）。这种蝇幼虫已被投入商业用途，即在暖房中作为生物控制媒介去控制害虫红叶螨——这种害虫会吃掉生长中的植物。

　　少数蝇幼虫具有很奇怪的捕食习性，沼蝇科的成员专门吃蛞蝓和蜗牛，某些住在海边的长足虻，幼虫期竟然吃藤壶。

依靠其他动物生活

寄生

　　除了膜翅类昆虫之外，蝇是所有寄生性昆虫中数量最多、最有影响力的一群，它们把卵产在各种动物，尤其是其他昆虫和脊椎动物体内或体外。寄蝇科是体内寄生群体中最重要的一科，它们与肉蝇一起组成了一个很大成年蝇的群体，当它们还是幼虫的时候，专门以甲虫、臭虫、黄蜂、毛虫和蚱蜢为食。雌性在宿主身上的寄生方式多种多样：有的用非常坚硬的刺形产卵器把卵注入成年的臭虫体内；有的把卵产在宿主寄居的植物上，让自己的后代以宿主的幼虫为食；有的直接把卵产在宿主的皮肤上或宿主周围，因此孵化的幼虫得自己找个合适的宿主（如捻翅目的幼虫三爪蚴）并钻进它体内。在双翅目的所有主要分支中，真正的寄生态已经经历了多次进化。

　　其他多种蝇类群体专选脊椎动物作为宿主。有些蛹蝇家族，如虱蝇和绵羊大吸血蝇（虱蝇科），以及夜蝠蝇（蛛蝇科），都是鸟类和哺乳动物的体外寄生虫，具有显著的结构适应性。虱蝇寄生在鸟类和某些大型哺乳动物身上，以宿主的血液为食，它们的翅膀通常极小，却有非常大的爪，而且习惯于用类似螃蟹那样的方式爬行。蛛蝇更奇特，这种体形微小、无翅的昆虫只寄生在蝙蝠身上，退化的头部能挤进胸部的凹槽中，这种蝇也生有很大的附肢。

　　在体外寄生虫和体内寄生虫之间，皮瘤蝇和马蝇比较中庸，卵（有时为活体幼虫）产在大型哺乳动物宿主的体外，然后幼虫会钻进肉里去，或从鼻孔等通往宿主体内的开口处进入宿主体内。它们会在宿主皮肤里住上一段时间，通过一根管呼吸，或者待在其鼻腔或嘴部区域。一旦准备好化蛹或处于将死之际，它们会离开宿主（或随着喷嚏被打出去）。这种寄生蝇具有过敏物质，常常成为二级传染源，但除非具有极重的传染性，它们很少直接危害人类（除了腐蚀羊毛和牲畜的皮）。

食腐者
废物利用

蝇类都是杰出的食腐者。由于它们主要通过适合舐吸的口器以液体为食，那么将各种腐烂物质作为它们最重要的食品就不足为奇了。于是，在分解物质和生态系统的养分循环方面，它们就扮演了非常重要的角色。它们的习性可能不招人喜欢，但缺少了蝇蛆的话，世界将变得肮脏而令人生厌！

蝇和各种腐烂物质之间有很复杂的联系。有些与林地真菌过往密切，有一个种群靠新鲜的真菌（这种物质加速绿色植物的分解）为生，而另一个种群侵袭那些已结果并开始腐烂的菌类。蕈蚊幼虫取食多种真菌，一旦受到惊扰，会一群群像云一样从烂木头上飞起来。其他有大量蝇类以自然腐烂的、开始液化的植物为食，果蝇就是最有代表性的例子——它们能感觉到腐烂的绿色植物产生的醋状物，这种像酵母那样产生发酵物质的东西很适合给幼虫吃。

许多来自节肢动物群体的，比如栖息在混合肥料或类似环境中的幼虫，会组成庞大的、种类多样的一个个同盟。像蚜虫，有些已经掌握了提高繁殖速度的方法。有些瘿蚊在幼虫期就能产卵——雌虫产下几个大型卵，卵中孵出大型幼虫，这些幼虫体内又有其他的幼虫在生长，这些幼虫体内的幼虫会吃掉自己的父母，羽化后又轮到它们来繁殖出更多的后代，这些后代中会出现雌雄两性的成虫。在所有的蝇里面，大概是那些靠动物的排泄物（如粪蝇和其他的）和靠动物的死尸生活的种类最引人注目。对这些蝇来说，二者都是营养丰富的理想液态食物，并且在这种地方产卵的话，还能确保为后代的成长提供既潮湿且相对安全的小生境。

以那些死亡或腐烂的有机物为食，并使这些物质进入自然界生态循环过程的蝇类中，相互关联的种类之间存在着一种特别的顺序。以它们对待脊椎动物尸体的方式为例，通常首先到达暴露（未埋葬）的尸体旁的是丽蝇，尤其是人们熟悉的"叉叶绿蝇"——这种蝇能在离尸体35米高的上空发现目标；尸体开始腐烂的时候，赶来的是某些家蝇属的成员。如果腐烂继续发展，死亡的组织开始液化，就会出现更多的蝇类包括果蝇来舐食那些液体；当尸体化为氨性物质并变得干燥后，蚤蝇科成员成为此时的特别来宾；最后，干燥的皮肤和含骨髓的骨头对酪蝇科成员和某些蝇类来说也是很有用的。这些蝇类是根据尸体温度的变化来安排造访尸体的顺序的，人们可以据此判断动物死亡到发现尸体的时间间隔，以及死亡后尸体是在建筑物内部还是外部。

当尸体被掩埋后，出现的动物群又不一样了。棺材蝇能钻进人类的墓穴中去，在尸体上繁殖好几代，最后成功地从坟墓中羽化而出。

在粪便上出现的昆虫也有类似的顺序：在粪蝇、甲虫和其他在粪块还是热乎乎软绵绵的时候来产卵（很快变硬的粪便会对成长中的幼虫提供保护）的昆虫之间也可能会发生激烈的争夺战。那些既吃腐肉又吃粪便的种类，其种种适应性使它们对食物来源会迅速加以利用。虽然从人类的角度来看，动物的死尸和粪便都是让人厌恶的东西，但它们富含自然界中缺乏的丰富营养，因此昆虫为争夺它们的激烈战斗不时发生。有些蝇类会产下很快能孵化的大型卵，以便及早开始它们

腹部卷曲在附肢之间，这只雌性舞虻科成员将口器伸入一滴雄性在交尾期间分泌的液体中。其他的舞虻中，雄性的礼物有时会是一只死昆虫。

较缓慢的生长过程。大型雌性肉蝇（麻蝇科）是尸体的早期访客，产卵后会一直待到孵化出钻进肉中的活蛆为止。然后这些麻蝇幼虫会释放出一种使尸体液化的物质，并且在尸体"汤"中继续发育。

绿蝇属的蛆虫具有天然抗生素的效用，已被用来清理人类被感染的伤口。其他有的绿蝇属种类则会造成"羊皮肤感染"——这种蝇的雌性如果在羊身上找到伤口，就会在伤口中产卵，孵出的幼虫可能会使羊丧命。其实这种蝇也吃腐烂的尸体，但其中只有两种（一种见于新大陆，一种见于旧大陆）专门以之为食。它们的幼虫能远远地就发现某只动物（包括人）身上的小伤口，然后在伤口旁边产一窝卵，孵化后的幼虫会使伤口扩大至拳头大小，这只动物有可能因此丧命。蝇在寻找宿主方面很有效率，以至于它们能以每平方千米数只的水平维持一个可繁殖的种群。

除了专业的食粪者和食腐者外，其他蝇的幼虫都是普遍的清洁工。花园里的一个粪堆就可能成为许多种蝇的家，但最近的研究显示，蝇的进食习性和方式远比我们看到的要专业得多。死亡植物的物质是由一些微生物逐渐分解掉的，蝇幼虫通常会专注于吃这其中特别的成分，比如细菌和真菌。这样的例子还包括哺乳动物、鸟类或蜜蜂巢穴中的清洁工，末一类动物的巢穴中经常包括那些伪装成蜜蜂的蝇。海藻蝇（扁蝇科）经常造访海岸线上的渣滓；许多蝇幼虫住在池塘边、水坑和潮湿的车辙周围的泥浆中，以藻类和腐质为食；有些种类的外表皮在需要的时候能抵御干燥，一直等到泥土再度变湿润；有些则会在干燥的季节里会向下钻进泥窝的深处；有些，尤其是长角亚目丝角蝇的幼虫，是真正的水栖昆虫，也普遍是机会主义捕食者，它们捕食小型昆虫，从水中过滤微生物，或者以腐质为食。

蝇群和求偶舞蹈
交尾和繁殖

在那些充当清洁工和食腐的蝇（即以死亡或腐烂的有机物为食的）中，人们观察到一些有关双翅目昆虫习性的最有趣的例子。其中最值得注意的是那些与交尾有关的策略。

对科学家们来说，最熟悉的种类当是果蝇，这是一个长期被拿来进行遗传研究的群体，因为它们的染色体很容易看到，且繁殖率很高，还出现过许多突变种类。但果蝇的求爱演示同样出名。这种小型的黄色蝇有亮红色的眼睛，它们会聚集在储存水果的地方，这种地方——比如那些掉下来的水果或从树的伤口中流出来的树液上——通常会出现自然发酵的现象。雄性会去接近静止的雌性，用自己的前肢轻拍它，并伸出舌头与它面对面。然后两只蝇会使用左右交替的步法一起"跳舞"。当它们这样做的时候，雄蝇会逐渐张开并来回摇动一只或两只翅膀，直到雌性又恢复开始的静止状态，此时它开始绕着对方转圈，然后从后面爬到它身上去。

在经常造访林地里泥泞小水坑的长足虻中也能观察到类似的舞蹈。这种长足虻的雄性翅膀上生有两个明显的白色斑点，当它在异性面前摇摆翅膀后，会从其身上盘旋着一跃而过，然后灵巧地落在对象近处。许多翅膀上长有斑点和花纹的蝇，似乎都是以这种方式发出性信号。有的雄性因复杂的生殖器和足部的装饰而著称，二者大概在求偶过程中都很重要。

另有两个例子中不含求偶的舞蹈。突眼蝇长有非常显眼的、极宽的头部，眼睛（有时候是触角）长在两根突出的柄上。这种多见于热带的蝇以植物腐质为食，并且会通过吓唬入侵者的方式来争夺一小块食物的占有权。它们长在柄上的眼睛视力很好，能看到 60 厘米外的东西，并且利用眼睛进行仪式化的战斗，尤其是雄性之间，两只蝇会通过比较两眼分开的距离来"测量"彼此的体形，而眼间距较近的那只通常就会撤退。同样地，雌性也会偏爱那些眼柄极长的雄性。

有的罕见的果蝇种类的雄性，其面部长有突起，与鹿和驼鹿的角很像，也用于争夺领土的战斗中。这种蝇在与异性交尾前会把领土的入侵者赶走。这些蝇幼虫住在新倒下的树木的树皮里，雄蝇会把那一根树干视为自己的领地。

金色的雄性粪蝇会在一小块新鲜的粪便旁等候异性的到来——它必须到粪便这儿来产卵。每一只到来的雌性都会使雄性们展开争夺战，数只扭打在一起的雄性可能会一起爬到某只雌性的身上，由于产卵前的最后一次交尾能确保约 80% 的受精成功率，雄蝇们因此会全力以赴投入战斗——在粪蝇属的许多其他蝇类中，会出现"精液取代"的现象，每一只得胜的雄蝇都会用自己的精液取代前面一位胜利者的精液。

相反，雌性得尽快找个能产卵的地方，因为粪便很快就会变冷变硬，不适合产卵了。雄蝇们也意识到了这个事实，它们会离开那些老粪堆去找个新的，这多少平衡了一些异性间交配的概率，因为总会有些雌性跑到老粪堆那里去，但打斗的情形相对少了。但在新的粪堆旁，拥挤的雄蝇群中又会开始上演新的异性争夺战。

有些食蚜蝇也显示了复杂的交尾习性：雄性会在某棵植物旁边，或沿着林间小路为自己划定一块专属领地，把其他蝇都赶跑，有时还好奇地在逼近的人类面前盘旋。它们拥有一种聪明的"计算"系统，会针对逼近的入侵者设置一条拦截路线，在飞行中以精确的速度和角度迎接并击退侵略者，通过这种方法守卫自己作为交尾场所的领土。

在双翅目昆虫中，有时会发生以交尾为目的的雄性蝇群集飞行的情况，这种情形并不普遍，因为许多种类交尾的时候都不会飞行，但这种现象几乎发生在所有主要群体的家族中。雄蝇们云集在一起跳舞，通常会把某种物体当作记号。蝇群有可能在树上方或下方，或水面上方，有时甚至是一个静止不动的人的上方。也许最不同凡响的记号是烟蝇（扁脚蝇科）的，它们居然曾被大火冒出的烟所吸引而聚集到浓烟中，而几乎所有其他的昆虫都是害怕火和烟的。

不论是什么记号，雌性都会受到雄蝇群的吸引而加入进去，受到异性的求爱，交尾的时候它们则会离开蝇群。不同的种类聚集的时候，会使用不同的记号，有时它们会在一天的不同时间内集合，使雌性能较容易地选出合适的交尾对象。关系亲近的种类会在某个地点或某个时间解散，以减少不成功的尝试交尾行为。大部分的群体中都是雄性聚集成群，它们的眼睛比雌性的大，常常用头顶相碰触，且长有不同大小的小眼面。

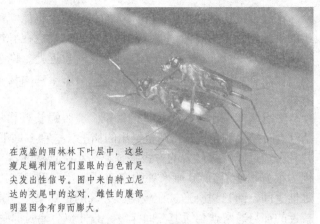

在茂盛的雨林林下叶层中，这些瘦足蝇利用它们显眼的白色前足尖发出性信号。图中来自特立尼达的交尾中的这对，雌性的腹部明显因含有卵而膨大。

舞虻组成的蝇群是一个很好的例子。它们是凶猛的食肉动物，因此雄性常常冒着遭到雌性捕食的风险去寻找可能的交尾对象。有些种类的雄蝇群会带着合适的猎物（常常是其他的蝇）送给异性，作为它在交尾时享用的大餐。某些种类中，作为礼物的猎物会被丝给包裹起来，而有些种类的蝇，用丝包裹起来的礼物根本就不能吃，甚至还有雄蝇会把一个空的丝壳送给异性。

在温带发现的两个舞虻的大型属中，缺脉喜舞虻属的成员在陆地上聚集成群，而喜舞虻属的成员在水面上方聚集成群。属中的许多近亲种类，在集结成群的时候都会使用差别不大的记号。在许多乡村中，这样的交尾群体都非常引人注目，它们总是像云一样盘旋在树顶上空、教堂尖塔上，以及类似的陆地标志物上，或者就在靠近地面处。附近的行人或骑脚踏车的人要想从它们之中穿过去可得冒点儿风险——曾有人因为吸入虻而导致过敏反应。蝇高度发达的飞行机制和灵敏的视觉使它们能组成并控制好蝇群。

如果两性以大致相等的数量出现时，它们有可能会组成大的混合群，这可能与交尾无关，比如出现在植被上的鼓翅蝇科成员的混合群，但我们还没有找出它们形成群的原因。丽蝇科和秆蝇科的少数种类会组成大型两性的混合群过冬。出现这种聚集的原因，部分是因为它们没有多少合适的地方可去，同时集合信息素也发挥了一定的作用。上一年曾出现过的蝇群会在标志物上留下化学记号，并在下一个冬天的时候把同类给吸引过来，这些蝇群还常常滋扰很多家庭。

花蝇、食蚜蝇和其他蝇类的交尾蝇群常常使用"嗡嗡"的声音或改变扑扇翅膀的频率来传达性信号。日益精确的声波探测设备已经显示许多蝇类及其他昆虫的交配习性中包括发出声音或振动。不同地方的同种蝇的个体间发出的声音也有差别，就好像人类语言中的方言一样。

雌雄两性的蝇都会使用信息素与异性交流，其中包括雌蝇发出的与蛾类非常相似的长距引诱剂。有一种人工引诱剂与雌性发出的自然信息素非常相似，雄性果蝇会受到这种引诱剂的强烈吸引，因此在监控或控制害虫方面，这种化学物非常有用。有的种类中，雄蝇会散发出短距化学物诱使雌性交尾。很多蝇的腹部都生有功能不一的腺体，有些就是用来释放这种短距信息素的。

黄蜂、蚂蚁和蜜蜂

　　高度特化的膜翅目昆虫在全世界随处可见，其种类之繁多，仅次于鞘翅目的甲虫，且估计仍有数千种还未被发现，尤其是寄生蜂。它们惊人的多样性反映了这一目昆虫在生态学上的重要性。在北美的温带森林中，蚂蚁对土壤营养成分的生态循环所做出的贡献堪比蚯蚓。在热带南美，单位体积内的蚂蚁和白蚁的数量，超过了所有其他动物的总和，这其中包括水豚、貘和人类！由于寄生蜂对它们的昆虫宿主种群施加了极大的压力，因此被人类当作生物控制媒介去对抗害虫。作为授粉员，膜翅目昆虫尤其是蜜蜂对地球上的植被起着至关重要的支撑作用，在经济学上也具有重要意义。

　　膜翅目分为两个亚目：一个是广腰亚目，由锯蜂和木胡蜂组成，有时候这两种均指树蜂；另一个是细腰亚目，也分为两部分，一是寄生部，主要由寄生蜂组成；另一个是针尾部，包括黄蜂、蚂蚁和蜜蜂，它们的产卵器特化为一根刺，已经不具有产卵的功能了。

为卵钻洞
锯蜂和树蜂

　　锯蜂（广腰亚目）的名字源于它们的产卵管（产卵器）的形状——像有锯齿的刀片，雌性锯蜂用它切开植物组织在其中产卵。树蜂的幼虫在死木头或将死的木头中进食，它们腹部末端突出的产卵器是钻孔的工具，因此树蜂科的昆虫也常被称为"角尾虫"（这个产卵器常被误认为是刺）。

　　大部分的成年锯蜂生命短暂，它们在春季和初夏的时候很活跃。有些种类在这一阶段不吃东西，但大部分会去采花蜜，有些会捕食小型昆虫。雌性在树叶、茎或木头上产卵。扁蜂科的部分成员把卵粘在叶片表面，然后幼虫把叶片卷起来住在里面。

　　大部分锯蜂的幼虫与蛾和蝴蝶的毛虫很相似。不同的是它们只有 1 对单眼和多于 5 对的腹足。那些在植物内部的进食者，如木胡蜂的幼虫，只有胸足退化后的痕迹，这一点倒是像其他膜翅目昆虫的幼虫。食木为生的幼虫要完成整个发育过程得花上好几年时间，但在露天以树叶为食的种类则只需要 2 个星期。有些种类的卵会在寄居的叶片上形成虫瘿，幼虫就在里面进食。

　　尾蜂科锯蜂放弃了以植物为食的习性，幼虫成为钻木甲虫幼虫的体内寄生虫。有人也猜测，部分种类大概是以这种幼虫被真菌感染的粪便为食。

　　在密集单作的树林中，锯蜂常常成为害虫。欧洲的松树锯蜂是新生树木的主要麻烦，它们的幼虫会把针叶树全部剥光。泰加大树蜂是云杉树的危害者，幼虫传播的一种真菌会最终导致树木的死亡。然而有些锯蜂并不是人类的敌人，而是朋友。例如，从智利引进到新西兰的一种锯蜂，被用于控制一种有害的蔷薇科野草，这种名为无瓣蔷薇的植物是无意中传入新西兰的。

幼虫杀手
寄生蜂

大部分寄生蜂既不是寄生性，也不是肉食性，不像真正的寄生虫——它们在幼虫阶段总是把宿主杀掉并以之为食。而仅需要一个单一的宿主（猎物）来完成它们全部的发育过程这一点也不像食肉动物。因此，寄生部的成员被更确切地称为"拟寄生蜂"。

雌性成虫在宿主身上取食。产卵的时候会利用产卵器把卵产在宿主体内、体外或附近。此后它就表现得跟自己的后代或宿主没什么关系一样。孵化后，幼虫就开始进食，但此时带来的危害很有限。然而到了发育的末期，它们开始大量食用宿主的身体组织，并导致宿主死亡。最后，幼虫在宿主遗体的内部或外部化蛹。

体内寄生虫在宿主体内生长；体外寄生虫在宿主体外生长，通过对宿主表皮造成的伤口进食。体外寄生虫特别喜欢和住在隐蔽环境中的宿主如潜叶虫或虫瘿共同生活。差异也存在于那些独居和群居的拟寄生蜂之间。

有些体内寄生虫在宿主受到攻击的初始阶段完成其生长过程，即它们利用一个非生长状态的宿主，比如卵或蛹，而其他的（卵—幼虫、卵—蛹、幼虫—蛹、幼虫—成年拟寄生蜂）则利用一个处于生长状态的宿主来完成它们此后的发育过程。相反，大部分体外寄生虫会在宿主受到攻击的初始阶段完成其生长过程，雌性拟寄生蜂在产卵的时候会麻痹宿主，也是因为幼虫的生长速度非常快。

拟寄生蜂一般具有宿主专一性。比如，在攻击古北区西部蚜虫的姬蜂中，大约半数的拟寄生种类都只认一种蚜虫，而另一半中的大部分会侵袭同一个属或同

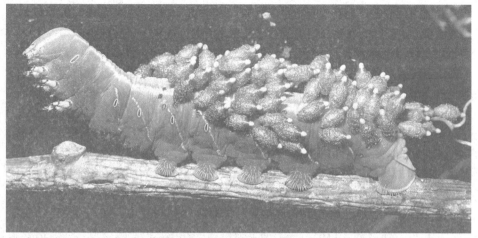

上图中至少有50只寄生蜂幼虫在一只蛾毛虫的身上取食，它们已开始织白色的茧，并在宿主的皮肤上化蛹。当幼虫化为成虫时，就完成了最后一次变形。在成年的蜂从茧中羽化而出之前，那只毛虫通常已经死掉了。

一个亚科中的近亲种类。相反，其他许多的姬蜂和一些小蜂，会攻击某个小环境中的多种没有任何关系的宿主——小环境生物（或小生境生物）。

雌性拟寄生蜂选择宿主时会从两个方面考虑，一是宿主的栖息地，另一个是宿主本身。在这两方面中，它们会对两种刺激做出回应："诱惑"刺激会把它们引向宿主的小块所在地；"抑制"刺激则会使它们在那小块地中缩小与宿主的距离。

有些"引诱"刺激来自宿主的食物媒介。拟寄生蜂中，比如寄生于韭菜蛾的姬蜂和攻击甘蓝蚜的菜蚜茧蜂，最初都是被宿主所吃的植物（含有芥子油）散发出的气味所吸引。昆虫的食物，尤其是植物，会产生吸引拟寄生虫的化学或视觉刺激。例如，金小蜂科的小蜂会对南部松小蠹吃过后的松树散发出来的挥发性萜烯所吸引，而南部松小蠹正是这种小蜂的宿主。有些"引诱"刺激则直接来自宿主本身，且大部分都是排泄、蜕皮或进食的时候所产生的化学物。有时候，拟寄生虫也会被聚集的宿主和性信息素所吸引。

"抑制"刺激为视觉、触觉或自然化学物刺激。行走中的拟寄生蜂一旦发现有宿主留下来的化学物，就会全神贯注地寻找宿主。由于低挥发性，只有当拟寄生蜂接触到的时候才会对这些"接触性化学物"做出反应。例如，当一只仓蛾姬蜂的雌性接触到印度谷螟幼虫的颚腺分泌物时，它会立刻停下来，用触角尖端快速轻拍那块地方（通常是昆虫碾磨并储存谷物的地方），然后放缓脚步爬过去，偶尔停下来用产卵器探查一番。当它走到那块区域的边缘的时候，就会立刻转身回到含有分泌物的区域。

一旦确认了宿主的方位，这只雌蜂会通过一系列的"检测"来确认宿主的种类和发育阶段。检测工具一般是含有不同种类传感器的触角和产卵器。缘腹细蜂科的黑卵蜂通过卵表面的化学物辨认宿主绿棉铃虫卵——化学物来自雌蛾生殖器官的附属腺体，没有这种化学物的卵则不会受到黑卵蜂的攻击。如果在外形像卵的玻璃珠上抹上这种附属腺体的分泌物，一样会刺激雌性黑卵蜂用它的产卵器在上面钻孔。

当雌虫用它的产卵器探查宿主的时候。这时候，卵的释放物形成的最后刺激就被接收到了，产卵的发生与宿主是否已被寄生有关。如果一只独居性的拟寄生虫产下不止一粒卵，那么除了一个后代，其他的都会死于竞争。许多种类的幼虫会用它们的上颚除去竞争对手。而那些营群居生活的种类，如果卵的数量超过了宿主可以承受的范围，那么其中的部分会夭亡；或者幼虫成长为体形过小的成虫。因此可以推断，复寄生现象——在一个已被寄生的宿主身上产卵——通常不会发生。

不同种类的雌性拟寄生蜂，产卵的数量大不相同，甚至在同一科里也是这样。这种差异可以看作是对宿主的数量和分布的适应性。攻击宿主晚期幼虫或蛹的拟寄生虫比攻击其早期的携带更少的卵。隐居型宿主（例如那些见于矿区、隧道或丝网里的）的拟寄生虫，同样地比那些侵袭露天宿主的所产的卵要少。

蚁小蜂科、巨胸小蜂科和钩腹姬蜂科的寄生蜂在树叶上产卵，常常与宿主保持一定距离。在前两个科中，一龄幼虫会待在产卵地点的附近，等待一个潜在宿主的到来。蚁小蜂的一龄幼虫会把自己粘在觅食的工蚁身上，随之一起到达蚁巢，然后就跑到蚁幼虫待的地方去。在钩腹姬蜂科中，卵在孵化前需要被毛虫宿主吃掉，在这些拟寄生物中，一龄幼虫在宿主身上定居下来的机会很少。因此，雌虫会在它们的一生中产下大量的卵。每一只蚁小蜂科的雌性的总产卵量从1 000粒到1.5万粒不等——曾观察到有一只雌虫在6个小时内产了1万粒卵！

有些雌性寄生蜂从蛹中羽化出来的时候就已经完成并结束了产卵的工作，而其他一些种类，由于能获得适当的食物如宿主的体液，或者是蜜露和花蜜，会在其后的成年生活里继续产卵。有些隐居在植物组织、茧或蛹壳里的宿主的拟寄生蜂，能直接通过口器来接触宿主，并造一个专门的食管。金小蜂科成员叮过它的宿主，即麦蛾的幼虫后，将产卵器缩回，直到只有尖端在谷物中包裹着幼虫的腔室内部突出。随后，一滴清洁、黏性的液体从产卵器中渗出，并在硬化前成形，通过产卵器的运动进入一个管中。管子连接到外表皮上通向外部的小孔时，产卵器再次伸进原先的那个小孔中，然后小心翼翼地缩回来。雌虫便利用它的口器把那滴液体吸掉。有许多拟寄生虫，缺少宿主和合适的食物，能够将卵再吸收。卵中的能量和物质用于维持成虫的生命。

在产卵前或产卵中，寄生蜂通常会把腺体的分泌物（毒液）注入宿主体内。这种毒液——尤其是体外寄生虫的，会使宿主麻痹，便于雌性产卵及不受阻碍地进食。相反，许多体内寄生虫的毒液，并不会造成麻痹，但仍然会对宿主的生理功能造成影响。处于生长状态中的宿主的体内寄生虫，通常会使宿主的状态发生变化，包括食物消耗率、生长率、发育、繁殖（比如寄生去势）、形态学、习性、呼吸，以及其他生理过程。在不同的拟寄生蜂的输卵管萼（卵巢和输卵

由于受到粪便中的共生真菌的气味的吸引，这只雌性姬蜂找到了一只木胡蜂幼虫，并将卵产在其身上。

管之间的区域）和萼液中，存在着共生的病毒状微粒。当这些微粒随着一粒卵进入宿主体内后，会入侵宿主的某些组织，然后明显抑制宿主对转移能量和物质的寄生卵和幼虫的免疫反应。因此，在操纵宿主方面，寄生蜂倒是很像扁形动物和其他真正的寄生虫。

每一种宿主身上的大量拟寄生蜂种类构成了一个有组织的社会。寄生蜂常常按利用宿主的方式被分为几类，比如卵寄生、幼虫寄生和蛹寄生。这个社会也包含数种营养等级：袭击非拟寄生宿主的拟寄生蜂（初等拟寄生蜂）、二级拟寄生蜂和三级拟寄生蜂（超拟寄生蜂）——拟寄生在拟寄生蜂上的。很多超级拟寄生蜂，包括几乎所有的三级拟寄生蜂，都能寄生于超级拟寄生蜂或低等拟寄生蜂身上。这些在许多虫瘿和潜叶虫中发现的兼性超级拟寄生蜂，其食物网络结构极端复杂。

寄生虫分支包括许多非寄生的种类，其中的大部分都间接转变为植食性的。许多棍棒瘦蜂科的昆虫，与部分姬蜂种类是独自活动的盗窃寄生蜜蜂。它们的一龄幼虫会把宿主的卵或幼虫贪婪地吃掉，然后靠宿主蜂房中储存的食物为生。它们也有可能在不止一个蜂房中来去，吃掉里面的东西。

昆虫世界中的极权主义者
蚂蚁

针尾昆虫有40多科，蚁科的蚂蚁只是其中之一。所有的蚂蚁都是社会性的，并形成永久的社区，这一点与蜜蜂很相似，但蚁群中的工蚁是没有翅膀的。

在一次交尾飞行后，蚁后就会蜕去翅膀。雄蚁也能飞，交尾发生在飞行过程中，或某个特殊的表面，如聚集了大量同类的裸露的小块土地。交尾后的蚁后会尝试去培养工蚁以建立一个新巢，或尝试别的办法。

蚂蚁通常用气味标明食物的位置——找到食物的蚂蚁留下记号后，利用视觉定位法返回巢穴。气味标记经常在欧亚大陆温带区的大黑蚁中被使用。但有的其他种类的蚂蚁则会避免吸引太多的蚂蚁聚集过来，因此不会留下气味。一只返回到大块食物跟前的蚂蚁身后通常紧跟着同一巢穴中的同伴。很快地，一对一对的蚂蚁尾随过来。

吃下去的食物被反刍出来，然后传递给其他的蚂蚁，或喂给巢中的幼虫。两只成年蚁在传递食物（交哺现象）前，会互相轻拍触角。在林蚁和其他种类的蚂蚁中，乞求食物的那一只会敲打供应食物的蚂蚁的脸颊。如果触角的拍打相当猛烈的话，通常是在警告其他同类有潜在的危险。但大部分种类，如旧大陆的热带编织蚁，发出的警告信号是一种化学分泌物，这种分泌物中包括数种挥发性成分，以便在通向骚乱地点的路径上提供更强的刺激。喷射大量的化学物也是一种对付敌人的防御手段。人类很容易看见并闻到，或通过眼部的疼痛感觉到林蚁产生的蚁酸。

不同种类发出的化学信号（信息素）一般都不一样，但在近亲种类中，这种差别只是所含成分的比例不同，因此蚂蚁一般都是通过这种方式辨认不同种类的成员的。此外，同种类不同巢穴的蚂蚁相遇后，通常会因不认识对方而厮打起来。有些蚂蚁群中会有其他种类的"奴隶"，例如，欧洲的红林一般会把黑蚁的工蚁当作奴蚁。孵化出奴蚁的卵是从它们父母的巢中抢来的，在收养它们的蚂蚁巢中，它们的行为和受到的待遇与别的蚂蚁没什么两样。

蚂蚁群一直被视为"超个体"。其中，各组成部分（意指个体，并不是指个体的头或肢体部分）也许会缺失，但不会影响到这个有机的整体。蚂蚁和其他膜翅目"工人"这种明显的利他主义特点让人叹为观止。在社区中，很多行为会同时发生，而普通的个体通常无法同时做两件事，或至少在进行精细的工作时无法做到。有些种类的蚂蚁群中具有一个或多个特殊的分工，比如有些种类的蚂蚁中，有巨大头部的工蚁专门负责碾压种子，而有些种类的蚂蚁中，有司军人之职或巢穴看门员的兵蚁。

大部分种类的蚂蚁会维持一个更灵活的社区系统，如果有需要，负责某项任务的工蚁也会转到另一项任务中去。特殊的编织蚁，它们中那些成熟到可以吐丝的幼虫会被工蚁拿来当"梭子"用——把叶子都编在一起，在树上做巢穴。

蚂蚁的社区组织非常成功——如果成功是用生态优势来衡量的话。热带的行军蚁在传奇小说中非常有名，如南美的游蚁属或非洲的驱逐蚁，都是非常引人注目的例子。行军蚁的每一个社区中都有数百万只个体，一旦它们在几天里消耗完某地所有的猎物后，就得搬迁到一个新的地方去。而位于它们迁徙路线上的大多数动物（尤其是其他的蚂蚁）必须搬家，否则就会被吃掉。

如果蚂蚁要在静态的巢穴中使种群达到极高的数量，就必须采取更先进的生态学策略。对蚂蚁来说，源源不断的食物供应量包括吸吮树液的蚜虫的蜜露并不是那么容易就能获得的。热带美洲的阳伞蚁或切叶蚁，以及它们的亲属种类，会把一片片的树叶搬进巢穴中，然后在上面培养真菌（不同种类的蚂蚁培养的真菌种类也不同）——蚂蚁的主食，这种情形仅在美切叶蚁属中有发现。某些处于半荒漠地区严酷环境下的收获蚁以种子为食，它们在巢穴中储存休眠状态的种

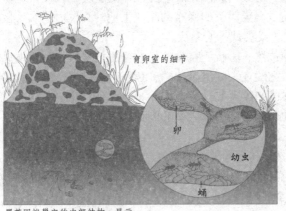

育卵室的细节

卵

幼虫

蛹

黑花园蚁巢穴的内部结构，显示了育卵室的细节。卵产于春季晚期，工蚁会一直照顾它们到成年。

黑花园蚁巢穴中的一堆蛹。体形稍小而无翅的蚂蚁是工蚁，而体形较大、翅膀完整的个体是新的蚁后，正准备进行它们的婚礼飞行。

子，以便在长期干旱的条件下继续生存。储蜜蚁则利用那些不动的工蚁的肚子作为储存液体蜜露或花蜜的容器。

热带和温带地区蚂蚁的饱和度来自不同蚂蚁种类间的相互作用，而且与其他有机物之间也有紧密的联系。关于蚂蚁间相互作用的一个例子就是在建立巢穴的时候，将暂时的群体寄生作为一种选择性策略：先头部队，如黄墩蚁或黑花园蚁会去侵犯那些已被其他蚂蚁占领的地带，该地已有形成规模的、有蚁后的巢穴存

1.火蚁是严重的农作物害虫，由于它们有毒，人被咬过后，伤口有烧灼感，故得名。2.美国蜜蚁的工蚁从不离开巢穴，以花粉和蜜露为食，是干旱时节集体的"活储存罐"。3.澳大利亚公牛蚁地下的巢室、幼虫和卵。3a.一只有翅的雄性。3b.蚁后。3c.两只工蚁在照顾蛹茧。4.黑花园蚁工蚁在看管蚜虫。为了回报蚂蚁将敌人赶走以保护它们，蚜虫会向蚂蚁提供甜蜜露。

蛹茧

卵　　幼虫

在，但单位面积中这些蚂蚁种类的饱和度使得更多的蚁后不会再出现，因为它们都被吃掉了。有些种类会跟在先头部队后面，并产生大量的小蚁后，这些小蚁后无法独自建立蚁群，只好取而代之地在先头部队的巢穴中寻求庇护。按着这个顺序，第三阶段与大黑蚁有关，这是一种林地的种类，跟在第二梯队后面并被其"收养"。大部分侵略者蚁群中的蚁后都会被除掉，但有些是例外，大概原先的蚁巢里面没有蚁后，比如那些由不同蚂蚁种类组成工蚁混合部队的巢穴就是这种情况。有奴蚁则通过四处搜捕的行动来维持这种混合状态，但毛蚁属的巢穴中，个体很快会变成清一色的侵略者的种类。

关于蚂蚁和植物间的相互作用，植物（比如热带美洲的号角树种和植物）有可能从食叶昆虫如蛾幼虫那里得到保护或者从蚂蚁的垃圾场那里获得营养（比如附生植物），但蚂蚁肯定是可以从植物那里获得食物的——号角树会长出特殊的、缪氏拟态的外形，蚂蚁吃这种植物以获得糖原质、蛋白质和脂质，这也是该植物特定的功能。某些掌握了对付蚂蚁的策略的鳞翅目幼虫又使这种动物和植物间的共同进化向前更进了一步。植物也在其他方面充分利用了蚂蚁，最显著的就是种子的散播：很多不吃种子的蚂蚁会去捡拾某种植物已经明显发芽却非常坚硬、表面又光溜溜（油质体）的种子，这些种子最终会被蚂蚁丢弃到垃圾堆里，给种子提供了一个肥沃的生长环境。

尾巴上的刺
真正的黄蜂

大部分"真正的"或有刺的黄蜂都是独来独往的猎人，但有些是群居，而蜜蜂是植食性的。那些有刺的拟寄生虫，其生活方式与寄生部的那些同胞具有相似性。

没有一只有刺的拟寄生黄蜂会自己筑巢。雌蜂往往会在其宿主身上产下一粒或多粒卵。尽管从生物学角度来讲它们是拟寄生蜂，但它们都没有真正的刺，起刺的作用的是产卵器，但这一器官却不具有产卵的功能。

肿腿蜂总科的红尾蜂非常漂亮，绿色或蓝色的身体有光泽，有3节明显的腹节。雌性既没有刺也没有产卵器，其腹部末端愈合在一起的体节形成一个可伸缩的管，它们通过这个管产卵。这种蜂寄生在其他黄蜂或蜜蜂身上，有些是真正的拟寄生蜂，它们的幼虫以宿主完全长大的幼虫为食；其他有些像杜鹃那样吃掉宿主的卵或幼虫，然后以宿主储存的食物为食。

在胡蜂总科中，主要的拟寄生虫科是土蜂科、小土蜂科和蚁蜂科。所有的土蜂和大部分小土蜂是金龟子（金龟科）地下幼虫的体外拟寄生虫。小土蜂的有些属寄生在虎甲虫洞穴里的幼虫身上。这种小土蜂的雌性没有翅膀，长得像蚂蚁，在整个小土蜂的膨腹土蜂亚科（见于澳大利亚和南美）中，无翅的雌蜂很典型。这一亚科中，澳大利亚的某些种类寄生在蝼蛄身上，但大部分成员都寄生在金龟科的幼虫身上。它们求偶和交尾的时候，雌蜂被雄蜂带着一起飞，此时二者的生殖器相连（携配）。作为求偶的仪式，雄蜂还会喂雌蜂吃花蜜。

所谓的雌性蚁丝绒蜂（蚁蜂科）也没有翅膀，它们会在地面上、树叶堆或树干上用一种蚂蚁般不规则的步法跑来跑去。蚁蜂总是寄生在其他昆虫的前蛹或蛹中。其中，大部分会攻击其他黄蜂和蜜蜂，而且相当具有宿主专一性。有两个非洲种类寄生在采采蝇的蛹中，目前人们将它们作为潜在的控制媒介加以研究，以对付那些昏睡病病菌的携带者。雌性丝绒蜂的刺会引起剧烈的疼痛，因此通常具有警戒色。雄性蚁蜂长有完整的翅膀，体形通常较雌性要大。有些种类像小土蜂那样具有携配的习性，有的雄性会在飞行的时候用自己的颚紧扣雌性，用头部这块特化的区域抓牢对方。在膜翅目中，无翅的雌性独立进化了许多代，以工蚁为例，大概为了适应宿主，或者便于在地下有限的区域里寻找食物，就得将妨碍行动的翅膀蜕去。

筑巢行为的发展，是有刺黄蜂进化过程中的一项主要进步。在胡蜂总科中，那些猎食蜘蛛的种类表现出不同程度的筑巢习性，而在胡蜂科那些群居种类中，这种习性变得非常复杂。此外，筑巢的习性也在泥蜂总科中有很大的发展。

从最简单的形式来说，巢穴是雌性黄蜂或蜜蜂预先准备的为后代储存食物的空间，同时为发育中的幼虫提供保护。最初，雌性黄蜂找到一只昆虫后就会刺它，接下来它会在地上挖一个简单的窝，再把已麻痹得动弹不得的猎物拽到窝里去，最后把卵产在猎物上面。很多猎蛛蜂，以及泥蜂总科中一些低等的种类就是这么做的。

那些较高级的猎蛛蜂、独居性的胡蜂和泥蜂总科的其他科成员，都是在捕猎前就把巢筑好。这种习性需要具备重复并准确返回巢穴地点的本领。黄蜂和蜜蜂通过记忆通往巢穴的路途中可见的记号来做到这一点，如鹅卵石的相对位置、草丛，以及类似的标记。地平线上更远一些的物体，如树或小山顶，也经常被作为标志物。在绕着巢穴入口作短暂定位飞行的时候，它们会把这些标志物都记住。黄蜂和蜜蜂还会利用太阳的方位作为参照物，即记下太阳和向外飞行路线之间的角度。体内的"时钟"能帮助它们调节与太阳的方位。

根据种类的不同，巢穴可能被挖在地下，或者在死木头中，有的黄蜂会利用现成的洞穴，如中空的茎秆或甲虫在死木头上钻的洞。石巢蜂和其他的黄蜂收集泥巴，在裸露的石头或叶片的背面筑巢。这些巢穴都包括一个或多个蜂房，每个蜂房中都有一只幼虫住在里面。母亲会给每个蜂房都提供数只捕获的昆虫，足够幼虫完成其身体发育所需。在自己的后代羽化前，母亲通常已经死去。

最著名的猎蜂是泥蜂总科中的9个亚科的成员，包括7600多种，捕食各种昆虫，孤立的几种会捕食蜘蛛。有些高等的角胸泥蜂科种类，会逐步训练发育中的幼虫进食，根据需要，母亲会向其提供能飞的猎物，而不是批量供应食物。美国猎毛虫蜂，雌性不仅要训练幼虫进食，还要同时照顾好几个巢穴，而且每

虽然蜘蛛是高效率的捕食者，通常武装着可怕的毒牙，但它们很少能逃过蛛蜂科的雌性猎蛛蜂的捕食。正如图中这只蜘蛛被黄蜂的刺弄瘫后，被当作黄蜂幼虫的食物拖向蜂巢。

1. 一只在巢穴的捕食象鼻虫的黄蜂。2. 雌性非洲泥蜂（左边）正被巢穴旁的两个敌人——无翅的雌性丝绒蜂（上面）和一只大绿青蜂（下面）注视着。3. 一只猎蝇蜂。4. 美国线腰蜂正带着它的猎物返回巢穴。5. 掘土蜂在刺一只盾蝽若虫。6. 黄边胡蜂是一种群居型胡蜂，它的刺有剧毒。7. 正在吃苹果的玉龙黄胡蜂。尽管通常被视为麻烦，但胡蜂因为吃害虫而对果园有益。

一个巢穴中的幼虫都是不同龄的。

泥蜂家族大约是白垩纪早期（1.44 亿年前）出现的，其他种类的昆虫在这一时期也趋于多样化，为泥蜂提供了新的食物来源。现代泥蜂捕猎的对象反映了这段历史：低等的黄蜂倾向于捕食低等生物，而较高等的猎蜂会捕食那些高度进化的昆虫。

群居型黄蜂社区的复杂性不同：从松散型合作——产卵的雌性仅在筑巢的时候合作，到具有高度社会性的纸巢蜂或大黄蜂——精确划分出来的工蜂阶层都是不育的雌蜂。大部分群居的黄蜂都属于胡蜂科，但泥蜂总科（包括蜜蜂）中也包括社会组织很简单的猎蜂。中美洲的一种泥蜂，每次都是 4 个雌性合作用泥筑巢，但每个雌性只给自己的蜂房里提供抓来的蟑螂——在社会组织类型中，达到维持公社的水平。在筑巢的同伴中，互相攻击的行为很少见，也罕有偷盗猎物的情况发生。这样的公社集体两个明显的优点是，大家分担筑巢的工作，同时对巢穴的防御也加强了，因为巢穴从不会出现没人照看的情况。

在另一种中美洲的泥蜂中，出现了一个更加复杂的社会化行为模式：短柄泥蜂科的一种，通常是 11 只雌蜂共同享用一个套筒状的巢穴。它们一起合作筑巢，然后给各个蜂房提供跳虫作为食物，并且一次只给 1 个蜂房批量供应 1 次。虽然雌蜂在形态上没什么差别，但是在繁殖后代这个任务上仍然有不同分工，因为只有一只雌蜂长有卵巢，能够产卵，其他的都属于工蜂阶层。此外，人们相信在巢穴中的蜂不止一代。这种蜂的社区中，虽然成员的数量很少，却是完全社会性的一个范例。膜翅目昆虫社会性的最发达的状态，典型表现于蚂蚁、纸巢蜂和蜜蜂等动物中。

许多黄蜂（包括蜜蜂），其社会性发展程度处于中等水平。胡蜂科中 6 个目前公认的亚科中的 3 个，包括马蜂亚科和胡蜂亚科囊括了所有群居的种类。而且所有这些种类提供给巢穴的食物都是咀嚼过的昆虫猎物，而不是一整只昆虫。此外，所有的胡蜂都是先把卵产在蜂房中，再供应食物。马蜂亚科和胡蜂亚科昆虫的巢穴都由坚韧的纸做成，即把木质纤维和唾液混合在一起。

马蜂亚科的群体中，有时候只有一只雌蜂（单雌建群），有时候有数只（多雌建群）。尽管雌蜂之间没有什么形态上的差异，但总会有一只处于优势层级的顶点——它是唯一或主要的产卵者，可称为蜂后，极少离开巢穴。那些下层雌蜂的卵巢则出现程度不同的萎缩，只起"工人"作用，负责觅食、哺育蜂后和幼虫。非洲部分种类的雌蜂都会设法把其他筑巢同伴所产的大部分卵吃掉，以便确保自己产下的后代的优势地位。而有些种类的雌蜂，则是通过明显的攻击行为树立威信。

成虫和幼虫间的食物交换是胡蜂的特征。幼虫向工蜂乞食的时候，会反刍一滴液体到口器，液体中含有碳水化合物，可能还有成虫无法自己合成的酶。工蜂和蜂后会把这种液体吃掉，后者似乎需要这种物质来继续产卵。

南美马蜂亚科的一些种类，巢穴中不同阶层的群体具有不同的形态。社区中可能有一只或数只蜂后，工蜂的数量可能达到1万只。蜂后除了长有卵巢，体形一般也比工蜂要大，但这些差异并不总是很明显。在如此大型的社区中，蜂后显然不可能用武力或吃卵的办法来确保自己的优势地位。实际上，它们和胡蜂会分泌一种"蜂后信息素"，这是一种会抑制其他工蜂长出卵巢的气味。这种蜂的巢穴建筑技术通常比马蜂的要先进。一个成熟的巢穴包括数个水平蜂巢，蜂巢间被垂直的柱子连接起来，然后被耐用的纸质封套封起来。这种蜂巢中的群体长期存在，持续的时间可能长达25年。社区是通过云集的蜂群形成的：一个或多个蜂后，以及数百只工蜂离开老巢后建立一个新巢。

胡蜂亚科中，体形较大的蜂后和较小的工蜂在外形上有明显差异。社区总是由一名蜂后建立起来，这只独来独往的蜂后会变成一只不完全群居的个体，直到第一代工蜂孵化出来。巢穴有的悬在树枝下，有的只是地上的一个洞。虽然胡蜂令人讨厌，而且常常侵袭蜜蜂的蜂巢，但它们仍然属于益虫，因为它们会杀死多种害虫作为幼虫的食物。

素食的猎人
蜜蜂

蜜蜂是泥蜂科的猎蜂，但已经变成植食性的了——它们从花朵上采集花粉和花蜜。这种食性的变化大概发生在白垩纪（1.44亿至6500万年前）的中期，即在显花植物出现不久后。已发现的最早的蜜蜂化石形成于始新世（5500万~3400万年前）晚期，已包括具有植物专食性、长舌头的家族，如蜜蜂和无刺蜜蜂。如今，许多蜜蜂都专注某一种植物，或其亲缘品种作为花粉的来源。比如宽痣蜂蜜蜂只对珍珠菜属植物感兴趣，而具有重要经济意义的蜜蜂，只对各种瓜类的花授粉。这样的蜜蜂属于寡性传粉生物，在干燥温暖的地区数量非常丰富，占到所有蜜蜂种类的60%以上。在这样的地区，气候因素会促使很多显花植物同时开花，寡性传粉减少了蜜蜂之间的竞争并增加了授粉的成功率。

蜜蜂中的大多数过着独居的生活。在北美西南部的沙漠地带和地中海盆地地区，这类蜜蜂数量非常多，并且种类多样。蜜蜂从泥蜂祖先那里继承了巢居习性，其中包括寻找返巢路径的本领。附加在这项遗传特征上的是身体结构方面的，如有长长的舌头、枝枝杈杈的纤毛，以及花粉刷（"刷子"），这些都是为了适应采集、运输花粉和花蜜的。有些专家型种类还能采集植物油。

蜜蜂的筑巢习性包括两种主要的类型。短舌头的雌性地花蜂用它们腹部的杜氏腺的分泌物给地下哺育蜂房做一层内衬，这层内衬既防水又抗菌，对维持蜂房内部所需的湿度非常重要，而且即使土壤遭遇水涝，蜂房和蜂房里面的东西也不会被水淹。这一种类中，只有少数的幼虫在化蛹之前会给自己织一个茧。

第二种类型主要出现在切叶蜂科中。这类蜂使用四处收集来的材料，而不是腹部腺体的分泌物筑巢。而且大部分种类都会利用现成的洞穴——昆虫在死木头上钻的老洞、空心树枝、蜗牛的壳，有时候还常利用老墙的灰泥碎屑，这样就省得自己在土里挖洞了。有的种类也会在石头上或灌木上建筑暴露的巢穴。

一只独居型的地花蜂和它的一串蜂房，每个里面都有一枚卵粘在蜂房壁上。孵化的时候，幼虫会落进下面花蜜和花粉的混合液中。

不同种类使用的建筑材料包括泥土、树脂、咀嚼后粘在一起的树叶、花瓣、树叶和植物的碎片、动物的毛发，或者以上这些的混合物。那些会使用柔软且有延展性材料的蜜蜂常被称为石巢蜂。切叶蜂的幼虫也会织坚韧的丝茧。

由于切叶蜂的巢穴会筑在任何合适的洞穴中，尤其是木头和茎秆中，因而有许多种类都因人类的商业活动偶然地被带往更广阔的天地中去了。如一种原籍非洲的石巢蜂现在在美国东南部和加勒比海岛地区很常见，人们猜测这种蜂是通过奴隶贸易被带到新大陆的。苜蓿切叶蜂是另一种偶然引进的种类。这种蜂原籍欧亚大陆，20世纪30年代首次出现于美国，现在被美国的农场主们主要用来给苜蓿或紫苜蓿授粉。

切叶蜂科中包括世界上体形最大的成员。直到最近，这种著名的蜂的生物特性仍然不为人所知。实际上，人们仅仅是从唯一的一个标本中得知它的存在，这个雌性的标本是阿尔弗雷德·拉塞尔·华莱士在印度尼西亚摩鹿加群岛的贝茨安岛上采集到的。标本现存于牛津大学自然历史博物馆中。除了它巨大的体形（39毫米长）之外，雌性还以其巨大的颚部著称。

最近的研究显示，这种蜂栖息在摩鹿加群岛中的几个岛屿上，雌性用它们巨大的颚部在构成白蚁蚁丘侧面的坚实泥巴中开凿筑巢的洞穴。雌性的蜂巢属于公社型，数只共用一个巢穴入口。它们还会用结实的颚去刮取木头碎片，再混以树身伤口处流出来的树脂，为哺育蜂房和巢穴做一个衬里。

像大胡蜂一样，蜜蜂群中也会分各种阶层。其中隧蜂科尤其让人感兴趣，因为这一科下只有一个属，即隧蜂属，却包含了群居的、不完全群居的、低等完全群居的，以及完全群居等各种不同习性的成员，此外还有很多是独居型的。

在温带地区，熊蜂是最常见的群居型昆虫。这类蜂共有超过 200 种，仅有少数出现在热带。在冬天的时候，蜂后完成交尾并进入冬眠，然后在接下来的春天里建立起蜂群。在组织结构上，熊蜂属于低等完全群居型，在蜂后和工蜂之间没有明显的形态上的差异。实际上，某些种类的熊蜂在体形上差别很小，或没有差异，因此蜂后显然是要靠武力来确保自己的优势地位。

蜜蜂科的高等完全群居型蜂中包括泛热带的无刺蜂以及 8 种蜜蜂属蜜蜂。与熊蜂不同的是，它们的大型社区是永久性的，而且不同阶层的成员在形态上有明显的不同，工蜂间能就食物和其他资源的方向，以及从蜂房中补充新成员来扩充蜂群等事宜进行沟通。

无刺蜂一般在空心的树木或地上洞穴中筑巢。有少数会把巢穴的地点选在白蚁的蚁丘上。一个大型的无刺蜂群可能有 18 万个成员，其中包括 1 只或数只蜂后。哺育蜂房和食物储存罐彼此分隔开来，由蜜蜂分泌的蜂蜡再混以树脂或动物的粪便做成。它们给蜂房巢室批量供应食物。觅食的工蜂通过在食物和巢穴间留下气味

舞蹈语言

蜜蜂工蜂通过"舞蹈"向巢穴的同伴说明食源的信息。舞蹈是在蜡质蜂巢的垂直面那一排排蜂房造成的黑暗中进行表演的。舞者总是会受到数只"追随者"的注意。

觅食的工蜂如果在离蜂房 25 米内的地方找到食物的话，就会返回蜂房表演绕圈跑一般的"圆舞"，其中伴随着方向的变化，变化的频率时多时少。变换方向的频率越高，就表示目的地的食物所含的热量价值越高。

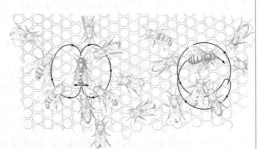

蜜蜂舞蹈的类型。觅食者返回巢穴并表演两种基本形式的舞蹈。左边，蜜蜂正在表演"摇摆舞"，而右边的那只在表演"圆舞"。

如果食物距巢穴的距离为 25 ～ 100 米，那么蜜蜂的舞蹈介于圆舞和摇摆舞之间，用来表示距离较长的摇摆舞是一种约定好的"8"字舞。蜜蜂跳这种舞的时候，会在舞蹈两端两个半圆的直线轨迹上左右来回摆动自己的腹部。"8"字舞中，食物的距离通过直线轨迹的持续时间和摆尾的

从巢穴入口看去，跳"摇摆舞"的时候，直线竖直的角度与食源和太阳之间的角度相关联（图中是 90°）。

频率来说明（右边的图用来解释它们如何说明方向的）：摇摆身体，以及伴随着这一动作的高频的"嗡嗡"声相结合，用来告知食物的质量。

追随者们通过用触角碰触舞者，并且对空气振动（声音）的感受性接受这些信息。而在舞者身上留下的花朵的特殊气味也很重要。因此，蜜蜂的舞蹈语言是一种多通道的信息系统。

的痕迹说明食物的来源。尽管没有刺，但像麦蜂这类昆虫并不是完全无助的，如果有脊椎动物袭击它们的巢穴，它们会咬袭击者的皮肤，有些种类的颚腺还会分泌一种腐蚀性的液体。除了麦蜂属成员，所有无刺蜂的蜂后在幼虫期的时候所住的巢室都比一般的巢室大，还会有额外的食物供应。相对应的是，麦蜂的"皇后"是世袭的。

蜜蜂属的蜜蜂中，注定要成为皇后的幼虫吃的全是蜂王浆（也叫"蜂乳"），是一种含有糖、蛋白质、维生素、核糖核酸、脱氧核糖核酸，以及脂肪酸的混合物，是由年轻工蜂的颚部和咽下的腺体分泌的。而那些将成为工蜂的幼虫只能享用大约3天的蜂王浆，此后吃的就是花粉和蜂蜜。

蜜蜂工蜂用分泌的蜂蜡建造双侧面的垂直蜂巢，其中每一个蜂房都呈六角形。储存花粉和蜂蜜的蜂房与哺育工蜂幼虫的蜂房大小相同。雄性都住在较大的蜂房中，蜂后所住的大蜂房悬挂在蜂巢上。蜜蜂也会利用树脂，但它们不会像无刺蜂那样将树脂与蜂蜡混合，而是单纯用树脂塞住裂缝，或用来改小巢穴或蜂巢入口的尺寸。但是跟无刺蜂相同的是，蜜蜂也是从植物那里采集树脂后用后肢胫节上的花粉筐将其运到巢穴中去。

一个健全的西洋蜂群含有约4万~8万只工蜂、200只雄蜂和1个蜂后。蜂后一天中产卵近1500粒。为了维持自己在工蜂阶层之上的优势地位，蜂后的颚腺会释放一种叫作"蜂王物质"的信息素。这种物质不仅能抑制工蜂卵巢的发育，还能抑制工蜂修筑其他的蜂后蜂房的行为，从而减少自己的竞争对手。蜂后的寿命为1~5年，其势力也会逐渐衰落。由于工蜂的数量太多，相比之下，蜂后释放的蜂王物质难免有鞭长莫及之处，于是工蜂们又开始修建其他的蜂后巢室。以新蜂后为中心的群体就产生了。当第一个年轻的蜂后羽化后，通常会把其他年纪小的蜂后除掉，此时，地位被取代的老蜂后会离开蜂群。

蜜蜂工蜂的行为与年龄有关联。它们头三天的职位是清洁员；第3~10天则是护士，此时它的颚腺和咽下腺体变得活跃并负责给幼虫喂食；在第10天左右，这两个腺体萎缩，腹部的蜡腺活跃起来，于是它又变成了一个建筑工人；大概从第16~20天，它学会从返回的觅食者那里接过花粉和花蜜并放到蜂巢中去；大约在第20天的时候，它开始担负起守卫巢穴入口的职责。而在此后一生中余下的6周左右的时间里，它会一直负责出去觅食。

但职责的分工并不是这样刻板的，如果蜂群的年龄结构被破坏了，不管是人为的还是来了个大个子的敌人，各种工作职责都会在幸存者中重新分配。

完全群居型蜂群的特点之一是集体防御，在蜜蜂属中，这种防御行为是通过刺里的腺体所分泌的报警信息素激活的。这种信息素会使其他的工蜂面临危险。当它们展开肉搏的时候，倒钩状的刺和毒液腺会留在最后使用。这种明显的"利他主义"的自我牺牲使蜜蜂很快丧命，但毒液囊会继续搏动并发射毒液。

当一个蜜蜂（或蚂蚁、黄蜂）社区中有宝贵的资源需要保护的时候，群体就会采用协同防御策略。对蜜蜂来说，大量的幼虫、储存的花粉和花蜜都会引来敌人。就是蜂蜜这种蜜蜂制成的营养丰富的植物糖分（花蜜）混合物，也对人类构成吸引力。蜜蜂，尤其是西洋蜜蜂，人类用蜂箱饲养它们的历史至少有3000年了。

蜘 蛛

蜘蛛是食肉的"猎人"。由于它们能帮助控制昆虫的数量，因此对维持自然界的生态平衡起着重要的作用。蜘蛛体内含有用于攻击和防御的毒液，加上它们利用丝的多种技能和创造力，使它们非常适合这个角色。并不是所有的蜘蛛都能织网，但所有的蜘蛛都能吐丝，并有各种不同的用途。那些不能织网的大量蜘蛛则拥有多种捕食的策略。

蜘蛛是一个古老的群体，大概在 4 亿多年前的泥盆纪就出现了。在石炭纪的初期（3.5 亿年前），即昆虫纲出现的时候，就已经存在大量高度发达的蜘蛛。许多石炭纪的化石种类与现代的一些很类似，这些现代种类因此被称为"活化石"，如中突蛛亚目的节板蛛。但是，根据化石档案，在重新发现的渐新世（3400 万年前）的蜘蛛化石以前有很长一段时间的化石记录空白。后来，在北美和欧洲的波罗的海琥珀和其他来源中，发现了大量保存完好的蜘蛛化石。

罕见的古蛛科成员与更著名的腔棘鱼的发现过程相同，但前者形成的时间更早。第一块古蛛科的化石于 1854 年在波罗的海琥珀中被发现，25 后后，人们在马达加斯加岛发现了沾着的古蛛科成员。这些奇怪的蜘蛛长有巨大的头部，而且抬得高高的，还长有粗的毒牙——明显是用来对付其他蜘蛛的！尽管非常稀少，但在南非、澳大利亚和马达加斯加都能见到这种蜘蛛，而南美有它们的亲属。

吐丝器和毒液腺

结构和功能

世界上最大的蜘蛛是南美的巨型狼蛛，其附肢伸展的长度达 26 厘米。而世界上最小的成年蜘蛛体长只有 0.37 毫米，比一个大头针的头还小。除了体形之外，蜘蛛在外表上也千差万别：有些有鲜艳的体色，有些则具有很不显眼的保护色；有些胖胖的，有些则长得像蠕虫，很多的外表都很古怪。蜘蛛还能令人叹服地伪装成蚂蚁、难吃的臭虫，甚至是一滴树叶上掉下来的鸟粪。

蜘蛛的身体主要由两部分组成，即头胸部和腹部。这两部分通过一个狭窄的管，即肉茎，连接在一起。被一层坚硬的甲片覆盖住的头胸部包含脑、毒液腺和胃，还长有 6 对附器：4 对附肢、1 对触须和武装着有力的毒牙的 1 对颚（螯肢）。

眼睛位于头胸部的前方。大部分蜘蛛的 8 只眼睛都是单眼，与许多昆虫和甲壳类动物的复眼不同。而且大部分蜘蛛视觉的精度很低，因为其中许多都是夜行性的，触觉是它们的基础感觉。它们通过空气、地面、蛛网或水面传播的振动来"听"周围的世界。然而，有些蜘蛛科中，尤其是跳蛛（跳蛛科）、鬼眼蛛或撒网蜘蛛，具有超凡的视力：跳蛛能通过视觉来区分配偶和猎物，而鬼眼蛛能在雨林漆黑的夜晚中看到猎物。

螯肢位于眼睛下面，是蜘蛛进攻的武器。每条螯肢都由两部分组成：一个强壮的基节和有关节连接的毒牙。在蜘蛛的分类中，两个主要的亚目就是根据螯肢的运动方式来划分的。在包含鸟蛛和活板门蛛的原蛛亚目中，蜘蛛抬起身体，以便螯肢像平行的镐一样向下敲。相反，在较高级的新蛛亚目中，颚部能像糖钳一样合拢，使身体不需要向上抬。

螯肢并不仅仅用于攻击和防御，还可以干别的，比如，活板门蛛的螯肢上长有一排齿，它会用来挖洞，而盗蛛科的捕鱼蛛在水面上奔跑的时候，会用螯肢抱住它们的大卵茧。有些蜘蛛会在交尾期间把自己的螯肢互扣住，尤其是那些体形较大的雄蜘蛛，它们用这种方法紧紧抱住雌性。

头胸部还长有一对须肢（触须）和4对用于爬行的附肢。触须与附肢相似，但只分6节，而不是7节，也不起爬行的作用，而是在捕猎等情况中起协助的作用。触须和附足的末端都具有味觉感受器。成年的雄蜘蛛中，触须的末端特化为交配器官。

蜘蛛的附肢分为7节，从基部开始，分别为基节、转节、腿节、膝节、胫节、跗基节和跗节。跗节的顶端是两个或三个爪。在蜘蛛中，两个爪的都是猎蛛，织网的蜘蛛有一个额外的抓丝线的爪。许多两爪的蜘蛛还长有布满密密纤毛的刷子，称为"爪刷"，使它们倒过身子停留在光滑的叶片表面上。"爪刷"的黏力很强，因为纤毛分裂为数千个极微小的"脚"，使爪的表面积增大。

将头胸部和腹部连起来的肉茎中有神经束、大动脉和肠。腹部通常为囊状，非常柔软。当蜘蛛吃饱了的时候，以及充满卵的时候，腹部会膨胀。腹部还包含心脏、消化道、丝腺、呼吸和生殖系统。生殖器开口位于腹部底面朝向基部的位置，侧面就是方形的书肺。腹部末端是肛门，吐丝器就在肛门下面。吐丝器中，极精细的丝线会从微小的"龙头"中吐出来，最多的时候达到6根。

蜘蛛通过书肺和气管呼吸。书肺是一个包含许多层叠的折叶（书肺因此得名）

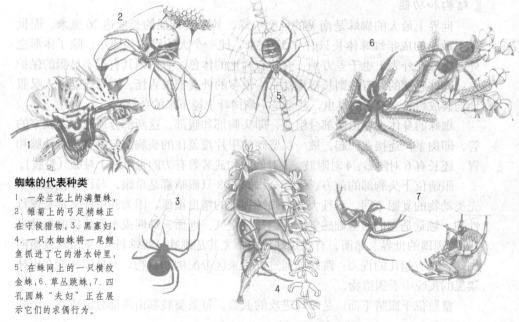

蜘蛛的代表种类

1.一朵兰花上的满蟹蛛。2.雏菊上的弓足梢蛛正在守候猎物。3.黑寡妇。4.一只水蜘蛛将一尾鲤鱼抓进了它的潜水钟里。5.在蛛网上的一只横纹金蛛。6.草丛跳蛛。7.四孔圆蛛"夫妇"正在展示它们的求偶行为。

的腔室。脱氧的血液在心脏跳动的作用下流过那堆折叶后，折叶会变成一个充满空气的空间。这个器官外部可见，位于腹部底面朝向基部的位置，看上去是矩形的一片。蜘蛛有一对书肺，但古筛器蛛科除外，这一科的蜘蛛像原蛛亚目和古疣亚目一样，长有两对书肺。

书肺暴露通向空气区域的表面积很大，很容易散失水分。因此为了保湿及保持更高的效率，大部分蜘蛛的第二对书肺被气管系统取代。跟昆虫一样，气管上都有支气管，能直接向组织输送氧气。大部分蜘蛛的气管在体外的开口紧挨着吐丝器。

蜘蛛利用毒液快速将猎物麻痹或杀死，毒液同样也用于防御。除了妩蛛科的蜘蛛外，所有的蜘蛛都有毒液腺。但大部分蜘蛛的毒液都不具有高毒性，全世界只有不到 100 种蜘蛛毒性较强。

两个毒液腺都各自通过一个狭窄的导管与毒牙相连，并在毒牙的顶端有一个小孔开口。腺体的肌肉组织收缩的时候，毒液就会喷射出来。蜘蛛的毒液是一种很复杂的混合物，不同的种类，其成分不同。根据毒液对人体的作用，可分为毒害神经的或毒害细胞的。毒害神经的毒液作用于神经肌肉的接合点，引起痉挛和瘫痪。毒害细胞的毒液则会引起组织的坏死，留下难以消退的瘢痕。有些毒害细胞的毒液，如遁蛛的毒液可能具有溶血性，会导致肾功能衰竭。

人被任何一只指甲盖大小的、具有高毒性的黑寡妇蜘蛛咬伤后，不会立刻感到疼痛，第一阵真正的淋巴结痛感在被咬 10 ~ 60 分钟之后才出现。随后，肌肉会出现严重的痉挛，即黑寡妇症候群——尤其是腹部和面部。如果得不到治疗，症状会持续一星期，这期间，因呼吸衰竭而死亡会随时发生。这种蜘蛛出现在世界上的干燥、温暖地区。在美国，它被称为"黑寡妇"，在南非叫纽扣蛛，在澳大利亚叫赤背蜘蛛。幸运的是，在所有有这种蜘蛛的国家，都有相应的抗毒血清。

世界上最危险的蜘蛛之一是澳大利亚东部的悉尼漏斗网蛛，这种蜘蛛的毒液具有强酸性，被这种蜘蛛咬后会立刻引起疼痛。毒液中的酶会分解组织引起渗透，症状包括反胃、呕吐、流涎和哭泣；不协调的肌肉运动会逐渐加剧，伴随着剧烈的腹部疼痛和异常心搏；随后会出现呼吸肌麻痹，此时肺部会有积液，血压急剧下降。如果出现精神狂乱和昏迷的症状，通常就意味着死亡。

其他有毒的蜘蛛还包括爬行速度很快并具有攻击性的巴西漫游蜘蛛，以及位于美洲南部和北部、相当灵敏的遁蛛。

在南美，有害的蜘蛛还包括一些狼蛛、猎蛛，球形网蛛中的一些种类也有毒。喷液蛛的毒液腺很大，不仅能喷出毒液，还会喷出胶状物质。它们捕食的方式很独特，会喷出毒液和胶状物质的混合物，使猎物瘫痪的同时，还会被粘住。但这类蜘蛛对人类没有危险。

猎人和织网者
生活习性

蜘蛛被很宽泛地划分为织网蜘蛛和捕猎蜘蛛，后者不织网。许多实例表明捕猎蜘蛛能制服很多体形是它们2～3倍的昆虫，比如，体形非常小的蟹蛛时常能捕获大型的采花熊蜂。

大部分蜘蛛只吃活的猎物，其食谱主要包括昆虫和其他蜘蛛，有些还会捕食甲壳类动物和蠕虫，但许多都拒绝吃蚂蚁、黄蜂、甲虫和味道不佳的臭虫。它们有的食性多样，有的高度专一，如热带的流星锤蛛只吃某一种雄蛾——它会仿造雌蛾的性信息素来引诱猎物。

中美洲的热带捕猎蛛是捕猎蜘蛛中的代表，它会花上很多时间埋伏着守候猎物。这种蜘蛛极有耐心，而且非常敏感，能感知极轻微的振动。当猎物靠近的时候，它会以迅雷不及掩耳的速度出击，在不到 0.2 秒的时间内捕获猎物。跳蛛也是猎手，但它们

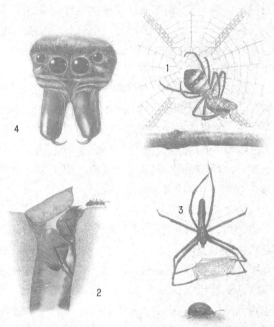

捕猎的技术：1.圣安德鲁十字网蛛这样的织网者利用黏糊糊的蛛网捕捉蝇类和其他昆虫，猎物一旦被网粘住后，它会用丝把猎物裹起来，然后吃掉。2.活板门蛛是伏击的猎手——等着突袭那些经过它们洞穴的猎物。3.撒网蛛会织一张网，看准目标后将网扔过去罩住猎物。4.蜘蛛强有力的颚部（螯肢）武装着毒牙。

是罕有的依靠极佳的视力来协助捕猎的种类。它们高度发达的主眼（前中眼）能辨认形状，并且能在 28 厘米远的地方认出静止中的猎物。

所有蜘蛛的消化过程都是从体外开始的。当猎物被毒液征服或被蛛丝缠住的时候，蜘蛛会用颚咬住它，然后从消化道中吐出一些消化液在猎物身上，当消化掉的组织被吸掉后，它又会吐出一些来，这两个步骤会交替出现。缠网编蜘蛛（球蛛科）和蟹蛛会吸掉猎物的软组织，因为它们的螯肢上没有牙齿。而螯肢上长有牙齿的圆蛛会把猎物碾碎。由于蜘蛛的新陈代谢很缓慢，几个月没有食物它们也能活。

蜘蛛本身也是鸟类、爬行动物和两栖动物、哺乳动物，以及其他蜘蛛的猎物。而鱼类中，如鲑鱼，会吃掉落在水面上的蜘蛛。甚至蝙蝠也会吃地蛛和圆蛛。蚂蚁、刺蝽和螳螂也都会捕食蜘蛛。寄生性的昆虫，如小黄蜂会寄生在蜘蛛的卵中、蝇的体内和体外、大型黄蜂身上，甚至包括捕食蜘蛛的黄蜂身上。这种黄蜂的幼虫会用自己的毒刺将活蜘蛛弄瘫痪，然后再以活的组织为食。其他的寄生虫则是简单地将卵粘在蜘蛛的身体上，或将卵产在蜘蛛的卵囊中。许多种真菌和线虫（圆线虫）也会在蜘蛛体内生长。

除了这些对蜘蛛造成直接威胁的敌人外，还有很多寄生性的蜘蛛营盗窃寄生生活，即从其他体型较大的蜘蛛的网中偷食物。

海葵和水母

海葵、珊瑚和水母也许是腔肠动物门中最为人熟知的物种。腔肠动物包括大量各式各样的物种，这一名称起源于希腊克尼多斯学派，意思是"刺人的荨麻"，因为腔肠动物门中的许多物种都以具有带刺细胞（刺细胞）为特点。腔肠动物主要为海生，仅有少数淡水物种，其中淡水物种中最著名的便是水螅。

腔肠动物为具有两层细胞（双胚层）结构的多细胞动物，这种结构也限制了细胞发育和器官发育之间的差异，群生腔肠动物中特化的个体（多态性）则部分弥补了这种局限性。

水母
钵水母纲

水母是腔肠动物中能最大限度地利用其自由游泳生活方式的一个物种，只有钵水母纲下的一个目（十字水母目）是个例外，它们附有水螅状底盘，为底栖动物。水母的水母体结构与水螅的水母体相类似但更为复杂，它们口部周围的盘延伸为4个臂，其消化系统通过复杂的放射形水沟系将中间部位（胃）和周边环形物质相连，它们中胶层的体积也相对更大。有些属（如多管水母）的中胶层能通过选择性地排出重的化学颗粒（阴离子，如硫酸盐离子）并以较轻的化学颗粒（如氯化物离子）取而代之，来维持生物体的浮力。它们能捕猎的猎物体形范围很广泛，但许多物种（如海月水母属中的常见大西洋海葵）却集中以小体形的浮游生物为食。海月水母的臂周期性地在其泳钟边缘扫过，将表面沉积聚集的颗粒收集起来。

海葵和水母的代表种类

1.蓝水母，位于北大西洋（直径20厘米）；2.海月水母，一种普通水母，分布于地中海和北大西洋（直径25厘米）；3.草莓海葵，一种珍珠海葵，位于地中海、北大西洋的潮间带（高7厘米）；4.绣球海葵，带羽毛的海葵（高8厘米）；5.曲膝薮枝螅，位于欧洲西北部浅岩石栖息地（群落高4厘米）；6.桧叶螅，一种水螅群落（高45厘米）；7.白海扇珊瑚，分布于地中海和北大西洋（高30厘米）；8.桃色海葵，一种"坐等"穴居海葵，分布于地中海和北大西洋（高10厘米）；9.珠宝海葵，一种海葵状动物，分布于北大西洋（直径5厘米）；10.水手珊瑚或"死人手指"，一种水螅群落，分布于地中海和北大西洋（高20厘米）。

与之不同的是，根口水母目物种口部周围的臂发育出分支，并具有无数个吮吸口，其中每个吮吸口都能吸食诸如桡足类动物这类的小浮游生物体。倒立水母属是水母中主要底栖的悬食生物形态，它们倒立于沙地底部，其有褶边的臂如同滤网一般。这两目中生物体泳钟的形状也截然不同：有冠水母的泳钟有一道深深的沟槽，而立方水母的泳钟则呈立方体状。

水母消化腔底部的腺体能产生配子，配子被释放入消化腔内，释放后即发生受精。而许多物种的体下有一个孵化囊，用以放置其幼体。幼体脱离母体后，即

知识档案

海葵和水母

门 腔肠动物门

纲 水螅纲、钵水母纲、珊瑚纲

约有 9900 个物种，分为 3 纲。

分布 呈世界性分布，主要为海生物种，营自由游动生活或底栖生活。

化石记录 从前寒武纪（约 6 亿年前）至今。

体形 从微小至数米。

特性 身体呈放射性对称，细胞依组织分布排列（组织级别）；有触须和带刺细胞（刺细胞）；双胚层的体壁（外胚层在外，内胚层在内）被原始的果冻状非细胞的中胶层所黏接，体壁围成消化（消化循环）腔，无肛门；具有 2 个不同的生活史型：自由游动的水母体和固着的水螅体。

水螅及其同类（水螅纲）

约有 3200 个物种，分为约 6 目。化石记录：部分水螅有许多水螅珊瑚化石。特性：呈四部分（四辐）或多部分（多辐）对称；单生或群生；生命周期包括水螅体和水母体或仅有其中之一，中胶层中无细胞；消化（消化循环）系统没有口凹（胞咽）；无带刺细胞（刺细胞）和内隔膜；雌雄异体或单一个体具有两性；配子成熟于外胚层中，外胚层能频繁地分泌出几丁质或钙质的外骨骼；水母体的边缘（膜）呈格状或钟状；触须常为实心的。目包括：辐螅目、水螅目（水螅）、多孔螅目、管水母目、柱星螅目、硬水母目。

水母（钵水母纲）

约有 200 个物种，分为 5 目（若立方水母目升为纲，则只有 4 目。见正文）。化石记录：很少。特性：占多数的水母体呈四部分（四辐）对称；水螅体通过横向裂开形成水母体；单生（或游动或通过茎附着于基质上）；部分中胶层由细胞组成；消化（消化循环）系统有胃触须（无口凹），被分隔物（膜）所细分；通常为雌雄异体；生殖腺位于内皮层；有复杂的边缘感觉器官；无骨骼；触须常为实心的；完全海生。目包括：冠水母目、立方水母目、根口水母目、旗口水母目、十字水母目。

海葵、珊瑚（珊瑚纲）

约有 6500 个物种，可能分为 2 ~ 3 个亚纲和 14 目。化石记录：已有数千个物种。特性：只有水螅体；主要呈六部分（六辐）或八部分（八辐）对称；呈明显的向两侧对称发展的趋势；单生或群生；有扁平的口（头）盘，口凹向内；中胶层由细胞组成；雌雄异体或雌雄同体；生殖腺位于内皮层；消化（消化循环）系统有胃触须（无口凹），被分隔物（膜）所细分；骨骼（如果有）为钙质外骨骼或钙质（角质）结构中胶层内骨骼；部分形态特别适应于在咸水中生活；触须常为中空。

八射珊瑚亚纲（或八射亚纲）

目包括：软珊瑚（珊瑚目）、蓝珊瑚（共壳目）、角珊瑚（红珊瑚目）、海鳃（海鳃目）、笙珊瑚目、长轴珊瑚目。一个物种被列为易危，即白海扇珊瑚（红珊瑚目）。

多射珊瑚亚纲（或六放珊瑚亚纲）

目包括：海葵（海葵目）、刺珊瑚（角珊瑚目）、黑角海葵目、海葵目、硬珊瑚或石珊瑚（石珊瑚目）、群体海葵目。星海葵（海葵目）被国际自然保护联盟红皮书列为易危物种。

行固着并发育为水螅体，并通过芽殖产生其他水螅体。这些水螅体也能通过横向分裂（裂殖）生成水母体，从而形成大量蝶状幼体（节裂）。蝶状幼体脱离母体后，主要以原生动物为食，生长并变为典型的水母。

腔肠动物常通过其带刺细胞（刺细胞）来捕食，现在人们认为这些细胞是在神经的控制下作用的。

海荨麻因其触须能有力地扎刺而得名。秋冬两季，在美国加州和俄勒冈州的近海能收集到大量该物种群。

刺细胞扎刺时，快速射出胶质线，将其打开并彻底翻转，有时还会露出细胞旁的侧钩。中空的刺细胞常含有毒素，能将毒素注入猎物体内。这种毒素的效力很强，有些海生方形水母群（如立方水母属）的毒素尤其可怕，已致数人死亡，特别是在澳大利亚近海处。被刺者常因呼吸麻痹而迅速被擒。海蛞蝓也通过相似的刺细胞来保护自己。部分权威人士将这些具有箱形水母体和有力刺细胞的水母分为单独的一纲，即立方水母纲。

珊瑚和海葵
珊瑚纲

珊瑚和海葵（珊瑚纲）只以水螅体存在。海葵（海葵目）的触须常多于8条，其触须和内部结构（内膜）也常呈六射排列。

许多海葵物种，尤其是最原始的物种，穴居于泥沼和沙地上，而大多数物种则通过其形状各异的盘所产生的分泌物附着（永久或临时）于坚硬的基质上。嘴部周围的盘（口盘）有两道密布纤毛的沟（口道沟），维持相对宽大的消化腔内水的流动。口盘向内形成胞咽或口凹，它们如同阀一样，若内部压力升高就会相应闭合起来。与水母相似，有些海葵依靠其叶状触须、产生的大量胶质和顺纤毛排列的丰富食物管，以悬浮在海水中的颗粒为食，其中细指海葵属的普通羽毛状海葵就是一个最好的范例。它们通过芽殖或裂殖进行无性繁殖，其有性繁殖则可包括内部配子受精或外部配子受精。有些物种能在其躯干的基础上，在内部或外部产生其幼体。

另两目的生物也都是海葵形的：角海葵有长长的身体，适应于在沙地上穴居，但只有一个口沟（口道沟）。群体海葵没有足盘，常群生并附着在其他生物体之上（体外寄生）。

群体海葵亚纲还包括硬（石）珊瑚（石珊瑚目），其水螅体被坚硬的碳酸钙骨骼所包围。硬珊瑚的绝大部分都群生于由大量小水螅体（约5毫米）所组成的群落中，其少数单生形态的体形则比较大（石芝珊瑚的横向长度达50厘米），它们多数分布于热带或亚热带地区。群生形态中的水螅体彼此侧向相连，它们形成了覆盖于骨骼之上的薄薄的一层，骨骼是由它们的外层分泌而来的。

珊瑚的生长形态多种多样，包括有精细分支的物种和能以其大块的骨骼沉积物形成建筑物般大小的珊瑚礁的物种。脑珊瑚及其近族正体现了这种有趣的生长形态多样性，它们是由水螅体连续排列成行而成，从而形成骨骼上具有纵向裂口的物种。

与硬珊瑚紧密相关的是无骨骼的类珊瑚目物种，该目包括珠宝珊瑚（红宝石珊瑚属），它们因其栩栩如生和变化万千的色彩而得名。珠宝珊瑚行无性繁殖，故而岩石的表面可由多彩的海葵被状物所覆盖。黑珊瑚或刺珊瑚（角珊瑚目）能形成薄薄的浮游状群落，其中的水螅体围绕角状骨骼而列，带有无数根刺。

八射珊瑚包括各种形态的物种，它们都具有 8 个羽毛状（翼状）触须。其水螅体向上突出并由名为共骨的大块骨骼组织连接在一起，共骨由消化管渗透出的中胶层所组成。八射珊瑚有内骨骼，这与硬珊瑚形成了鲜明对比。八射珊瑚包括熟知的柳珊瑚（角状）、海鞭和海扇，以及珍贵的红珊瑚属红珊瑚。它们中的大多数都有由有机物质（珊瑚硬蛋白）组成的中央杆，中央杆的周围围绕着共骨和水螅体，共骨常包括骨针，因此带有栩栩如生的色彩。红珊瑚就是如此，其中央轴由大量深红的钙质骨针融合而成，常被用来做珠宝。笙珊瑚属（笙珊瑚目）的热带管珊瑚的骨针会形成管或微管，它们通过一系列规则的横向棒交叉相连。与此不同的是，软海绵（海鸡冠目）的共骨内只包含离散的骨针（如海鸡冠属的"死人指"）。蓝珊瑚属的印度洋—太平洋蓝珊瑚是共鞘目仅有的代表物种，它们有一个由水晶霰石纤维融合而成的薄板（薄层）组成的大块骨骼，其因含胆汁盐而呈蓝色。这些类群中的许多物种都有数种形态（特别是营养体、指状体和生殖个体）。许多水螅体（管状体）如泵一般，能推动群落消化系统中水的循环。海肾（海肾属）和海鳃（海鳃属）是我们所熟知的物种，它们在被惊扰时都会发出磷光，这种发光机制被神经系统所控制，并会受到光线的抑制。这一作用的目的尚不为人所掌握，但很有可能是对潜在捕食者闯入的一个反应。

腔肠动物的神经系统具有一定规模的结构和专门性。海葵的神经管能控制其牵拉肌，实现保护性收缩，这就是一个证明。钵水母的边缘神经节和水螅水母的环绕管包括起搏细胞，负责发起和维持游泳节奏。发水母被巨大神经所控制的运动通过电彼此相连，确保它们像一个巨大环形神经纤维一样一同作用，能在泳钟的所有部位产生同步肌肉收缩。

与之相似的是，水螅和珊瑚群落中的个体水螅体也被群落神经网的活动整合在一起，整合控制所需的额外力来自电耦合层（上皮细胞）的传导径。例如，美丽海葵属中海葵的壳攀缘行为就是依赖神经网和两上皮系统间的交互作用，其一在外（外胚层），另一在内（内胚层），但能证明这些额外系统中细胞的准确位置的确切证据还很难获得。

升高的海水温度和较低的盐分可能导致珊瑚变白或死亡，这一问题日趋严重。图为鹿角珊瑚的一个物种。

蟹、螯虾、虾及其同类

甲壳类动物坚硬的外骨骼富含几丁质，因此在其生长过程中需蜕皮，还有顺身体的节排列的成对节状附肢或肢体，因此显然属于节肢动物。它们主要为水生物种，其中大部分为海生，也有一部分为淡水物种。

本节介绍最为人熟知，也是拥有最多物种的甲壳类动物目，包括蟹、螯虾、虾。在多数情况下，在全球范围内能被捕获并作为食物的甲壳类动物中，它们属于体型较大的一部分。本节也涉及磷虾（磷虾目）——一种极小的生物体，它们数量庞大，是地球上最大的哺乳动物须鲸的食物来源。

从游泳到行走
进化和繁殖特性

甲壳类动物的先祖可能是栖息于海底能游泳的小型海洋生物，它们的身体未分为胸部和腹部，沿身体下方还有一系列相似的附肢，所有的附肢都可用于运动、取食和呼吸。早期甲壳类动物的肢体有 2 个分叉（二叉型附肢），即从基部（原肢）分支出的 1 个内足（内部肢体）和 1 个外足（外部肢体）。与鳃足目中几个现存的甲壳类物种（如神仙虾和盐水丰年虫）相似，甲壳类动物的原始肢有 2 个扁平叶状片。这类肢体能有节奏地运动，以游泳产生取食水流，食物便沿着它们的身体下方传递到嘴中——因此也推动了从颚基到颚的进化。颚基外部的突起通常充当其呼吸表面。

甲壳类动物进化的主线是生成大的行走动物。具体说来，它们的内肢从带有两分叉、能游泳和过滤的腿进化为有明显的单一分叉（单支的）的步足（行走足），而外肢在其幼体发育期或进化早期已经退化甚至消失。这种圆柱状腿的表面积变小，不再适于作为大型甲壳类动物所必要的呼吸表面，因此位于其腿根部体壁的开口或突起就承担了鳃的功能。十足类动物（虾、蟹、螯虾）的头部也逐渐发育（头部集中化），它们前三对胸部肢体适于作为嘴部（颚足）的附属物和头胸部的保护壳。

甲壳类动物通常为雌雄异体，其受

知识档案

蟹、螯虾、虾及其同类

总目 真甲总目
约 8600 个物种，分为 154 科。

分布 呈世界性分布；海生，部分为淡水生物种。

化石记录 甲壳类动物出现在寒武纪晚期，约 5.3 亿多年以前。

体形 从极小的（0.5～5 厘米）磷虾到长达 60 厘米的螯虾。

磷虾（磷虾目）
约 90 个物种，分为 2 科，是海洋浮游滤食动物。物种包括糠虾。

十足类动物（十足目）
约 8500 个物种，分为 151 科。物种包括车虾、清洁虾（猬虾科和藻虾科）、美洲巨螯虾、美洲小螯龙虾、加勒比螯龙虾、椰子蟹、圣诞岛蟹等。

精卵呈成熟的螺旋形卵裂特性。甲壳类动物的发育常经由一系列幼虫期,体形不断变大,体节数量和相应肢体数量也不断增加。它们最简单的幼虫期是有3对附肢的无节幼体,包括第1、2对触角和1对下颚。许多现存的甲壳类动物都有这一发育期,在此阶段它们通过3对附肢游泳获取悬食,称为浮游扩散期。这些肢体在其幼虫和成体阶段所具有的功能不同,发育成熟后,在幼虫阶段原由这三对附肢实现的功能,交由其身体后部发育起来的其他附肢实现。依其种类不同,无节幼体会发育成各不相同的较大幼体。许多甲壳类动物则在卵中发育,从而跳过了无节幼体这一阶段。

磷虾和十足类动物
真甲总目

浮游磷虾和十足类动物(虾、螯虾、蟹)属真甲总目,它们有发达的壳和柄眼,其壳在背部与所有胸部体节结合为一体。它们的受精卵常在雌性腹部下方,并能被孵化为带有大壳、一对突出的眼睛和发达的胸部附肢的蟹幼体,磷虾和原始十足类动物却只能被孵化为无节幼体。

磷虾(磷虾目)具备软甲纲动物中的多个原始特性:它们都是海生的;其卵被孵化后成为无节幼体;它们的胸部附肢都不适于称为颚足,但都具有发育完全的外肢;它们的胸部附肢也有上肢,能作为不被壳所覆盖的外部鳃。

大多数磷虾都有发光器官,常位于其眼睛、胸部第7体节的基部及腹部内面,可用于结成群和繁殖时的相互沟通。当浮游植物环境适宜时,磷虾即行浮游的滤食取食生活,否则则捕食较大浮游生物为食。它们的前六对胸部附肢已适于成为过滤篮:当富含浮游植物的海水从磷虾腿尖进入并穿过时,磷虾收紧其腿部。糠虾可长达5厘米,是南极大洋中数量最众多的浮游动物,也是许多须鲸的主要食物。

十足类动物的前三对胸部附肢已成为它们的辅助口器(颚足),理论上还有5对可作为其腿(步足)——它们因此得名十足(10条腿)类。事实上,第1对步足常作为其爪。过去人们曾将十足类动物分为游泳类(游泳亚目)和爬行类(爬行亚目),即虾和对虾为一类,螯虾、小龙虾和蟹为另一类。现代分类方法更依赖于其形态特征,因此现在将十足类动物分为枝鳃亚目和腹胚亚目。

枝鳃亚目物种都呈虾状,以两侧扁平的身体和多分叉的鳃为其特点。它们的卵是浮游的,孵化后成为无节幼体。腹胚亚目物种的鳃没有次级分支,为盘状或线状。它们的卵被雌性的腹足所携带,孵化后成为蟹幼体。

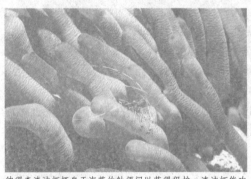

彼得森清洁虾栖息于海葵的触须间以获得保护。清洁虾能吃掉鱼类表面和口部的寄生虫。

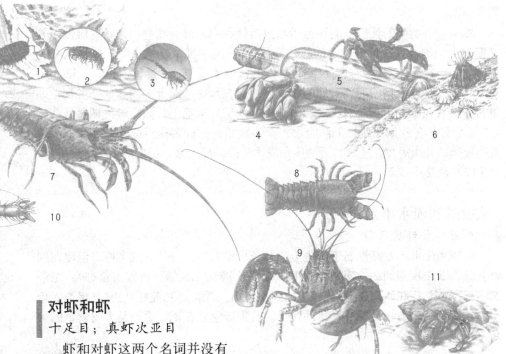

对虾和虾

十足目；真虾次亚目

　　虾和对虾这两个名词并没有确切的动物学定义，通常可以互换。枝鳃亚目下最重要的虾科是对虾和樱花虾，对虾科包括世界上最具经济价值的虾类(对虾属)，其物种在热带和亚热带的海洋中数量众多。

　　在更大的腹胚亚目下的虾科中，蝟虾科由清洁虾组成，它们能将鱼类身上的外寄生虫清除。

分布于欧洲西北部海滨和浅海的甲壳类动物的代表物种

1.海洋等足类甲壳动物水蝲蛄(等足目，2.5厘米)，栖息于海滩高处；2.钩虾，海滨深处的异脚类动物(1.4厘米)；3.海滨深处和浅水中的tannaid；4.茗荷，鹅颈藤壶(5厘米)；5.浅水中很常见的青蟹，为岸蟹(4厘米)；6.一种橡子藤壶，生长于海滩中部和深处的岩石上(1.5厘米)；7.一种海生小龙虾，生长于深达70米的岩石裂缝中(50厘米)；8.蝉虾，栖息于岩石间和沙地的扁平状十足类动物(35厘米)；9.欧洲龙虾，栖息于从海滨极低处到浅海的裂缝中(45厘米)；10.普通褐虾，栖息于海滨深处和浅水中的有沙基质上(5厘米)；11.共同寄居蟹，栖息于螺贝弃用的外壳中(6厘米)。

　　真虾(真虾次亚目)的特点是，它们第2腹节的侧甲覆盖着第1、3腹节的侧甲。真虾是北部纬度水域中数量最多的虾，现在则遍及全球大洋，从潮间带到海洋深处。有些虾(如沼虾物种)在淡水中完成其生命周期，但更多河流中的虾会回到河口繁殖并产下其虾幼体。

　　除完全浮游的物种外，许多虾都主要为底栖动物，只进行间歇的游泳。成体虾的步足负责行走和(或)取食，其他5对腹足则负责游泳。它们的腹部有时弯曲，能实现快速逃跑。虾幼体的胸部附肢有2个分叉，其中外肢负责游泳；在其幼体后期和成体期，均由腹足负责游泳，而外肢则已退化；在成体期，它们"行走"的步足变为单支。

　　大多数浮游虾能积极捕食浮游动物中的甲壳类动物，它们的猎物包括磷虾和桡足类动物。底栖十足类物种常为食腐动物，包括从无所不食的肉食动物到专门的食草动物。

　　虾通常有明确的性别，而在包括北极甜虾在内的部分物种中，一些雌性在其早期表现为雄性（雄性先成熟的雌雄同体性）。为实现成功的交配，雌性需在蜕皮后立即进行交配，因为只有在此时雄性的精囊才能传入雌性体内，2～38小时后，产下经精囊受精的卵。对虾的卵直接散落在水中，而大多数其他虾类物种则将其卵附着在雌性1～4对腹足的内分支（内足）刚毛上。卵的孵化期通常持续1～4个月，在此期间雌性无法蜕皮。大多数雌性的卵孵化后成为虾幼体，经过长达数周的几次蜕皮，达到其后幼体和成体阶段。虾大多在出生后1年达到成熟，通常能存活2～3年。

大螯虾和淡水小龙虾
十足目；螯虾次亚目

　　螯虾和淡水小龙虾都属于历史上称为长尾类（"大尾巴"）的类群，但现在则将其分为3个次亚目——螯虾次亚目（螯虾、淡水小龙虾、挪威海蜇虾），龙虾次亚目（螯龙虾和西班牙龙虾），海蛄虾次亚目（泥螯虾和泥虾）。与异尾类或短尾类相比，长尾类物种都有发达的腹部。其重要之处在于，它们是人类食物的来源之一。

　　螯虾和淡水小龙虾依靠其后4对单支胸足（步足）在基质上行走。它们的第1对步足是1对强有力的爪，既可用于防御又可用于进攻。它们的腹部有腹足，但却无法负担其笨重的身体，因此在进化中逐渐适应于其他功能，包括交配和抱卵。

　　螯虾是海生的肉食食腐动物，常栖息于岩石底部的洞穴中。极具经济价值的美洲巨螯虾可长达60厘米，重达22千克。螯虾十分长寿，它们可存活100多年。

　　淡水小龙虾则是来者不拒的杂食动物。淡水小龙虾约有500余个物种，其中大部分体长约10厘米，由于它们通常需要钙，故而常局限于含钙的水域中。淡水小龙虾是由海生物种进化而来，因此它们内部液体的渗透压力高于其外在环境的压力，这样水就会通过渗透作用穿过它们的鳃和消化道膜，而覆盖其身体其余部分的表皮在鞣化和钙化的作用下变得不可渗透。它们每个触角（绿）腺的旋绕细管十分长，能从原发尿中再吸收离子（在腺体的末端囊处从血液中过滤）。尿经淡化后，其渗透压力只有水的1/10，因此能排出渗透进来的水，

美洲巨螯虾适于抓握的爪或螯分别具有不同的功能：较重的一个（左侧）能掰裂蜗牛和双壳类动物，另一个螯有锋利的齿，能撕碎捕获的动物或植物。

而所有在尿中流失的盐分都被鳃主动吸收的离子所取代。

淡水小龙虾的繁殖需要进行配对，此时来自雄性的精子顺着第 1 腹足沟流入雌性的生殖受体，或将精囊直接传入雌性生殖受体。受精卵由雌性的腹足抱孵，在卵中跳过如同无节幼体或虾幼体的阶段，被孵化为类似于糠虾幼虫的幼体。

扁虾和寄居蟹
十足目；异尾次亚目；铠甲虾总科

就其身体结构和栖息地而言，扁虾、寄居蟹和鼹鼠蟹是介于螯虾和蟹之间的一组可能毫无关联的物种。它们的腹部呈卷曲状，结构各异，一般不对称，有的已经退化（异尾：指尾巴的形状古怪，因此这类甲壳类动物被赋予学名"异尾目"）。它们的第 5 对步足朝上或已变小。

人们认为寄居蟹是从栖息于裂缝中寻求保护的先祖进化而来的，最终发展为利用腹足类软体动物所弃用的螺旋状外壳寻求保护，它们的腹部适于寄居于典型的右螺旋壳中，也有极少数寄居于左螺旋壳中。在它们不对称的腹部上，较短一侧的腹足至少已经退化了，而雌性腹部较长一侧的腹足则专门负责抱卵。它们位于腹部尖端的尾足能紧紧抓住其后的壳内侧，朝前的胸足则用于支撑。它们的 1 只或 2 只螯都能撑开寄居壳的开口。这些壳为寄居其中的生物提供了绝佳的保护，也具备一定的灵活性。

寄居蟹的近族椰子蟹是太平洋岛屿上的陆生物种，特别喜食椰子，也以许多腐肉为食。它们尤其擅长攀爬棕榈树，来获取其喜爱的食物。

并非所有的寄居蟹都以腹足类动物的壳为寄居处，有些还寄居于角贝、珊瑚或木头、石头的洞中。寄居蟹和疣海葵相互关联地生活在一起，疣海葵的角形基盘包围着寄居蟹的腹部，并充满了寄居蟹的壳。当寄居蟹从一个壳移居到另一个壳时，这一保护性海葵也跟着它一起移动，这样就避免了寄居蟹被其他动物捕食的危险。蟹被海葵的带刺触须所保护，反过来，蟹在取食时散落在水中的食物颗粒又能被海葵所食。

寄居蟹是肉食食腐动物，栖息范围从深海到海滨的海底。在热带地区，陆生也是寄居蟹的一种主要形态。陆寄居蟹的分布包括从海滨的高处直至内陆地区，常居于陆生蜗牛的壳中。椰子蟹已没有典型的寄居蟹形态，而是呈腹部弯曲的蟹状。它们居于穴中或自己能攀爬上的树洞中，以腐肉或植物为食，并能饮水。陆寄居蟹鳃的数量已减少，这可能是由于鳃在空气中逐渐风干后，在表面压力的作用下倒塌了。它们的鳃室壁供血丰富，能像肺一样工作，有些物种的腹部甚至有附属呼吸区，该呼吸区被包围在壳所提供的潮湿微环境中。陆寄居蟹并不是完全的陆生形态，这是因为它们的幼体还是浮游的蟹幼体。因此陆寄居蟹成体在繁殖时必须返回海洋。

扁虾较大的对称性腹部弯曲在其身体下方，并因此得名，它们通常躲在裂缝中。瓷蟹是扁虾的异尾类近族，其外表与真正的蟹极其相似。在温暖多沙的海滨，当波浪退去时，异尾类鼹鼠蟹就会弯曲自己的腹部，钻入沙砾中。它们的第1对触角是能将水流导入鳃内的体管，第2对多刚毛的（有刚毛的）触角就从水流中滤取浮游生物。

真正的蟹
十足目；短尾次亚目

真正的蟹有4500个物种，它们都有极度退化的对称性腹部，并永久地弯曲于结合在一起的头胸部下。它们的雄性和雌性都没有位于身体末端的尾肢：雌性保留其4对腹足用以抱卵，而雄性只保留前面的2对腹足，将其用作交配器官。蟹的大块甲壳延伸至身体两侧，其5对胸部步足中的第1对进化为大螯。典型的蟹是海底的肉食类爬行动物。

腹部的退化使蟹身体的重心直接位于其步足之上，因而它们的运动十分高效，速度也很快，蟹的侧向步态也有助于它们的运动。因此，蟹拥有最适宜甲壳类动物高效爬行的身体形状。正是由于这种形状上的优越性，自侏罗纪(2.06亿～1.44亿年前)产生蟹以来，短尾类动物就多向这种外部形状进化，各种异尾类动物（如鼹鼠蟹和瓷蟹）的形态都与蟹相近或一致。

蟹的栖息地在深海，并延伸至海滨，甚至在海岸上。海底的热泉喷口在地壳运动的作用下，能将热的含硫物质喷射到海面以下2.5千米的高度，盲蟹就以环热泉喷口独特的动物群落为食。而沙蟹科物种则栖息于热带多泥沙的海滨上，如穴居的幽灵蟹和招潮蟹，相手蟹属的分布则延伸至内陆。蟹也能栖息于河流中，如普通英国滨蟹就栖息于河口，溪蟹科和部分方蟹科的热带蟹类则是完全的淡水栖息物种。

蟹大多通过挖洞来躲避捕食者，它们常倒退着钻入沉积物中，也有几个物种能长时间保持穴居状态。其中，盔蟹的第2对长触角与刚毛相互连接，形成一段管状物，它们埋在穴中时，能将水流输入到鳃室中。有的蟹擅长游泳，它们最后一对胸足已发育为桡足。而像幽灵蟹这样更倾向于陆生的蟹类，爬行十分迅

菲律宾附近真正的蟹物种尖指蟹在细长花伞软珊瑚中寻求掩护，两者形成共生关系。

速，也正是它们的速度和夜间活动的特性使其享有幽灵蟹的称号。其他蟹则将自己隐藏在小植物或静态动物（如海绵动物、海葵和藻苔虫）之下，获得相应的保护性掩饰，最典型的就是蜘蛛蟹。豌豆蟹可栖息在双壳类软体动物的外套腔内，以其宿主的鳃所收集的食物为食。而随着珊瑚的生长，雌性珊瑚寄生蟹会被困在珊瑚丛中，只有一个小洞供浮游生物进入，以及让微小的雄性进入来实现其繁殖。

　　大多数蟹类都是肉食食腐动物，而更倾向于陆生的物种也会以植物为食。招潮蟹将沙或泥吃进嘴里，用它们特有的勺形或毛形刚毛，从泥沙中挤出有营养的微生物。

　　蟹的繁殖需行交配。雄性腹部的第 2 对腹足如同第 1 对腹足中的活塞，将产生的精子传输至雌性体内存储起来。卵产下后即被受精，受精卵由雌性抱在其宽阔的腹部下。受精卵被孵化为预蟹幼体，立即蜕皮成为第一阶段的浮游蟹幼体。蟹幼体的头部附肢和前 2 对胸部附肢已发育完全，蟹幼体就是用这 2 对胸部附肢（将来会发育为成体的前 2 对或前 3 对颚足）来游泳的。经过数次蜕皮后，幼体进入大眼幼体阶段，此时它们已经具有胸部和腹部附肢。大眼幼体栖息在海底，变形为蟹。

寄居者的寻壳之路

　　寄居蟹一般以死去的海蜗牛的空壳为其寄居处（下图为桶状壳里的大纹寄居蟹），这样它们就能在保持其灵活性的同时，又拥有了保护壳。它们具备区分壳的能力，在可供选择的情况下，它们能区别不同大小和物种的壳，从中选择最接近其身体的来寄居。随着身体的生长，寄居蟹会更换其壳，但在某些海洋环境中，可能出现可用壳的短缺状况，因此寄居蟹不得不暂且蜗居在比其理想外壳较小的壳内。有些寄居蟹富有攻击性，它们会为了更换寄居壳而攻击同物种的个体，特别是在寄居壳匮乏的时候，这种攻击发生得更为频繁。

　　在其每天的活动范围内，寄居蟹可能会遇到空壳，这些空壳往往是被蟹的视觉所"发现"的，物体越大其与背景的对比度越强，寄居蟹对空壳的视觉反应能力也就越强。发现空壳后，寄居蟹就用其步足抓住该壳并爬到壳上，检查壳的质地。一旦发现此壳适合，寄居蟹就用其步足将壳翻转过来，并用张开的螯在壳表面移动，检查壳的形状。发现壳的入口后，寄居蟹即每次向入口内伸入一只螯，进行探测，偶尔，它也将自己的第一对步足伸进去。寄居蟹弯着腹部，倒退着进入壳内，在把所有异物清除出来以前，它绝不会从壳内出来。在反复进出的时候，寄居蟹依靠腹部来控制壳的内部。当一切完成时，寄居蟹会爬出壳，将其翻转过来，最后再重新钻进去。